21 世纪高等学校计算机应用技术规划教材

U0143576

计算机应用技能教程（第 2 版）

齐景嘉　蒋　巍　主编

侯菡萏　周宏威　王梦菊　副主编

解晨光　主　审

清华大学出版社

北　京

内 容 简 介

本书以"任务驱动,案例教学"为指导,将计算机应用技能的知识点恰当地融入案例分析和制作过程中,使学生在学习过程中不但能掌握独立的知识点,而且能培养其分析问题和解决问题的综合能力。

本书内容涵盖计算机基础知识、Windows XP 操作系统、Word 2003、Excel 2003、PowerPoint 2003、计算机网络与 Internet 应用、多媒体技术及 Access 数据库管理系统等方面的知识。书中案例均取自不同专业及实际工作中的典型实例。每个案例中包括案例目的、完成案例需要的知识点和完成的详细步骤。

本书既可作为高等院校、高职高专各专业的计算机基础教材,也可以作为民办高校、成人教育的教材,还可作为社会各类计算机培训班的教材或自学参考书。

本书封面贴有清华大学出版社防伪标签,无标签者不得销售。

版权所有,侵权必究。侵权举报电话:010-62782989 13701121933

图书在版编目(CIP)数据

计算机应用技能教程/齐景嘉,蒋巍主编.--2 版.--北京:清华大学出版社,2011.9
(21 世纪高等学校计算机应用技术规划教材)
ISBN 978-7-302-26289-3

Ⅰ.①计… Ⅱ.②齐… ② 蒋… Ⅲ.①电子计算机-教材 Ⅳ.①TP3

中国版本图书馆 CIP 数据核字(2011)第 141688 号

责任编辑:付弘宇 薛 阳
责任校对:白 蕾
责任印制:杨 艳

出版发行:	清华大学出版社	地 址:	北京清华大学学研大厦 A 座
	http://www.tup.com.cn	邮 编:	100084
社 总 机:	010-62770175	邮 购:	010-62786544
投稿与读者服务:	010-62795954,jsjjc@tup.tsinghua.edu.cn		
质 量 反 馈:	010-62772015,zhiliang@tup.tsinghua.edu.cn		

印 装 者:北京市清华园胶印厂
经 销:全国新华书店
开 本:185×260 印 张:28.75 字 数:697 千字
版 次:2011 年 9 月第 2 版 印 次:2011 年 9 月第 1 次印刷
印 数:1～3000
定 价:45.00 元

产品编号:042822-01

编审委员会成员

（按地区排序）

清华大学	周立柱	教授
	覃 征	教授
	王建民	教授
	冯建华	教授
	刘 强	副教授
北京大学	杨冬青	教授
	陈 钟	教授
	陈立军	副教授
北京航空航天大学	马殿富	教授
	吴超英	副教授
	姚淑珍	教授
中国人民大学	王 珊	教授
	孟小峰	教授
	陈 红	教授
北京师范大学	周明全	教授
北京交通大学	阮秋琦	教授
	赵 宏	副教授
北京信息工程学院	孟庆昌	教授
北京科技大学	杨炳儒	教授
石油大学	陈 明	教授
天津大学	艾德才	教授
复旦大学	吴立德	教授
	吴百锋	教授
	杨卫东	副教授
同济大学	苗夺谦	教授
	徐 安	教授
华东理工大学	邵志清	教授
华东师范大学	杨宗源	教授
	应吉康	教授
上海大学	陆 铭	副教授
东华大学	乐嘉锦	教授
	孙 莉	副教授

浙江大学	吴朝晖	教授
	李善平	教授
扬州大学	李云	教授
南京大学	骆斌	教授
	黄强	副教授
南京航空航天大学	黄志球	教授
	秦小麟	教授
南京理工大学	张功萱	教授
南京邮电学院	朱秀昌	教授
苏州大学	王宜怀	教授
	陈建明	副教授
江苏大学	鲍可进	教授
武汉大学	何炎祥	教授
华中科技大学	刘乐善	教授
中南财经政法大学	刘腾红	教授
华中师范大学	叶俊民	教授
	郑世珏	教授
	陈利	教授
江汉大学	颜彬	教授
国防科技大学	赵克佳	教授
	邹北骥	教授
中南大学	刘卫国	教授
湖南大学	林亚平	教授
西安交通大学	沈钧毅	教授
	齐勇	教授
长安大学	巨永锋	教授
哈尔滨工业大学	郭茂祖	教授
吉林大学	徐一平	教授
	毕强	教授
山东大学	孟祥旭	教授
	郝兴伟	教授
中山大学	潘小轰	教授
厦门大学	冯少荣	教授
仰恩大学	张思民	教授
云南大学	刘惟一	教授
电子科技大学	刘乃琦	教授
	罗蕾	教授
成都理工大学	蔡淮	教授
	于春	副教授
西南交通大学	曾华燊	教授

随着我国改革开放的进一步深化,高等教育也得到了快速发展,各地高校紧密结合地方经济建设发展需要,科学运用市场调节机制,加大了使用信息科学等现代科学技术提升、改造传统学科专业的投入力度,通过教育改革合理调整和配置了教育资源,优化了传统学科专业,积极为地方经济建设输送人才,为我国经济社会的快速、健康和可持续发展以及高等教育自身的改革发展做出了巨大贡献。但是,高等教育质量还需要进一步提高以适应经济社会发展的需要,不少高校的专业设置和结构不尽合理,教师队伍整体素质亟待提高,人才培养模式、教学内容和方法需要进一步转变,学生的实践能力和创新精神亟待加强。

教育部一直十分重视高等教育质量工作。2007年1月,教育部下发了《关于实施高等学校本科教学质量与教学改革工程的意见》,计划实施"高等学校本科教学质量与教学改革工程(简称'质量工程')",通过专业结构调整、课程教材建设、实践教学改革、教学团队建设等多项内容,进一步深化高等学校教学改革,提高人才培养的能力和水平,更好地满足经济社会发展对高素质人才的需要。在贯彻和落实教育部"质量工程"的过程中,各地高校发挥师资力量强、办学经验丰富、教学资源充裕等优势,对其特色专业及特色课程(群)加以规划、整理和总结,更新教学内容、改革课程体系,建设了一大批内容新、体系新、方法新、手段新的特色课程。在此基础上,经教育部相关教学指导委员会专家的指导和建议,清华大学出版社在多个领域精选各高校的特色课程,分别规划出版系列教材,以配合"质量工程"的实施,满足各高校教学质量和教学改革的需要。

本系列教材立足于计算机公共课程领域,以公共基础课为主、专业基础课为辅,横向满足高校多层次教学的需要。在规划过程中体现了如下一些基本原则和特点。

(1)面向多层次、多学科专业,强调计算机在各专业中的应用。教材内容坚持基本理论适度,反映各层次对基本理论和原理的需求,同时加强实践和应用环节。

(2)反映教学需要,促进教学发展。教材要适应多样化的教学需要,正确把握教学内容和课程体系的改革方向,在选择教材内容和编写体系时注意体现素质教育、创新能力与实践能力的培养,为学生的知识、能力、素质协调发展创造条件。

(3)实施精品战略,突出重点,保证质量。规划教材把重点放在公共基础课和专业基础课的教材建设上;特别注意选择并安排一部分原来基础比较好的优秀教材或讲义修订再版,逐步形成精品教材;提倡并鼓励编写体现教学质量和教学改革成果的教材。

(4)主张一纲多本,合理配套。基础课和专业基础课教材配套,同一门课程可以有针对不同层次、面向不同专业的多本具有各自内容特点的教材。处理好教材统一性与多样化,基本教材与辅助教材、教学参考书,文字教材与软件教材的关系,实现教材系列资源配套。

（5）依靠专家，择优选用。在制定教材规划时依靠各课程专家在调查研究本课程教材建设现状的基础上提出规划选题。在落实主编人选时，要引入竞争机制，通过申报、评审确定主题。书稿完成后要认真实行审稿程序，确保出书质量。

繁荣教材出版事业，提高教材质量的关键是教师。建立一支高水平教材编写梯队才能保证教材的编写质量和建设力度，希望有志于教材建设的教师能够加入到我们的编写队伍中来。

21世纪高等学校计算机应用技术规划教材

联系人：魏江江 weijj@tup.tsinghua.edu.cn

第1版前言

为培养创新型、应用型人才,加强对学生进行计算机应用能力的培养和训练,采用"任务驱动式"教学法是一种行之有效的方法。本书就是为此教学法提供的配套教材。"任务驱动,案例教学"是编写本书的出发点,因此编写时尽量采用实际中的典型案例开头,设定目标后,逐渐展开完成任务,通过介绍设定目标具体操作步骤的方法来说明各软件的功能。本书中的每一个案例都是精心设计的,由浅入深、由简及繁,尽可能多地涉及软件中必要的知识点,又尽可能具有实用性和代表性,即使是从未接触过计算机的人,参照书中的操作步骤也可以轻松入门,进而熟练掌握各种软件的用法。在每一个操作实例之后,还专门列出相关的知识和操作,帮助读者更为深入、全面地了解软件的功能。

本书共分7章,内容涵盖了计算机基础知识、Windows XP 操作系统、字处理软件 Word 2003、电子表格软件 Excel 2003、演示文稿制作软件 PowerPoint 2003、计算机网络与 Internet 应用及 Access 数据库管理系统等方面的知识。

为方便教师教学、学生上机实验与课后练习,在内容编排上力求由浅入深,循序渐进,突出重点,通俗易懂。书中配有大量图片,脉络分明,可读性、可操作性强。每章后均配有大量笔试习题及习题答案,以便参加《计算机等级考试》及各类技能考试需要。

本书由齐景嘉任主编,侯菡苕、蒋巍、那锐、杨喜林任副主编,朱小菲任主审,参加本书编写工作的还有董娟。各章编写分工是:第 1 章由杨喜林、董娟编写,第 2 章由那锐编写,第 3 章和第 6 章由侯菡苕编写,第 4 章由齐景嘉编写,第 5 章和第 7 章由蒋巍编写,全书由齐景嘉统一编排定稿。

在编写过程中,我们力求做到严谨细致、精益求精,由于编写时间仓促,编者水平有限,书中难免会有不当之处,恳请读者和同行专家批评指正。

编者

2009 年 7 月

第2版前言

为培养创新型、应用型人才，加强对学生进行计算机应用能力的培养和训练，采用"任务驱动式"教学法是行之有效的。本书是贯彻此教学法的典型教材。"任务驱动，案例教学"是编写本书的出发点，因此编写时尽量采用实际中的典型案例开头，设定目标后，逐渐展开完成任务，通过介绍设定目标具体操作步骤的方法来说明各软件的功能。本书中的每一个案例都是精心设计的，由浅入深、由简及繁，尽可能多地涉及软件中必要的知识点，又尽可能具有实用性和代表性，即使是从未接触过计算机的人，参照书中的操作步骤也可以轻松入门，进而熟练掌握各种软件的用法。在每一个操作实例之后，还专门列出相关的知识和操作，帮助读者更为深入、全面地了解软件的功能。

第2版对第1版的内容进行了优化和适当增删，并对一些章节进行了调整，将第1版中的7章修订为9章。在第2版教材中，增加了多媒体技术知识。内容涵盖了计算机基础知识、Windows XP 操作系统、字处理软件 Word 2003、电子表格软件 Excel 2003、演示文稿制作软件 PowerPoint 2003、计算机网络与 Internet 应用、多媒体技术应用及 Access 数据库管理系统等方面的知识。

为方便教师教授、学生上机实验与课后练习，在内容编排上，力求由浅入深，循序渐进，突出重点，通俗易懂。书中配有大量图片，脉络分明，可读性、可操作性强。每章后均配有大量笔试习题，以帮助读者应对技能考试。

本书由齐景嘉、蒋巍任主编，侯菡苕、周宏威、王梦菊任副主编，解晨光任主审，参加本书编写工作的还有车玉生。各章编写分工如下：第1章和第2章由车玉生编写，第3章由王梦菊编写，第4章和第8章由蒋巍编写，第5章由侯菡苕编写，第6章和第9章由齐景嘉编写，第7章由周宏威编写。全书由齐景嘉统一编排定稿。

在编写过程中，我们力求做到严谨细致、精益求精，由于编者水平有限，书中难免会有不当之处，恳请读者和同行专家批评指正。

本书课件可以从清华大学出版社网站 www.tup.com.cn 下载。如果在本书和课件的使用中遇到问题，请联系 fuhy@tup.tsinghua.edu.cn。

编者

2011 年 5 月

目 录

第 1 章

概述

本章学习内容

◆ 计算机的产生、发展及未来发展方向

◆ 计算机的分类、特点及其应用

◆ 信息技术的发展及其特征

计算机从产生到现在,也不过短短几十年时间,却已经极大地影响并将更广泛而深远地影响和改变人类的生活。现在人们公认的世界上的第一台电子计算机 ENIAC(Electronic Numerical Integrator And Calculator,电子数字积分计算机)是在 1946 年由美国宾夕法尼亚大学研制成功的。但若追溯人们研究执行算法任务的机器的历史,那将更为久远。今天,人类的工作和生活已极大地依赖于计算机,掌握计算机的使用方法,已成为现代人学习和工作的基本技能。

1.1 实训 1:计算机的产生与发展

设定目标

◆ 了解计算机的产生;

◆ 掌握不同阶段计算机的特点;

◆ 了解计算机未来发展的方向。

1.1.1 计算机的产生

1642 年,法国哲学家、数学家和物理科学家布莱斯·帕斯卡(Blase Pascal,1623—1662)发明了加法机,它的设计思想比较符合人类的思维习惯。帕斯卡主要的发明和重大的进展在于:某一位的小轮或轴完成了 10 个数字的转动,才强使下一个小轮或轴转动一个数字。

德国哲学家和自然科学家戈特弗里德·威廉·莱布尼茨(Gottfried Wilhelm Leibniz,1646—1716)在帕斯卡的思想和工作的影响下,改进了计算机的设计思想,并于 1672 年成功设计完成了改进的计算机器。如图 1-1 所示。它是第一台不仅能进行加减运算而且能进行乘除运算的演算机,机器的关键部件是个梯形轴,即齿长不同的圆柱,第一次实现了带有可变齿数的齿轮,正是这种数字轮保证了乘除法的完成。

　　英国数学家查尔斯·巴比奇设计了一个差分机,这个差分机实际是一个带有固定程序的专用自动数字计算机,巴比奇发现如果在计算过程中,能改变寄存器之间的连接,就可以得到一个通用的自动计算机——解析机。他建议采用穿孔卡片来控制寄存器之间的连接,并在计算过程中提供输入数据。巴比奇对现代计算思想的最重大贡献就在于其设计中隐含的用程序控制计算的思想。用穿孔卡片与机器交换算法的思想借鉴了穿孔卡片式织布机的技术。

　　早在 1801 年,约瑟夫·杰卡德(Joseph Jacquard,1752—1834,法国)就发明了能织出复杂图案的自动织布机,织布过程的每一步都是由穿孔卡片上穿孔分布的样式来决定的,如图 1-2 所示。通过这种方式可以很容易改变织布机所执行的"算法"从而织出不同的图案。赫尔曼·霍勒瑞斯(Herman Hollerith,1860—1929)根据类似的思想,在 1880 年发明了能够在穿孔卡片上储存和再现信息的系统并于 1924 年创建了后来发展为计算机界蓝色巨人 IBM 的公司。

图 1-1　17 世纪的计算机

图 1-2　19 世纪的打孔计算机

　　1940 年贝尔实验室完成了采用延迟线的继电器计算机 Model-1。1944 年霍华德·艾肯(Howard Aiken)等研制出了机电式自动顺序控制计算机 MARK I,它也是第一台自动通用数字计算机。使用了大量继电器的第一台电子真空管的电子数字计算机是 1937—1941 年在爱荷华州立学院建成的 Atanasoff-Berry。在第二次世界大战快结束时英国研制了用于破译德国电码的计算机 COLOSSUS,装有 2500 只真空管。

　　1946 年,在美国宾夕法尼亚大学莫尔研究所,莫克利(J. W. Mauchly)、艾克特(W. J. Eckert)等研制成功了功能更加灵活的计算机——ENIAC,这就是大家所公认的世界上的第一台采用电子线路技术的通用电子计算机,该机整机大约有 18000 只真空管,如图 1-3 所示。ENIAC 的诞生标志电子计算机时代的到来。

图 1-3　世界上第一台电子计算机

数学家冯·诺依曼也是 ENIAC 的主要研制者之一,他提出了"存储程序"的重要理论,这是对巴贝奇分析机的思想的形式化。并且,他最早提出了以二进制为运算基础的设想,解决了计算机自动化的问题和速度配合的问题,后来的计算机一直沿用这些合理的设计机制。

1.1.2　计算机的发展

ENIAC 诞生后短短的几十年间,计算机的发展突飞猛进。主要电子器件相继使用了真空电子管,晶体管,中、小规模集成电路和大规模、超大规模集成电路,主要电子器件的更替引起计算机的几次更新换代。每一次更新换代都使计算机的体积和耗电量大大减小,功能大大增强,应用领域进一步拓宽。特别是体积小、价格低、功能强的微型计算机的出现,使得计算机迅速普及,进入了办公室和家庭,在办公室自动化和多媒体应用方面发挥了很大的作用。目前,计算机的应用已扩展到社会的各个领域。可将计算机的发展过程分成以下几个阶段。

1. 电子管时代

计算机的第一代为电子管时代,时间大约为 1946 年至 1956 年。当时的电子计算机采用真空电子管作为基本的电子元件,它的体积大、功耗高、价格昂贵,而且可靠性不高、维修复杂、运行速度为每秒执行加法运算一千次到一万次。程序设计使用机器语言和符号语言。

2. 晶体管时代

第二代为晶体管时代,时间大约为 1956 年至 1962 年。这一时期的电子计算机采用晶体管作为基本电子元件。机器的体积减小、功耗减少、可靠性增高、价格降低、运算速度加快,每秒可执行加法运算达十万次到一百万次。程序设计主要使用高级语言。

3. 集成电路时代

第三代为集成电路时代,时间大约为 1962 年至 1970 年。这一时期的电子计算机采用中、小规模集成电路作为基本电子元件。集成电路利用光刻技术将许多逻辑电路集中在体积很小的半导体芯片上,每块芯片上可容纳成千上万个晶体管。采用集成电路不仅大大缩短了电子线路,减小了体积和重量,而且大大减少了功耗,增强了可靠性,节约了信息传递的时间,提高了运算速度,达到每秒可执行加法运算一百万次到一千万次。出现了操作系统,程序设计主要使用高级语言。

4. 大规模、超大规模集成电路时代

第四代为大规模、超大规模集成电路时代,时间为 1970 年至今。由于集成技术的发展,半导体芯片的集成度更高,每块芯片可容纳数万乃至数百万个晶体管,并且可以把运算器和控制器都集中在一个芯片上,从而出现了微处理器,还可以用微处理器和大规模、超大规模集成电路组装成微型计算机,就是我们常说的微电脑或 PC。微型计算机体积小,使用方便,价格便宜,但它的功能和运算速度已经达到甚至超过了过去的大型计算机。目前我国也已能够生产多种型号、多种规格的微型计算机。另一方面,利用大规模、超大规模集成电路制造的各种逻辑芯片,已经制成了体积并不很大,但运算速度可达每秒一亿次甚至几十亿次的

巨型计算机。我国继 1983 年研制成功每秒运算一亿次的银河 I 型巨型机以后,又于 1993 年研制成功每秒运算十亿次的银河 II 型通用并行巨型计算机。这一时期还产生了新一代的程序设计语言以及数据库管理系统和网络软件等。

1.1.3　计算机的未来

基于集成电路的计算机短期内还不会退出历史舞台。但计算机研究者正在加紧研究一些新的计算机,这些计算机是:超导计算机、纳米计算机、光计算机、DNA 计算机和量子计算机等。

1. 超导计算机

芯片的集成度越高,计算机的体积越小,这样才不至于因为信号传输而降低整机速度。但这样一来就使机器产热严重。解决问题的出路是研制超导计算机。

2. 纳米计算机

在纳米尺度下,由于有量子效应,硅微电子芯片不能工作。其原因是这种芯片的工作,依据的是固体材料的整体特性,即大量电子参与工作时所呈现的统计平均规律。如果在纳米尺度下,利用有限电子运动所表现出来的量子效应,就可能克服上述困难。可以用不同的原理实现纳米级计算,目前已提出了 4 种工作机制:

- 电子式纳米计算技术;
- 基于生物化学物质与 DNA 的纳米计算机;
- 机械式纳米计算机;
- 量子波相干计算。

3. 光计算机

与传统硅芯片计算机不同,光计算机用光束代替电子进行计算和存储:它以不同波长的光代表不同的数据,以大量的透镜、棱镜和反射镜将数据从一个芯片传送到另一个芯片。研制光计算机的设想早在 20 世纪 50 年代后期就已提出。1986 年,贝尔实验室的戴维·米勒研制成功了小型光开关,为同实验室的艾伦·黄研制光处理器提供了必要的元件。1990 年 1 月,艾伦·黄的实验室开始使用光计算机。光计算机有全光学型和光电混合型两种结构。上述贝尔实验室的光计算机就采用了混合型结构。相比之下,全光学型计算机可以达到更高的运算速度。研制光计算机,需要开发出一种可用一条光束控制另一条光束变化的光学"晶体管"。现有的光学"晶体管"庞大而笨拙,若用它们造成台式计算机,其体积将有一辆汽车那么大。因此,要想短期内使光学计算机实用化还很困难。

4. DNA 计算机

1994 年 11 月,美国南加州大学的阿德勒曼博士用 DNA 碱基对序列作为信息编码的载体,在试管内控制酶的作用下,使 DNA 碱基对序列发生反应,以此实现数据运算。阿德勒曼在《科学》上公布了 DNA 计算机的理论,引起了各国学者的广泛关注。阿德勒曼的计算机的计算方式与传统的计算机不同,计算不再只是简单的物理性质的加减操作,而又增添了化学性质的切割、复制、粘贴、插入和删除等种种方式。

DNA计算机的最大优点在于其惊人的存储容量和运算速度：1cm³的DNA存储的信息比一万亿张光盘存储的还多；十几个小时的DNA计算，就相当于所有电脑问世以来的总运算量。更重要的是，它的能耗非常低，只有电子计算机的一百亿分之一。与传统的看得见、摸得着的计算机不同，目前的DNA计算机还是躺在试管里的液体。它离开发、实际应用还有相当远的距离，尚有许多现实的技术性问题需要解决。如生物操作的困难，有时轻微的振荡就会使DNA断裂；有些DNA会粘在试管壁、抽筒尖上，从而就在计算中丢失了预计的信息，10～20年后，DNA计算机才可能进入实用阶段。

5. 量子计算机

量子计算机以处于量子状态的原子作为中央处理器和内存，利用原子的量子特性进行信息处理。由于原子具有在同一时间处于两个不同位置的奇妙特性，即处于量子位的原子既可以代表0或1，也能同时代表0和1以及0和1之间的中间值，故无论从数据存储还是处理的角度来看，量子位的能力都是晶体管电子位的两倍。对此，有人曾经作过这样的比喻：假设一只老鼠准备绕过一只猫，根据经典物理学理论，它要么从左边过，要么从右边过，而根据量子理论，它却可以同时从猫的左边和右边绕过。量子计算机在外形上与传统计算机有较大的差异，它没有盒式外壳；看起来像一个被其他物质包围的巨大磁场；它不能利用硬盘实现信息的长期存储；但高效的运算能力使量子计算机具有广阔的应用前景。

1.2 实训2：计算机的分类、特点及应用

设定目标

◆ 了解计算机的分类；
◆ 掌握计算机的特点；
◆ 理解计算机的应用领域。

1.2.1 计算机的分类

计算机分类有多种方式，计算机按照其用途可分为通用计算机和专用计算机；按照所处理的数据类型可分为模拟计算机、数字计算机和混合型计算机等。本书主要介绍的是按照1989年由IEEE科学巨型机委员会提出的运算速度分类法，可分为巨型机、大型机、小型机、工作站和微型计算机。

1. 巨型机

巨型机有极高的速度、极大的容量。用于国防尖端技术、空间技术、大范围长期性天气预报、石油勘探等方面。目前这类机器的运算速度可达每秒百亿次。这类计算机在技术上朝两个方向发展：一是开发高性能器件，特别是缩短时钟周期，提高单机性能；二是采用多处理器结构，构成超并行计算机，通常由100台以上的处理器组成超并行巨型计算机系统，它们同时解决一个课题，来达到高速运算的目的。

2．大型通用机

这类计算机具有极强的综合处理能力和极大的性能覆盖面。在一台大型机中可以使用几十台微机或微机芯片，用以完成特定的操作。可同时支持上万个用户，可支持几十个大型数据库。主要应用在政府部门、银行、大公司、大企业等。

3．小型机

小型机的机器规模小、结构简单、设计试制周期短，便于及时采用先进工艺技术，软件开发成本低，易于操作维护。它们已广泛应用于工业自动控制、大型分析仪器、测量设备、企业管理、大学和科研机构等，也可以作为大型与巨型计算机系统的辅助计算机。近年来，小型机的发展也引人注目。特别是 RISC(Reduced Instruction Set Computer，缩减指令系统计算机)体系结构的提出，顾名思义是指令系统简化、缩小了的计算机，而过去的计算机则统属于 CISC（复杂指令系统计算机)体系结构。RISC 的思想是把那些很少使用的复杂指令用子程序取代，将整个指令系统限制在数量很少的基本指令范围内，并且绝大多数指令的执行都只占一个时钟周期，甚至更少，以优化编译器，从而提高机器的整体性能。

4．微型机

微型机技术在近 10 年内发展速度迅猛，平均每 2～3 个月就有新产品出现，1～2 年产品就更新换代一次。平均每两年芯片的集成度可提高一倍，性能提高一倍，价格降低一半。目前还有加快的趋势。微型机已经应用于办公自动化、数据库管理、图像识别、语音识别、专家系统和多媒体技术等领域，并且开始成为城镇家庭的一种常规电器。

1.2.2 计算机的特点

1．自动地运行程序

计算机能在程序控制下自动连续地进行高速运算。由于采用存储程序控制的方式，因此一旦输入编制好的程序，启动计算机后，就能自动地执行下去直至任务完成。这是计算机最突出的特点。

2．运算速度快

计算机能以极快的速度进行计算。现在普通的微型计算机每秒可执行几十万条指令，而巨型机的运算速度则达到每秒几十亿次甚至几百亿次。随着计算机技术的发展，计算机的运算速度还会提高。高运算速度在现实生活中得到了广泛应用，例如天气预报中，由于需要分析大量的气象资料数据，单靠手工完成计算是不可能的，而用巨型计算机只需十几分钟就可以完成。

3．运算精度高

计算机的计算精度取决于机器的字长，目前 PC 的最高字长是 128 位，因此电子计算机具有以往计算机无法比拟的计算精度，目前已达到小数点后上亿位的精度。

4. 具有记忆和逻辑判断能力

人是有思维能力的。而思维能力本质上是一种逻辑判断能力。计算机借助于逻辑运算,可以进行逻辑判断,并根据判断结果自动地确定下一步该做什么。计算机的存储系统由内存和外存组成,具有存储和记忆大量信息的能力,现代计算机的内存容量已达到上百兆甚至几千兆,而外存也有惊人的容量。如今的计算机不仅具有运算能力,还具有逻辑判断能力,可以使用其进行诸如资料分类、情报检索等具有逻辑加工性质的工作。

5. 可靠性高

随着微电子技术和计算机技术的发展,现代电子计算机连续无故障运行的时间可达到几十万小时以上,具有极高的可靠性。例如,安装在宇宙飞船上的计算机可以连续几年可靠地运行。计算机应用在管理中也具有很高的可靠性,而人却很容易因疲劳而出错。另外,计算机对于不同的问题,只是执行的程序不同,因而具有很强的稳定性和通用性。同一台计算机能解决各种问题,应用于不同的领域。

微型计算机除了具有上述特点外,还具有体积小、重量轻、耗电少、维护方便、可靠性高、易操作、功能强、使用灵活、价格便宜等特点。计算机还能代替人做许多复杂繁重的工作。

1.2.3 计算机的应用领域

进入20世纪90年代以来,计算机技术作为科技的先导技术之一得到了飞跃发展,超级并行计算机技术、高速网络技术、多媒体技术、人工智能技术等相互渗透,改变了人们使用计算机的方式,从而使计算机几乎渗透人类生产和生活的各个领域,对工业和农业都有极其重要的影响。计算机的应用范围归纳起来主要有以下6个方面。

1. 科学计算

科学计算亦称数值计算,是指用计算机解决科学研究和工程技术中所提出的数学问题。计算机作为一种计算工具,科学计算是它最早的应用领域,也是计算机最重要的应用之一。在科学技术和工程设计中存在着各类大量的数值计算,如求解几百乃至上千阶的线性方程组、大型矩阵运算等。这些问题广泛出现于导弹实验、卫星发射、灾情预测等领域,其特点是数据量大、计算工作复杂。在数学、物理、化学、天文等众多学科的科学研究中,经常遇到许多数学问题,这些问题用传统的计算工具是难以完成的,有时人工计算需要几个月甚至几年,而且不能保证计算准确,使用计算机则只需要几天、几小时甚至几分钟就可以精确地解决。所以,计算机是发展现代尖端科学技术必不可少的工具。

2. 数据处理

数据处理又称信息处理,它是指信息的收集、分类、整理、加工、存储等一系列活动的总称。所谓信息是指可被人类感知的声音、图像、文字、符号、语言等。数据处理还可以在计算机上加工那些非科技工程方面的计算,管理和操纵任何形式的数据资料。其特点是处理的原始数据量大,运算比较简单,有大量的逻辑与判断运算。据统计,目前在计算机应用中,数据处理所占的比重最大。其应用领域十分广泛,如人口统计、办公自动化、企业管理、邮政业务、机票订购、情报检索、图书管理、医疗诊断等。

3．计算机辅助设计

（1）计算机辅助设计（Computer Aided Design，CAD）是指使用计算机的计算、逻辑判断等功能，帮助人们进行产品和工程设计。它能使设计过程自动化，设计合理化、科学化、标准化，大大缩短设计周期，以增强产品在市场上的竞争力。CAD技术已广泛应用于建筑工程设计、服装设计、机械制造设计、船舶设计等行业。使用CAD技术可以提高设计质量，缩短设计周期，提高设计自动化水平。

（2）计算机辅助制造（Computer Aided Manufacturing，CAM）是指利用计算机通过各种数值计算来控制生产设备，完成产品的加工、装配、检测、包装等生产过程的技术。将CAM进一步集成形成了计算机集成制造系统CIMS，从而实现设计生产自动化。利用CAM可提高产品质量，降低成本和降低劳动强度。

（3）计算机辅助教学（Computer Aided Instruction，CAI）是指将教学内容、教学方法以及学生的学习情况等存储在计算机中，帮助学生轻松地学习所需要的知识。它在现代教育技术中起着相当重要的作用。

除了上述计算机辅助技术外，还有其他的辅助技术，如计算机辅助出版、计算机辅助管理、辅助绘制和辅助排版等。

4．过程控制

过程控制亦称实时控制，是用计算机及时采集数据，按最佳值迅速对控制对象进行自动控制或自动调节。利用计算机进行过程控制，不仅大大提高了控制的自动化水平，而且大大提高了控制的及时性和准确性。过程控制的特点是及时收集并检测数据，按最佳值调节控制对象。在电力、机械制造、化工、冶金、交通等部门采用过程控制，可以提高劳动生产效率、产品质量、自动化水平和控制精确度，减少生产成本，减轻劳动强度。在军事上，可使用计算机实时控制导弹，根据目标的移动情况修正飞行路径，以确保准确击中目标。

5．人工智能

人工智能（Artificial Intelligence，AI）是用计算机模拟人类的智能活动，如判断、理解、学习、图像识别、问题求解等。它涉及计算机科学、信息论、仿生学、神经学和心理学等诸多学科。在人工智能中，最具代表性、应用最成功的两个领域是专家系统和机器人。计算机专家系统是一个具有大量专门知识的计算机程序系统。它总结了某个领域的专家的知识构建了知识库。根据这些知识，系统可以对输入的原始数据进行推理，做出判断和决策，以回答用户的咨询，这是人工智能应用的一个成功的例子。机器人是人工智能技术的另一个重要应用。目前，世界上有许多机器人工作在各种恶劣环境下，如高温、高辐射、剧毒等。机器人的应用前景非常广阔。现在有很多国家正在研制机器人。

6．计算机网络

把计算机的超级处理能力与通信技术结合起来就形成了计算机网络。人们熟悉的全球信息查询、邮件传送、电子商务等都是依靠计算机网络来实现的。计算机网络已进入了千家万户,给人们的生活带来了极大的方便。

1.3　实训3：信息技术概述

设定目标

◆ 了解信息技术发展的过程;
◆ 认识计算机文化现象的运用。

1.3.1　信息技术的发展

信息技术(Information Technology,IT)是主要用于管理和处理信息所采用的各种技术的总称。它主要运用计算机科学和通信技术来设计、开发、安装和实施信息系统及应用软件。它也常被称为信息和通信技术(Information and Communications Technology,ICT)。主要包括传感技术、计算机技术和通信技术。

信息技术应用推广的显著成效,促使世界各国致力于信息化,而信息化的巨大需求又驱使信息技术高速发展。当前信息技术发展的总趋势是以互联网技术的发展和应用为中心,从典型的技术驱动发展模式向技术驱动与应用驱动相结合的模式转变。

微电子技术和软件技术是信息技术的核心。集成电路的集成度和运算能力、性能价格比继续按每18个月翻一番的速度呈几何级数增长,正是集成电路的飞速发展使得信息技术达到了前所未有的水平。现在每个芯片上包含上亿个元件,构成了"单片上的系统"(SoC),模糊了整机与元器件的界限,极大地提高了信息设备的功能,并促使整机向轻、小、薄和低功耗方向发展。软件技术已经从以计算机为中心向以网络为中心转变。软件与集成电路设计的相互渗透使得芯片变成了"固化的软件",进一步巩固了软件的核心地位。软件技术的快速发展使得越来越多的功能需要通过软件来实现,"硬件软化"成为了趋势,出现了"软件无线电"、"软交换"等技术领域。嵌入式的发展使软件走出了传统的计算机领域,促使了多种工业产品和民用产品的智能化。软件技术已成为推进信息化的核心技术。

三网融合和宽带化是网络技术发展的大方向。电话网、有线电视网和计算机网的三网融合是指它们都在数字化的基础上在网络技术上走向一致,在业务内容上相互覆盖。电话网和电视网在技术上都要向互联网看齐,其基本特征是采用IP协议和分组交换技术;在业务上要从现在的话音为主或单向传输发展成以交互式的多媒体数据业务为主。三网融合不能简单地理解为把三个网合成一个网,但它的确打破了原有的行业界限,将引起产业的重组与政策的调整。随着互联网上数据流量的迅猛增加,特别是多媒体技术应用领域的增加,对网络带宽的要求日益提高。增大带宽,是相当长时期内网络技术发展的主题。在广域网和城域网上,以密集波分复用技术(DWDM)为代表的全光网络技术引人注目,带动了光信息技术的发展。宽带接入网技术多种方案展开了激烈的竞争,鹿死谁手尚难见分晓。无线宽带接入技术和建立在第三代移动通信技术之上的移动互联网技术,正向信息个人化的目标前进。

互联网的应用开发也是一个持续的热点。一方面,电视机、手机、个人数字助理(PDA)等家用电器和个人信息设备都向网络终端设备的方向发展,形成了网络终端设备的多样性和个性化,打破了计算机上网一统天下的局面;另一方面,电子商务、电子政务、远程教育、电子媒体、网上娱乐技术日趋成熟,不断降低对使用者的专业知识要求和经济投入要求;互联网数据中心(IDC)、网门服务等技术的提出和服务体系的形成,构成了因使用互联网而日益完善的社会化服务体系,使信息技术日益广泛地进入社会生产、生活各个领域,从而促进了网络经济的形成。

1.3.2　计算机文化现象

所谓计算机文化,就是人类社会的生存方式因使用计算机而发生根本性变化,从而产生的一种崭新的文化形态。这种崭新的文化形态可以体现为以下几点。

(1) 计算机理论及其技术对自然科学、社会科学的广泛渗透表现于丰富文化内容中。

(2) 计算机的软、硬件设备作为人类所创造的物质设备,丰富了人类文化的物质设备品种。

(3) 计算机应用进入人类社会的方方面面,从而创造和形成的科学思想、科学方法、科学精神、价值标准等成为一种崭新的文化观念。

计算机文化作为当今最具活力的一种崭新的文化形态,加快了人类社会前进的步伐,其所产生的思想观念、所带来的物质基础条件以及计算机文化教育的普及有利于人类社会的进步和发展。同时,计算机文化也带来了人类崭新的学习观念:面对浩瀚的知识海洋,人脑所能接受的知识是有限的,我们根本无法背完,电脑这种工具可以解放我们繁重的记忆性劳动,人脑应该更多地用来完成创造性劳动。

计算机文化代表了一个新的时代文化,它已经将一个人经过文化教育后所具有的能力由传统的读、写、算上升到了一个新高度,即除了能读、写、算以外还要具有计算机运用能力(信息处理能力)。而这种能力可通过计算机文化的普及得到实现。

计算机文化来源于计算机技术,正是后者的发展,孕育并推动了计算机文化的产生和成长;而计算机文化的普及,又反过来促进了计算机技术的进步与计算机应用的扩展。

当人类跨入21世纪时,又迎来了以网络为中心的信息时代。作为计算机文化的一个重要组成部分,网络文化已成为人们生活的一部分,深刻地影响着人们的生活,同样,也给我们带来了前所未有的挑战。信息时代是互联网的时代,娴熟地驾驭互联网将成为人们工作生活的重要手段。信息时代造就了微电子、数据通信、计算机、软件技术4大产业,围绕网络互联,实现电脑、电视、电话的"三合一"。"三合一"包含两层意思:一是计算机网、电视网、电话网三网合一,三种信号均通过网际网传输;二是终端设备融为一体。这是目前人们广泛关注的技术,它的实现极大地丰富了计算机文化的内涵,让每一个人都能领略到计算机文化的无穷魅力,体味到计算机文化的浩瀚。

今天,计算机文化已成为人类现代文化的一个重要的组成部分,完整准确地理解计算科学与工程及其社会影响,已成为新时代青年的一项重要任务。

自第一台微型计算机于1975年问世以来,至今不过36年,世界上已有近7.5亿台个人计算机在各地运行。PC在美国家庭的普及率已超过50%,在中国,PC的销售量以每年约20%的速度增长。除此以外,每年还有上百万片的单片机装入汽车、微波炉、洗衣机、电话和电视机中。一个计算机大普及的时代已经拉开了序幕,并由此形成了独具魅力的计算机文化。回顾过去30多年的历史,PC的成就主要表现在以下几个方面。

1. 价格持续下降

1975 年问世的第一台微机(Altair 8800)售价为 4000 美元。1977 年著名的 APPIE Ⅱ 8 位机(带 64KB 内存、不配显示器)的售价为 1300 美元。1981 年推出的第一代 IBM PC (4.7MHz 8088CPU,512KB 内存,单色显示器和 5in 软盘驱动器)报价为 3200 美元。到 1996 年,一台配备齐全的 PC(90MHz Pentium CPU,8MB 内存,VGA 彩显,54MB 硬盘),加上键盘、打印机等标准外部设备,花 2500 美元即可买到。在中国,现在配备最新的 Pentium Ⅳ CPU 的微机售价只需几千元。同许多其他家电产品一样,PC 现已成为普通人能够买得起的家电产品。

2. 性能大幅度提高

早期微机速度低、内存容量小,其功能远不及小型机和主机。许多大型的软件因内存限制,无法在 PC 上运行。硬件的进步,使 PC 的速度可达 GIPS,内存容量可达几百 MB,不少以前只能在工作站乃至大型机上运行的软件,现在也能在 PC 上运行。一些先进技术,像虚似存储、数据库管理、图形系统和多媒体应用等,在 PC 上都能实现。"微机不微",今天的 PC,不仅在功能上已超过了 26 年前的小型机或某些主机,而且在软件、硬件技术上也采用了许多当代新技术。

3. 操作日趋简便

早期的计算机操作复杂,只有专家才会使用。随着分时系统与小型机的推广,开始用键盘代替读卡机和纸带机,用字符显示器补充单独使用的电传打字机或打印机,简化了输入输出操作。建立了友好的用户界面,让计算机适应人而不是让人去适应计算机。用户队伍的迅速扩大,使用户中的非专业人员大量增加,更显出对用户友好的迫切性。1982 年,美国 Xerox 公司采用图形显示器和鼠标器等设备,首先在 Alto 型计算机上的 Small Talk 程序设计环境中,采用层叠式窗口、弹出式菜单等人机交互技术,一举吸引了公众的注意。1984 年,美国 Apple 公司推出的 Macintosh PC,除采用了窗口与菜单技术外,还增加了引人注目的"对话框"等技术。从此,图文并茂的图形用户界面,开始取代传统的字符用户界面,以"多窗口"、"下拉菜单"和"联机帮助"为特征的窗口系统迅速推广,在今天的 PC 用户中几乎已家喻户晓。随着多媒体技术的发展,形声兼备的多媒体用户界面也初露头角。不久的将来,计算机的操作与应用将更趋简便,更加自然。一个高性能的工具,配上友好的用户界面,再加上低廉的价格,使得计算机从"昔日王榭堂前燕",变成了如今的"飞入寻常百姓家"。计算机已成为我们日常生活中不可分割的一个重要组成部分。

计算机的普及和计算机文化的形成及发展,对社会产生了深远的影响。网络技术的飞速发展,使互联网渗透到了人们工作、生活的各个领域,成为人们获取信息、享受网络服务的重要来源。随着网络经济时代的到来,我们对计算机及其所形成的计算机文化,有了更全面的认识。我们将从信息高速公路和信息社会所具有的特征这两个方面来了解计算机文化对社会的影响。

1. 信息高速公路

1991 年,美国国会通过了由参议员阿尔·戈尔(Al. Gore)提出的"高性能计算法案"(The High Performance Computing Act),后来也称为"信息高速公路(Information Superhighway)法案"。1993 年 1 月,戈尔当选为克林顿政府的副总统,同年 9 月,他代表美国政府发表了"国家信息基础设施行动日程"(National Information Infrastructure: Agenda for Action),即"美国信息高速公路计划",或称"NII"计划。按照这一日程,美国计划在 1994 年把 100 万户家庭连入高速信息传输网,至 2000 年连通全美的学校、医院和图书馆,最终在 10～15 年内(即 2010 年以前)把信息高速公路的"路面"——大容量的高速光纤通信网,延伸到全美 9500 万个家庭中。NII 计划宣布后,不仅得到了美国国内大公司的普遍支持,也受到了世界各国(首先是日本和欧盟国家)的高度重视。许多发展中国家(包括中国)也在研究 NII 计划,并且制定和提出了本国的对策。网络系统是 NII 计划的基础。早在 1969 年,美国就建成了第一个国家级的广域 ARPANET。随着网络技术的发展和 PC 的普及,以 PC 为主体的局域网有了很大的发展。目前,世界上最大的计算机网络——Internet (常称之为互联网)就是在 ARPANET 的基础上,由 35000 多个局域网、城域网(MAN)和国家网互连而成的。Internet 已把全世界 190 多个国家和地区的几千万台计算机及几千万的用户连接在一起,网上的数据信息量每月以 10% 以上的速度递增。仅以电子邮件 (Electronic Mail 或 E-mail)为例,每天就有几千万人使用 Internet 的 E-mail 信箱,发送电子邮件的用户只需把信件内容及收信人的 E-mail 地址,按照规定输入联网的计算机,E-mail 系统就会自动把信件通过网络传送到目的地。收信的用户如果定时联网,就可在自己的 E-mail 信箱中看到任何人发送给自己的邮件。NII 计划的提出,给未来的信息社会勾画出了一个清晰的轮廓,而 Internet 的扩大运行,也给未来的全球信息基础设施建设提供了一个可供借鉴的原型。人人向往的信息社会,已不再是一个带有理想色彩的空中楼阁。

2. 信息社会的特征

同信息化以前的社会相比,信息社会具有下列主要特征。

信息成为重要的战略资源。在工业社会中,能源和材料是最重要的资源。随着信息技术的发展,人们日益认识到信息在促进经济发展中的重要作用。信息被当作一种重要的战略资源。一个企业如果不实现信息化,就很难增加生产,提高与其他企业竞争的能力;一个国家如果缺乏信息资源,又不重视信息的利用和交换,就只能是一个贫穷落后的国家。目前,信息业已上升为一个国家最重要的产业。美国学者 M. U. Poftat 就提出过一种宏观经济结构理论,将信息业与工业、农业和服务业并列为 4 大产业。信息业不能代替工业生产汽车,也不能代替农业生产粮食。但它是发展国民经济的"倍增器",它能通过提高企业的生产水平,改进产品质量,改善劳动条件,产生明显的经济效益。可以预见,在未来的信息社会中,信息业将成为全世界最大的产业。

信息网络成为社会的基础设施。随着 NII 计划的提出和 Internet 的扩大运行,"网络就是计算机"的思想已深入人心。因此,信息化不单是让计算机进入普通家庭,更重要的是将信息网络连通到千家万户。如果说供电网、交通网和通信网是工业社会中不可或缺的基础设施,那么信息网的覆盖率和利用率,理所当然地将成为衡量信息社会是否成熟的标志。

习题 1

一、选择题

1. 第 4 代计算机的主要元器件采用的是(　　　)。

    A. 晶体管   B. 小规模集成电路

    C. 电子管   D. 大规模和超大规模集成电路

2. 所谓"裸机"指的是(　　　)。

    A. 单片机   B. 单板机

    C. 只装备操作系统的计算机   D. 不装备任何软件的计算机

3. 第一台电子计算机使用的逻辑部件是(　　　)。

    A. 集成电路   B. 大规模集成电路   C. 晶体管   D. 电子管

4. 冯·诺依曼计算机工作原理的设计思想是(　　　)。

    A. 程序设计   B. 程序存储   C. 程序编制   D. 算法设计

5. 在计算机内,一切信息存取、传输都是以(　　　)形式进行的。

    A. 十进制   B. 二进制   C. ASCII 码   D. BCD 码

二、填空题

1. 在计算机内部,一切信息的存放、处理和传递均采用＿＿＿＿＿。

2. 在计算机中,一个字节由＿＿＿＿＿个二进制位组成。

3. 计算机按照其用途分为＿＿＿＿＿和＿＿＿＿＿。

4. 计算机特点＿＿＿＿＿、＿＿＿＿＿、＿＿＿＿＿、＿＿＿＿＿、＿＿＿＿＿。

5. 信息化社会的主要特征＿＿＿＿＿、＿＿＿＿＿、＿＿＿＿＿。

第 2 章

计算机系统

本章学习内容

◆ 计算机系统的组成及计算机的性能指标
◆ 计算机基本工作原理及指令系统的研究
◆ 计算机中信息编码及进位制之间的转换
◆ 计算机的安全技术及计算机病毒的防治

计算机系统是计算机的重要组成部分,对于计算机用户来说,熟练掌握计算机系统的组成是学习计算机软硬件的基础。本章将对计算机系统的基本组成和计算机基本工作原理进行详细的介绍。通过本章的学习,了解计算机软硬件系统的组成及计算机病毒的防治,掌握计算机的基本工作原理、各种进位制之间转换的技巧。

2.1 实训 1：计算机系统的组成

设定目标

◆ 掌握计算机硬件系统的基本组成,理解其工作原理;
◆ 了解计算机软件系统的组成,能熟练使用常用系统软件;
◆ 掌握计算机性能的主要指标。

2.1.1 计算机硬件系统

计算机的硬件系统通常由 5 大件组成：输入设备、输出设备、存储器、运算器和控制器。

输入设备将数据、程序、文字符号、图像、声音等信息输送到计算机中。常用的输入设备有,键盘、鼠标、数字化仪器、光笔、光电阅读器和图像扫描器以及各种传感器等。

键盘是最常用也是最主要的输入设备,通过键盘,可以将英文字母、数字、标点符号等输入计算机中,从而向计算机发出命令、输入数据等。

按照工作原理和按键方式的不同,键盘可以划分为 4 种。

(1) 机械式键盘(Mechanical)采用类似金属接触式开关,工作原理是使触点导通或断开,具有工艺简单、噪声大、易维护的特点,如图 2-1 所示。

(2) 塑料薄膜式键盘(Membrane)内部共分 4 层,实现了无机械磨损。其特点是价格低、噪声低和成本低,已占领市场绝大部分份额,如图 2-2 所示。

（3）导电橡胶式键盘（Conductive Rubber）触点的结构通过导电橡胶相连。键盘内部有一层凸起带电的导电橡胶，每个按键都对应一个凸起，按下时把下面的触点接通。这种类型的键盘是市场上由机械键盘向薄膜键盘的过渡产品，如图2-3所示。

（4）无接点静电电容式键盘（Capacitive）使用类似电容式开关的原理，通过按键改变电极间的距离，引起电容容量改变从而驱动编码器。特点是无磨损且密封性较好，如图2-4所示。

图2-1 机械式键盘

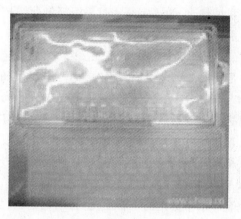

图2-2 塑料薄膜式键盘

图2-3 导电橡胶式键盘

图2-4 无接点静电电容式键盘

键盘的按键数曾出现过83键、93键、96键、101键、102键、104键、107键等。104键的键盘是在101键的键盘的基础上为Windows 9X平台增加了三个快捷键（有两个是重复的）而得到的，所以也被称为Windows 9X键盘。但在实际应用中习惯使用Windows键盘的用户并不多。在某些需要大量输入单一数字的系统中还有一种小型数字输入键盘，基本上就是将标准键盘的小键盘独立出来，以达到缩小体积、降低成本的目的。

按文字输入同时击打按键的数量键盘可分为单键输入键盘、双键输入键盘和多键输入键盘，现在大家常用的键盘属于单键输入键盘，速录机键盘属于多键输入键盘，最新出现的四节输入法键盘属于双键输入键盘。

常规的键盘有机械式按键和电容式按键两种。在工控机键盘中还有一种轻触薄膜按键的键盘。机械式键盘是最早被采用的结构，采用类似金属接触式开关的原理使触点导通或断开,具有工艺简单、维修方便、手感一般、噪声大、易磨损的特点,大部分廉价的机械键盘采用铜片弹簧作为弹性材料,铜片易折且易失去弹性,使用时间一长故障率就会升高,现在已基本被淘汰,取而代之的是电容式键盘。它是基于电容式开关的键盘,原理是通过按键改变电极间的距离产生电容量的变化,暂时形成震荡脉冲允许通过的条件。理论上这种开关是无触点非接触式的,磨损率极小甚至可以忽略不计,也没有接触不良的隐患,具有噪声小、容易控制手感的特点,虽然可以制造出高质量的键盘,但工艺较机械结构复杂。还有一种用于工控机的键盘,为了完全密封采用轻触薄膜按键,只适用于特殊场合。

品牌键盘主要有以下十几种,罗技、戴尔、Microsoft、双飞燕、SUNSEA 日海、DELL、普拉多、金翅膀、新贵、明基、三星、多彩、力胜电子、爱国者、森松尼、技嘉、惠普、现代、雷柏。

鼠标因形似老鼠而得名“鼠标”。“鼠标”的标准称呼应该是“鼠标器”,英文名“Mouse”,全称“橡胶球传动之光栅轮带发光二极管及光敏三极管之晶元脉冲信号转换器”或“红外线散射之光斑照射粒子带发光半导体及光电感应器之光源脉冲信号传感器”。

鼠标按其工作原理的不同可以分为机械鼠标和光电鼠标。

机械式鼠标主要由滚球、辊柱和光栅信号传感器组成。当拖动鼠标时,带动滚球转动,滚球又带动辊柱转动,装在辊柱端部的光栅信号传感器产生的光电脉冲信号反映出鼠标器在垂直和水平方向的位移变化,再通过电脑程序的处理和转换来控制屏幕上光标箭头的移动,如图 2-5 所示。

光电式鼠标器通过检测鼠标器的位移,将位移信号转换为电脉冲信号,再通过程序的处理和转换来控制屏幕上的鼠标箭头的移动。光电鼠标用光电传感器代替了滚球。这类传感器需要特制的、带有条纹或点状图案的垫板配合使用,如图 2-6 所示。

图 2-5　机械式鼠标

图 2-6　光电式鼠标

输出设备将计算机的运算结果或者中间结果打印或显示出来。常用的输出设备有:显示器、打印机、绘图仪等。

显示器(Display)是计算机中必备的输出设备,常用的有阴极射线管显示器、液晶显示器和等离子显示器。阴极射线管显示器(简称 CRT)由于其制造工艺成熟,性能价格比高,在很长一段时间内占据了显示器市场的主导地位。随着液晶显示器(简称 LCD)技术的逐步成熟,LCD 现在在市场上已经占据了主导地位。

CRT 显示器是一种使用阴极射线管(Cathode Ray Tube)的显示器,阴极射线管主要由5 部分组成:电子枪(Electron Gun)、偏转线圈(Deflection coils)、荫罩(Shadow mask)、荧光粉层(Phosphor)和玻璃外壳,如图 2-7 所示。它现在基本上被液晶显示器所淘汰,但在某些领域还在继续使用。CRT 纯平显示器具有可视角度大、无坏点、色彩还原度高、色度均匀、可调节的多分辨率模式、响应时间极短等 LCD 显示器难以超越的优点,而且现在的 CRT 显示器价格要比 LCD 显示器便宜不少。按照不同的标准,CRT 显示器可划分为不同的类型。

　　LCD 显示器即液晶显示屏,优点是机身薄、占地小、辐射小,给人一种健康产品的形象,如图 2-8 所示。但实际情况并非如此,使用液晶显示屏不一定可以保护眼睛,这需要看各人使用计算机的习惯。

图 2-7　CRT 显示器

图 2-8　LCD 显示器

　　LED 显示屏(LED panel):LED 就是 Light Emitting Diode,发光二极管的英文缩写,简称 LED,如图 2-9 所示。它是一种通过控制半导体发光二极管的显示方式,用来显示文字、图形、图像、动画、行情、视频、录像信号等各种信息的屏幕。

　　LED 技术的进步是扩大市场需求及应用的最大推动力。最初,LED 只是作为微型指示灯,在计算机、音响和录像机等高档设备中使用,随着大规模集成电路和计算机技术的不断进步,LED 显示器正在迅速崛起,近年来逐渐扩展到证券行情股票机、数码相机、PDA 以及手机领域。

　　LED 显示器集微电子技术、计算机技术和信息处理于一体,以其色彩鲜艳、动态范围广、亮度高、寿命长、工作稳定可靠等优点,成为最具优势的新一代显示设备,目前,LED 显示器已广泛应用于大型广场、商业广告、体育场馆、信息传播、新闻发布、证券交易等,可以满足不同环境的需要。

　　PDP(Plasma Display Panel,等离子显示器)是采用了近几年来高速发展的等离子平面屏幕技术的新一代显示设备,如图 2-10 所示。

图 2-9　LED 显示屏

图 2-10　等离子显示器

等离子显示技术的成像原理是在显示屏上排列上千个密封的小低压气体室,通过电流激发使其发出肉眼看不见的紫外光,然后紫外光撞击后面玻璃上的红、绿、蓝 3 色荧光体发出肉眼能看到的可见光,以此成像。

等离子显示器的优越性包括:厚度薄、分辨率高、占用空间少且可作为家中的壁挂电视使用,代表了未来电脑显示器的发展趋势。

等离子显示器有以下特点。

1．高亮度、高对比度

等离子显示器具有高亮度和高对比度,对比度达到了 500∶1,完全能满足眼睛需求;亮度也很高,所以其色彩还原性非常好。

2．纯平面图像无扭曲

等离子显示器的 RGB 发光栅格在平面中呈均匀分布,这样就使得图像即使在边缘上也没有扭曲现象的发生。而在纯平 CRT 显示器中,由于在边缘的扫描速度不均匀,很难控制到不失真的水平。

3．超薄设计、超宽视角

由于等离子技术显示原理的关系,使其整机厚度大大低于传统的 CRT 显示器,与 LCD 相比也相差不大,而且能够多位置安放。用户可根据个人喜好,将等离子显示器挂在墙上或摆在桌上,大大节省了空间,既整洁、美观又时尚。

4．具有齐全的输入接口

为配合接驳各种信号源,等离子显示器具备了 DVD 分量接口、标准 VGA/SVGA 接口、S 端子、HDTV 分量接口(Y、Pr、Pb)等,可接收电源、VCD、DVD、HDTV 和电脑等各种信号的输出。

5．环保无辐射

等离子显示器在结构设计上采用了良好的电磁屏蔽措施,其屏幕前置环境也能起到电磁屏蔽和防止红外辐射的作用,对眼睛几乎没有伤害。

6．与 CRT 和 LCD 的对比

等离子显示器比传统的 CRT 显示器具有更高的技术优势,主要表现在以下几个方面。

(1) 等离子显示器的体积小、重量轻、无辐射。

(2) 由于等离子各个发射单元的结构完全相同,因此不会出现显像管常见的图像集合变形的情况。

(3) 等离子屏幕亮度非常均匀,没有亮区和暗区;而传统显像管的屏幕中心总是比四周亮度要高一些。

(4) 等离子不会受磁场的影响,具有更好的环境适应能力。

（5）等离子屏幕不存在聚集的问题。因此，显像管某些区域因聚焦不良或时间已久开始散焦的问题得以解决，不会产生显像管色彩漂移的现象。

（6）表面平直使大屏幕边角处的失真和颜色纯度变化得到彻底的改善，高亮度、大视角、全彩色和高对比度，使等离子图像更加清晰，色彩更加鲜艳，效果更加理想，令传统CRT显示器望尘莫及。

等离子显示器比传统的LCD显示器具有更高的技术优势，主要表现在以下几个方面。

（1）等离子显示亮度高，因此可在明亮的环境之下欣赏大幅画面的影像。

（2）色彩还原性好，灰度丰富，能够提供格外亮丽、均匀平滑的画面。

（3）对迅速变化的画面响应速度快，此外，等离子平而薄的外形也使其优势更加明显。

打印机（Printer）是计算机最基本的输出设备之一。它将计算机的处理结果打印在纸上。打印机按印字方式可分为击打式和非击打式两类。击打式打印机利用机械动作，将字体通过色带打印在纸上，根据印出字体的方式又可分为活字式打印机和点阵式打印机。活字式打印机是把每一个字刻在打字机构上，可以是球形、菊花瓣形、鼓轮形等各种形状。

打印机按工作方式分为点阵打印机、针式打印机、喷墨式打印机、激光打印机等。针式打印机通过打印机和纸张的物理接触来打印字符图形，而后两种通过喷射墨粉来打印字符图形。

点阵式打印机（Dot Matrix Printer）利用打印钢针按字符的点阵打印出字符。如图2-11所示。每一个字符可由 m 行×n 列的点阵组成。一般字符由 $7×8$ 点阵组成，汉字由 $24×24$ 点阵组成。点阵式打印机常用打印头的针数来命名，如9针打印机、24针打印机等。

针式打印机通过打印头中的24根针击打复写纸，从而形成字体，在使用中，用户可以根据需求选择多联纸张，一般常用的多联纸有2联、3联和4联，其中也有使用6联的打印机纸。多联纸一次性打印只有针式打印机能够快速完成，喷墨打印机、激光打印机无法实现多联纸打印，如图2-12所示。

图2-11　点阵式打印机　　　　　图2-12　针式打印机

喷墨式打印机（Ink-jet Printer）使用大量的喷嘴，将墨点喷射到纸张上，如图2-13所示。由于喷嘴的数量较多，且墨点细小，能够做出比撞击式打印机更细致、混合更多种色彩的效果。不单如此，由于墨点喷射的方式不会对色带或印头造成损耗，而且并不需要如针式打印机一般重复打印数遍来做成混色的效果，所以这种技术很适合用来制造高速的彩色打印机。

　　激光打印机(见图 2-14)脱胎于 20 世纪 80 年代末的激光照排技术,流行于 20 世纪 90 年代中期。它是将激光扫描技术和电子照相技术相结合的打印输出设备。其基本工作原理是由计算机传来的二进制数据信息,通过视频控制器转换成视频信号,再由视频接口和控制系统把视频信号转换为激光驱动信号,然后由激光扫描系统产生载有字符信息的激光束,最后由电子照相系统使激光束成像并转印到纸上。较其他打印设备,激光打印机有打印速度快、成像质量高等优点,但使用成本相对较高。

图 2-13　喷墨式打印机　　　　　　　　　　图 2-14　激光打印机

　　绘图仪是一种输出图形的硬拷贝设备,如图 2-15 所示。绘图仪在绘图软件的支持下可绘制出复杂、精确的图形,是各种计算机辅助设计中不可或缺的工具。绘图仪的性能指标主要有绘图笔数、图纸尺寸、分辨率、接口形式及绘图语言等。

　　存储器将输入设备接收到的信息以二进制的数据形式存到存储器中。存储器有两种,分别叫做内存储器和外存储器。

　　外存储器的种类很多,按其用途不同可分为主存储器和辅助存储器,主存储器又称内存储器(简称内存),辅助存储器又称外存储器(简称外存)。

　　内存又称为内存储器或者主存储器,如图 2-16 所示是计算机中的主要部件,它是相对于外存而言的。内存的质量好坏与容量大小会影响计算机运行速度的快慢。

图 2-15　绘图仪　　　　　　　　　　　图 2-16　内存储器

　　微型计算机的内存储器是由半导体器件构成的。从使用功能上分,有随机存储器(Random Access Memory,RAM),又称读写存储器;只读存储器(Read Only Memory,ROM)。

1. 随机存储器(Random Access Memory)

　　RAM 有以下特点:可以读出,也可以写入。读出时并不损坏原来存储的内容,只有写入时才修改原来所存储的内容。断电后,存储内容立即消失,即具有易失性。RAM 可分为动态(Dynamic RAM)和静态(Static RAM)两大类。DRAM 的特点是集成度高,主要用于大容量内存储器;SRAM 的特点是存取速度快,主要用于高速缓冲存储器。

2. 只读存储器(Read Only Memory)

ROM 是只读存储器。顾名思义,它的特点是只能读出原有的内容,不能由用户再写入新的内容。原来存储的内容是采用掩膜技术由厂家一次性写入的,并永久保存下来。它一般用来存放专用的、固定的程序和数据,不会因断电而丢失。

外储存器是指除计算机内存及 CPU 缓存以外的存储器,此类存储器一般断电后仍然能保存数据。常见的外储存器有硬盘、软盘、光盘、U 盘等。

硬盘是电脑主要的存储媒介之一,由一个或者多个铝制或者玻璃制的碟片组成。这些碟片外覆盖有铁磁性材料。绝大多数硬盘都是固定硬盘,被永久性地密封固定在硬盘驱动器中。如图 2-17 所示。

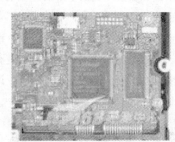

硬盘内部结构

图 2-17　硬盘

软盘(Floppy Disk)是个人计算机(PC)中最早使用的可移动存储介质。软盘的读写是通过软盘驱动器完成的。软盘的形状如图 2-18 所示。软盘驱动器能接收可移动式软盘,目前常用的就是容量为 1.44MB 的 3.5 英寸软盘。软盘存取速度慢,容量也小,但可装可卸、携带方便。作为一种可移储存方法,它适用于那些需要被物理移动的小文件的存储。

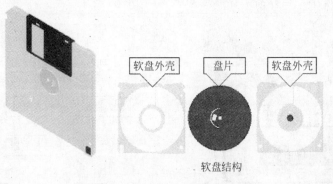

软盘结构

图 2-18　软盘

光盘以光信息作为存储物的载体,如图 2-19 所示。它是用来存储数据的一种物品,分为:不可擦写光盘,如 CD-ROM、DVD-ROM 等;可擦写光盘,如 CD-RW、DVD-RAM 等。

光盘结构

图 2-19　光盘

U 盘全称"USB 闪存盘",英文名"USB flash disk",如图 2-20 所示。它是一个具有 USB 接口的无须物理驱动器的微型高容量移动存储产品,可以通过 USB 接口与电脑连接,实现即插即用的功能。U 盘的称呼最早来源于朗科公司生产的一种新型存储设备,名曰"优盘",使用 USB 接口进行连接。USB 接口连到电脑的主机后,U 盘的资料可与电脑交换。之后应用类似技术生产的设备由于朗科已进行专利注册,不能再称之为"优盘",而改称为谐音的 U 盘。后来 U 盘这个称呼因其简单易记而广为人知,而直到现在这两者已经通用,并不再对它们作区分,都是移动存储设备之一。

运算器由算术逻辑单元(ALU)、累加器、状态寄存器、通用寄存器组等组成。算术逻辑运算单元(ALU)的基本功能为加、减、乘、除四则运算,与、或、非、异或等逻辑操作,以及移位、求补等操作。计算机运行时,运算器的操作和操作种类由控制器决定。运算器处理的数据来自存储器,处理后的数据通常送回存储器,或暂时寄存在运算器中。运算器与 Control Unit 共同组成了 CPU 的核心部分。

运算器能执行多少种操作和操作速度的高低,标志着运算器能力的强弱,甚至标志着计算机本身的能力。运算器最基本的操作是加法。一个数与零相加,等于简单地传送这个数。将一个数的代码求补,与另一个数相加,相当于从后一个数中减去前一个数。将两个数相减可以比较它们的大小。运算器工作原理如图 2-21 所示。

图 2-20　U 盘

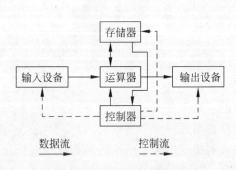

图 2-21　运算器工作原理

左右移位是运算器的基本操作。在有符号的数中,符号不动而只移动数据位,称为算术移位。若数据连同符号的所有位一齐移动,称为逻辑移位。若将数据的最高位与最低位连接进行逻辑移位,称为循环移位。

运算器的逻辑操作可将两个数据按位进行与、或、异或操作,以及将一个数据的各位求非。有的运算器还能进行二值代码的 16 种逻辑操作。

乘、除法操作较为复杂,很多计算机的运算器能直接完成这些操作。乘法操作是以加法操作为基础的,由乘数的一位或几位译码控制,逐次产生部分积,部分积相加得乘积。除法则又常以乘法为基础,即选定若干因子乘以除数,使它近似为 1,这些因子乘被除数则得商。没有执行乘法、除法硬件的计算机可用程序实现乘、除,但速度慢得多。有的运算器还能执行在一批数中寻求最大数,对一批数据连续执行同一种操作,求平方根等复杂操作。

控制器是计算机的指挥中心,决定执行程序的顺序,给出执行指令时机器各部件需要的操作控制命令。它由程序计数器、指令寄存器、指令译码器、时序产生器和操作控制器组成,是发布命令的"决策机构",即完成协调和指挥整个计算机系统的操作。

指令寄存器:用以保存当前执行或即将执行的指令的一种寄存器。指令内包含有确定操作类型的操作码和指出操作数来源或去向的地址。指令长度随不同计算机而异,指令寄存器的长度也随之而异。计算机的所有操作都是通过分析存放在指令寄存器中的指令后再执行的。指令寄存器的输入端接收来自存储器的指令,指令寄存器的输出端分为两部分。操作码部分送到译码电路进行分析,指出本指令该执行何种类型的操作;地址部分送到地址加法器生成有效地址后再送到存储器,作为取数或存数的地址。存储器可以指主存、高速缓存或寄存器栈等,用来保存当前正在执行的一条指令。当执行一条指令时,先把它从内存传送到数据寄存器(DR)中,然后再传送至 IR。指令划分为操作码和地址码字段,由二进制数字组成。为了能执行任何给定的指令,必须对操作码进行测试,以便识别出所要求的操作,指令译码器就是做这项工作的。指令寄存器中操作码字段的输出就是指令译码器的输入。操作码一经译码后,即可向操作控制器发出具体操作的特定信号。

程序计数器:指明程序中下一次要执行的指令地址的一种计数器,又称为指令计数器。它兼有指令地址寄存器和计数器的功能。当一条指令执行完毕的时候,程序计数器作为指令地址寄存器,其内容必须已经改变成下一条指令的地址,从而使程序得以持续运行。为此可采取以下两种办法。

第一种办法是在指令中包含下一条指令的地址。在指令执行过程中将这个地址送入指令地址寄存器即可达到程序持续运行的目的。这个方法适用于早期以磁鼓、延迟线等串行装置作为主存储器的计算机。根据本条指令的执行时间恰当地决定下一条指令的地址,就可以缩短读取下一条指令的等待时间,从而达到提高程序运行速度的效果。

第二种办法是顺序执行指令。一个程序由若干个程序段组成,每个程序段的指令可以设计成顺序地存放在存储器之中,所以只要指令地址寄存器兼有计数功能,在执行指令的过程中进行计数,自动加一个增量,就可以形成下一条指令的地址,从而达到顺序执行指令的目的。这个办法适用于以随机存储器作为主存储器的计算机。当程序的运行需要从一个程序段转向另一个程序段时,可以利用转移指令来实现。转移指令中包含了即将转去的程序段入口指令的地址。执行转移指令时将这个地址送入程序计数器(此时只作为指令地址寄存器,不计数)作为下一条指令的地址,从而达到转移程序段的目的。子程序的调用、中断和陷阱的处理等都用类似的方法。在随机存储器普及以后,第二种办法的整体运行效果大大优于第一种办法,因而顺序执行指令已经成为主流计算机普遍采用的办法,程序计数器就成了中央处理器不可或缺的一个控制部件。

CPU 内的每个功能部件都完成一定的特定功能。信息在各部件之间传送及数据的流动控制部件功能的实现。通常把许多数字部件之间传送信息的通路称为数据通路。信息从什么地方开始传送,中间经过哪个寄存器或多路开关,最后传到哪个寄存器,都要加以控制。在各寄存器之间建立数据通路的任务,是由被称为操作控制器的部件来完成的。

操作控制器的功能就是根据指令操作码和时序序号,产生各种操作控制信号,以便正确地建立数据通路,从而完成对读取指令和执行指令的控制。

2.1.2　计算机软件系统

计算机软件系统指程序及有关程序的技术文档资料。包括计算机本身运行所需要的系统软件、各种应用程序和用户文件等。软件是用来指挥计算机具体工作的程序和数据,是整个计算机的灵魂。

只有硬件没有软件的计算机不能正常工作。可以说硬件是载体,软件是灵魂,因此计算机运行是在软件和硬件的有机配合下进行的。计算机软件可分为系统软件和应用软件两大类。

1. 系统软件

系统软件是指控制和协调计算机及外部设备,支持应用软件开发和运行的系统,是无须用户干预的各种程序的集合,主要功能是调度、监控和维护计算机系统,负责管理计算机系统中各种独立的硬件,使得它们可以协调工作。系统软件使得计算机使用者和其他软件将计算机当作一个整体而不需要顾及底层每个硬件是如何工作的。它一般包括以下 5 类。

(1) 操作系统(Operating System)

在计算机软件中最重要且最基本的就是操作系统(OS)。它是最底层的软件,它控制所有计算机运行的程序并管理整个计算机的资源,是计算机裸机与应用程序及用户之间的桥梁。没有它,用户也就无法使用某种软件或程序。

常见的操作系统有 DOS、Windows、UNIX、Linux 等。

① DOS 系统。DOS 是英文 Disk Operating System 的缩写,意思是"磁盘操作系统"。DOS 是个人计算机上的一类操作系统。从 1981 年直到 1995 年的 15 年间,DOS 在 IBM PC 兼容机市场中占有举足轻重的地位。而且,若是把部分以 DOS 为基础的 Microsoft Windows 版本,如 Windows 95、98 和 Me 等都算进去的话,那么其商业寿命至少可以到 2000 年。现逐渐被 Windows 系统替代。

② Windows 系统。随着电脑硬件和软件系统的不断升级,微软的 Windows 操作系统也在不断升级,从 16 位、32 位到 64 位操作系统。从最初的 Windows 1.0 到大家熟知的 Windows 95、NT、97、98、2000、Me、XP、Server、Vista、Windows 7,微软一直在致力于 Windows 操作的开发和完善。

③ UNIX 系统。UNIX 操作系统是美国 AT&T 公司于 1971 年在 PDP-11 上运行的操作系统。具有多用户、多任务的特点,支持多种处理器架构,最早由肯·汤普逊(Kenneth Lane Thompson)、丹尼斯·里奇(Dennis Mac Alistair Ritchie)和 Douglas McIlroy 于 1969 年在 AT&T 的贝尔实验室开发。

④ Linux 系统。Linux 是一类 UNIX 计算机操作系统的统称。Linux 操作系统的内核的名字也是 Linux。Linux 操作系统也是自由软件和开放源代码发展中最著名的例子。严格来讲，Linux 这个词本身只表示 Linux 内核，但实际上人们已经习惯了用 Linux 来形容整个基于 Linux 内核，并且使用 GNU 工程各种工具和数据库的操作系统。Linux 得名于计算机业余爱好者 Linus Torvalds。

（2）程序语言设计

计算机解题的一般过程是：用户用计算机语言编写程序，输入计算机，然后由计算机将其翻译成机器语言，在计算机上运行后输出结果。程序设计语言的发展经历了 5 代——机器语言、汇编语言、高级语言、非过程化语言和智能语言。

（3）语言处理程序

计算机只能直接识别和执行机器语言，因此要在计算机上运行高级语言程序就必须配备程序语言的翻译程序，翻译程序本身是一组程序，不同的高级语言都有相应的翻译程序。

（4）数据库管理程序

数据库管理系统是一种操纵和管理数据库的大型软件，用于建立、使用和维护数据库。

（5）系统辅助处理程序

系统辅助处理程序也称为"软件研制开发工具"、"支持软件"、"软件工具"，主要有编辑程序、调试程序、装备和连接程序、调试程序。

2. 应用软件

应用软件是用户根据工作的需要，为解决某种问题而编写的一些软件。随着计算机技术的发展，应用软件的种类、数量越来越多，解决问题的方法也越来越简单，如办公软件 Office 系列、动画制作软件 Flash 等。

2.1.3　计算机的主要性能指标

一台微型计算机功能的强弱或性能的好坏，不是由某项指标来决定的，而是由它的系统结构、指令系统、硬件组成、软件配置等多方面的因素综合决定的。但对于大多数普通用户来说，可以从以下几个指标来大体评价计算机的性能。

1. 运算速度

运算速度是衡量计算机性能的一项重要指标。通常所说的计算机运算速度（平均运算速度），是指每秒钟所能执行的指令条数，一般用"百万条指令/秒"（Million Instruction Per Second，MIPS）来描述。同一台计算机，执行不同的运算所需时间可能不同，因而对运算速度的描述常采用不同的方法。常用的有 CPU 时钟频率（主频）、每秒平均执行指令数（IPS）等。微型计算机一般采用主频来描述运算速度，例如，Pentium 133 的主频为 133MHz，Pentium Ⅲ 800 的主频为 800MHz，Pentium 4 1.5GHz 的主频为 1.5GHz。一般说来，主频越高，运算速度就越快。

2. 字长

一般说来，计算机在同一时间内处理的一组二进制数称为一个计算机的"字"，而这组二进制数的位数就是"字长"。在其他指标相同时,字长越大计算机处理数据的速度就越快。早期的微型计算机的字长一般是 8 位和 16 位。目前 586 处理器(Pentium、Pentium Pro、Pentium Ⅱ、Pentium Ⅲ、Pentium 4)大多是 32 位,现在的大多数计算机都装了 64 位的处理器。

3. 内存储器的容量

内存储器,也简称主存,是 CPU 可以直接访问的存储器,需要执行的程序与需要处理的数据都是存放在主存中的。内存储器容量的大小反映了计算机即时存储信息能力的强弱。随着操作系统的升级,应用软件的不断丰富及其功能的不断扩展,人们对计算机内存容量的需求也不断提高。目前,运行 Windows 95 或 Windows 98 操作系统至少需要 16MB 的内存容量,Windows XP 则需要 128MB 以上的内存容量。内存容量越大,系统功能就越强大,能处理的数据量就越庞大。

4. 外存储器的容量

外存储器的容量通常是指硬盘容量(包括内置硬盘和移动硬盘)。外存储器容量越大,可存储的信息就越多,可安装的应用软件就越丰富。目前,硬盘容量一般为 10GB 至 60GB,有的甚至已达到 120GB。

以上只是一些主要的性能指标。除了上述这些主要性能指标外,微型计算机还有其他一些指标,例如,所配置外围设备的性能指标以及所配置系统软件的情况等。另外,各项指标之间也不是彼此孤立的,在实际应用时,应该把它们综合起来考虑,而且还要遵循"性能价格比"的原则。

2.2　实训 2:计算机工作原理

设定目标

◆ 了解计算机的指令系统;
◆ 理解计算机的基本工作原理;
◆ 理解程序设计的基本理念。

2.2.1　计算机基本工作原理

计算机的基本工作原理是存储程序和程序控制,如图 2-22 所示。预先要把指挥计算机如何进行操作的指令序列(称为程序)和原始数据通过输入设备输送到计算机内存储器中。每一条指令中明确规定了计算机从哪个地址取数,进行什么操作,然后送到什么地址去等步骤。

计算机的工作原理就是存储程序和程序控制。也就是说计算机工作原理是"存储程序控制"原理。"存储程序控制"原理是 1946 年由美籍匈牙利数学家冯·诺依曼提出来的,所以又称为"冯诺依曼原理"。该原理确立了现代计算机的基本工作方式,直到现在,计算机的设计与制造依然沿着"冯诺依曼体系结构"。

下面介绍"存储程序控制"原理的基本内容。

(1) 采用二进制形式表示数据和指令。

（2）将程序（数据和指令序列）预先存放在主存储器中（程序存储），使计算机在工作时能够自动高速地从存储器中取出指令，并加以执行（程序控制）。

（3）运算器、控制器、存储器、输入设备、输出设备 5 大基本部件组成计算机硬件体系。

下面通过计算机对两个数相减的简单计算为例，来说明计算机的工作过程。

（1）启动计算机，将程序和数据通过输入设备送入存储器。

（2）在控制器的控制下，按程序自动操作如下：

① 从存储器指定单元取出被减数并送到运算器；

② 从存储器的所在单元取出减数，并送到运算器进行减法运算，在运算器中得到运算结果；

③ 将运算结果送至存储器指定单元。

（3）由输出设备将结果打印到纸上或显示出来。

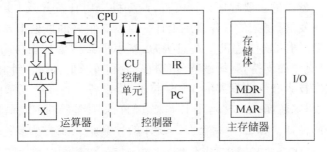

图 2-22　计算机的基本工作原理

2.2.2　计算机的指令系统

计算机指令系统就是计算机所能执行的全部指令的集合，它描述了计算机内全部的控制信息和"逻辑判断"能力。不同计算机的指令系统包含的指令种类和数目也不同。一般均包含算术运算型、逻辑运算型、数据传送型、判定和控制型、输入和输出型等指令。指令系统是表征一台计算机性能的重要因素，它的格式与功能不仅直接影响到机器的硬件结构，而且也直接影响到系统软件，影响到机器的适用范围。

一条指令就是机器语言的一个语句，它是一组有意义的二进制代码，指令的基本格式是操作码字段和地址码字段，其中操作码指明了指令的操作性质及功能，地址码则给出了操作数或操作数的地址。

各计算机公司设计生产的计算机，其指令的数量与功能、指令格式、寻址方式、数据格式都有差别，即使是一些常用的基本指令，如算术逻辑运算指令、转移指令等也是各不相同的。因此，尽管各种型号计算机的高级语言基本相同，但将高级语言程序（例如 Fortran 语言程序）编译成机器语言后，其差别也是很大的。因此把用机器语言表示的程序移植到其他机器上去几乎是不可能的。从计算机的发展过程已经看到，由于构成计算机的基本硬件发展迅速，计算机的更新换代是很快的，这就存在软件如何跟上的问题。大家知道，一台新机器推出交付使用时，仅有少量系统软件可提交给用户，大量软件是不断充实的，尤其是应用软件，有相当一部分是用户在使用机器时不断产生的，这就是所谓的第三方提供的软件。

为了缓解新机器的推出与原有应用程序的继续使用之间的矛盾，1964 年在设计 IBM

360 计算机时采用了系列机思想,较好地解决了这一问题。从此以后,各个计算机公司生产的同一系列的计算机尽管其硬件实现方法可以不同,但指令系统、数据格式、I/O 系统等保持相同,因而软件完全兼容(在此基础上,产生了兼容机)。当研制该系列计算机的新型号或高档产品时,尽管指令系统可以有较大的扩充,但仍保留了原来的全部指令,保持软件向上兼容的特点,即低档机或旧机型上的软件不加修改即可在比它高档的新机器上运行,以保护用户在软件上的投资。

回顾计算机的发展历史,指令系统的发展经历了从简单到复杂的演变过程。早在 20 世纪 50～60 年代,计算机大多数由分立元件的晶体管或电子管组成,其体积庞大,价格也很昂贵,因此计算机的硬件结构比较简单,所支持的指令系统也只有十几至几十条最基本的指令,而且寻址方式简单。到 20 世纪 60 年代中期,随着集成电路的出现,计算机的功耗、体积、价格等不断下降,硬件功能不断增强,指令系统也越来越丰富。在 20 世纪 70 年代,高级语言已成为大、中、小型机的主要程序设计语言,计算机应用日益普及。由于软件的发展超过了软件设计理论的发展,复杂的软件系统设计一直没有很好的理论指导,导致软件质量无法保证,从而出现了所谓的软件危机。人们认为,缩小机器指令系统与高级语言语义的差距,为高级语言提供更多的支持,是缓解软件危机有效和可行的办法。计算机设计者利用当时已经成熟的微程序技术和飞速发展的 VLSI 技术,增设各种各样的复杂的、面向高级语言的指令,使指令系统越来越庞大。这是几十年来人们在设计计算机时,保证和提高指令系统有效性传统的想法和做法。按这种传统方法设计的计算机系统称为复杂指令系统计算机(Complex SetInstruction Computer,CISC)。

RISC 是一种计算机体系结构的设计思想,是近代计算机体系结构发展史中的一个里程碑。然而,直到现在,RISC 还没有一个确切的定义。20 世纪 90 年代初,IEEE 的 Michael Slater 对 RISC 的定义做了如下描述:RISC 处理器所设计的指令系统应使流水线处理能高效率的执行,并使优化编译器能生成优化代码。

计算机的指令格式与机器的字长、存储器的容量及指令的功能都有很大的关系。从便于程序设计、增加基本操作并行性、提高指令功能的角度来看,指令中应包含多种信息。但在有些指令中,由于部分信息可能无用,这将浪费指令所占的存储空间,并增加了访存次数,也许反而会影响速度。因此,如何合理、科学地设计指令格式,使指令既能给出足够的信息,又使其长度尽可能地与机器的字长相匹配,以节省存储空间,缩短取指时间,提高机器的性能,这是指令格式设计中的一个重要问题。

计算机是通过执行指令来处理各种数据的。为了指出数据的来源、操作结果的去向及所执行的操作,一条指令必须包含下列信息。

(1) 操作码。它具体说明了操作的性质及功能。一台计算机可能有几十条至几百条指令,每一条指令都有一个相应的操作码,计算机通过识别该操作码来完成不同的操作。

(2) 操作数的地址。CPU 通过该地址就可以取得所需的操作数。

(3) 操作结果的存储地址。把对操作数的处理所产生的结果保存在该地址中,以便再次使用。

(4) 下条指令的地址。执行程序时,大多数指令按顺序依次从主存中取出执行,只有在遇到转移指令时,程序的执行顺序才会改变。为了压缩指令的长度,可以用一个程序计数器(Program Counter,PC)存放指令地址。每执行一条指令,PC 的指令地址就自动加1(设该指令只占一个主存单元),指出将要执行的下一条指令的地址。当遇到执行转移指令时,则用转移地址修改 PC 的内容。由于使用了 PC,指令中就不必明显地给出下一条将要执行的指令的地址。

指令系统一般都包括以下几大类指令:

- 数据传送类指令。
- 运算类指令,包括算术运算指令和逻辑运算指令。
- 程序控制类指令,主要用于控制程序的流向。
- 输入输出类指令,简称 I/O 指令,这类指令用于主机与外设之间交换信息。

一条指令实际上包括两种信息,即操作码和地址码。操作码(Operation Code,OP)用来表示该指令所要完成的操作(如加、减、乘、除、数据传送等),其长度取决于指令系统中的指令条数。地址码用来描述该指令的操作对象,它或者直接给出操作数,或者指出操作数的存储器地址或寄存器地址(即寄存器名)。

指令包括操作码域和地址域两部分。根据地址域所涉及的地址数量,常见的指令格式有以下几种。

(1) 三地址指令:一般地址域中 A1、A2 分别确定第一、第二操作数地址,A3 确定结果地址。下一条指令的地址通常由程序计数器按顺序给出。

(2) 二地址指令:地址域中 A1 确定第一操作数地址,A2 同时确定第二操作数地址和结果地址。

(3) 单地址指令:地址域中 A 确定第一操作数地址。固定使用某个寄存器存放第二操作数和操作结果。因而在指令中隐含了它们的地址。

(4) 零地址指令:在堆栈型计算机中,操作数一般存放在下推堆栈顶的两个单元中,结果又放入栈顶,地址均被隐含,因而大多数指令只有操作码域而没有地址域。

(5) 可变地址数指令:地址域所涉及的地址的数量随操作的定义而改变。如有的计算机中的指令地址数可少至 0 个,多至 6 个。

2.2.3　程序设计概述

程序设计是给出解决特定问题程序的过程,是软件构造活动中的重要组成部分。程序设计往往以某种程序设计语言为工具,给出这种语言下的程序。程序设计过程应当包括分析、设计、编码、测试、排错等不同阶段。专业的程序设计人员常被称为程序员。

程序设计(Programming)是指设计、编制、调试程序的方法和过程。它是目标明确的智力活动。由于程序是软件的本体,软件的质量主要通过程序的质量来体现,在软件研究中,程序设计的工作非常重要,内容涉及有关的基本概念、工具、方法以及方法学等。程序设计通常分为问题建模,算法设计,代码编写,编译调试和整理并写出文档资料 5 个阶段。

按照结构性质不同,有结构化程序设计与非结构化程序设计之分。前者是指具有结构性的程序设计方法与过程。它具有由基本结构构成复杂结构的层次性,后者反之。按照用户的要求,有过程式程序设计与非过程式程序设计之分。前者是指使用过程式程序设计语言的程序设计,后者指非过程式程序设计语言的程序设计。按照程序设计的成分性质,有顺序程序设计、并发程序设计、并行程序设计、分布式程序设计之分。按照程序设计风格,有逻辑式程序设计、函数式程序设计语言、对象式程序设计之分。

程序设计的基本概念有程序、数据、子程序、子例程、协同例程、模块以及顺序性、并发性、并行性和分布性等。程序是程序设计中最为基本的概念,子程序和协同例程都是为了便于进行程序设计而建立的程序设计的基本单位,顺序性、并发性、并行性和分布性反映程序的内在特性。

程序设计规范是进行程序设计的具体规定。程序设计是软件开发工作的重要部分,而软件开发是工程性的工作,所以要有规范。语言影响程序设计的功效以及软件的可靠性、易读性和易维护性。专用程序为软件人员提供了合适的环境,便于进行程序设计工作。

2.3 实训3:计算机中的信息表示

设定目标

◆ 掌握数制之间的转换;

◆ 理解计算机中的信息编码;

◆ 掌握五笔字型输入汉字方法。

2.3.1 数制及其转换

在计算机的数制和信息表示中,数据是计算机处理的对象。在计算机内部,各种信息都必须经过数字化编码后才能被传送、存储和处理,而在计算机中采用什么记数制,如何表示数的正负和大小,是学习计算机首先遇到的一个重要问题。由于技术原因,计算机内部一律采用二进制,而人们在编制中经常使用十进制,有时为了方便还采用八进制和十六进制。

在采用进位记数的数字系统中,如果只用 r 个基本符号表示数值,则称其为 r 进制(Radix-r number System),r 称为该数制的基数(Radix)。对于不同的进制,它们的共同特点是:

每一种数制都有固定的符号集。例如,十进制数制的基本符号有 10 个($0,1,2,\cdots,9$),二进制数制的基本符号有两个(0 和 1)。

每一种数制都是用位置表示法来表示的。即处于不同位置的数符所代表的值不同,与它所在位置的权值有关。

对任何一种进位记数制表示的数都可以写成按权展开的多项式之和,任意一个 r 进制数 N 可表示为

$$N_r = \sum_{i=m-1}^{k} D_i \times r^i$$

其中,D_i 为该数制采用的基本数符,r^i 是权,r 是基数。例如,十进制数 12345.67 可表示为

$$12345.67 = 1 \times 10^4 + 2 \times 10^3 + 3 \times 10^2 + 4 \times 10^1 + 5 \times 10^0 + 6 \times 10^{-1} + 7 \times 10^{-2}$$

计算机中常用的进位数制的表示方法如表 2-1 所示。

表 2-1 计算机中常用的进位数制的表示

进位制	二进制	八进制	十进制	十六进制
规则	逢 2 进 1	逢 8 进 1	逢 10 进 1	逢 16 进 1
基数	$r=2$	$r=8$	$r=10$	$r=16$
数符	0,1	$0,1,2,\cdots,7$	$0,1,2,\cdots,9$	$0,1,2,\cdots,9,a/A,b/B,\cdots,f/F$
权	2^i	8^i	10^i	16^i
表示符	B	O	D	H

各种数制之间相互转换的方法如下。

二进制数转换成十进制数的方法是：将二进制数的每一位乘以它的权，然后相加，即可求得对应的十进制数值。

例如，把二进制数 100110.101 转换成相应的十进制数：

$$(100110.101)_2 = 1 \times 2^5 + 0 \times 2^4 + 0 \times 2^3 + 1 \times 2^2 + 1 \times 2^1 + 0 \times 2^0 + 1 \times 2^{-1}$$
$$+ 0 \times 2^{-2} + 1 \times 2^{-3} = 38.625$$

将十进制数转换成二进制数时，整数部分和小数部分分别转换，然后合并。十进制整数转换为二进制整数的方法是"除以2取余"；十进制小数转换为二进制小数的方法是"乘以2取整"。具体步骤可参看相关书籍，在此不再详述。

十进制数转换成二进制数还有一种简便的方法：把一个十进制数写成按二进制数权的大小展开的多项式，按权值从高到低依次取各项的系数就可得到相应的二进制数。

例如，把十进制数 175.71875 转换为相应的二进制数：

$$(175.71875)_{10} = 2^7 + 2^5 + 2^3 + 2^2 + 2^1 + 2^0 + 2^{-1} + 2^{-3} + 2^{-4} + 2^{-5} = (10101111.10111)_2$$

十进制数转换为八进制数的方法是：对于十进制整数采用"除以8取余"的方法转换为八进制整数；对于十进制小数则采用"乘以8取整"的方法转换为八进制小数。

二进制数转换成八进制数的方法是：从小数点起，把二进制数每3位分成一组，然后写出每一组的等值八进制数，顺序排列起来就得到所要求的八进制数。

同理，将一位八进制数用3位二进制数表示，就可以直接将八进制数转换成二进制数。

二进制数、八进制数和十六进制数之间的对应关系如表2-2所示。

表 2-2 二进制数、八进制数和十六进制数之间的对应关系

二进制	八进制	二进制	十六进制
000	0	0000	0
001	1	0001	1
010	2	0010	2
011	3	0011	3
100	4	0100	4
101	5	0101	5
110	6	0110	6
111	7	0111	7
		1000	8
		1001	9
		1010	a/A
		1011	b/B
		1100	c/C
		1101	d/D
		1110	e/E
		1111	f/F

例如，把二进制数 10101111.10111 转换为相应的八进制数：

$$(10\ 101\ 111.101\ 11)_2 = (257.56)_8$$

十进制数转换为十六进制数的方法是：十进制整数部分"除以16取余"，十进制数的小

数部分"乘以 16 取整",进行转换。

二进制数转换成十六进制的方法是:从小数点起,把二进制数每 4 位分成一组,然后写出每一组的等值十六进制数,顺序排列起来就得到所要求的十六进制数。

例如,把二进制数 10101111.10111 转换为相应的十六进制数:

$$(1010\ 1111.1011\ 1)_2 = (AF.B8)_{16}$$

2.3.2　计算机中信息的编码

在计算机中使用的字符主要有英文字母、标点符号、运算符号等,这些所有的字符也是以二进制的形式表示的,但是和数值不一样,字符与二进制之间没有必然的对应关系。这些字符的二进制编码只能是人为编制的,目前的二进制编码有多种,如国际标准代码组织的编码 ISO、美国国际商业机器公司(IBM 公司)的扩充二-十进制编码 EBCDIC 等。现在使用最普遍的编码是美国国家标准信息交换码即 ASCII 码(American National Standard Code for Information Interchange)。ASCII 码是用 7 位二进制数进行编码的,能表示 $2^7 = 128$ 个字符,这些字符包括 26 个英文字母(大小写)、0~9 十个阿拉伯数字、32 个专用符号(!、#、$、%、^、*、(,)、<、>等)、34 个控制字符。如表 2-3 所示。例如,英文字母 A 的 ASCII 编码是 1000001,a 的 ASCII 编码是 1100001,数字 0 的 ASCII 编码是 110001。需要注意的是,在 ASCII 码表中字符的顺序是按 ASCII 码值从小到大排列的,这样便于记住常用字符的 ASCII 码值。为了便于记忆,也可以记住相应的 ASCII 码十进制值或十六进制值。

表 2-3　ASCII 码字符表

低 4 位 ＼ 高 3 位	000	001	010	011	100	101	110	111
0000	NUL	DEL	SP	0	@	P	.	p
0001	SOH	DC1	!	1	A	Q	a	q
0010	STX	DC2	"	2	B	R	b	r
0011	ETX	DC3	#	3	C	S	c	s
0100	DOT	DC4	$	4	D	T	d	t
0101	ENG	NAK	%	5	E	U	e	u
0110	ACK	SYN	&	6	F	V	f	v
0111	BEL	ETB	'	7	G	W	g	w
1000	BS	CAN	(	8	H	X	h	x
1001	HT	EM	)	9	I	Y	I	y
1010	LF	SUB	*	:	J	Z	j	z
1011	VT	ESC	+	;	K	[	k	{
1100	FF	FS	,	<	L	\	l		
1101	CR	GS	—	=	M	]	m	}
1110	SO	RS	.	>	N	↑	n	~
1111	SI	US	/	?	O	↓	o	DEL

计算机中汉字的表示也是用二进制编码,同样是人为编码的。根据应用目的的不同,汉字编码分为外码、交换码、机内码和字形码。

1．外码（输入码）

外码也叫输入码，是用来将汉字输入到计算机中的一组键盘符号。英文字母只有 26 个，可以把所有的字符都放到键盘上，而使用这种办法把所有的汉字都放到键盘上是不可能的。所以汉字系统需要有自己的输入码体系，使汉字与键盘能建立对应的关系。目前常用的输入码有拼音码、五笔字型码、自然码、表形码、认知码、区位码和电报码等，一种好的编码应有编码规则简单、易学好记、操作方便、重码率低、输入速度快等优点，每个人可根据自己的需要进行选择。在后面的章节中将重点介绍智能全拼输入法和五笔字型输入法。

2．交换码

计算机内部处理的信息都是用二进制代码表示的，汉字也不例外。而二进制代码使用起来是不方便的，于是需要采用信息交换码。我国标准总局 1981 年制定了中华人民共和国国家标准 GB 2312—80《信息交换用汉字编码字符集—基本集》，即国标码。国标码字符集中收集了常用汉字和图形符号 7445 个，其中图形符号 682 个，汉字 6763 个，按照汉字的使用频率分为两级，第一级为常用汉字 3755 个，第二级为次常用汉字 3008 个。为了避开 ASCII 字符中的不可打印字符 0100001～1111110（十六进制为 21～7E），国标码表示汉字的范围为 2121～7E7E（十六进制）。

区位码是国标码的另一种表现形式，把国标 GB 2312—80 中的汉字、图形符号组成一个 94×94 的方阵，分为 94 个"区"，每区包含 94 个"位"，其中"区"的序号由 01 至 94，"位"的序号也是从 01 至 94。94 个区中位置总数为 94×94＝8836 个，其中 7445 个汉字和图形字符中的每一个占一个位置后，还剩下 1391 个空位，这 1391 个位置空下来保留备用。所以给定"区"值和"位"值，用 4 位数字就可以确定一个汉字或图形符号，其中前两位是"区"号。后两位是"位"号，如"普"字的区位码是"3853"，"通"字的区位码是"4508"。区位码编码的最大优点是没有重码，但由于编码缺少规律，很难记忆。使用区位码的主要目的是为了输入一些中文符号或无法用其他输入法输入的汉字、制表符以及日语字母、俄语字母、希腊字母等。94 个区可以分为 5 组。

01～15 区：是各种图形符号、制表符和一些主要国家的语言字母，其中 01～09 区为标准符号区，共有 682 个常用符号。

10～15 区：是自定义符号区，可留作用户自己定义。

16～55 区：是一级汉字区，共有 3755 个常用汉字，以拼音为序排列。

56～87 区：是二级汉字区，共有 3008 个次常用汉字，以部首为序排列。

88～94 区：是自定义汉字区，可留作用户自己定义。

3．机内码

根据国标码的规定，每一个汉字都有了确定的二进制代码，但是这个代码在计算机内部处理时会与 ASCII 码发生冲突，为解决这个问题，把国标码的每一个字节的首位上加 1。由于 ASCII 码只用 7 位，所以，这个首位上的"1"就可以作为识别汉字代码的标志，计算机在处理到首位是"1"的代码时把它理解为是汉字的信息，在处理到首位是"0"的代码时把它理解为是 ASCII 码。经过这样处理后的国标码就是机内码。汉字的机内码、国际码和区位码之间的关系是：

$$(汉字机内码前两位)16＝(国标码前两位)16＋80H＝(区码)16＋A0H$$

$$(汉字机内码后两位)16＝(国标码后两位)16＋80H＝(区码)16＋A0H$$

把用十六进制表示的机内码的前两位和机内码的后两位连起来，就得到完整的用十六进制表示的机内码。在微机内部汉字代码都用机内码，在磁盘上记录汉字代码也使用机内码。

4．汉字的字形码

字形码是汉字的输出码，输出汉字时都采用图形方式，无论汉字的笔画多少，每个汉字都可以写在同样大小的方块中。为了能准确地表达汉字的字形，对于每一个汉字都有相应的字形码，目前大多数汉字系统中都以点阵的方式来存储和输出汉字的字形。所谓点阵就是将字符(包括汉字图形)看成一个矩形框内一些横竖排列的点的集合，有笔画的位置用黑点表示，没笔画的位置用白点表示。在计算机中用一组二进制数表示点阵，用 0 表示白点，用 1 表示黑点。一般的汉字系统中汉字字形点阵有 16×16、24×24 和 48×48 三种，点阵越大对每个汉字的修饰作用就越强，打印质量也就越高。通常用 16×16 点阵来显示汉字，每一行上的 16 个点需用两个字节表示，一个 16×16 点阵的汉字字形码需要 $2\times16＝32$ 个字节表示，这 32 个字节中的信息是汉字的数字化信息，即汉字字模。

如果我们把这个"口"字图形的"."处用 0 代替，就可以很形象地得到"口"的字形码：0000H 0004H 3FFAH 2004H 2004H 2004H 2004H 2004H 2004H 2004H 2004H 2004H 3FFAH 2004H 0000H 0000H。计算机要输出"口"时，先找到显示字库的首地址，根据"口"的机内码经过计算，再去找到"口"的字形码，然后根据字形码(要用二进制)通过字符发生器的控制在屏幕上进行依次扫描，其中二进制代码中是 0 的地方空扫，是 1 的地方扫出亮点，于是就可以得到"口"的字符图形。

字模按构成字模的字体和点阵可分为宋体字模、楷体字模等，这些都是基本字模。基本字模经过放大、缩小、反向、旋转等可以得到美术字体，如长体、扁体、粗体、细体等。汉字还可以分为简体和繁体两种，ASCII 字符也可分为半角字符和全角字符。汉字字模按国标码的顺序排列，以二进制文件形式存放在存储器中，构成汉字字模字库，亦称为汉字字形库，简称汉字库。

按照汉字库的存放和使用情况可划分为软字库和硬字库。软字库是指汉字字库文件存放在软盘或硬盘中，大多数微机在安装汉字系统时把汉字字库存储在硬盘上，一般提供 16×16 点阵和 24×24 点阵字库，软字库可分为 RAM 字库、磁盘字库和分级字库三种。

1．RAM 字库

系统启动后把磁盘上汉字库调入内存 RAM 中，称为 RAM 字库，由于汉字数量很大，需要的内存空间也就很多，仅 16×16 点阵字库，就要占用 261696 字节。

2．磁盘字库

高点阵的汉字库占用空间很大，内存一般放不下，于是常驻留在硬盘上，形成磁盘字库，例如 CCDOS 中用的 24×24 点阵字库及排版印刷系统中用的 32×32 以上点阵字库均为磁盘字库。这种字库虽然不占内存,但操作速度慢。

3．分级字库

分级字库是把 RAM 字库与磁盘字库相结合的方案,将汉字字库分为两部分,一部分驻留在内存,另一部分驻留在外存。通常把使用频率高的一级字库放在内存,使用较少的二级字库放在外存,这样既保证了速度,又节省了内存。

硬字库是把字库固化在 ROM 或 EPROM 中,做成字库插件板,插在主机的插槽中,也称汉卡。标准化了的点阵字模可固化在 ROM 中,非标准化的汉字点阵字模,则用写入器固化在 EPROM 中以便改写。汉卡可看作一个外部设备,点阵信息从并行口读入,读取速度快,且不占用主存空间,随着 ROM 集成度的提高,汉卡的价格也会随之下降,使用硬字库的用户将会越来越多。

以上简单地介绍了汉字系统输入、处理和输出汉字的问题。这个问题解决了,就可以把汉字同 ASCII 码一样作为计算机的一种信息资源,也就是可以在这样的中文系统下共享西文软件资源。

2.4 实训4：计算机系统安全

设定目标

◆ 了解计算机信息安全知识;
◆ 掌握计算机病毒知识常识;
◆ 熟练运用一些技术处理计算机常见病毒。

2.4.1 信息安全概述

信息安全是指信息网络的硬件、软件及其系统中的数据受到保护,不因为偶然的或者恶意的原因而遭到破坏、更改、泄露,系统连续可靠正常地运行,信息服务不中断。信息安全是一门涉及计算机科学、网络技术、通信技术、密码技术、信息安全技术、应用数学、信息论等多种学科的综合性学科。大学计算机导论课程中所指的信息安全主要有数据安全和设备安全两个方面。

信息作为一种资源,它的普遍性、共享性、增值性、可处理性和多效用性,使其对于人类具有特别重要的意义。信息安全的实质就是要保护信息系统或信息网络中的信息资源免受各种类型的威胁、干扰和破坏,即保证信息的安全性。根据国际标准化组织的定义,信息安全性的含义主要是指信息的完整性、可用性、保密性和可靠性。信息安全是任何国家、政府、部门、行业都必须十分重视的问题,是一个不容忽视的国家安全战略。但是,对于不同的部门和行业来说,其对信息安全的要求和重点却是有区别的。

我国的改革开放导致了各方面信息量的急剧增加,并要求大容量、高效率地传输这些信息。为了适应这一形势,通信技术发生了前所未有的爆炸性发展。目前,除有线通信外,短波、超短波、微波、卫星等无线电通信也正在得到越来越广泛的应用。与此同时,国外敌对势力为了窃取我国的政治、军事、经济、科学技术等方面的秘密信息,运用侦察台、侦察船、侦察机、卫星等手段,形成固定与移动、远距离与近距离、空中与地面相结合的立体侦察网,截取我国通信传输中的信息。

从文献中了解一个社会的内幕,早已是司空见惯的事情。在20世纪后50年中,从社会所属计算机中了解一个社会的内幕,正变得越来越容易。不管是机构还是个人,正把日益繁多的事情托付给计算机来完成,敏感信息正经过脆弱的通信线路在计算机系统之间传送,专用信息在计算机内存储或在计算机之间传送,电子银行业务使财务账目可通过通信线路查阅,执法部门从计算机中了解罪犯的前科,医生用计算机管理病历。所有这一切,最重要的问题是不能在不加防范的条件下传输信息的同时对非法(非授权)获取(访问)进行屏蔽。

传输信息的方式很多,有局域计算机网、互联网和分布式数据库。传输信息的技术也有很多,有蜂窝式无线、分组交换式无线、卫星电视会议、电子邮件等。信息在存储、处理和交换过程中,都存在泄密或被截收、窃听、窜改和伪造的可能性。不难看出,单一的保密措施已很难保证通信和信息的安全,必须综合应用各种保密措施,即通过技术的、管理的、行政的手段,实现信源、信号、信息三个环节的保护,借以达到保证秘密信息安全的目的。

2.4.2　计算机安全技术

由于信息技术的迅速发展,计算机的应用已经深入到社会的政治、经济、军事、科技、文化及人们的日常生活中,促进社会发展,造福于人类。计算机系统固有的不稳定性和潜在的危险性,提供了新的危害人类和社会的方式。大量的计算机泄密、计算机犯罪和计算机病毒使网络瘫痪等事件,都极大地影响了计算机的发展和应用,对整个计算机产业和广大计算机用户构成了严重的威胁。

计算机安全受到以下方面的威胁。

(1) 信息泄露:信息被泄露或透露给某个非授权的实体。

(2) 破坏信息的完整性:数据被非授权地进行增删、修改或破坏而受到损失。

(3) 拒绝服务:对信息或其他资源的合法访问被无条件地阻止。

(4) 非法使用(非授权访问):某一资源被某个非授权的人,或以非授权的方式使用。

(5) 窃听:用各种合法的或非法的手段窃取系统中的信息资源和敏感信息。例如对通信线路中传输的信号搭线监听,或者利用通信设备在工作过程中产生的电磁泄露截取有用信息等。

(6) 业务流分析:通过对系统进行长期监听,利用统计分析方法对诸如通信频率、通信的信息流向、通信总量的变化等参数进行研究,从中发现有价值的信息和规律。

(7) 假冒:通过欺骗通信系统(或用户)达到非法用户冒充成为合法用户,或者特权小的用户冒充成为特权大的用户的目的。黑客大多是采用假冒攻击。

(8) 旁路控制:攻击者利用系统的安全缺陷或安全性上的脆弱之处获得非授权的权利或特权。例如,攻击者通过各种攻击手段发现原本应保密,但是却又暴露出来的一些系统"特性",利用这些"特性",攻击者可以绕过防线守卫者侵入系统的内部。

(9) 授权侵犯:被授权以某一目的使用某一系统或资源的某个人,却将此权限用于其他非授权的目的,也称作"内部攻击"。

(10) 特洛伊木马:软件中含有一个觉察不出的有害程序段,当它被执行时,会破坏用户的计算机安全。这种应用程序被称为特洛伊木马(Trojan Horse)。

（11）陷阱门：在某个系统或某个部件中设置的"机关"，使得在特定的数据输入时，允许违反安全策略。

（12）抵赖：这是一种来自用户的攻击，比如，否认自己曾经发布过的某条消息、伪造一份对方来信等。

（13）重放：出于非法目的，将所截获的某次合法的通信数据进行复制，重新发送。

（14）计算机病毒：一种在计算机系统运行过程中能够实现传染和侵害功能的程序。

（15）人员不慎：一个拥有授权的人为了某种利益，或由于粗心，将信息泄露给一个非授权的人。

（16）媒体废弃：信息从废弃的磁碟或打印过的存储介质中获得。

（17）物理侵入：侵入者绕过物理控制而获得对系统的访问。

（18）窃取：重要的安全物品，如令牌或身份卡被盗。

（19）业务欺骗：某一伪系统或系统部件欺骗合法的用户或系统自愿地放弃敏感信息等。

关于计算机安全，我们要最终实现以下目标。

（1）真实性：对信息的来源进行判断，能对伪造来源的信息予以鉴别。

（2）保密性：保证机密信息不被窃听，或窃听者不能了解信息的真实含义。

（3）完整性：保证数据的一致性，防止数据被非法用户篡改。

（4）可用性：保证合法用户对信息和资源的使用不会被不正当地拒绝。

（5）不可抵赖性：建立有效的责任机制，防止用户否认其行为，这一点在电子商务中极其重要。

（6）可控制性：对信息的传播及内容具有控制能力。

（7）可审查性：对出现的网络安全问题提供调查的依据和手段。

随着计算机网络的普及，计算机网络安全技术成为了计算机安全的核心，下面简单介绍计算机网络安全防范措施。

1. 安全技术手段

物理措施：例如，保护网络关键设备（如交换机、大型计算机等），制定严格的网络安全规章制度，采取防辐射、防火以及安装不间断电源（UPS）等措施。

访问控制：对用户访问网络资源的权限进行严格的认证和控制。例如，进行用户身份认证，对口令加密、更新和鉴别，设置用户访问目录和文件的权限，控制网络设备配置的权限等。

数据加密：加密是保护数据安全的重要手段。加密的作用是保障信息被人截获后不能读懂其含义。为了防止计算机网络病毒，通用的手段是安装网络防病毒系统。

网络隔离：网络隔离有两种方式，一种是采用隔离卡实现的，一种是采用网络安全隔离网闸实现的。隔离卡主要用于对单台机器的隔离，网闸主要用于对于整个网络的隔离。这两者的区别可参见参考资料。

其他措施：其他措施包括信息过滤、容错、数据镜像、数据备份和审计等。近年来，围绕网络安全问题提出了许多解决办法，例如数据加密技术和防火墙技术等。数据加密是对网络中传输的数据进行加密，到达目的地后再解密还原为原始数据，目的是防止非法用户截获信息后盗用信息。防火墙技术是通过对网络的隔离和限制访问等方法来控制网络的访问权限。

2. 安全防范意识

拥有网络安全意识是保证网络安全的重要前提。许多网络安全事件的发生都和缺乏安全防范意识有关。

3. 主机安全检查

要保证网络安全,进行网络安全建设,第一步要全面了解系统,评估系统的安全性,认识到自己的风险所在,从而迅速、准确地解决内网安全问题。由安天实验室自主研发的国内首款创新型自动主机安全检查工具,彻底颠覆了传统系统保密检查和系统风险评测工具操作的繁冗性,一键操作即可对内网计算机进行全面地安全保密检查及精准的安全等级判定,并对评测系统进行强有力地分析处置和修复。

2.4.3 计算机病毒的防治与安全操作

近几年来,计算机病毒的种类越来越多,危害也越来越大,因此,了解一些关于计算机病毒的知识,随时预防、查杀计算机病毒是十分必要的。

1. 计算机病毒概述

计算机病毒(Computer Virus)在《中华人民共和国计算机信息系统安全保护条例》中被明确定义,病毒是"指编制或者在计算机程序中插入的破坏计算机功能或者破坏数据,影响计算机使用并且能够自我复制的一组计算机指令或者程序代码"。病毒往往会利用计算机操作系统的弱点进行传播,提高系统的安全性是防病毒的一个重要方面,但完美的系统是不存在的,过于强调提高系统的安全性将使系统多数时间用于病毒检查,系统失去了可用性、实用性和易用性;另一方面,信息保密的要求让人们在泄密和抓住病毒之间无法选择,病毒与反病毒将作为一种技术对抗长期存在,两种技术都将随计算机技术的发展而得到长期的发展。

2. 计算机病毒的危害

计算机资源的损失和破坏,不但会造成资源和财富的巨大浪费,而且有可能造成社会性的灾难。随着信息化社会的发展,计算机病毒的威胁日益严重,反病毒的任务也更加艰巨。1988年11月2日下午5时1分59秒,美国康奈尔大学的计算机科学系研究生,23岁的莫里斯(Morris)将其编写的蠕虫程序输入了计算机网络,致使这个拥有数万台计算机的网络被堵塞。这件事就像计算机界的一次大地震,引起了巨大的反响,震惊了全世界,引起了人们对计算机病毒的恐慌,也使更多的计算机专家重视和致力于计算机病毒的研究。1988年下半年,我国在统计局系统首次发现了"小球"病毒,它对统计系统影响极大,此后由计算机病毒发作而引起的"病毒事件"接连不断,前一段时间发现的CIH、"美丽杀"等病毒更是给社会造成了很大的损失。

3. 计算机病毒的特点

一般说来,计算机病毒有以下特点。

(1) 寄生性。计算机病毒寄生在其他程序之中,当执行这个程序时,病毒就起破坏作用,而在未启动这个程序之前,它不易被人发觉。

(2) 传染性。计算机病毒不但本身具有破坏性,危害更大的是它的传染性,一旦病毒被复制或产生变种,其传播速度之快令人难以预防。传染性是病毒的基本特征。在生物界,病毒通过传染从一个生物体扩散到另一个生物体。在适当的条件下,它可得到大量的繁殖,并使被感染的生物体表现出病症甚至死亡。同样,计算机病毒也会通过各种渠道从已被感染的计算机扩散到未被感染计算机,在某些情况下造成被感染的计算机工作失常甚至瘫痪。与生物病毒不同的是,计算机病毒是一段人为编写的计算机程序代码,这段程序代码一旦进入计算机并得以执行,它就会搜寻其他符合其传染条件的程序或存储介质,确定目标后再将自身代码插入其中,达到自我繁殖的目的。只要有一台计算机染毒,如不及时处理,那么病毒会在这台机子上迅速扩散,其中的大量文件(一般是可执行文件)会被感染。而被感染的文件又成为新的传染源,再与其他机器进行数据交换或通过网络接触,病毒会继续传染。正常的计算机程序一般是不会将自身的代码强行连接到其他程序之上的。而病毒却能使自身的代码强行传染到一切符合其传染条件的未受到传染的程序之上。计算机病毒可通过各种可能的渠道,如软盘、计算机网络去传染其他的计算机。当在一台机器上发现了病毒时,曾在这台计算机上用过的软盘往往已感染上了病毒,而与这台机器联网的其他计算机也许也被该病毒传染了。是否具有传染性是判别一个程序是否为计算机病毒的最重要的条件。病毒程序通过修改磁盘扇区信息或文件内容,并把自身嵌入其中的方法达到病毒的传染和扩散。被嵌入的程序叫做宿主程序。

(3) 潜伏性。有些病毒像定时炸弹一样,让它什么时间发作是预先设计好的。比如黑色星期五病毒,不到预定时间一点都觉察不出来,等到条件具备的时候一下子就爆炸开来,对系统进行破坏。一个编制精巧的计算机病毒程序,进入系统之后一般不会马上发作,可以在几周或者几个月甚至几年内隐藏在合法文件中,对其他系统进行传染,而不被人发现。潜伏性越好,其在系统中的存在时间就会越长,病毒的传染范围就会越大。潜伏性的第一种表现是指,病毒程序不用专用检测程序是检查不出来的,因此病毒可以静静地躲在磁盘或磁带里几天,甚至几年,一旦时机成熟,得到运行机会,就又要四处繁殖、扩散,继续为害。潜伏性的第二种表现是指,计算机病毒的内部往往有一种触发机制,不满足触发条件时,计算机病毒除了传染外不做什么破坏。触发条件一旦得到满足时,有的在屏幕上显示信息、图形或特殊标识,有的则执行破坏系统的操作,如格式化磁盘、删除磁盘文件、对数据文件做加密、封锁键盘以及使系统死锁等。

(4) 隐蔽性。计算机病毒具有很强的隐蔽性,有的可以通过病毒软件检查出来,有的根本就查不出来,有的时隐时现、变化无常,这类病毒处理起来通常很困难。

(5) 破坏性。计算机中毒后,可能会导致正常的程序无法运行,计算机内的文件被删除或受到不同程度的损坏。

(6) 计算机病毒的可触发性。病毒因某个事件或数值的出现,诱使病毒实施感染或进行攻击的特性称为可触发性。为了隐蔽自己,病毒必须潜伏,少做动作。如果完全不动,一直潜伏的话,病毒既不能感染也不能进行破坏,便失去了杀伤力。病毒既要隐蔽又要维持杀伤力,它必须具有可触发性。病毒的触发机制就是用来控制感染和破坏动作的频率的。病毒具有预定的触发条件,这些条件可能是时间、日期、文件类型或某些特定数据等。病毒运行时,触发机制检查预定条件是否满足,如果满足,启动感染或破坏动作,使病毒进行感染或攻击;如果不满足,使病毒继续潜伏。

4. 计算机病毒分类

根据多年对计算机病毒的研究,按照科学的、系统的、严密的方法,计算机病毒可分类如下。按照计算机病毒属性的方法进行分类,计算机病毒可以根据下面的属性进行分类。

按照计算机病毒存在的媒体进行分类,根据病毒存在的媒体,病毒可以划分为网络病毒、文件病毒和引导型病毒。网络病毒通过计算机网络传播感染网络中的可执行文件,文件病毒感染计算机中的文件(如 COM、EXE、DOC 等),引导型病毒感染启动扇区(Boot)和硬盘的系统引导扇区(MBR),还有这三种情况的混合型,例如,多型病毒(文件和引导型)感染文件和引导扇区两种目标,这样的病毒通常都具有复杂的算法,它们使用非常规的办法侵入系统,同时使用了加密和变形算法。按照计算机病毒传染的方法进行分类,根据病毒传染的方法可分为驻留型病毒和非驻留型病毒,驻留型病毒感染计算机后,把自身的内存驻留部分放在内存(RAM)中,这一部分程序挂接系统调用并合并到操作系统中,它处于激活状态,一直到关机或重新启动。非驻留型病毒在得到机会激活时并不感染计算机内存,一些病毒在内存中留有小部分,但是并不通过这一部分进行传播,这类病毒也被划分为非驻留型病毒。

根据病毒破坏的能力,可划分为以下几种。

- 无害型:除了传染时减少磁盘的可用空间外,对系统没有其他影响。
- 无危险型:这类病毒的破坏仅仅是减少内存、显示图像、发出声音及同类音响。
- 危险型:这类病毒在计算机系统操作中造成严重的错误。
- 非常危险型:这类病毒删除程序、破坏数据、清除系统内存区和操作系统中的重要信息。这些病毒对系统造成的危害,并不是本身的算法中存在危险的调用,而是当它们传染时会引起无法预料的和灾难性的破坏。

由病毒引起的其他的程序产生的错误也会破坏文件和扇区,这些病毒也按照它们的破坏能力划分。一些现在的无害型病毒也可能会对新版的 DOS、Windows 和其他操作系统造成破坏。例如,在早期的病毒中,有一个"Denzuk"病毒在 360K 磁盘上是无害的,不会造成任何破坏,但是在后来的高密度软盘上却能引起大量的数据丢失。

根据病毒特有的算法,病毒可以划分为如下几种。

伴随型病毒:这一类病毒并不改变文件本身,它们根据算法产生 EXE 文件的伴随体,具有同样的名字和不同的扩展名(COM),例如,XCOPY. EXE 的伴随体是 XCOPY. COM。病毒把自身写入 COM 文件并不改变 EXE 文件,当 DOS 加载文件时,伴随体优先被执行,再由伴随体加载执行原来的 EXE 文件。

"蠕虫"型病毒:通过计算机网络传播,不改变文件和资料信息,利用网络从一台机器的内存传播到其他机器的内存。按照计算机网络地址,将自身的病毒通过网络发送。有时它们在系统中存在,除了内存不占用其他资源。

寄生型病毒:除了伴随和"蠕虫"型,其他病毒均可称为寄生型病毒,它们依附在系统的

引导扇区或文件中,通过系统的功能进行传播,按其算法不同可分为:

- 练习型病毒:病毒自身包含错误,不能进行很好的传播,例如一些在调试阶段的病毒。
- 诡秘型病毒:它们一般不直接修改 DOS 中断和扇区数据,而是通过设备技术和文件缓冲区等 DOS 内部修改,使用比较高级的技术。利用 DOS 空闲的数据区进行工作。
- 变型病毒(又称幽灵病毒):这一类病毒使用复杂的算法,使自己每传播一份之后都改变内容和长度。它们一般是由一段混有无关指令的解码算法和变化过的病毒体组成的。

5．计算机病毒的预防

采取以下措施可以有效地预防计算机感染病毒。

(1) 及时为 Windows 打补丁。

方法:打开 IE→工具→Windows Update 并按步骤更新。

原因:为 Windows 打补丁是很重要的,因为许多病毒都是根据 Windows 的漏洞写出来的。

(2) 浏览不安全的网站时,把"Internet 安全性属性"的安全级别调高。

方法:双击 IE 右下方的小地球,按一下默认级别,向上移动滑块,然后确定。

原因:禁止网页使用控件,它就不能在背后搞小动作了。

说明:有些网页是要使用正常的控件的,比如听歌的、看电影的网页等,这时得把"Internet 安全性属性"调回中级。

(3) 下载软件后和安装软件前一定要杀毒,不明白那是什么东西就不要打开它。

原因:或许你下载的网站不会放带病毒的软件,但不排除它可能被人入侵,然后被放置带病毒的软件,总之安全第一。

说明:下载后安装前杀毒是个好习惯。

(4) 经常更新毒库杀毒。

原因:病毒的发展是会不停止的,更新毒库才能查杀新的病毒。

(5) 不要安装太多 IE 的辅佐工具。

原因:IE 的辅佐工具之间可能有冲突,而且会占用一定的内存。

说明:所谓请神容易送神难,在单击"确定"前一定要想清楚。

(6) 不需要安装太多的杀毒软件。

原因:杀毒软件之间也可能有冲突,而且会占用较多的内存。

说明:一般来说要"求精不求多",通常安装的杀毒软件具有三样功能,防病毒、防火墙、防木马。

(7) 对电脑认识有一定水平的人可以对电脑进行手动检查。

方法:检查系统盘中的 Autoexec.bat windows 中的 Msconfig.exe 和注册表中 Run 启动项。

说明:如果发现新的加载项目那你就得小心点了。

(8) 重要文档不要放在系统盘中,而且要备份。

(9) 有能力的人可以为系统盘做一个映像文件。如果碰到新的病毒,连杀毒软件也无能为力,只得还原映像了。

总结:及时打补丁,经常更新毒库杀毒,不要打开不明的链接,上不安全的网站时要调高安全性级别,时常查看启动项,不要打开或安装来历不明的文件,做好备份,做个系统盘映像文件。

6. 计算机病毒的症状

如果你怀疑或确认自己的计算机感染了计算机病毒,应获取最新的防病毒软件。以下是计算机可能被病毒感染的一些主要迹象。

(1) 计算机运行速度比通常要慢。

(2) 计算机停止响应或经常被锁定。

(3) 计算机崩溃,然后每隔几分钟便会重新启动。

(4) 计算机自行重新启动,并且运行异常。

(5) 计算机上的应用程序无法正常运行。

(6) 磁盘或磁盘驱动器无法访问。

(7) 无法正确打印项目。

(8) 异常的错误消息。

(9) 菜单和对话框失真。

(10) 最近打开的附件上具有双扩展名,例如 .jpg、.vbs、.gif 或 .exe。

(11) 防病毒程序被无端禁用,并且无法重新启动。

(12) 无法在计算机上安装防病毒程序,或安装的防病毒程序无法运行。

(13) 桌面上出现的新图标不是由您放置的,或者这些图标与最近安装的任何程序都无关。

(14) 扬声器中意外放出奇怪的声音或乐曲。

(15) 程序从计算机中消失,即使并未有意将其删除。

注意:这些是感染病毒的常见迹象。但这些迹象也可能是由与计算机病毒无关的软硬件问题造成的。只有在计算机上运行 Microsoft 恶意软件删除工具,然后安装行业标准的最新防病毒软件,才能够确定计算机是否感染了计算机病毒。

当计算机病毒感染了电子邮件或计算机上的其他文件时,你可能会注意到以下症状。

(1) 受感染的文件可能会创建其自身的副本。此行为可能会用完硬盘上的所有可用空间。

(2) 受感染文件的副本可能会发送到电子邮件地址列表中的所有地址。

(3) 计算机病毒可能会重新格式化硬盘。此行为将删除文件和程序。

(4) 计算机病毒可能会安装隐藏程序,例如盗版软件。然后,可能会从您的计算机中分发和销售该盗版软件。

(5) 计算机病毒可能会降低计算机的安全性。这种情况可能会使入侵者能够远程访问您的计算机或网络。

(6) 接收到含有奇怪附件的电子邮件。打开该附件后,会出现对话框,或系统性能突然降低。

（7）有人告诉您他们最近从您这里收到包含附件的电子邮件（但实际上您并未发送这些邮件）。这些电子邮件附带的文件具有如 .exe、.bat、.scr 和 .vbs 之类的扩展名。

普通 Windows 功能障碍导致的症状如下。

（1）Windows 无法启动，即使未进行任何系统更改，或者未安装或删除任何程序。

（2）出现许多调制解调器活动。如果安装了外置调制解调器，您可能会注意到当调制解调器不使用时，指示灯依然闪个不停。这种情况下，您可能正在无意识地提供盗版软件。

（3）由于缺少某些重要的系统文件，Windows 无法启动，然后您会收到列出这些丢失文件的错误信息。

（4）计算机有时会正常启动，但在其他时候，计算机在还未出现桌面图标和任务栏之前便停止响应。

（5）计算机运行非常缓慢，并且启动的时间超过预期。

（6）即使您的计算机具有足够的 RAM，也会出现内存不足的错误消息。

（7）无法正确安装新程序。

（8）Windows 意外地自动重新启动。

（9）过去运行正常的程序现在频繁停止响应。即使您删除和重新安装程序，问题依然会出现。

（10）"磁盘扫描"等磁盘实用程序报告多个严重的磁盘错误。

（11）分区消失。

（12）当您尝试使用 Microsoft Office 产品时，计算机总是停止响应。

（13）无法启动 Windows 任务管理器。

（14）防病毒软件指示存在计算机病毒。

注意：这些问题也可能是由于普通的 Windows 功能或 Windows 中的问题引起的，而并不是完全由计算机病毒导致的。

7. 计算机病毒的清除

如果发现计算机病毒，则应立即清除。清除病毒的方法通常有人工处理、利用反病毒软件及硬件方法。

通常，大部分反病毒软件具有对特定种类的病毒进行检测的功能，有的软件可以查出已有的几万种病毒，并且大部分软件可以同时清除查出来的病毒。另外，利用反病毒软件清除病毒时，一般不会因清除病毒而破坏系统中的正常数据，所以这是主要的查杀病毒的手段。但是，利用反病毒软件很难处理计算机病毒的某些变种和新的病毒。现有的反病毒软件都带有实时、在线检测系统运行的功能，目前较好的反病毒软件国内的有金山毒霸、KV 3000、瑞星等，国外的有 Norton Antivirus、PC-Cillin 等。

当计算机感染病毒的时候，绝大多数的感染病毒可以在正常模式下被彻底清除，这里说的正常模式准确地说应该是实模式（Real Mode）。其包括正常模式的 Windows 和正常模式的 Windows 下的"MS-DOS方式"或"命令提示符"。但有些病毒由于使用了更加隐秘和狡猾的手段往往会对杀毒软件进行攻击甚至删除系统中的杀毒软件，针对这样的病毒绝大多数的杀毒软件都被设计为在安全模式下才可安装、使用和执行杀毒处理。

在安全模式（Safe Mode）或者纯 DOS 下进行病毒清除时，对于现在大多数流行的病毒，如蠕虫病毒、木马程序和网页代码病毒等,都可以在安全模式或者 DOS(建议用干净软盘启动杀毒)下清除。而且,当计算机原来就感染了病毒,那就更需要在安装反病毒软件后(升级到最新的病毒库),在安全模式(Safe Mode)或者纯 DOS 下清除一遍病毒了!

习题 2

一、选择题

1. 在微机的性能指标中,内存储器容量指的是(　　)。

　　A. ROM 的容量　　　　　　　　　B. RAM 的容量

　　C. ROM 和 RAM 容量的总和　　　D. CD-ROM 的容量

2. 微型计算机硬件系统中最核心的部件是(　　)。

　　A. 硬盘　　　　B. CPU　　　　C. 内存储器　　　　D. I/O 设备

3. 专门为某一应用而设计的软件是(　　)。

　　A. 操作系统　　B. 系统软件　　C. 应用软件　　　　D. 目标程序

4. 微型计算机中运算器的主要功能是进行(　　)。

　　A. 算术运算　　B. 逻辑运算　　C. 算术逻辑运算　　D. 科学计算

5. 下列外设中,属于输入设备的是(　　)。

　　A. 显示器　　　B. 绘图仪　　　C. 鼠标　　　　　　D. 打印机

6. 下列各组设备中,全部属于输入设备的一组是(　　)。

　　A. 键盘、磁盘和打印机　　　　　B. 键盘、扫描仪和鼠标

　　C. 键盘、鼠标和显示器　　　　　D. 硬盘、打印机和键盘

7. "32 位微型计算机"中的 32 指的是(　　)。

　　A. 微机型号　　B. 机器字长　　C. 内存容量　　　　D. 存储单元

8. 下列语言编写的源程序能被计算机直接运行的是(　　)。

　　A. 机器语言　　B. 汇编语言　　C. C 语言　　　　　D. Visual Basic

9. 计算机病毒是可以造成机器故障的一种(　　)。

　　A. 计算机设备　B. 计算机程序　C. 计算机部件　　　D. 计算机芯片

10. 下列软件中属于系统软件的是(　　)。

　　A. 财务软件　　B. DOS　　　　C. Office 2000　　　D. WPS 2000

11. 对软盘写保护后,软盘中的数据(　　)。

　　A. 不能写也不能读　　　　　　　B. 可以写也可以读

　　C. 可以写但不能读　　　　　　　D. 可以读但不能写

12. 存储容量的基本单位是(　　)。

　　A. 字节　　　　B. 位　　　　　C. 字　　　　　　　D. KB

13. 当前正在运行的程序存放的位置是(　　)。

　　A. 硬盘　　　　B. 软盘　　　　C. 光盘　　　　　　D. 内存储器

14. 断电后会使数据丢失的存储器是(　　)。

　　A. ROM　　　　B. RAM　　　　C. 磁盘　　　　　　D. U 盘

15. 微型计算机中的微处理器芯片上集成有（　　）。

    A. 控制器和运算器　　　　　　　B. 控制器和存储器

    C. 运算器和 I/O 接口　　　　　　D. CPU 和存储器

二、填空题

1. 计算机的系统分为_____和_____。

2. 运算器的主要功能是进行_____。

3. 计算机软件主要分为_____和_____。

4. 内存储器按工作方式可分为_____、_____两类。

5. 主机是由_____和_____组成。

6. 计算机病毒一般具有破坏性、传染性_____、潜伏性、不可预见性和非法性等特征。

7. 进制转换$(65)_{10}$＝(_____)$_{16}$＝(_____)$_2$。

8. 按计算机病毒传播途径,可将其分为源码病毒、入侵病毒、_____、外壳病毒 4 种类型。

第3章

Windows XP的基本介绍

本章学习内容

◆ 熟悉 Windows XP 的界面组成

◆ 掌握键盘操作与指法练习

◆ 掌握 Windows XP 的基本操作

◆ 掌握 Windows XP 的文件管理

◆ 掌握 Windows XP 的系统管理

◆ 掌握 Windows XP 的多媒体附件

操作系统是计算机的重要组成部分，对于计算机用户来说，熟练掌握操作系统是学习及使用其他软件的基础。本章将对 Windows XP 的基本组成和基本操作进行详细的介绍。通过本章的学习，了解 Windows XP 操作系统的界面组成，掌握 Windows XP 的基本操作、文件与文件的操作和管理技巧。

3.1 实训 1：初识 Windows XP 系统

设定目标

◆ 掌握 Windows XP 的基本操作，包括：Windows XP 的启动和退出、设置开始菜单和任务栏；

◆ 掌握有关窗口、对话框的基本操作；

◆ 掌握鼠标的基本操作；

◆ 掌握创建快捷方式。

3.1.1 Windows XP 界面的组成与功能简介

当计算机进入 Windows XP 系统后，首先见到的是 Windows XP 的工作界面，主要由桌面和任务栏两部分组成，其中桌面包括桌面背景和桌面图标，任务栏则包括"开始"菜单、快速启动栏、主任务栏、语言栏和通知区域，Windows XP 的界面组成如图 3-1 所示。下面将对各个组成元素进行详细的介绍。

1. 桌面

桌面是指占据整个屏幕的区域，它是由桌面背景以及分布在桌面中各种程序、软件、文

桌面图标

"开始"按钮　快捷启动栏　　任务栏　　　　　　　　　　　　　　　　　通知区域

图 3-1　Windows XP 中文版操作系统桌面

件和快捷方式等图标组成的。通过桌面,用户可以有效地管理自己的计算机。

2.桌面图标

图标是 Windows 中的一个小图像。不同形状的图标代表的含义也不同,有的代表应用程序,有的代表打印机,有的代表快捷方式,我们往往通过双击这些小图标来启动某个应用程序或打开某个文档。

一般来说,这些图标表示程序或文档,而左下角带有箭头的图标,又称为"快捷方式"图标。快捷方式提供了一种从多个位置访问程序和文档的捷径,这类图标不表示程序或文档本身。其中有几个主要的图标。

(1) 我的电脑 ：查看并管理本地计算机的所有资源。

(2) 网上邻居 ：当本地计算机与局域网相连时,可以用它查看并使用网络中的资源。

(3) 我的文档 ：我的文档是系统默认的文档保存位置。我的文档内可包含文件或文件夹。

(4)回收站 ：回收站用于暂时存放删除的文件或其他项目,利用它可以恢复文件。一旦清空回收站,删除的文件或项目就不能再恢复了。

3."开始"按钮

屏幕的左下角为"开始"按钮。通过"开始"按钮显示开始菜单,在这个菜单中包含了许多程序的快速启动命令。在菜单底部设置着"注销"和"关闭计算机"两个按钮。

(1) 注销:用户通过注销的方法在不重新启动计算机的前提下退出所有打开的应用程序,或者更换计算机的用户。

(2) 关闭计算机:该命令是关闭当前正在运行着的 Windows XP。如果用户选择了"关闭计算机"命令,会弹出一个"关闭计算机"对话框,在对话框中有"待机"、"关闭"和"重新启动"三个选项,如图 3-2 所示。

待机:如果选择"待机",将会停止 Windows XP 中所有程序的运行,包括正在运行的程序,使系统处于休眠状态。

关闭:如果选择"关闭",则将所有未保存的信息存入指定的盘或默认的盘,中止所有程序的运行,然后退出 Windows XP 系统。

图 3-2 "关闭计算机"对话框

重新启动:如果选择"重新启动"系统会提示用户保存所有需要保存的信息,然后关闭所有已打开的程序,并重新启动 Windows XP 系统。

4."开始"菜单

"开始"按钮位于任务栏的左侧,是整个 Windows 系统的核心。鼠标单击"开始"按钮后,会出现菜单,通常被称为"开始"菜单。

菜单中的子菜单有的后面有"▶"标志,有的后面有"…"标志。三角号表示子菜单后面还有级联菜单;省略号标志表示子菜单后面有对话框,如图 3-3 所示。

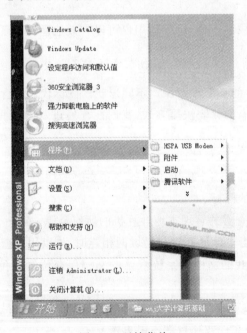

图 3-3 开始菜单

开始菜单主要由程序、文档、设置、搜索、帮助和支持、运行等几部分构成。在程序中可以显示应用程序的名字;文档是指最近使用过的文档,它是由应用程序生成的文件;设置菜单中包含对控制面板、打印机、任务栏等各种系统设置的程序;搜索菜单能够调出查找对话框;帮助菜单会显示帮助说明;运行菜单允许用户使用命令行的方式运行 DOS 系统或 Windows 应用程序。在开始菜单的底部有关闭菜单,通过它可以退出操作系统、注销用户或重新启动。

5. 任务栏概述

任务栏是位于桌面底部的一个条形框,它显示了当前正在执行的任务窗口、"开始"菜单等常用任务。任务栏的大小、位置可以改变,如图 3-4 所示。

开始菜单按钮 快速启动按钮 当前运行窗口   各种指示器

图 3-4 任务栏

可以改变任务栏的位置,将鼠标移动到任务栏上,待任务栏边框出现虚框后按住鼠标可以将任务栏拖动到桌面的上下左右 4 个方向。

也可以改变任务栏的大小,将鼠标移动到任务栏边框上,当鼠标变成双向箭头的形式时,拖动鼠标即可改变任务栏的大小。

在任务栏属性对话框中可以选中"自动隐藏任务栏"复选框,此时可以将任务栏自动隐藏,只要将鼠标移动到桌面底部,任务栏就会显示,移开鼠标之后任务栏就会自动隐藏。

6. 窗口概述

窗口是桌面上的一个矩形框,是应用程序运行的一个界面,也表示该程序正在运行中。窗口本身可以进行移动、最大化和最小化等操作。

窗口可分为应用程序窗口、文档窗口和对话框窗口 3 类,窗口主要包括这样几部分:标题栏、菜单栏、工具栏、工作区等,如图 3-5·所示。标题栏主要表明当前窗口的标题;菜单栏上包含着当前窗口的所有功能;工具栏里有经常使用的工具按钮;工作区里显示着不同的对象,可供用户操作。

标题栏   菜单栏   "最小化" 按钮 "最大化" 按钮
                                                          "关闭" 按钮

工具栏

工作区

边框

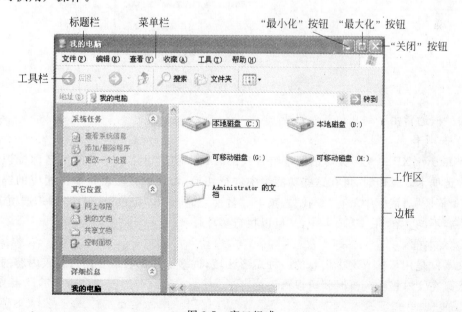

图 3-5 窗口组成

1）排列窗口

窗口排列有层叠、横向平铺和纵向平铺 3 种方式。在任务栏上的空白区域单击鼠标右键，弹出一个快捷菜单，然后选择一种排列方式。

2）复制窗口或整个桌面图像

复制整个屏幕的图像到剪贴板按 Print Screen 键；复制当前活动窗口的图像到剪贴板按 Alt＋Print Screen 组合键。

若某个文件中需要窗口图像或整个桌面图像，可以先定位光标，然后使用"编辑"菜单中的"粘贴"命令，或按 Ctrl＋V 组合键，把剪贴板内的图像粘贴到文档的插入点处。

7．对话框概述

对话框是人机通信的窗口。用户可以在对话框中进行输入信息、阅读提示、设置选项等操作。不同的对话框有不同的外观，但它们的组成部分是标准化的，如图 3-6 所示。

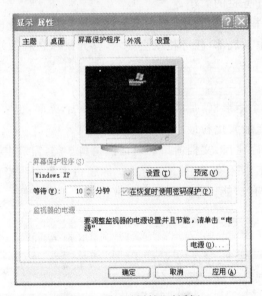

图 3-6 "显示属性"对话框

对话框通常由下列几种部件组成。

1）选项卡

Windows XP 中大多数对话框是组合式的。每个功能组用一个功能组名称标识，该标识称为选项卡。操作时，可在这些功能组中进行切换，切换的方法就是单击相应的选项卡。"查找和替换"对话框中就有"查找"选项卡、"替换"选项卡和"定位"选项卡，每一选项卡中包含的内容不同。在同一选项卡中，又可以执行多项任务。

2）文本框

文本框是用于输入文本信息的一种矩形区域，许多操作都有需要用户输入内容的要求，当插入点在文本框中闪烁时就可以输入内容了。

3）复选框

在一个对话框中有时会出现多项选择，用户可以从这些项目中选择一项或者多项，称作复选框。当单击某一项时，会在该项目前的方框中出现一个"√"符号，表示该项已被选中。

如果要取消选中,则可以再次单击该项目。

4) 命令按钮

当在对话框中选择了某个或某些操作以后,可以根据对话框的性质产生相应的动作,都需要单击命令按钮确认,即进行设置后,必须单击某个命令按钮后,系统才会执行。常用的命令按钮有:"确认"、"取消"或"关闭"等。

8. 鼠标的基本操作

在通常情况下,鼠标的形状是一个小箭头,但是在一些特殊的场合下,比方说鼠标位于当前窗口的边沿时,鼠标的形状会有所变化。

基本的鼠标操作有以下几种。

(1) 指向:把鼠标移动到某一对象上,不按下任何鼠标按钮。

(2) 单击:按下鼠标左键,立即松开。

(3) 右击:按下鼠标右键,立即松开。指向对象后单击鼠标右键将弹出该对象的快捷菜单,可完成对该对象的操作和属性设置。

(4) 双击:快速、连续地进行两次单击。一般双击可以打开窗口或应用程序。

(5) 拖动:选中某一对象,按住鼠标左键同时移动鼠标,在另一处松开按钮。

鼠标在不同的状态显示不同的形状,如图 3-7 所示。

鼠标形状	含义	鼠标形状	含义
I	文字选择	 ↕	调整垂直大小
↖	标准选择	↔	调整水平大小
↖?	帮助选择	⤢	对角线调整1
↖⧖	后台操作	⤡	对角线调整2
⧖	忙	✥	移动

图 3-7　鼠标的几种形状

9. 键盘

键盘是计算机中最常用的输入设备,我们通常直接通过键盘与计算机打交道,常用的键盘是 104 键盘。整个键盘分为 4 个区域:功能键区、主键盘区、编辑键区、小键盘区,如图 3-8 所示。

10. 创建快捷方式

1) 在桌面上创建快捷方式

方法一:通过"创建快捷方式"向导来创建。

第一步:右击桌面上的空白区域,在快捷菜单中选择"新建"选项下的"快捷方式"命令,打开"创建快捷方式"向导对话框,如图 3-9 所示。

功能键区　　　主键盘区　　　编辑键区　　小键盘区

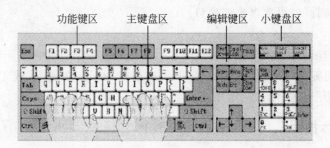

图 3-8　键盘与指法

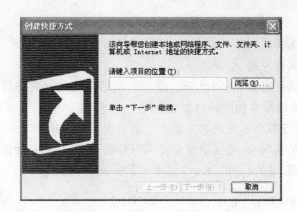

图 3-9　创建快捷方式向导

第二步：在对话框的"请键入项目的位置"文本框中输入需要创建快捷方式的项目名称及路径，也可以通过单击"浏览"按钮，打开"浏览文件夹"对话框，从中选择需要的项目，然后单击"确定"按钮，返回"创建快捷方式"向导对话框。

第三步：单击"下一步"按钮，打开"选择程序标题"对话框，在"键入该快捷方式的名称"文本框中输入该快捷方式在桌面上的显示名称。

第四步：单击"完成"按钮。

方法二：使用快捷菜单。

右击要创建快捷方式的项目，在弹出的快捷菜单中选择"发送到"→"桌面快捷方式"命令。

2）在开始菜单中添加快捷方式

如果想把某个程序的快捷方式添加到开始菜单中，按下面的操作步骤做即可实现。

第一步：在任务栏上单击鼠标右键，在弹出的快捷菜单中选择"属性"，则打开"任务栏和开始菜单属性"对话框。

第二步：选择"开始菜单"选项卡，单击"自定义"按钮，打开如图 3-10 所示的对话框。

第三步：选择"添加"按钮，则打开创建快捷方式向导，可以为开始菜单添加一个快捷方式。

11. 磁盘格式化

磁盘格式化的主要作用是对磁盘划分磁道和扇区，检查坏块，建立文件分配表，为存放程序和数据作准备。磁盘格式化时将破坏该磁盘中的所有信息。

方法是：选中准备格式化的磁盘，单击鼠标右键，在弹出的快捷菜单中选择"格式化"命令，打开"格式化磁盘"对话框，设置对话框的内容，最后单击"开始"按钮，如图3-11所示。

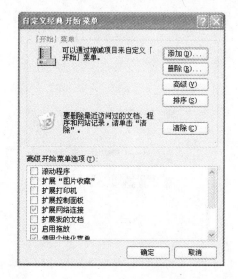

图3-10 "自定义经典'开始'菜单"对话框

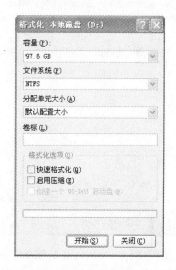

图3-11 "格式化本地磁盘(D:)"对话框

3.1.2 基本操作

1. 启动计算机

将计算机各硬件设备正确连接后，首先打开外部设备（如显示器、打印机、投影仪等）的电源开关，再打开主机开关。由于我们所使用的计算机一般只连接显示器这个外部设备，所以我们开机时，先开显示器的开关，再开主机的开关，等候计算机启动就可以了。

2. 退出计算机

与开机顺序相反，首先关闭主机开关，再关闭外部设备开关。当我们上机结束时，如果想关闭计算机，由于计算机使用的是 Windows 操作系统，不能采用直接关闭计算机电源的方法关机。

单击"开始"按钮，在弹出的菜单中单击"关闭计算机"命令，或者同时按下 Alt 键和 F4 键，就会弹出下面的对话框窗口，如图3-12所示。然后单击"关闭"按钮就可以关机了，然后再关闭外设（如显示器）电源。

3. 结束当前程序

按住键盘上的 Ctrl＋Alt＋Del 组合键，然后同时松开，则弹出如图3-13所示的对话框，其中列举了当前正在运行的应用程序，用户可根据需要选定某程序，然

图3-12 "关闭计算机"对话框

后单击"结束任务"按钮,则弹出图 3-14 所示的对话框,单击"立即结束"按钮即可结束当前任务。

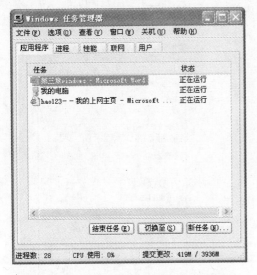

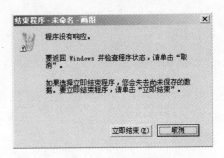

图 3-13 "Windows 任务管理器"对话框   图 3-14 "结束程序"对话框

4. 横向平铺或纵向平铺

打开两个窗口,其中一个是 Word 文档,另外一个是图像浏览窗口,将这两个打开的窗口进行横向平铺或纵向平铺,横向平铺如图 3-15 所示。

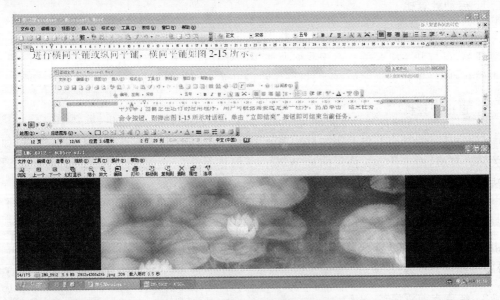

图 3-15 两个窗口的横向平铺

双击打开两个需要横向平铺的窗口,在任务栏上单击鼠标右键,在弹出的菜单中单击"横向平铺窗口"命令即可完成操作,如图 3-16 所示。

"最小化"按钮 "关闭"按钮

"最大化/还原"按钮

图 3-16 横向平铺窗口命令 图 3-17 "最小化"、"最大化"和"关闭"按钮

5. 窗口的移动、最大化、最小化和关闭

窗口在还原状态,拖动标题栏可以移动窗口。

窗口的最大化和最小化可以通过窗口标题栏右上角的"最大化"、"最小化"按钮实现;也可以双击窗口的标题栏,使其最大化;在最大化状态时双击标题栏可以使其状态还原;单击桌面底部的任务栏上的窗口标志也可以将窗口最大化或最小化。

窗口也可以扩大和缩小。将鼠标移动到窗口的边框上时,鼠标会变成双向箭头,此时按住鼠标并拖动就可以对窗口进行扩大或缩小,或将鼠标移动到窗口四个角中的某一个角处,此时鼠标变成斜向的双向箭头,按住鼠标并拖动可以将窗口按对角线的方向进行扩大或缩小。

窗口的关闭可以通过单击标题栏右上角的"关闭"按钮来实现,也可以右击任务栏中窗口的图标,弹出的快捷菜单中最后一项就是关闭。比较简单的方法是通过快捷键 Alt+F4 来关闭,如图 3-17 所示。

6. 任务栏的操作

通过设置任务栏选项可以改变其默认设置,如是否总出现在桌面上、右下角是否显示时间等。具体操作如下:

右击任务栏空白处,弹出快捷菜单,在"工具栏"的级联菜单中可以设置快速启动、显示桌面和语言栏等选项,如图 3-18 所示。

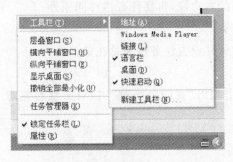

图 3-18 设置任务栏上的工具栏

单击任务管理器可以进入任务管理器对话框,查看当前所执行的任务及进程等。

选择锁定任务栏可以将当前任务栏锁定,锁定之后不可以进行设置。

单击属性选项则进入任务栏属性对话框,如图 3-19 所示,在对话框中可以进一步设置任务栏的选项,如"自动隐藏任务栏"、"显示时钟"等。

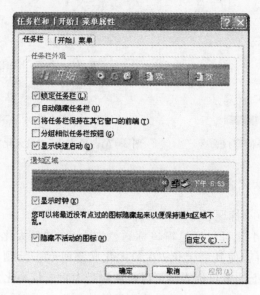

图 3-19 "任务栏和「开始」菜单属性"对话框

3.1.3 实训内容

任务一:

(1) 将多个打开的窗口进行不同方式的排列。

(2) 在桌面上创建启动"Word"程序的快捷方式。(参考路径:C:\Program Files\Microsoft Office\OFFICE11)

(3) 将"Word"程序的快捷方式添加到开始菜单的"开始|程序|启动"里;然后将其删除;恢复被删除的"Word"快捷方式。

(4) 设置任务栏。

① 通过任务栏查看当前日期和时间,如果不正确,请进行修改。

② 将任务栏移到屏幕的右边缘,再将任务栏移回原处。

③ 将任务栏变窄或变宽。

④ 取消任务栏上的时钟并设置任务栏为总在最前。

任务二:

进入 Windows 2000,并打开"我的电脑"窗口,对照教材熟悉 Windows 2000 的窗口组成,然后练习下面窗口操作。

1. 移动窗口

(1) 适当调整窗口大小,使滚动条出现,然后滚动窗口中的内容。

(2) 先最小化窗口,然后再将窗口还原。

(3) 先最大化窗口,然后再将窗口还原。

2．使用任务栏

（1）分别双击"我的电脑"和"回收站"图标，打开其窗口。

（2）右击任务栏的空白处，分别选择"层叠窗口"、"横向平铺窗口"、"纵向平铺窗口"命令，观察打开的两个窗口的不同排列方式。

（3）右击任务栏的空白处，选择"属性"命令，打开"任务栏和开始菜单属性"对话框，在"任务栏"选项卡中选择"自动隐藏任务栏"复选框，使任务栏自动隐藏起来。

（4）设置任务栏属性，让任务栏的时钟图标不显示。

（5）删除"开始菜单|程序|附件|记事本"快捷方式。

（6）在"开始"菜单中创建一个快捷方式，命名为"计算器"，直接指向"C：\WINDOWS\system32\"文件夹中的 calc．exe 应用程序。

（7）在桌面上创建快捷方式，指向 C 盘。

3.2　实训 2：键盘操作与指法练习

设定目标

通过实验了解键盘的基本组成、功能及用法；掌握指法的规则；并能够熟练运用输入法进行中英文的输入。能够利用全拼输入法、微软拼音输入法和五笔字型输入法输入汉字及符号。

3.2.1　相关知识

1．键盘的基本组成

键盘是操作人员在使用计算机时运用极其频繁的输入设备。键盘由一组按键排列组合而成。每按下一个键就产生一个扫描码，由键盘的电路将扫描码送入到主机，再由主机将键盘扫描码与 ASCII 码进行转换。

目前键盘主要分为 101 键、102 键、104 键 3 种。键盘分为功能键区、打字键区、编辑键区和小键盘区（又称为副键区）4 部分。功能键区包括 F1～F12；打字键区包括数字、英文字母、ESC、标点符号、空格、回车（Enter）、换档键（Shift）、退格（Backspace）等；编辑键区包括一些特殊的控制键和功能键，如 Insert、Delete、Home、End、Page Up、Page Down、Print Screen、Scroll Lock、Pause Break 及光标方向控制键等，不同的键盘还会有关机、休眠和唤醒按键；小键盘区主要包括数字键以及简单的加减乘除符号等，如图 3-20 所示。

2．键盘的功能及用法

键盘主要用于文字的输入。打字键区主要用于文字、数字及标点符号的输入；功能键区有不同的功能，通常在不同的应用软件中配合其他键使用；编辑键区使操作人员在编辑时比较方便的进行屏幕的打印、滚动或锁定等操作；小键盘区通常在输入数据或进行数据计算时比较方便。

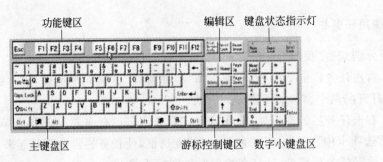

图 3-20　键盘的组成

3．指法的规则

　　键盘上字母的排列方式是保证录入速度的最佳方式。为保证正确的输入以及最终实现盲打输入,同学们在最初学习指法时就要养成良好的输入习惯。

　　细心的同学不难发现,在键盘上的 F 和 J 键上都有一个凸起部分,在进行盲打的时候就是通过这个凸起部分来确定手指所在的范围的,因此我们称之为基准键位,如图 3-21 所示,打字键区从 5TGB 和 6YHN 作为左右手的分界线,在静止状态的时候,左右手的食指通常是放在 F 键和 J 键上的。

图 3-21　基准键位指法

　　现在将左右手的手指分管区域说明如下,如图 3-22 所示。

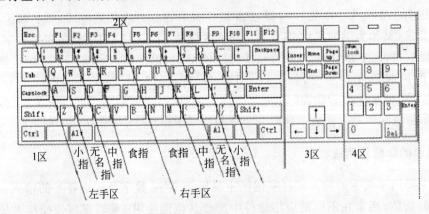

图 3-22　键盘指法详细图表

1）左手

食指：5 T G B、4 R F V。

中指：3 E D C。

无名指：2 W S X。

小指：1 Q A Z、TAB、CAPSLOCK、Shift。

2）右手

食指：6 Y H N，7 U J M。

中指：8 I K。

无名指：9 O L。

小指：0 P ；／－〔'Shift。

4. 输入法简介

我们经常使用的输入法主要分为中英文输入法。而中文输入法又分为音型输入法和字型输入法两大类。

由于音型输入法主要采用汉语拼音的拼写方式，通俗易懂，目前正被广泛地使用。虽然音型输入法容易学会，但打字的速度由于其选字的频率较高而受到了一定的限制。

职业文字录入人员通常采用字型输入法，大家常说的五笔输入法就属于字型输入法。五笔输入法是由于把汉字拆分成横、竖、撇、捺、折五种笔画而得名的。由于它采用字根组合的方式拆分汉字，选字的频率相对音型输入法要低得多，但复杂的字根记忆和不规则汉字的拆分原则也使大家的掌握存在着一定的难度。

3.2.2 基本操作

1. 特殊按键的使用方法

Num Lock：副键区数字锁定/编辑键。当指示灯亮时，代表可以输入数字。

Caps Lock：大写字母锁定键。当指示灯亮时，代表可以输入大写字母。

BackSpace：退格键。用于删除光标以前的字符。

Ctrl、Alt、Shift 键：在键盘的左右各有一组，它们不可以单独使用，经常配合其他按键使用，属于辅助键。

Tab：制表键。用于移动定义的制表符长度。

Esc：退出键。用于取消某一操作或退出当前状态。

Enter：回车键。用于确定某一命令或换行。

2. 功能按键的使用方法

F1～F12 这 12 个功能键在不同的软件中有不同的用法。通常是将某些经常使用的命令功能赋予某一个功能键。

3. 拼音输入法的用法

1）微软拼音输入法

微软拼音输入法是 Windows 操作系统自带的输入法之一，如图 3-23 所示。

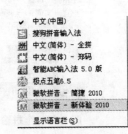

图 3-23 微软拼音输入法

　　它是由微软公司和哈尔滨工业大学联合开发的一种拼音输入法。由于自动识别词组及句子的能力较强,因此相对于其他的拼音输入法来讲,选字的频率比较低,适用于写文章时使用。

　　微软拼音新体验2010秉承了微软拼音的传统设计——嵌入式输入界面和自动拼音转换,同时提供了高效安全的词典自动更新和海量词典支持,具有自学习功能,如图 3-24 所示。

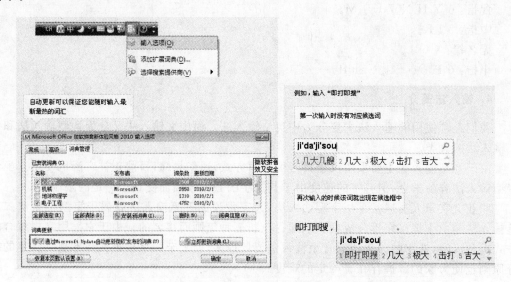

图 3-24　微软拼音输入法的自动更新和自学习功能

　　微软拼音输入法可以通过键盘上的 Shift 键进行与小写英文输入法之间的切换,此时微软拼音输入法的语言栏上的"中"变成了"英",同时中英文标点符号也自动切换。

　　2) 全拼输入法

　　全拼输入法也是 Windows 操作系统自带的输入法之一,如图 3-25 所示。它的使用方法和微软拼音输入法基本相同。

　　全拼输入法不可以进行长句子的输入,它每次输入的拼音字母数量有一定的限制。在进行汉字的输入时,一般情况也要将汉字的拼音进行完全输入。一些全拼输入法能够自动识别的词组可以只输入部分拼音,按空格键即可输入,如图 3-26 所示。

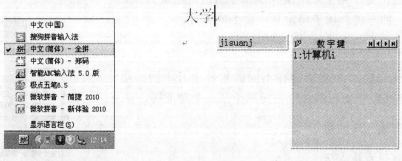

图 3-25　全拼输入法　　　　　　　　图 3-26　全拼输入法举例

全拼输入法可以通过 Caps Lock 键进行与大写英文字母输入之间的切换，但中英文标点没有变化，仍处于中文标点编辑状态。

全拼输入法的选字翻页可以通过 Page Up 和 Page Down 或＋、一号或选字栏右上角的三角按钮来实现。

3）五笔输入法用法

五笔输入法是典型的字型输入法。早期的五笔输入法以吉林大学开发的王码五笔 86 版为代表。现在又新开发出了"五笔加加"、"极品五笔"等五笔输入法版本，并且所收录的字库也不断扩大。

由于五笔输入法根据汉字的基本笔画拆字，重码率非常低；并且每个字最多只需要 4 个字母即可打出，还可以连打词组，因此很多从事文字录入的人员都选择五笔输入法。尤其在输入非词组类的汉字，如人名时，五笔输入法的录入速度非常快。

五笔输入法将汉字的起笔分为横、竖、撇、捺、折 5 种，分别用 A～Y 这 25 个字母代表每种笔画的分区，其中每 5 个字母表示一种笔画，如表 3-1、图 3-27 所示。

表 3-1　五笔字根助记口诀表

笔画分区	键名	键 名 口 诀
横区	G	王旁青头兼五一
	F	土士二干十寸雨
	D	大犬三羊古石厂
	S	木丁西
	A	工戈草头右框七
竖区	H	目具上止卜虎皮
	J	日早两竖与虫依
	K	口与川，字根稀
	L	田甲方框四车力
	M	山由贝，下框几
撇区	T	和竹一撇双人立，反文条头共三一
	R	白手看头三二斤
	E	月衫（彡）乃用家衣底
	W	人和八，三四里
	Q	金勹缺点无尾鱼，犬旁留叉儿一点夕，氏无七
捺区	Y	言文方广在四一，高头一捺谁人去
	U	立辛两点六门病
	I	水旁兴头小倒立
	O	火业头，四点米
	P	之字军盖道建底，摘示衣
折区	N	已半巳满不出己，左框折尸心和羽
	B	子耳了也框向上
	V	女刀九臼山朝西
	C	又巴马，丢失矣
	X	慈母无心弓和匕，幼无力

五笔字型键盘字根总表

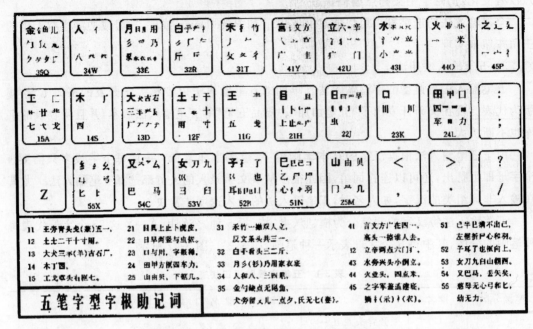

图 3-27　五笔字型字根助记词键位表

　　汉字的拆分要遵循能散不连、能连不交的原则。所谓的"散"是指汉字笔画之间有一定的距离。"连"是指汉字的笔画之间相互连接;"交"指组成汉字的笔画之间是交叉的。每个汉字最多只能打4个字母,如汉字的字根多于4个,则只需打前三笔和最后一笔即可。

　　如"喊"字多于4个字根组成,可以拆成口、厂、一和最后一笔撇,KDGT 4个键即可打出该字;"笔"则可以拆成竹字头、撇、二和最后一笔折,TTFN即可打出。

　　有些汉字单纯依靠拆分的原则是无法打出来的,这就会运用到末笔识别码。末笔识别码是通过汉字最后一笔的笔画和汉字的字型交叉构成的。不足4个字根的键外字编码可以由一个字根代码和末笔识别码构成。如"去"字,可以拆成土和下半部分,键盘编码位 fc,但是却没有可选字,因此根据其末笔识别码 u 打出该字,如图 3-28所示。

图 3-28　汉字举例

　　为提高汉字的录入速度,五笔字型输入法为使用频率较高的汉字设置了简码。简码分为一级简码(见表3-2)、二级简码、三级简码。一级简码是使用频率最高的字,共有25个,分别列于25个字母上,又叫做键名字。只需要单击键名和空格就可以输入这个汉字。二级简码有625个,三级简码有15625个。

表 3-2　一级简码简表

一(11G)	地(12F)	在(13D)	要(14S)	工(15A)
上(21H)	是(22J)	中(23K)	国(24L)	同(25M)
和(31T)	的(32R)	有(33E)	人(34W)	我(35Q)
主(41Y)	产(42U)	不(43I)	为(44O)	这(45P)
民(51N)	了(52B)	发(53V)	以(54C)	经(55X)

除一级简码外，五笔输入法还有 25 个键名汉字，如表 3-3 所示。

表 3-3　键名字根表

王(11G)	土(12F)	大(13D)	木 (14S)	工(15A)
目(21H)	日(22J)	口(23K)	田(24L)	山(25M)
禾(31T)	白(32R)	月(33E)	人(34W)	金(35Q)
言(41Y)	立(42U)	水(43I)	火(44O)	之(45P)
已(51N)	子(52B)	女(53V)	又(54C)	纟(55X)

利用键名字根输入时只需要将按键连击 4 下即可。如"金"字，连击 4 下 Q 即可，如图 3-29 所示。

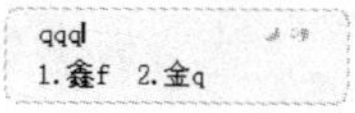

图 3-29　汉字举例

使用五笔输入法时需要对汉字的起笔及字型结构有明确的概念。还有很多不规则的汉字，需要特殊记忆。有些时候会遇到某些汉字无法输入（如"玥"字）的情况，这是由于五笔收录的字库限制造成的。有些五笔输入法可以随时导入新的字库。

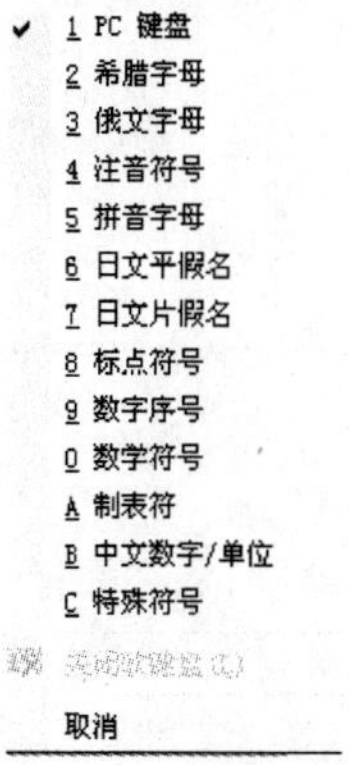

4. 软键盘

软键盘有 13 种，每种都用于输入某类符号或字符，如希腊字母、拼音字母、标点符号、数字符号和特殊符号等。默认时，软键盘就是 PC 键盘，输入的是正常的文字。如果想使用其他软键盘，请单击输入法状态栏中的"软键盘"按钮。弹出"软键盘"菜单，如图 3-30 所示。单击要用的软键盘，图 3-31 为特殊符号软键盘，图 3-32 为数字符号软键盘。

定位光标位置，单击软键盘上的按键就可以输入所需的符号了。

图 3-30　软键盘菜单

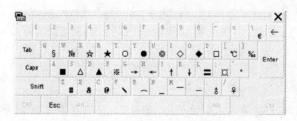

图 3-31　特殊符号软键盘

图 3-32　数字符号软键盘

3.2.3　实训内容

任务一：

单击任务栏的语言指示器图标，或者按 Ctrl＋Shift 组合键若干次，分别选择全拼、微软拼音和五笔输入法，利用键盘或者软键盘在记事本中输入以下符号。

、。！？ —— ""''&×（）#

○零壹贰叁肆伍陆柒捌玖拾＄￡￥‰℃¢¤

≠÷∑∏⊙≌≮≯∷∴√∥⊥

§№☆★○●◎◇◆■△▲＝↑↓※→←□

а б в д е ё ж и й у с р п щ ю ф л щ я

あいうえおかきくけこさしすせたちつって

任务二：

利用五笔字型输入法，完成以下操作。

1．输入以下键名字

王土大木工 目日口田山 禾白月人金

2．输入以下简码字

一地在要工上是中国同和的有人我主产不为这发了发以经

3．输入以下单字

原、醋、马、第、末、学、习、没、氏、前、后、左、右、睛、眼、哪、放

4．输入以下各词

计算机、程序、技术、神韵、北京、电离、大学、基础、幸福、苦难、显示、天安门、太阳、钢筋、椭圆、字体、里面、状态、磁盘、中华人民共和国、开户行、行云流水、万众一心、一心二用、艰难险阻、望尘莫及、少数人、人大常委会

5．输入以下小短文

有位企业家在商场上有着惊人的成就。有一天，当他在事业达到巅峰时，陪同父亲到一家高贵的餐厅用餐，现场有一位琴艺不凡的小提琴手正在为大家演奏。

这位企业家在聆赏之余，想起当年自己也曾经学过琴并且为之痴迷，便对父亲说："如果从前好好学琴的话，现在也许就会在这演奏了。"

"是呀，孩子，"他父亲回答。"不过那样的话，你现在就不会在这里用餐了。"

3.3　实训 3：Windows XP 的文件管理

设定目标

通过实验能够掌握浏览文件及文件夹的一般方法，并可以对文件及文件夹进行一些常用的操作，基本操作如下：选择文件和文件夹、新建文件和文件夹、复制文件和文件夹、移动文

件和文件夹、删除文件和文件夹、查看文件和文件夹列表、查看及设置文件和文件夹的属性。

3.3.1　相关知识

1. 文件与文件夹的概念

文件是一组相关信息的集合,所有的程序和数据都是以文件的形式存放在计算机的外存储器中的。

文件夹是 Windows 中保存文件的最基本的单元,用来放置各种类型的文件。

2. 文件与文件夹的命名规则

文件名由文件用户名和扩展名两部分组成。一般地,将文件用户名直接称为文件名,表示文件的名称。文件的扩展名一般标识着文件类型,也称作文件的后缀。

文件名允许出现的 ASCII 字符是:英文字母(A～Z 大小写字母被认为是一样的);数字符号(0～9);汉字;特殊符号($、#、&、@、!、(、)、%、_、{、}、^、~等)。

注意:不能在文件名中出现的符号是:\ / : * ? " ＜ ＞ |等。不区分英文字母大小写,支持长文件名,最多可以使用 250 个字符。文件夹没有扩展名。

3. 创建新的文件夹或文件

在文件列表框的空白位置单击鼠标右键,在弹出的快捷菜单中选择新建命令,在级联子菜单中选择文件夹,即可创建一个新的文件夹,默认的新建文件夹名为"新建文件夹",用户可以根据需要进行更改;如果在其级联菜单中选择某个文件(例如 Word 文档或 PowerPoint 演示文稿),即可创建一个新文件,如图 3-33 所示。

用"文件"菜单创建文件和文件夹,单击"文件"菜单,在弹出的快捷菜单中选择新建命令,在级联子菜单中选择文件夹或一个文件,即可完成操作,如图 3-34 所示。

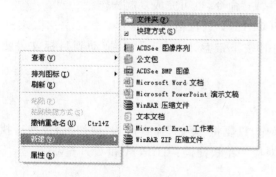

图 3-33　用快捷菜单新建

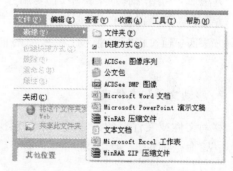

图 3-34　用菜单新建

4. 文件及文件夹的选定

要想对文件或文件夹进行编辑,首先要选中文件,文件的选定很灵活,可以一次全部选中,也可以选中一部分;可以连续多选也可以离散多选,以下介绍不同的选定方法。

1) 单个对象的选择

单击文件或文件夹图标即可。

2）连续多选

（1）单击第一个文件或文件夹，按下键盘上的 Shift 键，同时单击最后一个文件或文件夹，则这两个文件及它们之间的文件都会被选中。

（2）可以通过鼠标的拖动来选定：用鼠标拖动时会出现一个虚线框，虚线框内的文件都将被选中。

3）离散多选

按下键盘上的 Ctrl 键，单击需要选定的文件或文件夹即可。

4）选定所有文件或文件夹

（1）通过快捷键 Ctrl＋A。

（2）通过窗口中的编辑菜单，选择全选命令即可。

5）撤销选定的文件或文件夹

在多选情况下，如果要撤销某一项选定的文件或文件夹可以按住 Ctrl 键，再单击要撤销的文件或文件夹即可，如果要撤销选定的全部内容只需单击空白处即可。

5．给文件和文件夹重命名

（1）选中要重命名的文件或文件夹，单击鼠标右键，在弹出的快捷菜单中选择"重命名"命令。

（2）选中文件或文件夹，按功能键 F2，即可将选定的文件夹重命名。

6．复制文件和文件夹

复制文件或文件夹的具体操作如下。

方法一：在要复制的文件或文件夹上单击鼠标右键，在弹出的快捷菜单中选"复制"命令。然后选择并打开目标磁盘或文件夹，单击右键选择"粘贴"命令。

方法二：利用"编辑"菜单中的"复制"、"粘贴"命令，也可完成复制操作。

方法三：用快捷键 Ctrl＋C 进行复制，用 Ctrl＋V 进行粘贴。

方法四：通过鼠标的拖动，在拖动的同时按下键盘上的 Ctrl 键，拖动到目标文件夹即可。

7．移动文件和文件夹

移动文件或文件夹的方法类似于复制操作，只要将"复制"命令改为"剪切"命令然后执行"粘贴"命令即可。"剪切"和"粘贴"命令，对应一组快捷键：Ctrl＋X 和 Ctrl＋V。

8．删除文件和文件夹

当某个文件或文件夹不再需要时，应该将其删除，以节省磁盘空间。删除文件或文件夹的具体操作如下。

方法一：选中要删除的文件或文件夹，然后中选择"文件"→"删除"，则可将选定的文件放入回收站中。

方法二：选中要删除的文件或文件夹，然后用鼠标拖放到"回收站"图标上，则该文件被删除且放入回收站中。

方法三：选中要删除的文件或文件夹，然后按键盘上的 Delete 键，即可删除该文件且放入回收站中。

注意：放入回收站中的文件，还可以从回收站中恢复，重新使用，如果选中要删除的文件或文件夹，然后按 Shift＋Delete 组合键，则删除的文件或文件夹，不经过回收站，将被永久删除，不能再恢复了。

9．查看或修改文件和文件夹的属性

要想查看或修改文件和文件夹的属性，在选定的文件或文件夹上单击鼠标右键，在弹出的快捷菜单中选择"属性"命令，打开属性对话框，文件和文件夹的属性对话框各有三个选项卡，文件属性有"常规"、"自定义"和"摘要"三个选项卡，如图 3-35 所示，文件夹的属性对话框有"常规"、"自定义"和"共享"三个选项卡，如图 3-36 所示。

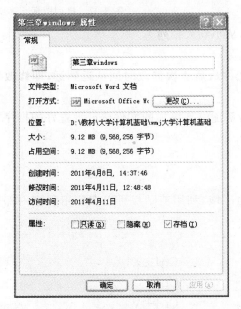
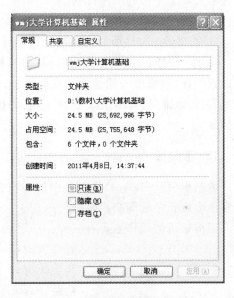

图 3-35　文件的属性对话框 　　　　　　图 3-36　文件夹的属性对话框

（1）常规选项卡：可以查看文件或文件夹的信息，而且可以修改文件或文件夹的属性（例如只读、隐藏、存档属性）。

（2）共享选项卡：可以查看和修改文件或文件夹的共享情况。

（3）自定义选项卡：可以对文件夹进行一些自定义设置（例如更改文件夹的图标）。

（4）摘要选项卡：可以知道文件的标题、作者等信息。

10．显示隐藏文件或文件夹

当文件或文件夹的属性被设置为"隐藏"后，不会显示在文件夹窗口中，如果需要修改或删除这些文件或文件夹，就必须将它们显示出来。具体操作步骤为：

（1）单击"工具"菜单→"文件夹选项"命令，弹出"文件夹选项"对话框。

（2）打开"查看"选项卡，在"隐藏文件和文件夹"下选择"显示所有文件和文件夹"单选按钮。

(3) 单击"确定"按钮,这样,用户所需要的文件就会显示在相关文件夹中了。

11. 文件排序

在默认情况下,文件在窗口中是无序排列的,有时为了便于操作,我们需要将其排序。文件图标可以按照文件的名称、大小、类型等进行排列。具体操作步骤如下:

(1) 打开要对文件排序的文件夹窗口。

(2) 在窗口空白处右击,弹出快捷菜单。

(3) 将鼠标指向"排列图标"命令,在"排列图标"的级联菜单中选择一种排列方式即可,如图 3-37 所示。

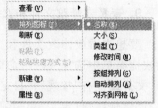

从图中可以看出文件排序有多种方式。

① 名称:按文件名称排序,将文件夹中的所有文件按照文件名的英文字母的顺序排列。

图 3-37　排列图标

② 大小:按文件内容所占磁盘空间的大小,从小到大排列。

③ 类型:按文件所属的类型进行排列。

④ 修改时间:按文件修改时间排序、按照文件最后一次修改时间从近到远,即修改时间最近的在前,修改时间最远的在后。

⑤ 自动排列:如果用户选择了"自动排列",系统将新添加的文件按已设置好的排序方式插入。

12. 剪贴板

剪贴板(Clip Board)是内存中的一段公用的区域,利用剪贴板可以在应用程序内部或在多个应用程序之间交换数据。

对剪贴板的操作主要有三种:

$$剪切(Cut) \qquad\qquad Ctrl+X$$
$$复制(Copy) \qquad\qquad Ctrl+C$$
$$粘贴(Paste) \qquad\qquad Ctrl+V$$

(1) 按下键盘上的 Print Screen 键,可以将当前屏幕的内容作为图像复制到剪贴板。

(2) 按下 Alt+Print Screen 组合键,可以将当前活动窗口以图像的形式复制到剪贴板。

13. 资源管理器

资源管理器程序可以管理的项目很多,有"桌面"、"我的文档"、"网上邻居"、"回收站"以及"Internet Explorer"等。

打开资源管理器的方法很多,以下有三种方式:

(1) 单击"开始"按钮,在出现的快捷菜单中选择"资源管理器"。

(2) 右击"我的电脑",同样可以出现一个快捷菜单,选择其中的"资源管理器"选项。

(3) 单击"开始"按钮,选择"程序",然后选择"附件"中的"Windows 资源管理器"。

3.3.2　文件管理的基本操作

在考生文件夹中有如图 3-38 所示的一些文件,以下几题均在该考生文件夹中进行。

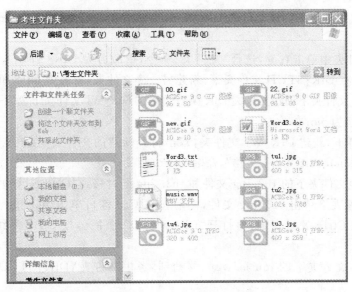

图 3-38 "考生文件夹"窗口

（1）显示考生文件夹中所有文件的扩展名。

单击"工具"菜单中的"文件夹"选项，选择"查看"选项卡，单击"隐藏已知文件类型的扩展名"，如图 3-39 所示。

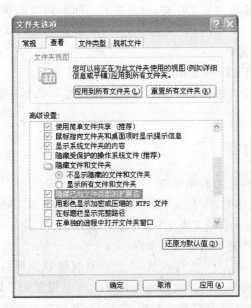

图 3-39 "文件夹选项"对话框

（2）把考生文件夹下 00.gif 改名为 11.jpg。

选择 00.gif 文件，单击右键，在弹出的快捷菜单中选择"重命名"命令进行改名。

注意：在文件重命名时，如果同时改变了扩展名，则首先需要显示文件的扩展名。

（3）把考生文件夹下 tu1.jpg 改名为风景。

选择 tu1.jpg 文件，单击右键，在弹出的快捷菜单中选择"重命名"命令更改名字。

(4) 在考生文件夹下创建文件夹 DIR_STUD,然后在 DIR_STUD 文件夹下创建子文件夹 DIR_SUB。

在考生文件夹中单击右键,选择"文件夹"命令,重命名为 DIR_STUD,然后双击 DIR_STUD 文件夹,在 DIR_STUD 文件夹下,新建另一个文件夹,命名为 DIR_SUB。

(5) 在考生文件夹下创建文件夹 DIR_WJ,然后在 DIR_WJ 文件夹下创建一个空 Microsoft Word 文档,命名为 word. doc。

在考生文件下,新建 DIR_WJ 文件夹,双击打开新建的文件夹,在该文件夹里,单击右键,选择"新建 Microsoft Word 文档",命名为 word. doc。

(6) 将考生文件夹下的 tu2. jpg 文件和 tu3. jpg 同时移到"DIR_STUD"文件夹下。

在考生文件夹下单击 tu2. jpg 文件,然后按住 Ctrl 键再单击 tu3. jpg 文件,选择这两个文件,然后按 Ctrl+X 组合键,再打开"DIR_STUD"文件夹,按 Ctrl+V 组合键粘贴这两个文件。

(7) 将考生文件夹下的 music. wmv 移动到"考生文件夹\DIR_STUD\DIR_SUB"文件夹。

将考生文件夹下的 music. wmv 选中,然后单击右键,在快捷菜单中选择"剪切"命令,双击打开"DIR_STUD\DIR_SUB"文件夹,单击右键,在快捷菜单中选择"粘贴"命令。

(8) 在"C:\考生"文件夹下创建新的子文件夹,命名为 KS_DIR,将考生文件夹下的 new. jpg 和 word3. txt 文件同时移动到该文件夹下。

在考生文件夹下创建新的子文件夹,命名为 KS_DIR,同时选择考生文件夹下的 new. jpg 和 word3. txt 文件,按 Ctrl+X 剪切这两个文件,双击打开 KS_DIR 文件夹,按 Ctrl+V 把两个文件粘贴到该文件夹中。

(9) 将考生文件夹下的 word. doc 设置为只读属性。

选择 word. doc,单击右键选择"属性"命令,在属性对话框中选择只读属性,然后单击"确定"按钮。

3.3.3　实训内容

任务一:文件与文件夹的简单操作

先在 D 盘下创建文件夹,命名为"考生文件夹",在考生文件夹中创建三个. gif 类型的图片,一个 Word 文档和一个纯文本文档,如图 3-40 所示。

(1) 请删除考生文件夹中所有. gif 文件。

(2) 将回收站中的 new. gif 文件恢复,并把它复制到 D 盘根目录下。

(3) 设置"桌面"的背景为考生文件夹中的 g7. gif 且设置为平铺。

(4) 请在考生文件夹下创建"我的收藏"文件夹,并把它设置成只读属性。

(5) 将考生文件夹下 word3. txt 改名为文件. doc。

(6) 请在"我的收藏"文件夹下创建一个名为"使用录音机. doc"文档,并把"附件"中的"录音机"窗口的画面粘贴到该文档中。

(7) 清空回收站。

任务二:了解资源管理器的使用

右击"我的电脑",利用快捷菜单,打开"资源管理器"窗口,练习文件夹的展开与折叠:

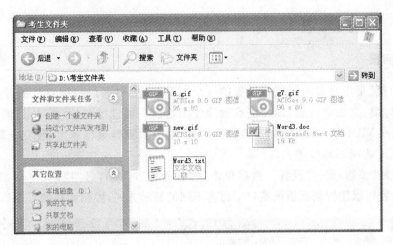

图 3-40 考生文件夹

将鼠标指向"文件夹"窗口内的某个盘符图标(H:),单击在图标左侧方框的"＋"号,此时观察到原来的"＋"号变为"－"号,表明 H 盘下的文件夹已经展开,如图 3-41 所示。再单击"－"号,观察文件夹的变化。

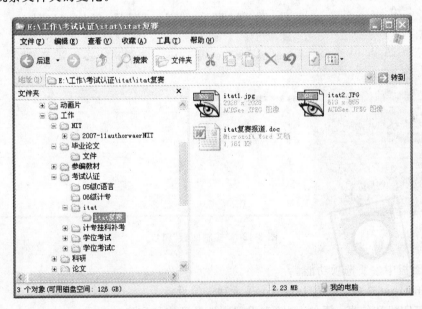

图 3-41 资源管理器

3.4 实训 4：Windows XP 的系统管理

设定目标

掌握以下系统工具的使用和设置方法：控制面板、显示器、区域和语言设置、日期和时间、键盘和鼠标、添加或删除程序、任务计划和添加硬件。

3.4.1　相关知识

1.控制面板

"控制面板"是用来对系统进行设置的一个工具集,用户可以根据自己的爱好更改显示器、键盘、鼠标器、桌面等设置,以便更有效地使用它们。通过"控制面板"可以调整系统的配置和 Windows XP 的操作环境,如安装新的硬件和软件、调整鼠标速度、改变屏幕颜色、改变软硬件设置、配置网络环境等。

单击"开始"按钮,选择"设置",然后单击"控制面板"即可打开"控制面板"。在 Windows XP 中通过设置可以使控制面板的窗口项目有不同的显示方式,控制面板如图 3-42 所示。

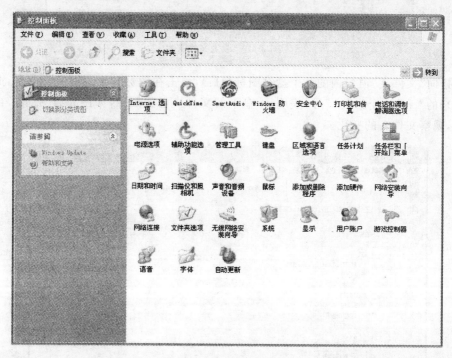

图 3-42　"控制面板"窗口

控制面板中主要选项功能。

(1) Internet 选项:配置 Internet 显示和连接设置。

(2) 打印机和传真:添加、删除和设置本地及网络打印机。

(3) 电话和调制解调器选项:配置电话拨号规则和调制解调器属性。

(4) 电源选项:配置计算机上的节能设置。

(5) 辅助功能选项:对键盘、鼠标器、声音和显示做一些辅助设置。

(6) 键盘:调整键盘重复输入速度及设置键盘布局等。

(7) 区域和语言选项:自定义语言及改变数字、货币、日期和时间的显示格式和输入方法。

(8) 日期和时间:改变系统日期、时间和时区信息。

(9) 声音和音频设备:指派声音到事件并配置声音设备,改变多媒体设备的设置。

(10) 鼠标:设置鼠标单击或双击的速度,调整鼠标指针在屏幕上的移动速度、形状等。

（11）添加或删除程序：添加或删除各种程序文件及 Windows 组件。

（12）添加硬件：给系统增添、删除及诊断硬件设备。

（13）系统：提供系统信息，进行网络标识、硬件、用户配置文件等的设置。

（14）显示：修改显示器的属性。

（15）用户账户：管理本机的用户及进行密码设置。

（16）字体：显示、管理计算机中的字体。

要启动"控制面板"窗口中的应用程序使其进入运行状态，只需双击图标即可。

2. 显示

在桌面空白处右击，选择快捷菜单中的"属性"命令，打开"显示 属性"对话框。

1）主题选项卡

主题选项卡定义了桌面的总体外观，它决定了背景、屏幕保护程序、窗口字体、窗口和对话框中的颜色和三维效果、图标和鼠标指针的外观和声音。用户也可以通过更改各个元素来自定义主题。在"主题"选项卡的"主题"下拉菜单中列出了系统已经定义过的主题类型和用户自定义的主题类型，用户可以选择任意自己喜欢的主题，或者通过"浏览"导入先前已定义过的主题文件。如果满意则可以单击"确定"按钮，如图 3-43 所示。

2）桌面选项卡

在这个选项卡中，可以设置自己喜欢的墙纸或图案作为桌面，选择"背景"列表中的图片作为背景，如果想把其他文件夹中的图片设置成桌面，单击"自定义桌面"按钮。背景位置有三种：居中、平铺和拉伸，可以在位置下拉列表中选择一种，最后单击"确定"按钮，如图 3-44 所示。

图 3-43　"显示 属性"对话框的"主题"选项卡　　　图 3-44　"显示 属性"对话框的"桌面"选项卡

3）屏幕保护程序选项卡

在"屏幕保护程序"选项卡中选择"屏幕保护程序"下拉列表，在该列表中选择一个屏幕保护程序；然后设置屏幕保护程序运行的等待时间；若要设置密码保护，则可以选中"在恢复时使用密码保护"复选框，如图 3-45 所示。

4）外观选项卡

单击"显示属性"对话框上的"外观"选项卡，"外观"选项卡是用来设置单个窗口的颜色及字体大小的，如图 3-46 所示。

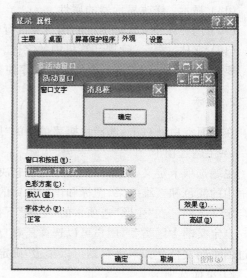

图 3-45 "显示 属性"对话框的 "屏幕保护程序"选项卡

图 3-46 "显示 属性"对话框的"外观"选项卡

5）设置选项卡

在"设置"选项卡中，可以设置"屏幕分辨率"，单击"高级"按钮，选择"适配器"选项卡，可更改显示卡驱动程序；选择"监视器"选项卡，可更改显示器驱动程序等设置，如图 3-47 所示。

3. 鼠标设置

双击"控制面板"中的"鼠标"图标，打开"鼠标属性"对话框，在这可以设置鼠标的速度快慢、指针形状等，如图 3-48 所示。

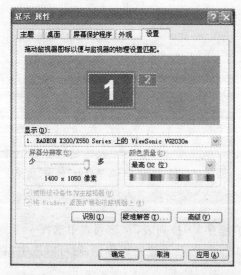

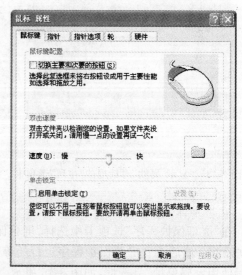

图 3-47 "显示 属性"对话框的"设置"选项卡

图 3-48 "鼠标 属性"对话框

具体操作如下。

(1) 鼠标键选项卡：用于设置鼠标键配置和鼠标键速度。

(2) 指针选项卡：用于设置鼠标处于不同状态时的形状和大小。

(3) 指针选项选项卡：用于设置鼠标指针的一些特性。

(4) 轮选项卡：用于设置鼠标滚动滑轮一个齿格所滚动的行数。

(5) 硬件选项卡：用于设置有关硬件的属性。

4. 日期/时间设置

在 Windows XP 操作系统中可以很方便地修改系统当前的日期和时间，具体操作方法如下：在"控制面板"中双击"日期和时间"打开"日期和时间属性"对话框，也可右击任务栏右面显示时间的快捷菜单中的"调整日期时间"，或双击任务栏右面显示的时间。如图 3-49 所示，在这里可以修改日期和时间。

图 3-49　"日期和时间 属性"对话框

5. 声音设置

通过声音、语言和音频设备可以设置系统的声音、音量与音频设备等。

6. 区域设置

在"控制面板"窗口中选择"区域和语言选项"对话框，此对话框中包含了"区域选项"、"语言"和"高级"三个选项卡，如图 3-50 所示。

1)"区域选项"选项卡

这个选项卡中的"示例"部分显示了数字、货币、时间等的显示格式，而这些格式是和区域设置相关联的。如果用户选择了不同的区域设置，那么这些显示格式也随之变化。单击"自定义"按钮，用户可以在弹出的"自定义区域选项"窗口中对给定的显示格式做调整。在下方的"位置"下拉菜单中选择一个所在地，这样系统会根据设定的位置信息为用户提供当地的信息，例如，新闻、天气等。

2)"语言"选项卡

选择"语言"选项卡后单击"详细信息"按钮，将打开如图 3-51 所示的"文本服务和输入语言"对话框,在这个对话框中用户可以查看、添加和删除输入语言和方法。在该对话框的"已安装的服务"列表中显示了当前已经安装的输入法,单击列表旁边的按钮可以添加、删除和配置输入法。单击"默认输入语言"下拉菜单,则可以将一个已安装的输入法指定为默认输入法。单击"高级"选项卡,可以设置输入法对应用程序的支持。

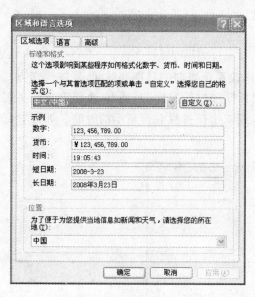

图 3-50　"区域和语言选项"对话框

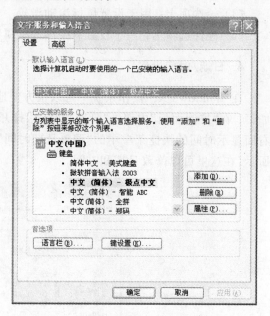

图 3-51　"文字服务和输入语言"对话框

7. 任务计划

在计算机中可以设置某个应用程序在特定的时间自动运行,具体操作方法如下:

(1)首先在"开始"菜单中单击"设置"选项,在弹出的级联菜单中单击"控制面板"命令,打开"控制面板",在控制面板中双击"任务计划",弹出"任务计划向导"对话框,如图 3-52 所示。

(2)单击"下一步"按钮,然后按步骤操作即可将选定的应用程序添加到任务计划中。

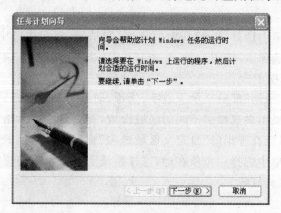

图 3-52　"任务计划向导"对话框

8. 对回收站的操作

在 Windows 桌面上双击"回收站"图标,打开回收站窗口,如果要把删除的文件还原(即撤销所做的删除操作,使得文件回到删除前的位置),可以先选中文件,然后单击窗口中"还原此项目"链接文字还原,或者在选中的文件上单击右键,在弹出的快捷菜单中,选择"还原"命令,如图 3-53 所示,则该文件就回到被删除以前所在的位置,我们仍然可以使用它。

如果要把删除的文件彻底从硬盘中删除,可以先选中文件,当鼠标停在该文件上时,单击鼠标右键,从弹出的快捷菜单中选择删除即可。

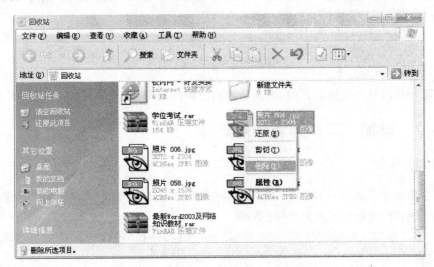

图 3-53 "回收站"窗口

9. 设置打印机

"打印机"文件夹包含了系统中已安装的打印机和安装新打印机的打印机安装向导。

1)添加打印机

双击"添加打印机",将执行"添加打印机"向导,安装向导将逐步提示用户选择本地还是网络打印机、进行打印机的检测、选择打印端口、选择制造商和型号、打印机命名、是否共享、打印测试页等,最后安装 Windows XP 系统下的打印驱动程序。

2)设置默认打印机

如果系统中安装了多台打印机,在执行具体的打印任务时可以选择打印机,或者将某台打印机设置为默认打印机。要设置默认打印机,在某台打印机图标上单击右键,在快捷菜单中选择"设为默认打印机"即可。默认打印机的图标左上角有一个"√"标志,如图 3-54 所示。

3)取消文档打印

在打印过程中,用户可以取消正在打印或打印队列中的打印作业,具体过程是:

(1)在"控制面板"中,双击"打印机"图标,打开"打印机"文件夹。

(2)双击正在使用的打印机,打开打印队列。

(3)右击要停止打印的文档,然后选择"取消"。

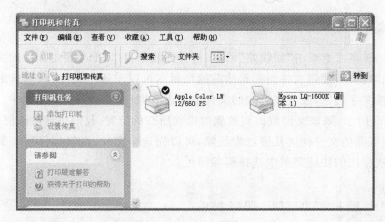

图 3-54　默认打印机

(4) 若要取消所有文档的打印,右击欲取消打印的打印机,然后选择"取消所有文档"。

3.4.2　添加打印机和调制解调器

1. 添加打印机

在控制面板中双击"打印机和传真"图标,在出现的窗口中单击"添加打印机"链接,打开如图 3-55 所示的"添加打印机向导"对话框。

单击"下一步"按钮,出现如图 3-56 所示的对话框,选择"连接到此计算机的本地打印机"单选按钮。

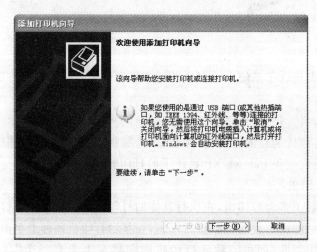

图 3-55　"添加打印机向导"对话框

单击"下一步"按钮,在弹出的对话框中,选择端口,如图 3-57 所示。

单击"下一步"按钮,在弹出的对话框中选择"厂商"和"打印机"类型,如图 3-58 所示。

单击"下一步"按钮,在弹出的对话框中为打印机命名,如图 3-59 所示。

单击"下一步"按钮,在弹出的对话框中,确定是否要打印测试页,如图 3-60 所示。

单击"下一步"按钮,弹出如图 3-61 所示的对话框,单击"完成"按钮,完成操作。

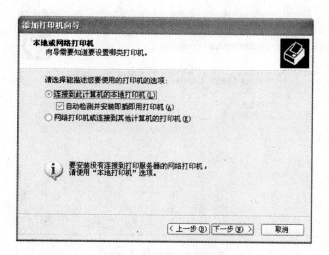

图 3-56　选择本地计算机

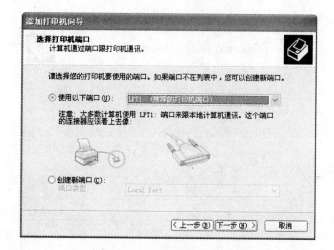

图 3-57　选择端口

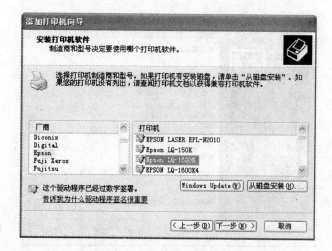

图 3-58　选择厂商和打印机类型

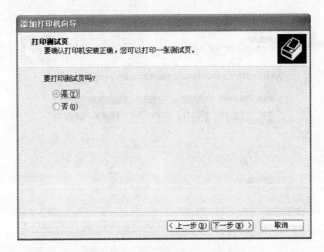

图 3-59 为打印机命名

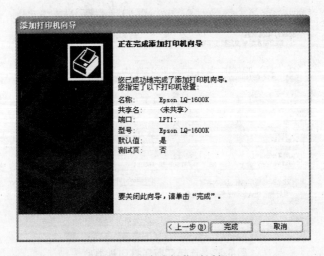

图 3-60 确定是否要打印测试页

图 3-61 完成操作对话框

2. 添加调制解调器

在控制面板中双击"电话和调制解调器"图标,打开"电话和调制解调器选项"对话框,选择"调制解调器"选项卡,然后单击"添加"按钮,打开"添加硬件向导",在该对话框中,单击"下一步"按钮,打开如图 3-62 所示的对话框。在该对话框中选择"厂商"和"型号",然后单击"下一步"按钮。

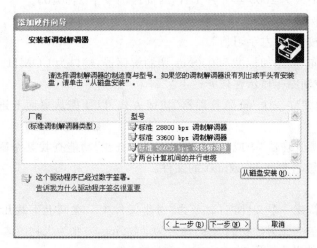

图 3-62　选择厂商和型号对话框

接着,在打开的对话框中选择端口,然后再单击"下一步"按钮,最后单击"确定"按钮,如图 3-63 所示。

单击"下一步"按钮,打开如图 3-64 所示的对话框,最后单击"确定"按钮完成操作。

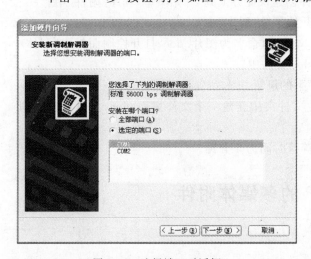

图 3-63　选择端口对话框

图 3-64　完成操作对话框

3.4.3　实训内容

任务一:

(1) 设置屏幕背景为 Bliss.jpg,屏幕保护程序为三维飞行物,等待时间为 15 分钟。

　　(2) 查找"我的电脑"杀毒软件的应用程序,添加一个任务计划,从即日开始,每天中午12:00 运行杀毒软件一次。

　　(3) 添加打印机 HP D640,并设置为默认打印机。

　　(4) 将显示器分辨率改为 800×600,如果已经是该分辨率就确认一下。

　　(5) 将区域选项设置为"俄语"。

　　(6) 将系统日期改为 2005 年 9 月 1 日,时间改为下午 2:30:00。

　　(7) 设置屏幕保护程序为三维飞行物,等待时间为 20 分钟。

　　(8) 设置鼠标按钮为"左手习惯"。

　　(9) 使用安装向导,添加标准 56000bps 调制解调器,端口为 COM11。

　　(10) 把声量控制图标显示在任务栏上。

　　(11) 在桌面上建立一个"资源管理器"快捷方式,以便能从桌面上迅速启动 Windows XP"资源管理器"。

　　(12) 使用"资源管理器"中或"开始"菜单中的"查找"功能查找某个磁盘(如 C 盘)或所有磁盘中文件名后缀名为.bmp 或.txt 的文件。

　　任务二:

　　(1) 在桌面上新建一个文件夹,命名为"考生文件夹",在网上下载几张图片,一张为风景照命名为风景.jpg,一张为动物的图像,命名为动物.jpg,一张为人物图像,命名为人物.jpg,以下几个题在此文件夹中操作。

　　(2) 在桌面上为考生文件夹中的动物.jpg 文件创建快捷方式,名字不变。

　　(3) 在考生文件夹中,为动物.jpg 文件创建快捷方式到考生文件夹下,并改名为"我喜爱的动物"。

　　(4) 在考生文件夹中,把风景.jpg 文件创建快捷方式到"开始菜单/程序/附件"中。

　　(5) 将考生文件夹创建快捷方式到"开始菜单/程序"中。

　　(6) 在考生文件夹中新建一个 Word 文档,重命名为图片.doc,打开控制面板中"字体/添加新字体"窗口,把该窗口粘贴到图片.doc 文件中。

　　(7) 将桌面背景设置为"考生文件夹"下的风景.jpg,位置为平铺。

　　(8) 回到桌面,复制当前桌面,在考生文件夹中新建一个文件桌面.doc,将桌面粘贴到该文件中。

　　(9) 设置屏幕保护程序为三维文字,等待时间为 5 分钟。

3.5　实训 5:Windows XP 的多媒体附件

设定目标

　　Windows XP 为用户提供了包括娱乐、通信、多媒体以及一些常用的编辑辅助工具,它们位于"开始"→"程序"→"附件"中,这些工具的集成使系统的功能更强大、更全面。了解这些附件工具的功能和使用,可以为我们的工作、学习带来便利,本节我们将重点介绍以下几个程序:画图、Windows Media Player 播放器、计算器、录音机、记事本和写字板。

3.5.1　附件程序介绍

1. 画图

"画图"程序是一个简单的画图工具,用户可以使用它绘制黑白或彩色的图形,并可将这些图形存为位图文件(.bmp文件),可以打印,也可以将它作为桌面背景,或者粘贴到另一个文档中,还可以使用"画图"程序查看和编辑扫描的相片等。

1) 画图的启动和退出

要启动画图程序,只需在Windows XP的任务栏上单击"开始"按钮,然后在弹出的开始菜单中选择"程序/附件/画图"命令即可。启动画图程序后,当图像尺寸较大时,屏幕只能显示一部分,此时可使用水平滚动条或垂直滚动条来查看图像的其他部分。

若要退出画图程序,可选择"文件/退出"菜单命令,或按Alt+F4组合键,或单击"关闭"按钮即可。在退出之前,如果正在处理的图像发生变化,则画图程序会提示保存。

2) 画图的窗口组成

画图应用程序窗口由标题栏、菜单栏、工具栏、画布、滚动条和颜料盒等组成,如图3-65所示。

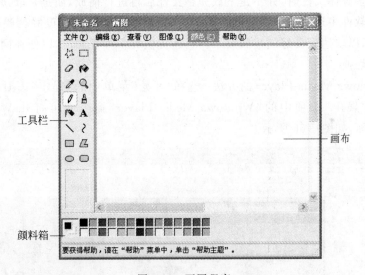

图3-65　画图程序

① 标题栏。标题栏是画图应用程序窗口最上面的矩形条,它显示该应用程序名称"画图"以及当前窗口正在编辑的图像的文件名。标题栏的左边是控制菜单框,右边三个按钮分别是"最小化"按钮、"最大化/还原"按钮和"关闭"按钮。

② 菜单栏。菜单栏位于标题栏的下方,它包括文件、编辑、查看、图像、颜色和帮助6个菜单选项。单击某个菜单选项即可打开该菜单,每个菜单里都包含数量不等的命令,单击命令即可执行相应的操作,而单击菜单外的任何地方或者按Esc键将关闭当前打开的菜单。另外,按住Alt功能键的同时,再按菜单选项名称后带下划线的英文字母,也可以打开相应的菜单选项。

③ 工具栏。工具栏位于画图应用程序窗口的左侧,它包含许多绘图工具,用于完成一

系列绘画功能,如裁剪、填充、喷涂、放大和输入文字等。工具栏的底部是工具形状框,它提供每种工具的可选类型,如线的宽度、刷子类型等。

④ 画布。画布是绘制和编辑图像的地方。如果图像较大,画布只能显示整幅图像的部分内容,这时可以通过移动滚动条查看图像的其他部分。

⑤ 滚动条。滚动条分为垂直滚动条和水平滚动条两类,它们用于查看整幅大图像的不同部分。

⑥ 颜料箱。在绘制图像时,可以从颜料箱中选定前景颜色和背景颜色,使图像具有丰富多彩的效果。颜料箱的左边框显示当前使用的前景颜色和背景颜色,右边框列出了可用的 28 种颜色,双击它就可以弹出"编辑颜色"对话框,从中可以选择成千上万种颜色。将鼠标指针移到右边框某一颜色上,单击鼠标主键,选定的颜色即作为当前前景颜色。将鼠标指针移到右边框某一颜色上,单击鼠标辅键,选定的颜色即作为当前背景颜色。

2．Windows Media Player 播放器

Windows Media Player 支持目前大多数流行的文件格式,甚至内置了 Microsoft MPEG-4 Video Coedec 插件程序,所以它能够播放最新的 MPEG-4 格式的文件。该软件在播放网络上的多媒体文件时,并不是下载完整文件后再进行播放,而是采取边下载边播放的方法。微软在软件中运用了许多新的技术,能够智能监测网络的速度并调整播放窗口的大小和播放速度,以求达到良好的播放效果。它还提供有多种视频流,以便在网络速度不稳定的情况下自动切换。

启动 Windows Media Player 的方法:选择"开始"菜单中的"程序"选项,然后选择"附件"选项中的"娱乐"选项中的"Windows Media Player"命令即可打开 Windows Media Player 窗口界面,如图 3-66 所示。

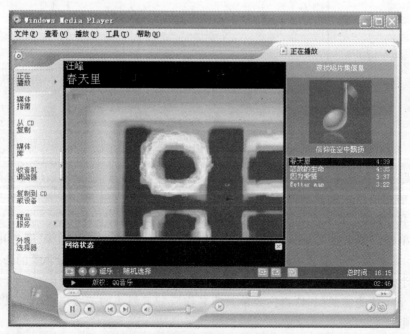

图 3-66　Windows Media Player 窗口

3. 计算器

在 Windows XP 操作系统中提供了两种计算器：一种是普通型计算器，另一种是科学型计算器。普通计算器只能做一些简单的运算，例如，加、减、乘、除、乘方、开方等，如图 3-67 所示。

科学计算器则可以进行一些高级的计算和统计，例如指数运算、三角函数运算等，另外它还可以进行不同进制的数值转换，如图 3-68 所示。

图 3-67　普通型计算器　　　　　　图 3-68　科学型计算器

启动计算器程序的方法：选择"开始"菜单中的"程序"选项，然后选择"附件"选项中的"计算器"命令即可启动计算器应用程序。

4. 录音机

Windows XP 中的"录音机"是一个多媒体附件，它不仅可以录制、播放声音，还可以对声音进行编辑及特殊效果处理。当录制声音时，需要准备一个麦克风，将麦克风插入声卡就可以使用"录声机"了。

启动"录音机"程序的操作的方法：选择"开始"菜单中的"程序"选项，然后选择"附件"选项中的"录音机"命令即可打开"声音-录音机"窗口，如图 3-69 所示。

图 3-69　"声音-录音机"窗口

5. 写字板

写字板是一个简单方便、功能十分强大的文字处理程序，用它可以建立和打印文档，适用于日常较少的文字的处理工作。

启动"写字板"程序的操作的方法：选择"开始"菜单中的"程序"选项，然后选择"附件"选项中的"写字板"命令即可打开"文档-写字板"窗口，如图 3-70 所示。在写字板中利用菜单栏上的菜单命令和工具栏上的命令按钮即可以对输入的文档进行编辑。

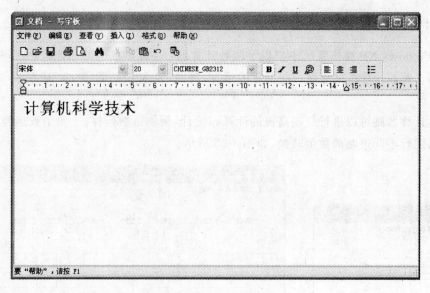

图 3-70　"文档-写字板"窗口

3.5.2　使用画图程序

　　我们要用画图程序画一幅"太阳花",并把它保存起来,并且把它设置为桌面的背景墙纸,操作步骤如下所示。

　　(1)启动画图程序进入画图程序窗口。

　　(2)单击工具栏里的"铅笔"工具,把鼠标移入工作区,这时鼠标已经变成了铅笔形状。按下鼠标左键不要松手,在工作区里画出枝叶的样子,然后松开左键,如图 3-71 所示。

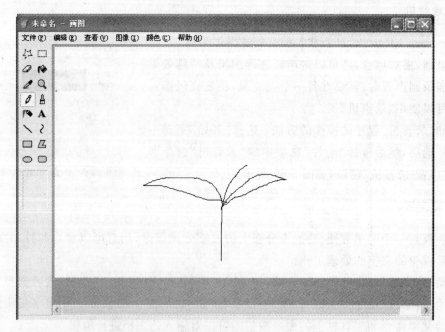

图 3-71　画枝叶

（3）单击"椭圆"工具，这时鼠标在工作区里变成了十字形状，然后在"颜料箱"里单击红色方块，同时按下 Shift 键和鼠标左键不放，在工作区的左上方画出一个圆圈，再使用"不规则图形"画出花瓣，如图 3-72 所示。

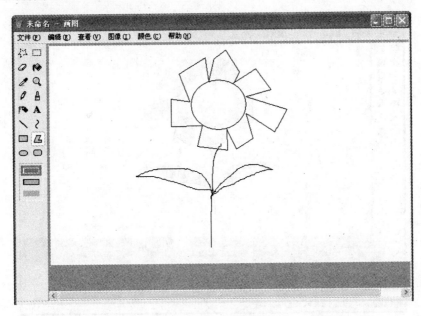

图 3-72 画花瓣

如果不小心线条画歪了，或者对原来画的图形不太满意，只需单击"橡皮"工具，在工作区中，鼠标就变成了一个小方块，然后按住左键在工作区中拖动，指针拖过的地方就变成了白色，就像用橡皮擦掉了一样，如图 3-73 所示。

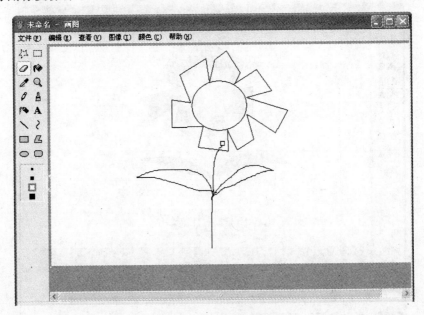

图 3-73 橡皮工具

（4）单击"填充"工具，这时工作区里的鼠标指针变成了形状，然后在"花心"圆圈里单击鼠标左键，"花心"立即就成了实心的圆，用同样方法填充花瓣颜色为橘黄色，叶子为绿色，如图 3-74 所示。

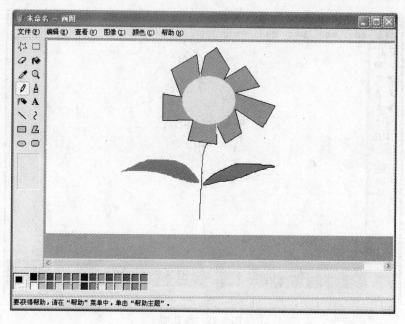

图 3-74　填充工具

（5）单击"喷枪"工具，这时鼠标指针变成了形状，然后单击"颜料箱"里的棕色色块，在花朵根部单击鼠标，画出土地，如图 3-75 所示。

图 3-75　使用喷枪工具

（6）接下来，我们要为天空填充蓝色，但有一个条件，我们必须用铅笔将图画里的土地画到工作区的左右边界，使上下形成不同的封闭区域，如图3-76所示。

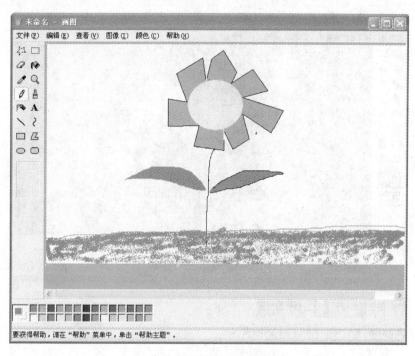

图3-76　封闭土地

然后单击"填充"工具，在"颜料箱"里选择蓝色色块，在土地上部的空白区域单击左键，如图3-77所示。

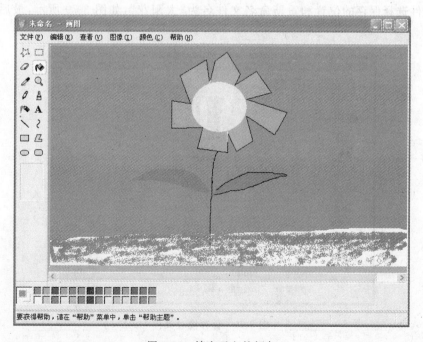

图3-77　填充天空的颜色

（7）单击"文字"工具，按住左键在工作区的右下部画一个长方形，然后在里面输入文字，例如可以输入作者的信息，如图 3-78 所示。

图 3-78　添加文字信息

（8）最后一步至关重要，我们要把这幅图画保存起来，以备后用。首先单击"文件"菜单，在弹出菜单中选择"保存"命令，然后会弹出下面的"另存为"对话窗口。在此对话框中，我们为文件选择保存的位置和重新命名文件名为"太阳花"，如图 3-79 所示，最后单击"保存"按钮。

图 3-79　保存图片文件

至此,本例制作完毕。如果以后我们还要修改这幅图画,我们可以启动画图程序,然后在文件菜单中选择"打开",这时会弹出"打开"对话框,我们在对话框中找到我们要打开的图画"太阳花",双击它,"太阳花"就出现在画图程序的工作区里了,然后我们就可以对它进行修改了。

3.5.3 实训内容

任务一:

(1) 启动"记事本",输入以下内容,保存在桌面上,命名为短歌行.txt,设置它的字体、字号和字形,如图 3-80 所示。

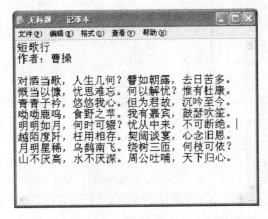

图 3-80 记事本

(2) 启动"画图"程序,练习使用各种工具,绘制一个图形文件并为图形适当添加颜色,保存在桌面上,命名为 mypicture.bmp,如图 3-81 所示。

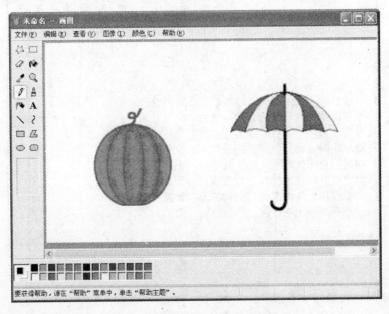

图 3-81 画图

（3）启动计算器程序。

选择"查看"菜单下的"标准型"命令，分别计算 $97×245$、$1023÷3$ 和 $\sqrt{98567}$ 的值，如图 3-82 所示。

选定"查看"菜单下的"科学型"命令，分别计算 2^{12}、26^3、$\sin 60°$、$\tan 30°$ 的值；将二进制数 1101010 分别转换成十进制数和八进制数，将十进制数转换成二进制数，如图 3-83 所示。

图 3-82　标准型计算器

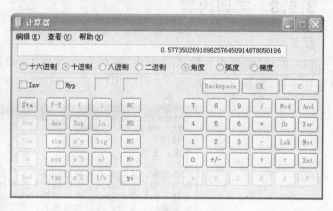

图 3-83　科学型计算器

任务二：

（1）启动"写字板"，输入以下内容，保存在桌面上，命名为短歌行.RTF，设置它的标题为居中对齐，字体为华文行楷、20 号、颜色为紫色；"作者：曹操"设置为斜体；正文稿字体为宋体、字号 12 号、颜色为蓝色，如图 3-84 所示。

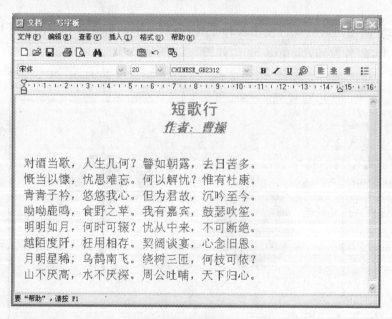

图 3-84　写字板

（2）利用录音机录制一首歌。

启动 Windows 录音机，将麦克风的插头插入声卡的 MIC 插孔，执行录音机程序中的

"文件"→"属性"命令,将录音格式设置为广播音质(22kHz、8位、单声道)。然后单击录音机面板上的"录音"按钮开始录音,并对着麦克风唱一首歌,唱完后,单击"停止"按钮结束录音。将录制好的声音保存在桌面上,命名为我的歌.wav,如图3-85所示。

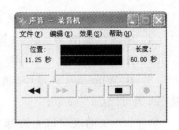

(3)启动Windows Media Player,为播放器新建播放列表,然后单击"播放"按钮,听几首歌,如图3-86所示。

图3-85 "声音-录音机"对话框

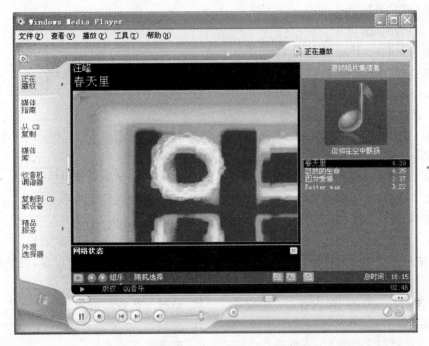

图3-86 Windows Media Player对话框

习题3

一、选择题

1. 为了正常退出Windows,用户的操作是( )。

    A. 在任何时刻关掉计算机的电源

    B. 选择开始菜单中的"关闭计算机"并进行人机对话

    C. 在没有任何程序正在执行的情况下关掉计算机的电源

    D. 在没有任何程序正在执行的情况下按Alt+Ctrl+Del组合键

2. 在Windows环境中,整个显示屏幕称为( )。

    A. 窗口   B. 桌面   C. 图标   D. 资源管理器

3. 在下拉菜单里的各个操作命令项中,有一类被选中执行时会弹出子菜单,这类命令项的特点是( )。

    A. 命令项的右面标有一个实心三角   B. 命令项的右面标有省略号(…)

C. 命令项本身以浅灰色显示　　　　　D. 命令项位于一条横线以上

4. 用键盘退出 Windows 操作系统,应按(　　)键。

　　A. Esc　　　　　B. Alt＋F4　　　　C. Quit　　　　D. F10

5. 在 Windows 环境中,每个窗口最上面有一个"标题栏",把鼠标光标指向该处,然后拖放,则可以(　　)。

　　A. 变动该窗口上边缘,从而改变窗口大小

　　B. 移动该窗口

　　C. 放大该窗口

　　D. 缩小该窗口

6. 在 Windows 环境中,"回收站"是(　　)。

　　A. 内存中的一块区域　　　　　　　B. 高速缓存中的一块区域

　　C. 软盘上的一块区域　　　　　　　D. 硬盘上的一块区域

7. 对话框允许用户(　　)。

　　A. 最大化　　　　B. 最小化　　　　C. 移动其位置　　D. 改变其大小

8. Windows 中的"任务栏"上存放的是(　　)。

　　A. 系统正在运行的所有程序　　　　B. 系统中保存的所有程序

　　C. 系统前台运行的程序　　　　　　D. 系统后台运行的程序

9. 在 Windows 中用于显示正在运行程序的栏称为(　　)。

　　A. 菜单栏　　　　B. 工具栏　　　　C. 任务栏　　　　D. 状态栏

10. 在某个文档窗口中已进行了多次剪切操作,当关闭了该文档窗口后,剪贴板中的内容为(　　)。

　　A. 第一次剪切的内容　　　　　　　B. 最后一次剪切的内容

　　C. 所有剪切的内容　　　　　　　　D. 空白

11. 当选择好文件夹后,下列操作中,(　　)不能删除文件夹。

　　A. 在键盘上按 Del 键

　　B. 用鼠标右键单击该文件夹,打开快捷键菜单,然后选择"删除"命令

　　C. 在"文件"菜单中选择"删除"命令

　　D. 用鼠标左键双击该文件夹

12. Windows 中文件的扩展名的长度为(　　)。

　　A. 1个　　　　　B. 2个　　　　　C. 3个　　　　　D. 4个

13. 在 Windows 中可按 Alt＋(　　)组合键在多个已打开的程序窗口中进行切换。

　　A. Enter　　　　B. 空格键　　　　C. Insert　　　　D. Tab

14. 在窗口中显示窗口名称的是(　　)。

　　A. 状态栏　　　　B. 标题栏　　　　C. 工具栏　　　　D. 控制菜单框

15. Windows 操作系统中,按 PrintScreen 键,则使整个桌面内容(　　)。

　　A. 打印到打印纸上　　　　　　　　B. 打印到指定文件

　　C. 复制到指定文件　　　　　　　　D. 复制到剪贴板

16. Windows 操作系统中,通过"鼠标属性"对话框,不能调整鼠标器的(　　)。

　　A. 单击速度　　　B. 双击速度　　　C. 移动速度　　　D. 指针轨迹

17. 将鼠标指针置于某窗口内,按下 Alt+( )键,可将该窗口放入剪贴板。

    A. Ctrl   B. Print Screen   C. Alt   D. Insert

18. 在资源管理器中,若要选定一组连续的文件,单击该组第一文件后,再按住( )键后单击该组的最后一个文件。

    A. Shift   B. Alt   C. Ctrl   D. Tab

19. 在资源管理器中,若要选定若干非连续的文件,按住( )的同时,再单击所要选择的非连续文件。

    A. Alt   B. Tab   C. Shift   D. Ctrl

20. 任务栏通常是在( )的一个长条,左端是"开始"菜单,右端显示时钟、中文输入法等。当启动程序或打开窗口后,任务栏上会出现带有该窗口标题的按钮。

    A. 桌面左边   B. 桌面右边   C. 桌面底部   D. 桌面上部

21. 对话框与窗口类似,但对话框( )等。

    A. 没有菜单栏,尺寸是可变的,比窗口多了标签和按钮

    B. 没有菜单栏,尺寸是固定的,比窗口多了标签和按钮

    C. 有菜单栏,尺寸是可变的,比窗口多了标签和按钮

    D. 有菜单栏,尺寸是固定的,比窗口多了标签和按钮

22. 撤销一次或多次操作,可以用下面哪条命令( )。

    A. Alt+Z   B. Alt+Q   C. Ctrl+Z   D. Ctrl+Q

23. 选择文件或文件夹的方法是( )。

    A. 移动鼠标到要选择的文件或文件夹,双击鼠标左键

    B. 移动鼠标到要选择的文件或文件夹,单击鼠标左键

    C. 移动鼠标到要选择的文件或文件夹,单击鼠标右键

    D. 移动鼠标到要选择的文件或文件夹,双击鼠标右键

24. 关于 Windows 直接删除文件而不进入回收站的操作中,正确的是( )。

    A. 选定文件后,同时按下 Shift 与 Del 键

    B. 选定文件后,同时按下 Ctrl 与 Del 键

    C. 选定文件后,按 Del 键

    D. 选定文件后,按 Shift 键后,再按 Del 键

25. 如用户在一段时间( ),Windows 将启动执行屏幕保护程序。

    A. 没有按键盘   B. 没有移动鼠标器

    C. 既没有按键盘,也没有移动鼠标器   D. 没有使用打印机

26. 改变窗口的大小可通过( )。

    A. 单击窗口控制框来实现

    B. 鼠标指针移至窗口边框或角上拖曳双向箭头光标来实现

    C. 单击状态栏来实现

    D. 移动滚动条的上、下箭头或滑块来实现

27. 在 Windows 98 中,若系统长时间不响应用户的要求,为了结束该任务,应使用的组合键是( )。

    A. Shift+Esc+Tab   B. Crtl+Shift+Enter

C. Alt＋Shift＋Enter   D. Alt＋Ctrl＋Del

28. 在 Windows 98 的"资源管理器"窗口中,若希望显示文件的名称、类型、大小等信息,则应该选择"查看"菜单中的(   )。

    A. 列表   B. 详细资料   C. 大图标   D. 小图标

29. 通常在 Windows 98 的附件中不包含的应用程序是(   )。

    A. 记事本   B. 画图   C. 计算器   D. 公式

30. 菜单命令旁有"…"表示(   )。

    A. 该命令不能执行   B. 执行该命令会打开一个对话框

    C. 按"…"后不执行该命令   D. 执行该命令会打开一个窗口

31. 启动程序或窗口,只要(   )对象的图标即可。

    A. 用鼠标左键双击   B. 用鼠标右键双击

    C. 用鼠标左键单击   D. 用鼠标右键单击

32. 在 Windows 中,"任务栏"的作用是(   )。

    A. 形式系统的所有功能   B. 只显示当前活动窗口名

    C. 只显示正在后台工作的窗口名   D. 实现窗口之间切换

33. 计算机关机顺序为(   )。

    A. 先外设,后主机   B. 先主机,后外设

    C. 先主机,后显示器   D. 先主机,后硬盘

34. 计算机加电启动时,启动顺序是(   )。

    A. 先外设,后主机   B. 先主机,后外设

    C. 先主机,后显示器   D. 先主机,后硬盘

35. 下列设备中,(   )是计算机的标准输入设备。

    A. 磁盘   B. 显示器   C. 绘图仪   D. 键盘

36. 打印机是一种(   )。

    A. 输入设备   B. 输出设备   C. 运算设备   D. 存储设备

37. 在"我的电脑"窗口中改变一个文件或文件夹的名称,可以采用的方法是:先选取该文件或文件夹,再用鼠标(   )。

    A. 单击该文件夹或文件的名称   B. 单击该文件夹或文件的图标

    C. 双击该文件夹或文件的名称   D. 双击该文件夹或文件的图标

38. 在 Windows XP 窗口菜单命令项中,若选项呈浅淡色,这意味着(   )。

    A. 该命令项当前暂不可使用

    B. 命令选项出了差错

    C. 该命令项可以使用,变浅淡色是由于显示故障所致

    D. 该命令项实际上并不存在,以后也无法使用

39. 调制解调器(Modem)的功能是实现(   )。

    A. 数字信号的编码   B. 数字信号的整形

    C. 模拟信号的放大   D. 数字信号与模拟信号的转换

40. 关于文件名的说法,下面正确的是(   )。

    A. 允许同一目录的文件同名,不允许不同目录的文件同名

B. 允许同一目录的文件同名,也允许不同目录的文件同名

C. 不允许同一目录或不同目录的文件同名

D. 不允许同一目录的文件同名,允许不同目录的文件同名

41. 在下列硬件中,( )只属于输出设备。

A. 显示器 B. 键盘 C. 软盘 D. 鼠标器

42. 以下操作系统中,不是网络操作系统的是( )。

A. MS-DOS B. Windows XP C. Windows NT D. Novell

43. 下面有关计算机操作系统的叙述中,不正确的是( )。

A. 操作系统属于系统软件

B. 操作系统只负责管理内存储器,而不管理外存储器

C. UNIX 是一种操作系统

D. 计算机的处理器、内存等硬件资源也由操作系统管理

44. 微机硬件系统中的最核心的部件是( )。

A. 硬件 B. CPU C. 外设 D. 外存

二、填空题

1. 在 Windows 中,窗口排列方式有_____、_____、_____。

2. Windows 常见的窗口类型有_____、_____、_____。

3. 应用程序窗口标题栏包括_____、_____、_____ 3 个按钮。

4. 在 Windows 中,桌面上快捷图标的排列方式有按名称排列、_____、按文件大小排列、_____。

5. 鼠标、扫描仪属于输入设备,显示器属于_____设备。

6. 在 Windows XP 中,要移动一个窗口的位置,则可拖动它的_____。

7. 对于带省略号的菜单命令表示将会弹出一个_____。

8. 将剪贴板上的内容粘贴到当前光标处,使用的快捷键是_____。

第4章
Word 2003 的使用

本章学习内容

- ◆ 熟悉文档的基本操作
- ◆ 掌握文档及段落的格式化
- ◆ 掌握图文混排的实现方法
- ◆ 掌握表格制作与设计的方法
- ◆ 掌握实现邮件合并及编辑页眉页脚的方法

Word 2003 是 Microsoft 公司开发的文字处理软件,它集文字的编辑、排版、表格处理、图形处理为一体,能够实现具有专业水准的文档编辑。在 Word 2003 提供的友好界面下,我们可以根据自己的创意制作出各种精美的文档,如信件、简历、贺卡和请柬,更好地实现文档的阅读和共享。

4.1 实训 1: 认识 Word 2003

4.1.1 Word 2003 的窗口界面

1. 启动 Word 的几种方法

(1) 在桌面上双击 Word 2003 快捷图标。

(2) 选择"开始"→"程序"→Microsoft Office→Microsoft Office Word 2003 选项。

(3) 在"资源管理器"窗口中双击 Word 工作簿文件(扩展名.doc)。

2. 退出

(1) 单击标题栏右上角的"关闭"按钮。

(2) 双击标题栏左上角的控制菜单图标。

(3) 选择"文件"→"退出"选项。

(4) 选择控制菜单中的"关闭"选项,或按 Alt＋F4 组合键。

注意:退出时,系统将关闭所有编辑中的文档,对未保存的文件会提示是否保存。

4.1.2 Word 2003 的窗口组成

当启动 Word 之后,会自动创建一个新的空白文档,出现如图 4-1 所示的窗口。

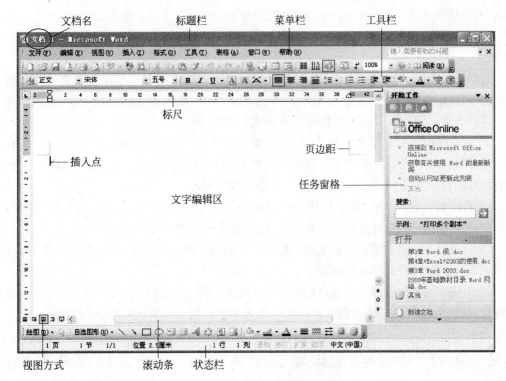

图 4-1　Word 2003 窗口

（1）标题栏：当前编辑的文档名。

（2）菜单栏：菜单栏由 9 个菜单项组成。当鼠标指向下拉菜单命令中的 ☒ 图标，或者双击菜单时，所有命令即可全部显示。

（3）工具栏：Word 将常用命令以按钮方式显示在工具栏上，以便快速实现相应功能。默认情况下，窗口中只出现"常用"和"格式"两个工具栏。用户可通过"视图"→"工具栏"设置个性化菜单和工具栏。如果要了解某个工具栏按钮的功能，只需将鼠标指针移到按钮上稍停片刻，按钮的下面将出现该按钮相应的功能说明。

（4）标尺：有水平标尺和垂直标尺两种。借助标尺上面的刻度和数字，可查看文档的宽度和高度，以及进行相应的格式设置等。

（5）页边距：表示文字编辑区与纸张边缘的距离，一般在文档打印输出时进行设置。

（6）插入点：表示当前由键盘输入的文本或其他对象的插入位置。鼠标在文本区内移动时呈"I"形状，此时若想改变插入点位置，可将鼠标移动到要设置插入点的位置，然后单击即可。文本区左边空白处是文本选定区，用于快速选定文本。在文本选定区中，鼠标指针的形状是一个指向右上角的箭头。

（7）文字编辑区：是文档窗口的主体，是输入文本、插入图片及创建表格的工作区。

（8）任务窗格：通过逐步提示简化操作步骤，提高工作效率。任务窗格显示在编辑区的右侧，包括"开始工作"、"新建文档"、"剪贴画"、"剪贴板"等 14 个任务窗格选项。

（9）视图方式：Word 2003 提供了 5 种视图，分别对应 ≡ ☒ ▣ ☒ ☒ 按钮。

① 普通视图。用于快速输入文本、图形及表格，并进行简单的排版，可见到版式的大部

分,但不能见到页眉、页脚和页码等,不能显示图文的内容以及分栏效果。

② Web 版式视图。正文显示更大,自动换行以适应窗口,可以仿真 Web 浏览器来显示文档。

③ 页面视图。能够实现所见即所得的效果,显示整个页面分布状况和整个文档在每一页上的位置,即以打印的方式进行显示。首字下沉、分栏、艺术字、文本框、页眉、页脚以及页面水印的效果必须切换到页面视图才能看到实际的效果。

④ 大纲视图。简化了文本格式的设置,重点突出了文档结构,每一级标题都已设置为相应的内置标题样式。主要用于查看文档的结构以及管理较长的文档,可以清晰地看到文档的标题及其层次关系,并且可以方便地重新组织文档。

⑤ 阅读版式。隐藏除“阅读版式”和“审阅”工具栏以外的所有工具栏。增强可读性,可以方便地增大或减小文本显示区域的尺寸,而不会影响文档中字体的大小。

(10) 滚动条:用来滚动显示文本,滚动条上的滚动块表示当前内容在文档中的位置。滚动条分为垂直滚动条和水平滚动条。

(11) 状态栏:位于 Word 窗口的最下方,显示当前文档的相关信息,包括文档的总页数、当前窗口所显示的是该文档的第几页以及光标所在当前页面的行号、列号等。

4.2　实训 2:编写“面试掌握七大技巧”——文档的基本操作

设定目标

通过制作如图 4-2 所示的“面试掌握七大技巧”,学习 Word 中创建文档、输入文字、保存、打印、打开与关闭文档的方法。

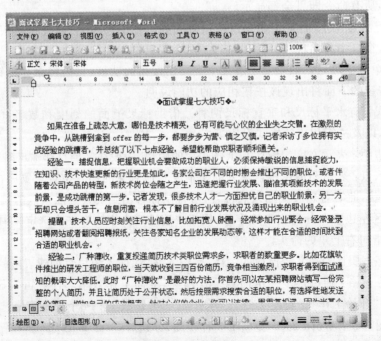

图 4-2　范文示例

4.2.1　新建文档

在启动 Word 之后,会自动创建一个新的空白文档,默认名为"文档 1"。在未关闭
Word 之前,在新建文档未取名时,会自动沿用默认值文档 2,文档 3……

新建文档的具体操作如下。

① 启动 Word 时自动新建文档 1.doc。

② 选择"文件"→"新建"选项,弹出"新建文档"任务窗格如
图 4-3 所示,此时可根据需要创建"空白文档"。

③ 按 Ctrl＋N 组合键或单击"常用"工具栏上的"新建"
按钮。

在"新建文档"任务窗格中,提供了以下几种文档类型,用户
可根据需要进行选择。

(1) 空白文档:系统会基于 Normal 模板创建一个新的空白
文档。

图 4-3　新建文档任务窗格

(2) XML 文档:使用 XML 架构可以从文档中识别并提取出特定的数据片段,便于内
容的自动化数据采集和用途变更。例如对一张包含客户姓名和地址的支票,可以从多张支
票中提取出不同的客户姓名和地址。

(3) 网页:Word 将文档转换为 HTML 格式在目标浏览器上显示。

(4) 根据现有文档:如果要创建的文档需要沿用某些已有文档的格式或内容,用户可
以根据原有的文档创建一个新的文档,然后对其格式及内容进行重新修改。

(5) 利用模板创建新文档:单击"本机上的模板",打开如图 4-4 所示的"模板"对话框,
选择相应选项卡,在打开的对话框中选择要创建的简历类型,在右边的预览区域显示出新建
文档的大体形态。

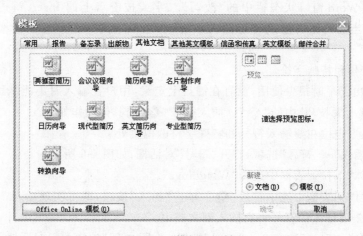

图 4-4　"模板"对话框

4.2.2　编辑文档

"面试掌握七大技巧"的具体制作过程如下。

1. 选择适合的输入法

刚启动 Word 时,默认的是英文输入法。选择汉字输入法的操作方法如下:单击任务栏右侧语言栏上的语言图标按钮 ![icon]，打开"输入法"列表框,如图 4-5 所示。在"输入法"列表框中选择一种中文输入法,此时任务栏右侧语言栏上的图标将会变为相应的输入法图标。

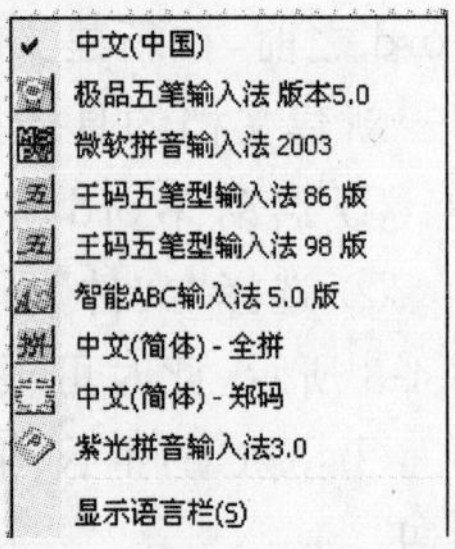

2. 输入文本

1) 输入常规文字

输入文本时,插入点自动从左向右移动,这样用户就可以连续不断地输入文本。当到达页面的最右端时,插入点会自动移到下一行的行首位置。

图 4-5　输入法列表框

在输入过程中,如果不小心输入了一个错字或字符,用户可以将它删除。按 Backspace 键可以删除插入点之前的字符,按 Delete 键可以删除插入点之后的字符。

注意:录入文本时,每一个段落可以完全靠左侧(即所谓的顶格)录入,如果想每一段的第一行前面空两个字符,可以在后面所学习的段落格式设置中进行。

如果用户在一行文字没有输入满时,想换一个段落继续输入,可以按回车键,这时不管是否到达页面边界,新输入的文本都会从新的段落开始。

每一个段落的末尾都有一个灰色的箭头,它是当前段落结束的标记,可以通过选择"视图"→"显示段落标记"选项来显示或隐藏段落标记。

Word 2003 提供了两种编辑模式:"插入"和"改写"。在文档中输入文本时默认处于"插入"状态。在"插入"状态下,输入的文字出现在光标所在的位置,而该位置原有的字符将依次向后移动;在"改写"状态下,输入的字符将依次替代光标后面的字符。用户可以用鼠标双击 Word 窗口状态栏中的"改写"二字或按键盘上的 Insert 键进行插入、改写状态的转换。当前的编辑模式若是插入状态,状态栏中的"改写"二字为浅灰色,否则为黑色。

2) 输入符号和特殊字符

有些符号由于平时很少使用,没有在键盘上定义,用户在输入时不能从键盘直接输入,例如"面试掌握七大技巧"中的"❖"。插入符号"❖"的具体操作如下。

① 将插入点定位在要输入符号和特殊字符的位置处。

② 选择"插入"→"符号"选项,打开"符号"对话框,如图 4-6 所示。

③ 在"字体"下拉列表框中选择"Wingdings"。

④ 在"符号"列表框中选中符号"❖",单击"插入"按钮,即可实现插入;也可在符号列表框中直接双击要插入的符号将它插入到文档中。

⑤ 插入完毕,"取消"按钮变为"关闭"按钮,单击"关闭"按钮关闭对话框。

3. 编辑文本

1) 选定文本

选定文档中的某些文本是编辑文档最基本的操作,也是编辑操作的前提。在选定文本

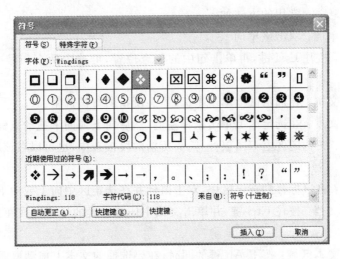

图 4-6　插入符号对话框

时要遵循"选中谁，操作谁"的原则，选中的文本可以是一个字符、一个词、一段文本甚至整个文档。选定是对操作对象进行标记的过程。选定的文本以黑底白字显示。

通常使用鼠标来选定文本：把"I"型的鼠标指针指向要选定的文本开始处，按住左键并拖过要选定的文本，当拖动到选定文本的末尾时，松开鼠标左键，如图 4-7 所示。

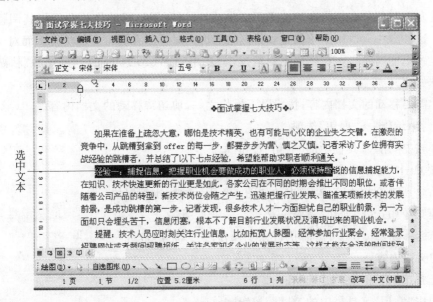

图 4-7　选中文本

如果要选择不连续的多块文本，在选定了一块文本之后，按下 Ctrl 键的同时再分别单击选择其他的文本，这样多块文本就被同时选定了。如果要选定的文本范围较大，用户可以首先在开始选取的位置处单击鼠标，接着按下 Shift 键，然后在要结束选取的位置处单击鼠标即可选定所需的大块文本。

用户还可以将鼠标定位在文本选定区中，进行文本的选择，文本选定区位于文档的左端，当鼠标移入此区域后，鼠标指针变为右向箭头状 ↗。

使用鼠标选定文本常用的方法如下。

◆ 选定一个单词：双击该单词。

◆ 选定一句：按住 Ctrl 键，再单击句中的任意位置，可选中两个句号中间的一个完整句子。

◆ 选定一行文本：在选定区上单击鼠标，箭头所指的行被选中。

◆ 选定多行文本：在选定区上单击鼠标左键，然后向上或向下拖动鼠标。

◆ 选定一段：在选定区上双击鼠标，箭头所指的段被选中，也可以在该段中的任意部分连续三击。

◆ 选定多段：将鼠标移到选定区中，双击鼠标并在选定区中向上或向下拖动鼠标。

◆ 选定整篇文档：按住 Ctrl 键，并单击文档中任意位置的选定区或在选定区处单击鼠标三次。

◆ 选定矩形文本区域：按下 Alt 键的同时，在要选择的文本上拖动鼠标，可以选定一块矩形文本区域。

2) 文本的移动与复制

在文档的编辑过程中，有时可能会需要移动一些位置不正确的文本。同时，可以通过复制操作，快速输入一些相同的文档内容。

① 移动文本

如果发现某部分文档内容的位置不正确，则可以利用鼠标的拖放功能将其调整到适当的位置。这种方法只适用于源位置和目标位置可同时显示在屏幕上的情况。而对于源位置和目标位置不能同时显示在屏幕上的情况，就要用到 Word 2003 的"剪切"和"粘贴"功能。具体操作如下。

选中需要移动的文档内容，执行以下操作之一，剪切待移动的文档内容。

◆ 选择"编辑"→"剪切"选项。

◆ 单击"常用"工具栏中的"剪切"按钮 。

◆ 按 Ctrl＋X 组合键。

◆ 右击所选文档内容，在弹出的如图 4-8 所示的文本编辑快捷菜单中选择"剪切"命令。

将光标移动目标位置，然后执行以下操作之一，粘贴最近一次剪切的文档内容。

◆ 选择"编辑"→"粘贴"选项。

◆ 单击"常用"工具栏中的"粘贴"按钮 。

◆ 按 Ctrl＋V 组合键。

◆ 右击所选文档内容，选择文本编辑菜单中的"粘贴"命令。 图 4-8 文本编辑快捷菜单

② 复制文本

复制操作与移动操作有所不同，它不删除源文本，只是在目标位置添加一个副本。具体操作如下：选中需要复制的文档内容。执行以下操作之一，在剪贴板中生成一份所选文档内容的副本。

◆ 选择"编辑"→"复制"选项。

◆ 单击"常用"工具栏中的"复制"按钮 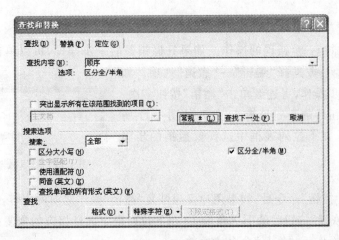。

◆ 按 Ctrl＋C 组合键。

◆ 右击所选文档内容,选择文本编辑快捷菜单中的"复制"命令。

将光标移到需要插入文档内容副本的位置,然后执行以下操作之一,粘贴剪贴板中最近一次生成的副本。

◆ 选择"编辑"→"粘贴"选项。

◆ 单击"常用"工具栏中的"粘贴"按钮 。

◆ 按 Ctrl＋V 组合键。

◆ 右击目标位置,选择文本编辑快捷菜单中的"粘贴"命令。

3) 查找和替换

查找和替换文本可以在选定的范围内进行,否则将从当前光标位置开始查找到文档末,然后再从文档头到光标位置。

① 查找

选择"编辑"→"查找"选项,或者按 Ctrl＋F 组合键,打开"查找和替换"对话框。如图 4-9 所示。

图 4-9 "查找"选项卡

在"查找内容"文本框中输入要查找的文本;或者单击该框右侧的下拉箭头,从最近查找过的内容中进行选择。

单击"查找下一处"按钮进行查找。找到第一个目标字符后,这个目标字符被选中,用户可以对其进行编辑。然后单击"查找下一处"按钮,继续查找;查找时区分全角和半角。如果需要设定搜索查找的范围,或要对查找的对象作诸如区分大小写等进一步的限制时,可以单击"高级"按钮。

② 替换

替换文本功能可以用一段文本替换文档中指定的文本,例如,将文中所有的"我"都改为"本人"。

选择"编辑"→"替换"选项,出现如图 4-10 所示的"查找和替换"对话框。

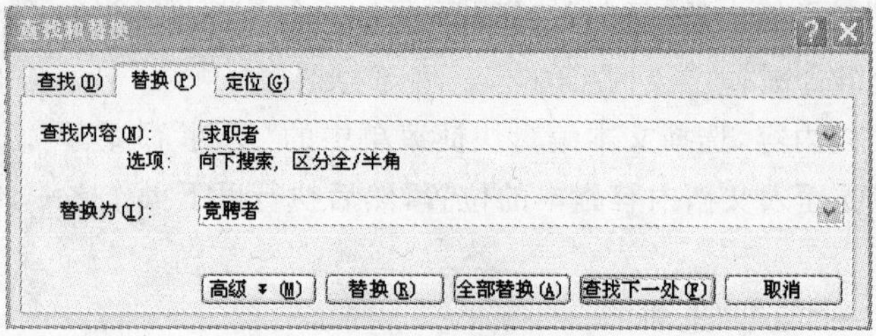

图 4-10　"查找和替换"对话框

在"查找内容"文本框内输入要替换的文本,如"我"。在"替换为"文本框内输入替换文本,如"本人",单击"全部替换"按钮,即可将文中所有的"我"都替换为"本人"。如果不是对全部的"我"进行替换,只对其中的几处进行有选择的替换,可以使用"查找下一处"按钮进行查找,需要替换时再单击"替换"按钮。

4) 撤销、恢复

当用户对文档进行编辑时,Office 把每一步操作和内容的变化都记录下来,Office 的这种暂时存储能力使撤销与恢复变得十分方便。用户合理地利用"撤销"和"恢复"命令可以提高工作效率。

① 撤销操作

Office 可以撤销一个错误的操作。如果只撤销最后一步操作,可以单击"常用"工具栏中的"撤销"按钮 或选择"编辑"→"撤销"选项。如果想一次撤销多步操作,可连续单击"撤销"按钮多次,或单击"撤销"按钮后的下三角箭头,打开如图 4-11 所示的下拉列表框,在下拉列表框中选择要撤销的步骤即可。

图 4-11　可以撤销的操作列表

② 恢复操作

执行完一次"撤销"命令后,如果用户又想恢复"撤销"操作之前的内容,可单击"恢复"按钮 ,或单击"恢复"按钮后的下三角箭头,在下拉列表中选择相应的恢复操作。不过只有在进行了"撤销"操作后,"恢复"命令才生效。

5) 拼写检查

在默认状态下,系统对输入的文字可自动进行拼写和语法检查,用红色的下划波纹线标出有拼写错误或不可识别的单词,用绿色的下划波纹线标出语法错误。

对于发现的错误,用户除了可以手动更改外,还可以右击带有下划线的文字,在出现的快捷菜单中选择所需的更改项。

单击工具栏上的 按钮或选择"工具"→"拼写和语法"选项,可从当前光标处开始进行拼写和语法检查。如果查出有拼写和语法错误,就把包含有错误单词或文字的这句话显示在"不在词典中"列表框内,并且用红色显示错误的单词,并在"建议"框内列出建议替换的单词,如图 4-12 所示。

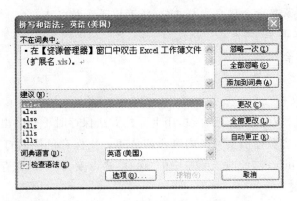

图 4-12 "拼写和语法"对话框

4.2.3 保存与打印文档

1. 保存文档

在创建和编辑文档的过程中,随时保存是一个良好的习惯,这样可以避免因掉电或误操作而引起的数据丢失。

根据是否保存过以及是否覆盖原文档等不同情况,下面分别介绍对所编辑的文档手动进行保存的具体方法。

1) 保存未命名的新文档

第一次存储文档时需给文件命名,并指定保存位置。例如,将"文档1"命名为"面试掌握七大技巧.doc",并保存在 D 盘的 word2003 文件夹中,具体操作如下。

① 单击"文件"→"保存"选项,弹出"另存为"对话框。

② 选择保存位置 D:\word2003 文件夹;在"文件名"文本框中输入文件名"面试掌握七大技巧",如图 4-13 所示。

③ 单击"保存"按钮。

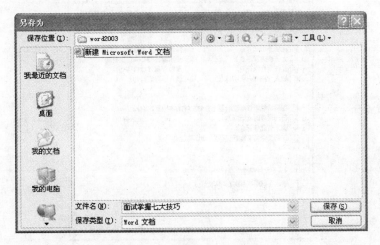

图 4-13 "另存为"对话框

注意：除了利用菜单命令保存文档之外，还有以下几种方法：

◆ 单击"常用"工具栏中"保存"按钮。

◆ 按 Ctrl＋S 组合键。

◆ 按 Shift＋F12 组合键。

2) 保存已有的文档

如果要保存的文档在磁盘上已存过，用上面的方法保存时不会弹出"另存为"对话框，而是直接将新文件的内容覆盖旧文件的内容。若希望一次保存已同时打开的多个文档，单击"文件"菜单时按住 Shift 键，此时该菜单中的"保存"命令变为"全部保存"命令。

3) 保存文件的副本

如果用户在不影响已有文档的情况下，想产生一个与此文件相同的文件时，可以用另一个名字保存文件，具体操作如下。

① 选择"文件"→"另存为"选项，弹出"另存为"对话框。

② 单击"保存位置"的下拉按钮，选择保存文件副本的文件夹，在"文件名"文本框中输入文件的新名称。

③ 单击"保存"按钮。

4) 自动保存文档

除了可以手动对所编辑的文档进行保存外，用户还可以通过一定的设置，让 Word 2003 自动对打开的 Word 文档定时进行保存，防止用户因为忙于工作而忘记保存。具体操作如下。

① 选择"工具"→"选项"命令，弹出"选项"对话框，如图 4-14 所示。

② 选择"保存"选项卡，输入自动保存时间间隔。

③ 单击"确定"按钮。当 Word 程序发生内部错误或电脑死机时，重新启动系统后文档的内容会是最后一次保存时的内容。

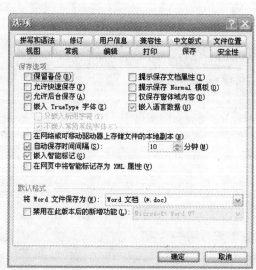

图 4-14　设置自动保存

2. 打印文档

将"面试掌握七大技巧"编辑好后，就可以准备打印输出了，此时将要输出的是没有经过格式设置的简单文本。我们可以调整页面的设置来得到所需要的打印输出。

1）页面设置

◆ 选择"文件"→"页面设置"选项，在弹出的"页面设置"对话框中，首先切换到"纸张"选项卡，根据需要设置"纸张大小"为 B5，如图 4-15 所示。

◆ 切换到"页边距"选项卡，根据需要设置页边距的"上"、"下"、"左"、"右"边距，即文字区域距离纸张边缘的长度，文档方向默认为"纵向"，如图 4-16 所示。

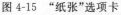
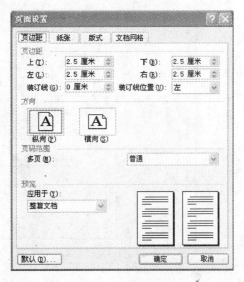

图 4-15 "纸张"选项卡　　　　　　图 4-16 "页边距"选项卡

2）打印预览

单击常用工具栏的"打印预览"按钮 或选择"文件"→"打印预览"选项，可以打开"打印预览"窗口，如图 4-17 所示。

在打印预览窗口借助标尺可以调整页边距和缩进，如果文档有许多页还可以单击"多页"按钮选择一次查看多个页面，同时还可以通过设置"显示比例"来放大、缩小文档显示情况。

3）打印

单击常用工具栏上的"打印"按钮 ，或者打印预览窗口的"打印"按钮，可以直接用打印机的默认配置打印当前文档的全部内容。

如果要打印文档中的部分页或多份副本，或将文档打印到文件，须选择"文件"→"打印"选项，通过"打印"对话框设置打印选项，在其中可以选择打印机、设置打印机属性、选择打印范围等。

注意：要进行双面打印时，可先选打印奇数页，然后把打印后的纸翻过来（空白面向上），再打印偶数页。

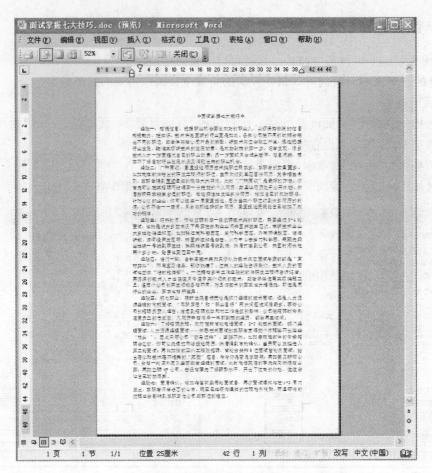

图 4-17　打印预览窗口

4.3　实训 3：散文"歌声"——文档格式设置

设定目标

一篇好的文档除了内容，其形式也很重要。如果能够快速、巧妙地设置文档格式，不仅可以使文档样式美观，更可以加快编辑速度。下面利用 Word 中提供的多种格式化文档的方法，对散文"歌声"进行修饰，如图 4-18 所示。

注意：不管对什么对象进行格式设置，前提是一定要先将它选中。

4.3.1　字符格式设置

字符格式是字符的外观及属性，包括字体、字号、颜色、下划线、字符间距、动态效果以及字符阴影、空心字等特殊效果。设置字符格式可通过如下 3 种操作实现。

◆ 选择"格式"→"字体"选项，打开如图 4-19 所示的"字体"对话框，可对文本进行功能更全面的"字体"、"字符间距"和"文字效果"等格式设置。

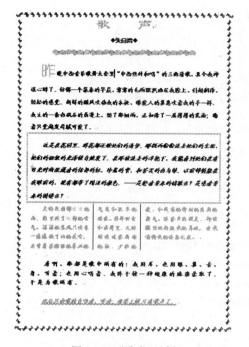

图 4-18 "歌声"示例

图 4-19 "字体"对话框

◆ 通过"格式"工具栏，如图 4-20 所示，可对选中的文本设置简单的字符格式。工具栏上的按钮是"开关"按钮，橙色显示的按钮表示已经设置了该格式。

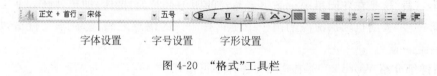

图 4-20 "格式"工具栏

◆ 选定操作对象后右击，如图 4-21 所示，在快捷菜单中选择"字体"命令后，弹出如图 4-19 所示的"字体"对话框。

设置散文"歌声"字体格式具体操作步骤如下：

◆ 选定操作对象文字"昨晚中西音乐歌舞大会……只觉越发滑腻可爱了。"。

◆ 选择"格式"→"字体…"→"字体"选项卡，设置字体为"楷体"，字形为"加粗"，字号为"小三"。

◆ 选择第四段"看啊……于是为歌所有。"，选择"格式"→"字体…"→"字符间距"选项卡，设置间距为"加宽，2 磅"。

◆ 选择第五段"此后只由歌独自唱着 ……听着；世界上便只有歌声了。"，选择"格式"→"字体…"→"字体"选项卡，设置字体为"楷体"，字形为"加粗，倾斜"，字号为"小三"，字体颜色为"绿色"，下划线线型为"波浪线"，下划线颜色为"红色"，着重号为"圆点"。

◆ 参照以上操作分别进行如下设置：

① 标题"歌声"为"隶书，常规，小初，字体颜色：紫色"；

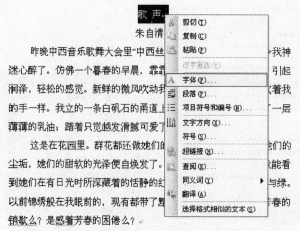

图 4-21　快捷菜单

② 作者"朱自清"为"幼园,加粗,小三";

③ 第二段"这是在花园里⋯⋯是感着芳春的困倦么?"为"楷体,加粗,倾斜,小三";

④ 第三段"大约也因那濛濛的雨⋯⋯使我有愉快的倦怠之感。"为"华文行楷,加粗,小三,字体颜色:蓝色"。

下面详细介绍 Word 2003 中提供的各种字符格式。

(1) 字号:Word 2003 中表示字号的方式有两种,一种是中文数字,数字越小,字号越大,例如 4 号字比 5 号字大;另一种是阿拉伯数字,数字越大,字号也越大。设置字号时,也可以根据需要输入合适的阿拉伯数字字号,如图 4-22 所示。

(2) 在"格式"工具栏中有 6 个字形设置按钮,分别是"加粗"按钮 **B** 、"倾斜"按钮 *I* 、"下划线"按钮 <u>U</u> 、"字符边框"按钮 Ａ 、"字符底纹"按钮 A 和"字符缩放"按钮 ▲ 。

◆ "加粗"按钮:用粗体显示被选中文本,也可通过组合键 Ctrl＋B 实现粗体效果。

◆ "倾斜"按钮:用斜体显示文本,也可通过组合键 Ctrl＋I 实现倾斜效果。

◆ "下划线"按钮:为某些文本(包括图)添加下划线,如图 4-23 所示。也可通过组合键 Ctrl＋U 实现。

◆ "字符边框"按钮:为某些文本加上一个 1/2 磅粗的黑色实线边框。

◆ "字符底纹"按钮:为某些文本添加浓度为 15％的灰色底纹。

◆ "字符缩放"按钮:字符缩放是指对字符的横向尺寸进行缩小或放大。单击 ▲ 按钮右侧的下三角按钮,打开如图 4-24 所示的下拉列表。在此选择适当的字符缩放比例。

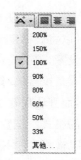

图 4-22 设置字号   图 4-23 "下划线"下拉列表   图 4-24 "字符缩放"下拉列表

（3）字符间距与文字效果：字符间距，就是指一行文本中各个字符之间的距离，对字符的水平间距和垂直位置均可进行设置，如图 4-25 所示。"文字效果"为文本设置动态效果，如图 4-26 所示，从而给文档增加一丝炫亮的色彩，这种风格适合用来制作贺卡。动态效果如图 4-27 所示。

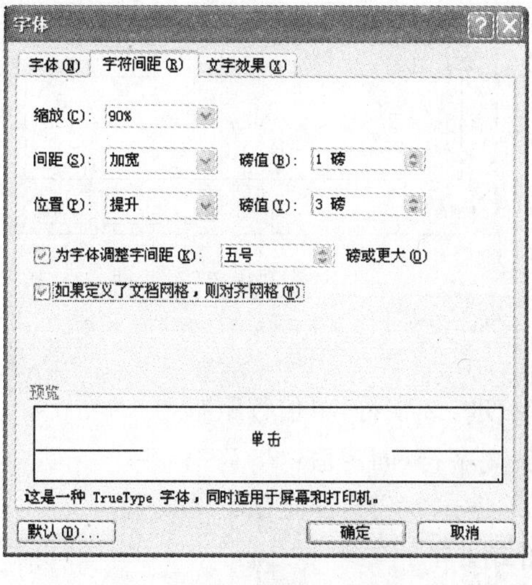

图 4-25 "字符间距"选项卡   图 4-26 "文字效果"选项卡

新 年 快 乐

图 4-27 "礼花绽放"效果图

（4）上下标文字录入：当需要录入形如"H_2O"的上下标形式文字时，应按照常规方式录入 H_2O，选中数字 2，在"字体"对话框中选中"字体"选项卡，在"效果"栏中，勾选"下标"选项，单击"确定"按钮即可。

录入"X^2"的方法同前，只不过是在"字体"对话框中选择"上标"选项。

4.3.2 段落格式设置

段落是以回车键结束的一段文字，它是独立的信息单位。字符格式表现的是文档中局部文本的格式效果,而段落格式的设置则将帮助用户设计文档的整体外观。在设置段落格式时,用户可以将鼠标定位在要设置格式的段落中,然后进行设置。当然,如果要同时对多个段落进行设置,则应先选中这些段落。

段落格式指段落的对齐、缩进方式、行间距、段前距、段后距等。段落标记不仅表示一个段落的结束,而且还保存了该段落的格式信息。当按回车键开始一个新段落时,新段落保持前一个段落的格式。设置段落格式可通过两种操作实现:

◆ 选择"格式"→"段落"选项,在打开的对话框中可设置段落的"缩进和间距"、"换行和分页"以及"中文版式",如图 4-28 所示。

◆ 选定相应段落后右击,在快捷菜单中选择"段落"命令后,弹出如图 4-28 所示的"段落"对话框。

设置散文"歌声"段落格式具体操作步骤如下:

选中第一段文字后,选择"格式"→"段落"→"缩进和间距"选项卡,设置对齐方式为"两端对齐",大纲级别为"正文文本",特殊格式为"首行缩进",度量值为"2 字符",行距为"固定值",设置值为"22 磅"。

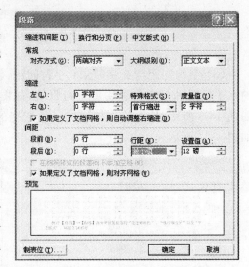

图 4-28 "段落"对话框

参照以下操作分别进行如下设置。

◆ 第二段格式为"两端对齐,正文文本,首行缩进:2 字符,单倍行距";

◆ 第三段格式为"居中,正文文本,首行缩进:2 字符,固定值:23 磅";

◆ 第四段格式为"两端对齐,正文文本,首行缩进:2 字符,固定值:23 磅"。

Word 提供了多种段落格式,下面分别进行介绍。

1. 段落对齐方式

段落的对齐直接影响文档的版面效果,段落对齐方式控制了段落中文本行的排列方式。在"段落"对话框的"对齐方式"下拉列表框中可以选择 5 种段落对齐的方式。

◆ 两端对齐:段落中除了最后一行文本靠左对齐外,其余行的文本的左右两端分别以文档的左右边界为基准向两端对齐。这种对齐方式是文档中最常用的,平时用户看到的书籍的正文都采用该对齐方式。

◆ 左对齐:段落中每行文本一律以文档的左边界为基准向左对齐。这种对齐方式对于中文文本来说和两端对齐差别不大,只是右端稍微没有对齐。可是左对齐方式将使英文文本的右边参差不齐。

◆ 右对齐:文本在文档右边界对齐,而左边是不规则的。

◆ 居中对齐:文本位于文档左右边界的中间。

◆ 分散对齐:段落的所有行的文本的左右两端分别沿文档的左右两边界对齐。

注意：在"格式"工具栏上设置了相应的对齐方式按钮，如图 4-29 所示，当单击工具栏上某一对齐方式按钮时，表示目前的段落对齐方式将采用此方式。

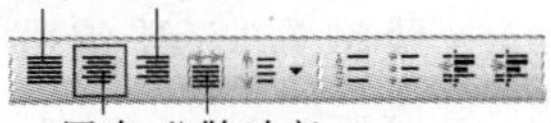

两端对齐　右对齐

居中　分散对齐

图 4-29　对齐方式按钮

2. 段落缩进

设置段落缩进可以将一个段落与其他段落分开，或显示出条理更加清晰的段落层次，方便阅读。要想精确地设置段落缩进可在"段落"对话框中"缩进与间距"选项卡中进行设置，缩进分为下面的 5 种形式。

◆ 左缩进：整个段落中的所有行的左边界向右缩进。

◆ 右缩进：整个段落中的所有行的右边界向左缩进。

◆ 首行缩进：段落的首行向右缩进，使之与其他的段落区分开，使用户清楚知道这是一个段落的开始。通常设置首行缩进的度量值为"2 字符"。

◆ 悬挂缩进：段落中除首行以外的所有行的左边界向右缩进。

选中段落后，在标尺上拖动各滑块可以快速灵活地设置段落缩进。水平标尺上 4 个缩进滑块如图 4-30 所示。利用标尺不能够精确地设置缩进的位置，在移动标尺时按住键盘的 Alt 键则可实现缩进的精确设置。

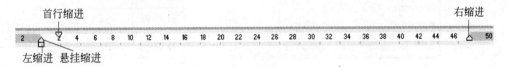

图 4-30　段落缩进按钮

3. 行距

用户可根据实际情况设置段落中的行距，当行距选择为"固定值"、"最小值"或"多倍行距"时可在设置值中输入所需行间隔。另外，Office 支持三种度量单位：字符、厘米和磅，用户可根据需要进行设置。

4.3.3　特殊格式设置

在编辑文档时，仅仅为文档设置字体格式和段落格式是远远不够的。为了使文档符合要求，还可以对文档进行一些特殊的格式排版，让文档内容更加丰富多彩，形象直观。

散文"歌声"运用了调整宽度、首字下沉、分栏以及边框和底纹的格式设置，具体操作如下。

① 选择标题"歌声"，选择"格式"→"调整宽度"，设置新文字宽度为"4 字符"，如图 4-31 所示。

② 将光标停在"朱自清❖"中"❖"的右侧，选择"格式"→"边框和底纹"→"边框"选项卡→"横线"按钮，选择相应线条样式后，单击"确定"按钮，如图 4-34 所示。

③ 将光标定位在第一段文字中，选择"格式"→"首字下沉"，设置位置为"下沉"，字体为"幼圆"，下沉行数为"2"，距正文为"0.5 厘米"，如图 4-33 所示。

◆ 选中第二段文字后,选择"格式"→"边框和底纹"→"边框"选项卡,设置为"方框",
线型为"双波浪线",颜色为"粉红",宽度为"1/4 磅",应用于"段落",如图 4-34
所示。

◆ 选中第三段文字后,选择"格式"→"分栏",设置预设为"三栏",栏数为"3",栏 1 为
"宽度:14.5,间距:2 字符",栏 2 为"宽度:9.73,间距:2.5 字符",栏 3 为"宽度:
17.17",应用于"所选文字",选中"分隔线"复选框,如图 4-37 所示。

◆ 将光标停在文档中的任一位置,选择"格式"→"边框和底纹"→"页面边框"选项卡,
设置为"方框",宽度为"23 磅",艺术型为" ",应用于"整篇文档",如图 4-35 所示。

下面详细介绍 Word 提供的各种特殊格式。

1. 调整宽度

在对多个不满行的文字进行两端对齐时,可以使用 Word 的"调整文字宽度"功能。文
字会根据设定扩大间距或自动紧缩,以达到所需要求,一般用于表格中单元格内文字对齐效
果的设置,如图 4-32 所示。"调整宽度"对话框如图 4-31 所示。

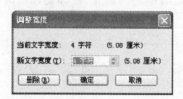

图 4-31　"调整宽度"对话框

图 4-32　"调整宽度"效果图

需要删除所设置的宽度时,可在设置的文本上单击(其下方将出现一青绿色下划线),然
后打开"调整宽度"对话框,再单击"删除"按钮。

2. 首字下沉

图 4-33　"首字下沉"对话框

首字下沉是指将段落的第一个汉字或字母放大,占据若干
行,其他字符围绕在它的右下方。这是报刊、杂志排版中经常
使用的方法,可以引起读者的注意,增强美观性。"首字下沉"
对话框如图 4-33 所示。

注意:首字下沉不只限于一个字,可以将段落开头的几个
汉字或字符作为一个整体一起下沉。要达到这一效果,应该先
选定段落开头的几个汉字或字符,然后单击"格式"→"首字下
沉"选项进行相应的设置。悬挂下沉也是首字下沉的一种特殊
格式。

3. 边框和底纹

对边框和底纹的设置,能增加读者对文档不同部分的兴趣和注意程度,使得版面的划分
比较清晰。Word 中可以对不同对象设置边框和底纹,包括:

- 文档中每页的任意一边或所有边；
- 某些文字或段落；
- 图形对象；
- 表格对象。

下面针对前三种情况进行说明，对表格对象的设置参见 4.6 节。

选中要添加边框的段落，选择"格式"→"边框和底纹"命令，打开如图 4-34 所示的对话框。其中"边框"选项卡用于对文字或段落对象的设置，注意"应用于"下拉列表框的选择；"页面边框"选项卡，如图 4-35 所示，用于对文档中每页的各个边的设置。"底纹"选项卡可为文字或段落添加背景图案。

"页面边框"选项卡右侧"预览"中有 4 个按钮 ，单击按钮后分别用于设置文档中指定页任意一边的边框，如图 4-36 所示。

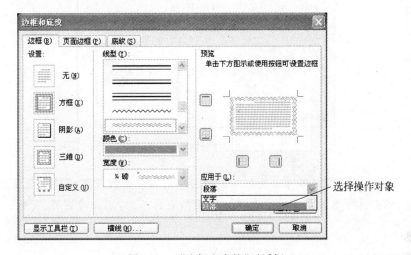

图 4-34　"边框和底纹"对话框

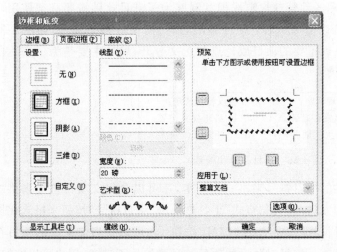

图 4-35　"页面边框"选项卡

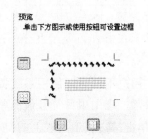

图 4-36　"上"、"左"边框效果图

4. 分栏

Word可以实现报刊、杂志的分栏排版,即在一个页面上将文本纵向分成几个部分。分栏具有很大的灵活性,可以控制栏数,栏宽、栏间距以及分栏长度。

在"分栏"对话框中,可以选择栏数或输入要分的栏数(最多11栏)实现分栏效果。如果需要在各栏间加分隔线,则选中"分隔线"复选框。如果要建立不同的栏宽,先取消选中"栏宽相等"复选框,然后在"宽度和间距"框内分别设置每一栏的宽度和间距,然后单击"确定"按钮。

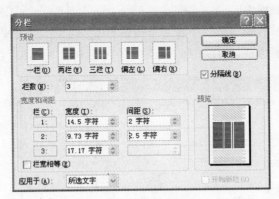

图4-37 "分栏"对话框

注意:选定分栏段落时不可以包括下沉的首字;如果分栏段落的段落符是文档的最后一个段落符,不要选中该段落符。分栏只适合文档中的正文,不能对页眉、页脚、批注和文本框等进行分栏。

5. 项目符号和编号

在制作文档时,经常需要处理各种管理规定或规章制度为了满足这种需要必须使用列表的文件。文档中的列表一般可以分为两种:一种是项目符号,另一种是编号,如图4-38所示。项目符号的作用是把一系列重要的项目或论点与正文分开,编号主要是为了表达段落之间的逻辑关系,帮助读者阅读。

会议管理规定:	会议管理规定:
◆ 必须要有记录。	1. 必须要有记录。
◆ 不得无故缺席。	2. 不得无故缺席。

图4-38 项目符号和编号

用户不仅可以使用系统提供的项目符号来格式化段落,还可以自定义项目符号来格式化段落。应用项目符号最简单的方法是利用"格式"工具栏上的"项目符号"按钮来格式化段落,单击"格式"工具栏上的"项目符号"按钮 ☰ 或"编号"按钮 ☰,可以把当前默认的项目符号或编号格式应用于所选中的段落。如果对预设的项目符号或编号不满意,用户可以在"项目符号"对话框中选择更多的项目符号来格式化段落。具体操作方法如下:

① 选中要创建项目符号的段落或者将鼠标定位在即将要输入文本的段落开始处。

② 选择"格式"→"项目符号"选项,打开"项目符号和编号"对话框,在对话框中选择"项目符号"选项卡,如图 4-39 所示。

③ 选择除"无"以外的其余 7 个选项中的一个,单击"确定"按钮,就可以用选定的项目符号格式化当前段落。

自定义项目符号的操作步骤如下。

① 如图 4-39 所示的对话框中先选中某种项目符号样式,这时对话框右下方的"自定义"按钮变为可用状态。

② 单击"自定义"按钮,打开"自定义项目符号列表"对话框,如图 4-40 所示。

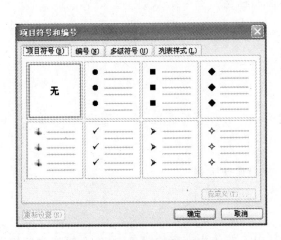

图 4-39 "项目符号"选项卡

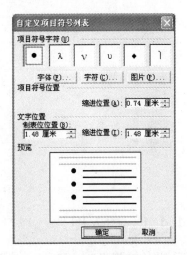

图 4-40 "自定义项目符号列表"对话框

③ 用户可以在"项目符号字符"区域选中一个字符作为项目符号,也可单击"图片"按钮,选择一个图片作为项目符号,或者单击"字符"按钮,选择其他的字符作为项目符号。

④ 在"项目符号位置"区域的"缩进位置"文本框中选择或输入当前项目符号的缩进距离。在"文字位置"区域的"制表位位置"文本框中选择或输入使用项目符号段落的缩进距离,在"缩进位置"文本框中选择或输入使用项目符号段落的除首行外的缩进距离。

⑤ 单击"确定"按钮,返回"项目符号"选项卡,原来所选的样式已经变成了自定义的样式。

自定义编号的操作和自定义项目符号的操作类似。

4.4 实训 4:制作"体育简报"——图文混排

设定目标

作为一款优秀的文字处理软件,Word 2003 不仅可以对文字进行各种格式设置,还可以将图与文字结合在一个版面上,轻松设计出图文并茂的文档,来增强文章的说服力和感染力。下面通过制作如图 4-41 所示的"体育简报",来学习 Word 2003 中图文混排的方法。

图 4-41 "体育简报"示例

4.4.1 插入图片

示例"体育简报"中用到了 9 幅图片,其中 4 幅作为文字的背景,另外 5 幅作为装饰图片。具体操作步骤如下。

① 将光标停在文档中的任一位置,选择"插入"→"图片"→"来自文件"命令,打开如图 4-42 所示的"插入图片"对话框,选择所需图片文件背景 1.jpg,单击"插入"按钮。

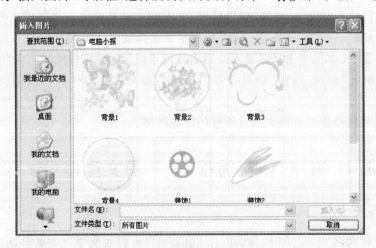

图 4-42 "插入图片"对话框

② 右击图片背景 1.jpg,在弹出的快捷菜单中选择"设置图片格式",在"版式"选项卡中,设置环绕方式为"四周型",单击"确定"按钮,如图 4-43 所示。

③ 将鼠标移至图片边缘,按需要调整其大小,并把它放在合适的位置上,使版面更为美观。

④ 插入图片文件背景 2.jpg、背景 3.jpg,按需要调整其大小,设置图片环绕方式为"衬于文字下方",并把它放在合适的位置上。

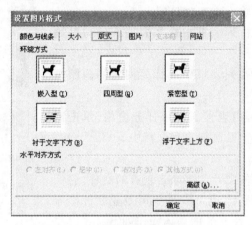

图 4-43　"设置图片格式"对话框

下面详细介绍 Word 中对图片操作的各种方法。

1. 插入图片

用户可以方便地在 Word 2003 中插入剪贴画、照片或图片。Word 2003 提供了一个巨大的含有大量现成图片(.wmf 格式)的剪贴画库,用户也可以将在国际互联网中下载的、电子邮件中夹带的或用扫描仪扫描出来的图片放置到文档中。

Word 中对图片的操作一般可通过两种方法实现。

◆ 选择"插入"→"图片",在弹出的级联子菜单中选择相应的类型,如图 4-44 所示。

◆ 利用"绘图"工具栏中的相应按钮实现,如图 4-45 所示。若未出现"绘图"工具栏,可通过选择"视图"→"工具栏"命令,在级联菜单中选择"绘图"命令。

图 4-44　"图片"级联子菜单

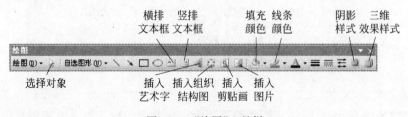

图 4-45　"绘图"工具栏

1) 插入剪贴画

剪贴画是 Word 本身提供的各种图片的总称。在文档中插入剪贴画的具体操作如下:

① 把插入点定位到需要插入剪贴画的位置。

② 选择"插入"→"图片"→"剪贴画"选项，打开"插入剪贴画"任务窗格，如图 4-46 所示。

③ 在"剪贴画"任务窗格"搜索文字"文本框中输入要插入剪贴画的主题，例如输入文本"植物"。

④ 在"搜索范围"下拉列表框中选择要搜索的剪贴画的范围。

⑤ 在"结果类型"下拉列表框中选择要搜索的剪贴画的媒体类型。

⑥ 单击"搜索"按钮，出现搜索结果任务窗格，单击需要插入的剪贴画，即可将剪贴画插入到文档中。

图 4-46　"剪贴画"任务窗格

2）插入图片文件

在一般文档中，所用的图片大多来自现有的文件，它们可以是数码相机拍摄的照片，也可以是使用专业软件绘制的图形。在文档中插入图片文件的具体操作如下。

① 将光标定位在文档中需要插入图片的位置。

② 选择"插入"→"图片"→"来自文件"选项，打开如图 4-42 所示的"插入图片"对话框。找到需要插入的图片文件，然后单击"插入"按钮即可。

3）设置图片格式

如果插入到文档中的图片不符合要求，可以改变图片的大小、位置、对比度、亮度等。改变图片格式一般采用如下两种方法。

◆ 使用"设置图片格式"命令完成。右击选定图片后，在快捷菜单中选择"设置图片格式"，打开如图 4-43 所示的对话框。

◆ 使用"图片"工具栏完成，如图 4-47 所示。一般在插入图片时，Word 会自动弹出"图片"工具栏，若未出现"图片"工具栏，可通过选择"视图"→"工具栏"命令，在级联菜单中选择"图片"或右击选定图片，在快捷菜单中选择"显示图片工具栏"命令打开"图片"工具栏。

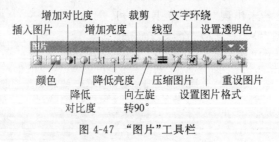

图 4-47　"图片"工具栏

① 改变图片大小

单击要改变的图片，此时在该图片的周围会出现 8 个句柄。当要改变图片的宽度时，则把鼠标指针放在图片的左右两边中间的句柄上；当要改变图片的高度时，则把鼠标指针放在图片的上下两边中间的句柄上；当要按比例缩放图片时，则把鼠标指针放在图片 4 个角的句柄上。当把鼠标指针放在不同的句柄上时会显示不同方向的双向箭头，按住鼠标左键沿缩放方向拖动鼠标会出现一个虚线框,表明即将改变的图片的大小。当大小合适时,松开鼠标左键。

注意:若想精确设置图片的高度和宽度,需要右击图片,在快捷菜单中选择"设置图片格式"选项,在"大小"选项卡中进行设置。若想改变图片的高度和宽度的比例,需要取消"锁定纵横比"选项。

② 改变图片环绕方式

单击图片工具栏上的"文字环绕"按钮,出现如图 4-48 所示的"文字环绕"列表。可以根据需要进行选择:当选择"四周型环绕"选项时,文字在所选图片边框四周环绕;当选择"紧密型环绕"选项时,文字环绕在所选图片的实际图像的边缘;当选择"无环绕"选项时,取消图片的环绕效果,即图片出现于文字上方或下方。也可以这样做:右击图片,从快捷菜单中单击"设置图片格式",出现如图 4-43 所示的"设置图片格式"对话框。单击"版式"标签,在"环绕方式"框中选择需要的文字环绕方式。

③ 改变图片与正文之间的距离

在如图 4-43 所示的对话框中,单击"高级"按钮,出现"高级版式"对话框,在"文字环绕"选项卡中的"距正文"框中,根据需要设置图片上、下、左、右各边与文字之间的距离,如图 4-49 所示。

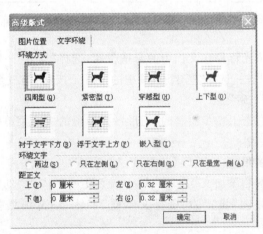

图 4-48　"文字环绕"列表　　　　图 4-49　"高级版式"对话框

④ 改变图片位置

Word 2003 一般将插入的图片设置为浮动图片,浮动图片可以在页面上任意移动其位置。如果要移动图片,可以把鼠标指针放在上面,此时鼠标指针自动变成箭头形状,按住鼠标左键在文档中移动,即可把图片放在所需的位置。

4.4.2　绘制与组合图形

示例"体育简报"中包括两个文本框"赛场新闻"和艺术字"飞"、"火"、"星"等。此外,还使用了一个自选图形。具体操作步骤如下。

① 将光标停在文档中的合适位置,选择"插入"→"文本框"→"横排"命令,弹出画布后,按 Esc 键取消画布,鼠标变为"+"形后拖曳出一个矩形区域,在矩形区域内输入文字"赛场

新闻"。

　　② 将光标停在文档中的合适位置,选择"插入"→"图片"→"艺术字"命令,打开如图 4-50 所示的对话框,选择第 2 排第 4 列样式后,单击"确定"按钮,弹出如图 4-51 所示的"编辑'艺术字'文字"对话框,输入文字"飞",设置字体为"方正舒体",字号为"96"。

　　③ 参照以上操作,插入艺术字"火"设置字体为"华文新魏",字号为"96";"星"设置字体为"华文彩云",字号为"80"等。

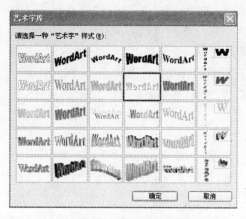

图 4-50　"艺术字库"对话框

图 4-51　"编辑'艺术字'文字"对话框

　　④ 将光标停在文档中的合适位置,选择"插入"→"图片"→"自选图形"命令,打开"自选图形"工具栏,选择"基本形状"中的"矩形"按钮,拖曳至合适大小,线条选择"长划线",线型选择"0.75 磅"。

　　⑤ 右击上一步绘制的"矩形",在弹出的快捷菜单中选择"叠放次序"命令,选择"衬于文字下方"。

　　⑥ 参照"自选图形"步骤,插入"心形"。

　　⑦ 参照添加文字步骤输入"流"设置字体为"幼圆",字形为"加粗","淡紫色",字号"72";"导读"设置为"竖排文本框"字体"华文细黑""加粗""紫罗兰""二号";"编者按"等略。

　　⑧ 参照插入图片步骤,插入 5 张"装饰"图片,调整它们的大小和位置。

　　下面介绍 Word 中对图形的其他操作。

1. 插入文本框

　　在 Word 中,通过文本框可对文字设置成像图片一样的各种效果。

　　1) 绘制文本框

　　当需要把某些文字放在文档某个特定位置、与其他文字区别开时,就要用到文本框了。根据文本框中文本的排列方向,可将文本框分为"横排"和"竖排"两种。在文档中绘制横排文本框和竖排文本框的方法类似。

　　选择"插入"→"文本框"→"横排/竖排"选项,或单击"绘图"工具栏上的　或　按钮,就会在文档窗口中出现"在此处创建图形"区域(绘图画布),你可以选择在此处创建,或者按 Esc 键,在你自己希望的地方创建。将十字光标在所需位置处拖曳,即可插入一个文本框。

在插入文本框的同时按住 Shift 键,可以插入一个正方形文本框。在文本框中输入文本,在文本框以外的任意位置单击鼠标,结束文本框的操作。

2) 设置文本框

默认情况下,插入的文本框带有边线并且有白色的填充颜色,显然,边线和填充颜色影响了文档版面的美观,用户可以将文本框的线条颜色和填充颜色设置为"无颜色",这样可以使文本框具有透明效果,从而不影响整个版面的美观。

在文本框的边框附近单击,即可将文本框选定,此时的文本框四周出现了 8 个控制点。鼠标置于文本框处,当鼠标呈"十"字型时,可以按住鼠标左键进行文本框的移动;鼠标移到文本框上下两边中间的控制点上,当鼠标变成上下箭头状时,来回上下拖动鼠标,可以调整文本框的高度;鼠标移到文本框左右两边中间的控制点上,当鼠标变成左右箭头状时,来回左右拖动鼠标,可以调整文本框的宽度;将鼠标移到四角的控制点上,当鼠标变成倾斜箭头状时,来回拖动可以调整文本框的整体大小。此外,使用鼠标改变文本框大小时,若同时按下 Alt 键可实现精确改变。

注意:当文字个数超过文本框所显示的范围时,后面的文字无法显示,必须调整文本框大小,使所有文字都能正常显示。

2. 插入艺术字

艺术字就是有特殊效果的文字,它可以有不同的颜色、不同的字体、不同的形状。Word 2003 提供的艺术字功能可以制作多种样式的艺术字体,满足各种不同场合的需要。

在 Word 文档中插入艺术字的具体操作如下:

① 选择"插入"→"图片"→"艺术字"选项,或者单击"绘图"工具栏上的"插入艺术字"按钮 ，打开如图 4-50 所示的"艺术字库"对话框。

② 选择所需的艺术字样式,然后单击"确定"按钮,打开如图 4-51 所示的"编辑艺术字文字"对话框。

③ 在"文字"文本框中输入艺术字的内容,然后在"字体"下拉列表框中选择艺术字的字体,在"字号"下拉列表框中选择艺术字的字号,并可以选择艺术字是否加粗或倾斜显示。

④ 单击"确定"按钮,即可在当前光标位置插入设定的艺术字,如图 4-52 所示。

设置艺术字格式也可通过"艺术字"工具栏实现,如图 4-53 所示。

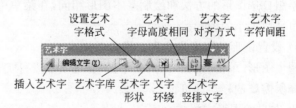

图 4-52　艺术字效果　　　　　　　　　图 4-53　"艺术字"工具栏

3. 绘图

当对别人提供的图片不满意时,可以使用"绘图"工具栏中提供的绘图工具在文档中创建自己需要的图形,如图 4-43 所示。使用"绘图"工具栏可以方便、快速地绘制出各种外观专业、效果生动的图形。

1) 绘制基本图形

使用"绘图"工具栏中的"直线"、"箭头"、"矩形"和"椭圆"按钮,可以绘制出这四种基本图形,如图 4-54 所示。方法很简单,单击相应按钮后,文档中会出现一个"在此处创建图形"的绘图画布,在需要绘制的图形的开始位置按住鼠标左键,并拖动到结束位置。松开鼠标左键,即可绘制出所选的基本图形。

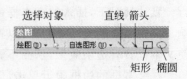

图 4-54　"绘图"工具栏部分按钮

绘图画布用来帮助用户安排和重新定义图形对象的大小,在绘图画布上可以绘制多个形状。因为形状包含在绘图画布内,所以它们可作为一个单元移动和调整大小。如果不需要在创建图形时显示绘图画布,可以将其关闭,步骤如下。

① 选择"工具"→"选项"选项,打开"选项"对话框,选择"常规"选项卡。

② 取消"插入自选图形时自动创建绘图画布"复选框的选中状态。

③ 单击"确定"按钮。

2) 绘制自选图形

单击"绘图"工具栏中的"自选图形"按钮,在弹出的菜单中可以选择包括"线条"、"连接符"、"基本形状"、"箭头总汇"、"流程图"、"星与旗帜"和"标注"在内的多种自选图形,如图 4-55 所示。也可通过选择"插入"→"图片"→"自选图形",在弹出的"自选图形"工具栏中进行操作,如图 4-56 所示。

图 4-55　"自选图形"级联菜单

图 4-56　"自选图形"工具栏

绘制自选图形的方法和绘制基本图形相同,在菜单中单击一种自选图形,然后拖动鼠标绘制出合适大小的图形。

3) 设置图形的阴影样式和三维效果样式

选中图形,单击"绘图"工具栏中的"阴影样式"和"三维效果样式"按钮(见图 4-43),从中选择所需要的样式即可。

4) 在自选图形中添加文字

在自选图形上添加文字可以进行字符格式的设置,文字随着图形的移动而移动。右击要添加文字的图形对象,从弹出的快捷菜单中选择"添加文字"命令,Word 自动在图形对象上显示文本框,然后进行文字的输入即可。

5) 自由旋转

选定要做自由旋转的图形,图形周围除了 8 个方向句柄外还有一个绿色的旋转点,鼠标指针指向旋转点,根据需要拖动鼠标就可以进行任意角度的旋转。

6) 设置图形的颜色与线条

右击要进行设置的图形,在弹出的快捷菜单中选择"设置图形格式"→"颜色与线条"进行设置,如图 4-57 所示。也可通过"绘图"工具栏中"颜色"  和"线条" 按钮实现。

图 4-57 "颜色与线条"选项卡   图 4-58 "颜色"下拉列表框

在"颜色与线条"选项卡中,选择"颜色"下拉列表框中的填充效果,弹出如图 4-59 所示的"填充效果"对话框,进行相应设置。"线条"如图 4-60 所示进行设置。

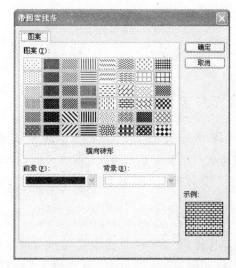

图 4-59 "填充效果"对话框   图 4-60 "带图案线条"对话框

4. 组合图形

当多个图形的大小、位置都固定了,就可以将它们作为一个整体,称为图形组合。具体操作步骤如下。

① 选择要组合的多个图形:按住 Shift 键的同时单击所有要组合到一起的图形对象,使它们全都处于被选中状态。也可以单击"绘图"工具栏上的"选择对象"按钮,然后通过鼠

标拖曳选中所有要组合的对象。

② 单击鼠标右键,在弹出的快捷菜单中选择"组合"选项。

注意:组合以后的图形就是一个整体了,一起放大,一起缩小,若只想改变其中一个图形对象的大小,只能取消组合(上述第 2 步中"取消组合"选项),修改后再组合。

4.5　实训5:制作影评《青蜂侠》——页面设置

设定目标

页面排版是制作一份 Word 文档的"重头戏"。在对 Word 文档进行排版时,经常会要求对同一个文档中的不同部分采用不同的版面设置,整洁和美感是页面排版追求的目标。例如,在编辑论文或书籍的一部分时,可以通过运用 Word 文档中的分页和分节功能,实现在同一个文档中设置多种不同的版式,以增加版式的灵活性。还可以在文档中添加页眉和页脚,使版式更加美观大方,主题突出。下面通过制作影评"青蜂侠",如图 4-61 所示,学习Word 中页面设置的方法。

图 4-61　"青蜂侠"效果图

4.5.1　设置页眉和页脚

示例"青蜂侠"中,偶数页的页眉显示为"青蜂侠",奇数页的页眉显示为相应页的标题内容,即奇数页的页眉是不同的;所有页的页脚均居中设置。具体操作步骤如下。

1. 设置页眉

① 选择"文件"→"页面设置"选项,或者单击"页眉和页脚"工具栏中的"页面设置"按钮,如图 4-64 所示,打开"页面设置"对话框中的"版式"选项卡,选中"页眉和页脚"区域中的"奇偶页不同"复选框。如图 4-62 所示。

② 将光标移至第 2 页页尾,选择"插入"→"分隔符"→"分节符类型"→"连续",如图 4-63 所示。按照同样的方法分别在第 4 页页尾、第 6 页页尾插入"连续"分节符。

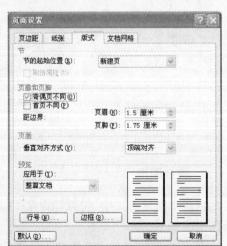

图 4-62　"页面设置"对话框

图 4-63 "分隔符"对话框

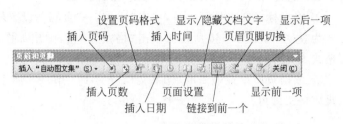

图 4-64 "页眉和页脚"工具栏

③ 将光标移至第一页内,单击"视图"→"页眉和页脚",弹出"页眉和页脚"工具栏(见图 4-64),光标随即跳到页眉,显示为"奇数页页眉—第 1 节",处于对页眉和页脚的编辑状态(此时文档编辑区呈灰色,表示当前不能对文档内容进行编辑),输入该节页眉"青蜂侠 剧情简介"。

④ 单击"页眉和页脚"工具栏中"显示下一项"按钮,显示为"偶数页页眉—第 1 节",输入该节页眉为"青蜂侠"。

⑤ 单击"显示下一项"按钮,页眉显示为"奇数页页眉—第 2 节与上一节相同",此时单击"链接到前一个"按钮,页眉显示为"奇数页页眉—第 2 节",输入该节页眉为"青蜂侠 影评"。

⑥ 单击"显示下一项"按钮,页眉显示为"偶数页页眉—第 2 节与上一节相同"。由于该文档中偶数页页眉相同,不需要改变,继续单击"显示下一项"按钮,参照步骤 5 设置其他奇数页页眉。

以上操作大体分为三步:首先设置奇偶页不同,之后在适当位置插入分节符,再令"页眉和页脚"工具栏中的"链接到前一个"按钮失效。若希望文档每一章的偶数页页眉相同,奇数页的页眉也相同,则使"链接到前一个"按钮有效即为橘色即可。

注意:节是文档中可以单独设置不同版式的最小单位。通过插入分节符,可将一篇文档分为几个节,各个节可单独设置页眉、页脚、页边距等。从而使文档的编排更加灵活。

选择"插入"→"分隔符"选项,通过"分隔符"对话框可选择不同分节符,如图 4-63 所示。

◆ 下一页:强制分页,新的节从下一页开始。
◆ 连续:不强制分页,新的节从下一行开始。
◆ 奇数页:强制分页,新的节从下一个奇数页开始。
◆ 偶数页:强制分页,新的节从下一个偶数页开始。

2. 设置页脚

(1)通过使用"页眉和页脚"工具栏实现页脚设置。

① 将光标停在第 1 页,选择"视图"→"页眉和页脚"选项或双击该节页眉,单击"页眉页脚切换"按钮,光标即跳到页脚处,页脚显示为"奇数页页脚—第 1 节"。单击"设置页码格式"按钮,弹出如图 4-65 所示的对话框,分别设置数字格式为"-1-,-2-,-3-,…",页码编排为"续前节"。

② 单击"显示下一项"按钮,页脚显示为"偶数页页脚—第 1 节"。设置方法同步骤①。按照上述操作,分别设置各页页脚。

（2）通过"插入"→"页码"命令实现页脚设置。

① 将光标停在文档第 1 节，单击"插入"→"页码"，设置位置为"页面底端（页脚）"，对齐方式为"居中"，如图 4-66 所示。单击"格式"按钮，弹出如图 4-65 所示对话框，分别设置数字格式为"-1-,-2-,-3-,…"，页码编排为"续前节"。

② 依据页眉设置第 2 步，已将文档分为了 4 节。参照上步操作，分别设置文档其他节的页脚格式即可。

图 4-65　"页码格式"对话框

图 4-66　"页码"对话框

注意：在"页码格式"对话框中，"页码编排"时若设置为起始页码，则该节所占页中第 1 页页码为设置值。若选中"包含章节号"复选框，然后在"章节起始样式"下拉列表框中选择应用章节标题的标题样式，在"使用分隔符"下拉列表框中选择章节号和页码之间的分隔符即可在页码中加入章节号。

4.5.2　页面设置

在处理文档过程中，可以根据需要随时更改页面布局。在如图 4-67 所示的"页面设置"对话框中可以分别设置页边距、纸张方向、文字方向和文档网格。

1. 页边距

Word 创建的文档默认情况下是"纵向的"。"页边距"选项卡中"预览"→"应用于"下拉列表框用于设置边距对文档的哪个部分生效（整篇文档或插入点之后）。图 4-67 为"页边距"选项卡，图 4-68 为页边距说明。

2. 文档网格

"文档网格"选项卡可设置文字排列方向、对文档进行分栏、文档中每页的行数及每行的字数等。图 4-69 为"文档网格"选项卡，图 4-70 为垂直文本排列方式。

注意："应用于"下拉列表框中为用户提供了 3 种应用范围：本节、插入点之后及整篇文档，设置时要正确选择。

3. 纸张大小

"纸张大小"选项卡用于设置打印纸张。Word 内置了不同纸张类型供用户选择，如A4、A3、B5、16 开等。用户可以根据需要选择纸张大小。

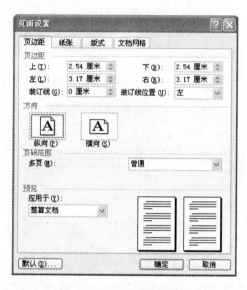

图 4-67　"页边距"选项卡

图 4-68　页边距说明

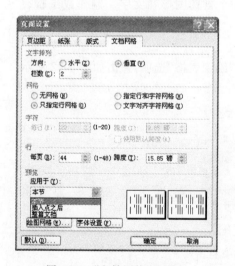

图 4-69　"文档网格"选项卡

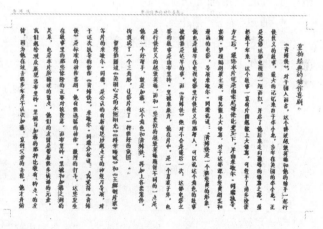

图 4-70　垂直文本排列方式

4.6　实训 6：制作"证券交易明细表"——操作表格

设定目标

在文档中使用表格，可以代替许多文字说明，使文档内容清晰简明，效果直观。Word 2003 提供了强大的表格制作与编辑功能。下面通过示例"证券交易明细表"，如图 4-71 所示，学习创建、编辑表格及表格内文字、数字的输入与操作方法。

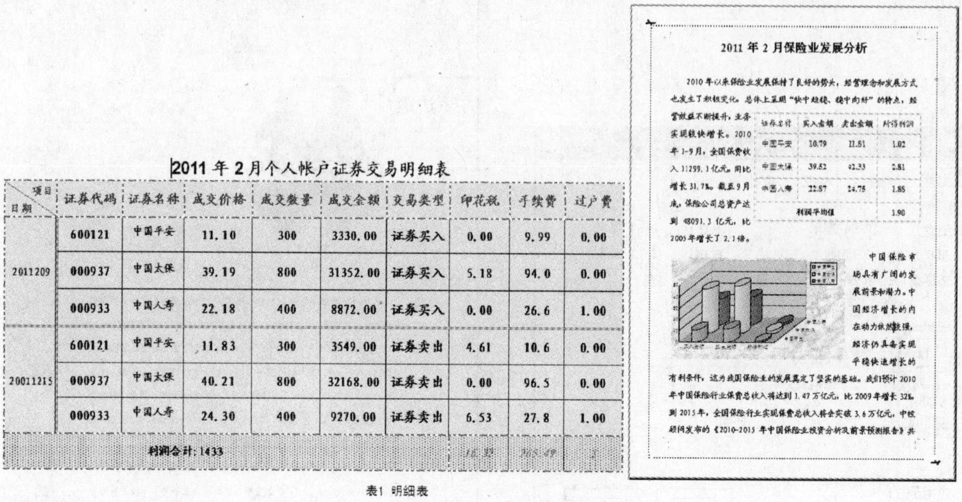

2011 年 2 月个人帐户证券交易明细表

日期 项目	证券代码	证券名称	成交价格	成交数量	成交金额	交易类型	印花税	手续费	过户费
	600121	中国平安	11.10	300	3330.00	证券买入	0.00	9.99	0.00
2011209	000937	中国太保	39.19	800	31352.00	证券买入	5.18	94.0	0.00
	000933	中国人寿	22.18	400	8872.00	证券买入	0.00	26.6	1.00
	600121	中国平安	11.83	300	3549.00	证券卖出	4.61	10.6	0.00
20011215	000937	中国太保	40.21	800	32168.00	证券卖出	0.00	96.5	0.00
	000933	中国人寿	24.30	400	9270.00	证券卖出	6.53	27.8	1.00
	利润合计:1433								

表1 明细表

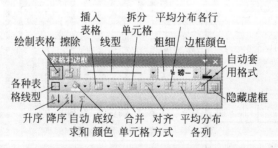

图 4-71 "证券交易明细表"效果图

4.6.1 创建表格

示例"证券交易明细表"由两页组成，第一页纸张横排，内含表格 1"明细表"；第二页纸张竖排，内含表格 2"利润表"、一个图表、页面边框及一个自选图形和文字。制作或编辑表格一般可通过两种方法实现：

◆ 通过"表格"菜单实现。

◆ 通过"表格和边框"工具栏实现。单击"表格"→"绘制表格"选项，弹出如图 4-72 所示的工具栏。

图 4-72 "表格和边框"工具栏

下面首先制作第一页内的表格 1"明细表"，制作思路如下。

① 利用自动制表制作一个规范的表格；

② 再用手动制表做一些特殊的线；

③ 输入表中的文字；

④ 调整文字的位置；

⑤ 添加边框和阴影。

制作示例"证券交易明细表"的具体过程如下。

① 输入文字"2011 年 2 月个人账户证券交易明细表"作为表格名称。

② 选择"表格"→"插入"→"表格",弹出"插入表格"对话框,如图 4-73 所示,设置"列数"为 10,"行数"为 7,单击"确定"按钮,产生一个 7 行 10 列的表格。也可以单击常用工具栏中的"插入表格"按钮 ,通过鼠标拖曳插入 10 行 7 列的表格,如图 4-74 所示。

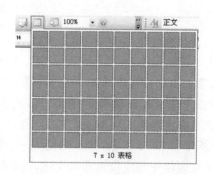

图 4-73 "插入表格"对话框 图 4-74 "插入表格"按钮效果图

③ 选择"表格"→"插入"→"表格"选项,选中整个表格,单击鼠标右键,选择"表格属性"命令,在弹出的对话框中选择"行"选项卡,设置指定表格高度为 1.4 厘米,如图 4-75 所示,选择"列"选项卡;设置指定表格宽度为 2.9 厘米,如图 4-76 所示。

图 4-75 "表格属性"对话框的"行"选项卡 图 4-76 "表格属性"对话框的"列"选项卡

注意:当行高与列宽不需明确指定值时,可以用手工拖动鼠标来实现。将鼠标放在表格列框线或行框线上,当鼠标变为双向箭头时,即可拖动鼠标改变列宽或行高到自己需要的宽度或高度,然后松开即可。拖动时若按住 Alt 键可实现精确调整。

如果表格已经是希望中的高度了,但是表中各行的高度或各列的宽度不一样,可以选中整个表格,单击鼠标右键,在弹出的快捷菜单中单击"平均分布各行"或"平均分布各列"选项,使行列均匀分布,达到美观的效果。

④ 制表头斜线。单击"视图"→"工具栏"→"表格和边框"选项,弹出"表格和边框"工具

栏,如图 4-77 所示。单击工具栏中的"绘制表格"按钮,拖动鼠标从第一个表格的左上角到右下角绘制一条斜线。通过输入空格和按 Enter 键,使光标处于适当位置,录入文字。当第一行行高不够时,可以通过鼠标拖曳进行调整。

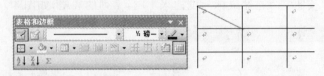

图 4-77　绘制斜线的效果

注意:也可以将鼠标置于第一个单元格内,单击"表格"→"绘制斜线表头"选项,在弹出的对话框中选择表头样式为"样式一",单击"确定"按钮。

⑤ 选中表格第 1 列的第 2～4 个单元格,选择"表格"→"合并单元格"选项。同样,合并第 1 列第 5～7 个单元格,第 8 列第 1～7 个单元格。

⑥ 在表格中相应位置添加文字,并设置字体格式为"仿宋,三号"。选中整个表格,单击鼠标右键,选择"单元格对齐方式"中的上下左右居中按钮 🔳 。

⑦ 给表格加边框和底纹。选中整个表格,单击鼠标右键,在弹出的快捷菜单中执行"边框和底纹"选项,出现如图 4-78 所示的对话框。设置"线型"为"长划线-点-点","颜色"为"紫罗兰","宽度"为"2.5 磅"。单击"预览"中给表格加四周边框线的按钮 🔳 、🔳 、🔳 ,将设置好的线应用在表格的 4 个外边框上。或选择"设置"区域中的"方框",再单击按钮 🔳 。

图 4-78　"边框和底纹"对话框的"边框"选项卡

⑧ 选中表格中第 4 行第 1～10 个单元格,选择"表格"→"绘制表格"选项,出现如图 4-77 所示的工具栏。选择"线型"为"双实线",宽度为"1.5 磅",颜色为"红色",单击"框线"按钮,如图 4-79 所示,选择"下框线",将已确定的"红色双实线"应用于所选单元格的"下框线"。

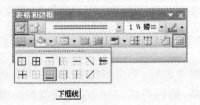

图 4-79　"表格和边框"工具栏

⑨ 参照步骤⑧，分别设置表格中第 7 行第 1～10 单元格下框线为"双实线，1.5 磅，红色"，第 2～4 行第 1 个单元格左右框线为"粗细实线，1.5 磅，蓝色"。

注意：选中操作对象后，要先选线型后应用。

⑩ 选择表格第 1～7 行，选择"格式"→"边框和底纹"选项，如图 4-80 所示，选择"底纹"选项卡，设置"填充"为"灰色"，单击"图案样式"下拉列表框选择"12.5％"，颜色为"自动"，"应用于"为"单元格"。单击"确定"按钮。

⑪ 选择表格第 8 行，选择"格式"→"边框和底纹"选项，选择"底纹"选项卡，设置"填充"为"灰色－15％"，单击"图案样式"下拉列表框选择"12.5％"，颜色为"自动"，"应用于"为"单元格"。单击"确定"按钮。

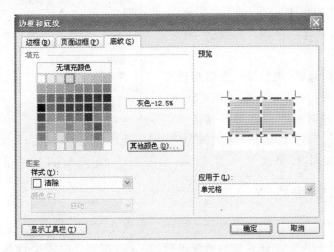

图 4-80　"边框和底纹"对话框中的"底纹"选项卡

注意：选定表格和选定表格中的所有单元格在性质上是不同的。

1．选定单元格

选定单元格是编辑表格的最基本的操作之一。在对表格的单元格、行或列进行操作时，必须先选定它们。可以选定表格中相邻的或不相邻的多个单元格，可以选择表格的整行或整列，也可以选定整个表格。在设置表格的属性时应选定整个表格。

利用鼠标选定单元格有下面一些基本方法。

◆ 选定单元格：将鼠标置于单元格的左边缘，当鼠标外观变为右上方向的实箭头时，单击鼠标就可以选中该单元格。

◆ 选定多个单元格：在表格中按下鼠标左键拖动鼠标，可以选择任意多的单元格。

◆ 选定行：将鼠标置于一行的左边缘，当鼠标变成箭头状时，单击鼠标可以选择该行。

◆ 选定列：将鼠标置于一列的上边缘，当鼠标外观变为向下的黑色实心箭头时，单击鼠标可以选择该列。

◆ 选定多行/列：先选定一行/列，按住 Shift 键，单击另外一行/列，就可以将其间的所有连续的行或列选中。要想选择多个不连续的行或列，需在按住 Ctrl 键的同时依次选择。

2. 选定表格

◆ 鼠标移至表格左上角，当鼠标变成"十"字型时，单击表格左上角的田。

◆ 鼠标位于表格中的任一单元格，选择"表格"→"插入"→"表格"选项。

示例"证券交易明细表"第二页表 2"利润表"的创建方法与表 1"明细表"相同，创建一个 4 行 4 列的表格，按图 4-71 进行数据录入，其中表格使用了自动套用格式。

Word 2003 提供了一些表格样式供用户选择，使用方法如下。

选中整个表格，选择"表格"→"表格自动套有格式"选项，出现如图 4-81 所示的对话框。设置"表格样式"为"网页型 2"，"将特殊格式应用于"：首列、末行、末列，即取消"标题行"复选框的"✓"。单击"应用"按钮。

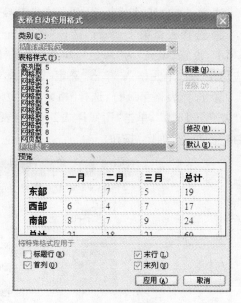

图 4-81　"表格自动套用格式"对话框

4.6.2　编辑表格

创建表格的过程中往往为满足其他的应用需要修改表格。如示例"证券交易明细表"中需要在表 1 中统计个人账户证券交易所交税费的总和，在表 2 中需要计算证券收益的平均值。此时，需要对表格进行相应编辑方可实现。

1. 插入单元格、行(列)

在表格中可以插入单元格、行或列，甚至可以在表格中插入表格。在表格中插入单元格、行或列，应首先确定插入位置。插入单元格、行或列就是让选定位置的内容下移或右移，插入的区域占据移动区域的位置。

实现插入行的操作可采用以下三种方法之一：

◆ 选择"表格"→"插入"→"行(在下方)"选项。

◆ 选择"表格"→"插入"→"单元格"选项，如图 4-82 所示。

◆ 将光标位于最后一行的最后一个单元格内，然后按 Tab 键。

图 4-82 所示的对话框单选按钮的功能如下。

◆ "活动单元格右移"：可以在选定单元格的位置插入新的单元格，光标所在单元格向右移动。

◆ "活动单元格下移"：可以在选定单元格的位置插入新的单元格，光标所在单元格向下移动。

◆ "整行插入"：可以在选定单元格的位置插入新行，光标所在的行下移。

◆ "整列插入"：可以在选定单元格的位置插入新列，光标所在的列右移。

由图 4-82 可知，用同样的方法可以在当前光标所在行的上方插入行、在当前光标所在列的左侧或右侧插入列以及进行单元格的插入,插入单元格时也可以进行整行或整列的插入。

表格1"明细表"的具体操作方法如下。

① 将插入点定位在"20011215 中国人寿"所在行的任一单元格中。

② 选择"表格"→"插入"→"行(在下方)"选项,如图 4-82 所示。

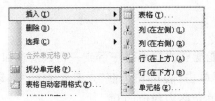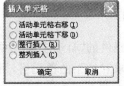

图 4-82　插入级联菜单与"插入单元格"对话框

按照以上方法为表1"明细表"添加第 8 行后,合并第 8 行第 1~7 单元格,设置该单元格底纹为"茶色",4 个外边框为"长划线一点一点,2.5 磅,紫罗兰"。为表 2"利润表"添加第 5 行,合并第 5 行第 1~3 单元格。

2．删除单元格、行(列)

如果在插入表格时,对表格的行或列控制得不好,出现多余的行或列,可以根据需要删除多余的行或列。在删除单元格、行或列时,其中的内容也将同时被删除。删除单元格、行(列)的操作方法如下。

① 将插入点定位在表格中,选择"表格"→"删除"选项,出现的子菜单如图 4-83 所示。

② 选择"表格"选项,可将整个表格删除。

③ 选择"列"选项,可将插入点所在列删除。

④ 选择"行"选项,可将插入点所在行删除。

⑤ 选择"单元格"选项,出现"删除单元格"对话框,如图 4-84 所示。

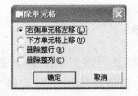

图 4-83　"删除"级联菜单　　　　　图 4-84　"删除单元格"对话框

3．标题行重复

表格1"明细表"只记录了个人账户两日内的交易情况,若想记录 2 月份 30 天内所有的交易情况时,一页纸已经放不下了,需要另起一页,可是,当表格自动转到下一页时,每一列究竟对应的是什么科目的成绩已经看不到了,怎么解决呢?

将表头(第一行)选中,选择"表格"→"标题行重复"选项。此后,当表格自动转到下一页时,表头也随即自动出现。而且,当需要对表头进行更改时,只需修改第一页的表头(其他页的表头是无法更改的),其余页的表头会自动更新。

4.6.3　表格数据处理

对表格数据的处理包括公式的使用与数据的排序。示例"证券交易明细表"中表格 1 "明细表"对税费进行了统计,表格 2"利润表"中计算了证券收益的平均利润,并根据所得利润进行了降序排序。下面介绍具体操作方法。

1．自动求和

Word 2003 提供的"自动求和"功能能够快捷地对一行或一列数值求和。

单击要放置求和结果的单元格,再单击"表格和边框"工具栏中的"自动求和"按钮 ,即可计算出插入点所在单元格上方的单元格中数值的和。

2．利用公式求和

单击要放置求和结果的单元格,再单击"表格"→"公式"选项,出现如图 4-85 所示的"公式"对话框,在"公式"文本框中输入一个"=",然后单击"粘贴函数"列表框的向下箭头,从下拉列表框中选择"SUM"。在公式的括号中输入"ABOVE"表示对当前单元格上部同列的所有数值单元格求和;输入"LEFT"表示对当前单元格左侧同行的所有数值单元格求和。如果要改变计算结构的数字显示格式,可以单击"数字格式"文本框右边的向下箭头,选择所需的数字格式,单击"确定"按钮,即可计算出指定的单元格中数值的和。

注意：在函数的括号中还可以引用单元格的内容。即可以用像 A1、A2、B1、B2 这样的形式引用表格中的单元格,其中的字母代表列,而数字代表行。例如,如果需要计算单元格 A1 和 B4 中数值的和,应建立这样的公式："=SUM(A1,B4)"。

3．求平均值

方法与利用公式求和相似,只不过在选择函数时选择"AVERAGE"函数,如图 4-86 所示。

4．排序

Word 2003 可将文字按字母、数字或日期以升序(A 到 Z 或 0 到 9)或降序(Z 到 A 或 9 到 0)排序。排序功能用于对表格中每列的数据进行不同类型的排序,如按笔画、数据大小等。

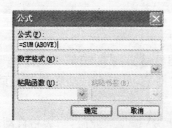

图 4-85　求和函数

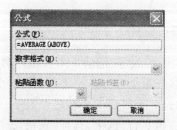

图 4-86　求平均值函数

将插入点置于表格的任一单元格,单击"表格"→"排序"选项,出现如图 4-87 所示的"排序"对话框。在"主要关键字"下拉列表框中选择要排序的列名,在"类型"下拉列表框中选择相应类型及排序方式。若表格有表头,需在"列表"多选框中选中"有标题行",表示表格的第一行为标题行,此行不参加排序。设置完毕后,单击"确定"按钮。

完成示例中"明细表"与"利润表"的操作如下。

图 4-87　"排序"对话框

◆ 将光标停在表格 1"明细表"第 8 行第 2 个单元格,单击"表格"→"公式"选项,插入公式"＝SUM(ABOVE)"。同样为第 8 行第 3和第 4 单元格分别使用公式 Sum 统计手续费与过户费的和。

◆ 将光标停在表格 2"利润表"第 5 行第 2 个单元格,应用公式 AVERAGE 计算所得利润的平均值。

◆ 将光标停在表格 2"利润表"的任一单元格,单击"表格"→"排序"选项,按图 4-87 进行设置,单击"确定"按钮即可。

根据以上操作已完成对示例中第一页内表 1"明细表"的制作。由于示例中的第一页纸张为横排,第二页为纵排,依照 4.5 节介绍的页面设置的方法进行如下操作:

◆ 将光标停在第二页开头"2"左侧,单击"插入"→"分隔符"选项,设置"分节符类型"为"连续"。

◆ 将光标定位于第二页中任一位置,单击"文件"→"页面设置"选项,选择"页边距"选项卡,设置"方向"为"纵向","应用于"为"本节",单击"确定"按钮即可。

4.6.4　图表混排

图表将大量的数据资料形象地组织起来,能较好地体现数据之间的联系和整体特征,为分析资料提供了方便。用户通过使用图表对表格中的数据进行分析,将数据图形化,从而使用户直接了解到数据之间的关系和变化趋势。下面通过制作示例图 4-71 中第二页的图表,来讲解图表的制作方法。

注意:图表是对数据的图形化,因此,制作图表前应先选中需要制作图表的表格数据内容。制作图表可通过两种方法实现。

◆ 通过"图表"菜单和"数据"菜单实现,如图 4-91 所示。

◆ 通过"图表常用"工具栏实现,如图 4-88 所示。

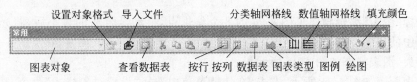

图 4-88　"常用"工具栏

　　制作示例"证券交易明细表"中图表的具体操作
步骤如下：

◆ 选中表格 2"利润表"前 4 行。

◆ 单击"插入"→"图片"→"图表"选项,此时会分
　 别出现图表编辑画面(见图 4-89),"文档 2-数
　 据表"编辑窗口(见图 4-90),图表"常用"工具
　 栏(见图 4-88)。另外,Word 的菜单栏将新增
　 加"数据"和"图表"两个菜单项,如图 4-91
　 所示。

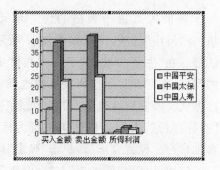

图 4-89　"图表"编辑画面

图 4-90　"文档 2-数据表"窗口

图 4-91　"图表"下拉菜单

◆ 单击"常用"工具栏中"按列"按钮,再单击"图表"→"图表类型"选项,设置"图表类型"为
　 "圆柱图","子图表类型"为"三维柱形圆柱图",单击"确定"按钮,如图 4-92 所示。

◆ 单击"图表"→"图表选项"选项,选择"标题"选项卡,设置"图表标题"为"证券收益图
　 示","分类轴"为"证券名称","数值轴"为"所占比例",如图 4-93 所示。按示例图表
　 样式分别设置"坐标轴"、"网格线"、"图例"、"数据标签"和"数据表"选项卡。

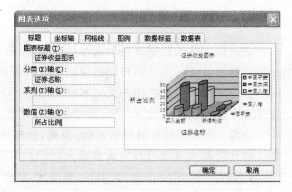

图 4-92　"图表类型"对话框　　　　　　图 4-93　"图表选项"对话框的"标题"选项卡

◆ 选择"图表"编辑画面见图 4-94 的 8 个编辑点,拖动至合适的大小后,将光标停在文
　 档中的任一位置,则会退出"图表"编辑状态,此时图 4-89、图 4-90 及图 4-91 会自动
　 消失,图表状态如图 4-94 所示。

◆ 选中图表如图 4-94 所示,右击,在快捷菜单中选择"设置对象格式"命令,选择"版式"
　 选项卡,设置"环绕方式"为"四周型"。如图 4-95 所示,将图表拖曳至文档合适的
　 位置。

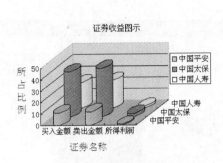

图 4-94 图表非编辑状态

图 4-95 "设置对象格式"对话框的"版式"选项卡

◆ 双击图表对象即可进入编辑图表状态。此时,单击"常用"工具栏中"图表对象"下拉
列表框选择"图例",如图 4-96 所示。之后,图表中图例即被选中出现 8 个编辑点,拖
至合适的位置即可。如图 4-97 所示。

图 4-96 "图表对象"下拉列表框

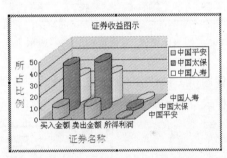

图 4-97 "图例"被选中状态

◆ 单击"常用"工具栏中"设置对象格式"按钮,弹出如图 4-98 所示的对话框。选择"字
体"选项卡,设置字体格式为"楷体,加粗,14"。

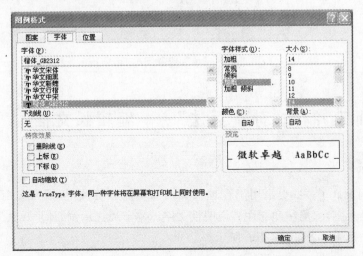

图 4-98 "图例格式"对话框的"字体"选项卡

◆ 单击"常用"工具栏中的"图表对象"下拉列表框选择"图表区域",单击"设置对象格式",弹出如图 4-99 所示的对话框。选择"图案"选项卡,单击"填充效果"按钮,弹出如图 4-100 所示的对话框进行相应设置。

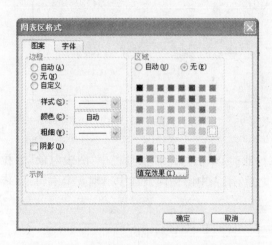

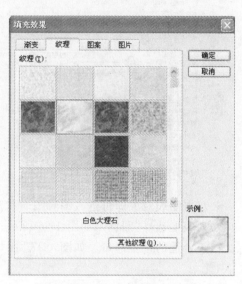

图 4-99 "图表区格式"对话框的"图案"选项卡　　　　图 4-100 "填充效果"对话框

◆ 参照以上操作分别设置"分类轴"、"数值轴"、"图表标题"等对象的字体、刻度及填充样式等格式。最终效果图如图 4-101 所示。

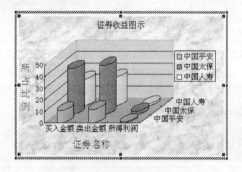

图 4-101 "证券收益图示"效果

4.7 实训7：制作"孙子兵法"——编辑长文档

设定目标

Word 专门设计了一些更适用于管理长文档的功能和特性,包括为文档编排目录和索引、在文档中插入脚注、尾注和题注等说明性文字。本节通过示例"孙子兵法"讲解各项功能的实现方法,如图 4-102 和图 4-103 所示。

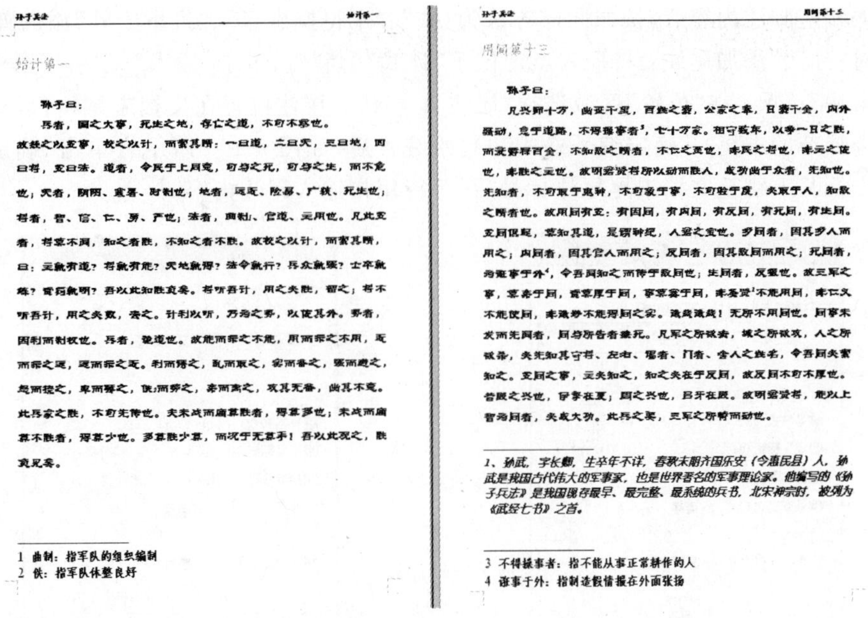

图 4-102　"脚注、尾注"示例

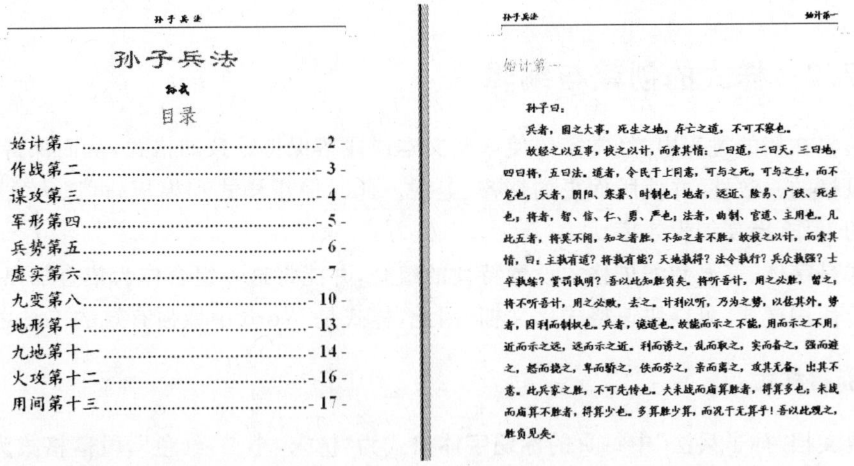

图 4-103　"孙子兵法"目录示例

4.7.1　脚注和尾注

"脚注"和"尾注"是 Word 提供的两种常用的注释方式。通常情况下,脚注是对当前页的字和词加以解释,所以它位于当前页面的下方,以便于及时浏览;而尾注是对某些文档注释其来源和出处,如果需要的话再加以查看,所以它一般位于文档的末尾。

文档"孙子兵法"中有 4 个脚注,1 个尾注。具体添加脚注和尾注的操作如下。

◆ 将插入点定位于"曲制"的右侧,单击"插入"→"引用"→"脚注和尾注"选项;弹出的对话框如图 4-104 所示,在"位置"区域选择"脚注";默认的脚注位置在"曲制"所在页的下方即页面底端(可以根据需要选择文字下方)。确定编号格式和起始编号后,单击"确定"按钮,光标马上跳至页面底端脚注标号后,等待用户输入脚注内容。输入相应脚注内容后,按照同样方法为"佚"、"不得操事者"、"诳事于外"添加脚注。

◆ 对"孙武"添加尾注:将插入点定位于"孙武"的右侧,单击"插入"→"引用"→"脚注和尾注"选项;在"位置"区域选择"尾注";默认的尾注位置在文档末尾(可以根据需要选择节的末尾);确定编号格式和起始编号后,如图 4-105 所示。单击"确定"按钮,光标马上跳至文档末尾尾注标号后,等待用户输入尾注内容。

图 4-104　设置脚注

图 4-105　设置尾注

4.7.2　样式的创建与编辑

在编辑文档的过程中,经常需要使一些文本或段落保持一致的格式,从而保持整个文档格式和风格的一致性,并使版面更加整齐、美观。此时使用样式和模板,可以大大简化格式化文档的工作,提高编辑效率。

样式是字体、字号和缩进格式设置特性的组合,并能将这一组合作为集合加以命名和存储。由于使用样式,可以快速格式化文档,因此,样式是 Word 中最强有效的工具之一。

1. 新建样式

设置文档"孙子兵法"中每页的标题字体格式为"仿宋,小二,红色",段落格式为"两端对齐,大纲级别为 1 级,段前 17 磅,段后 17 磅,行距为双倍行距",并将该格式定义为样式"孙武样式"。具体操作如下。

步骤 1:单击"格式"→"样式和格式",弹出如图 4-106 所示的任务窗格。单击"新样式"按钮,弹出如图 4-107 所示的对话框。单击"格式"按钮后,分别设置"字体"格式及"段落"格式。单击"确定"按钮后,会在"样式和格式"任务窗格中出现样式"孙武样式"。

步骤 2:选中要设置样式的文字如"始计第一",单击"样式和格式"任务窗格中的"孙武样式",则该样式被应用于"始计第一"。

步骤 3:按照步骤 2,依次对每页的标题进行同样设置即可。

注意:也可使用"常用"工具栏中的"格式刷" 完成步骤 3 的操作。

格式刷的作用是复制一个位置的格式,然后将其应用到另一个位置。对"格式刷"的操作有两种。

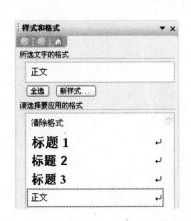

图 4-106 "样式和格式"任务窗格

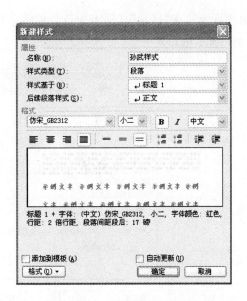

图 4-107 "新建样式"对话框

◆ 单击：可以应用复制的格式一次。

◆ 双击：可多次应用复制的格式。在使用完毕之后应再单击"格式刷"，取消对"格式刷"的应用。

本例中可在设置"始计第一"格式后，选中"始计第一"，双击"格式刷"，此时鼠标前会增加一把刷子，然后在需要设置为相同格式的位置开始拖动，即可实现快速地设置字符格式了。

2．编辑样式

创建好样式后，若对样式不满意，还可以对其进行修改。选中需要修改的样式后，右击可弹出如图 4-108 所示的快捷菜单，选择"修改"命令即可弹出如图 4-107 所示的对话框，从而进行修改。

3．删除样式

当不需要使用该样式时，可在图 4-108 中选择"删除"命令，该样式即可被删除。

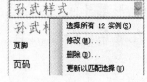

图 4-108 "样式"快捷菜单

4.7.3 目录与索引

目录能够帮助用户快速了解整个文档的层次结构。应用标题样式标记了目录项之后，就可以创建目录了。在 4.7.2 节中已经为"孙子兵法"中每页标题设置了统一样式"孙武样式"，下面为"孙子兵法"添加目录。

（1）创建目录。

将光标停在文档中需要插入目录的位置，一般为文档的首页；单击"插入"→"引用"→

"索引和目录",在"目录"选项卡中进行如图 4-109 所示的设置。单击"确定"按钮后,出现如图 4-103 所示的目录。

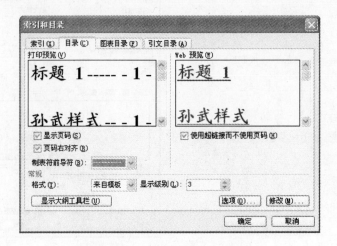

图 4-109 "索引和目录"对话框

(2) 更新和删除目录。

创建目录后,若对文档进行修改,则可能使页码出现混乱。这时更新目录则可以使所有条目都指向正确的页码。若在文档中不再需要创建的目录,可以将其删除。

◆ 更新目录:右击已生成的目录如图 4-110 所示,在快捷菜单中选择"更新域"命令如图 4-111 所示。根据需要对目录进行更新。

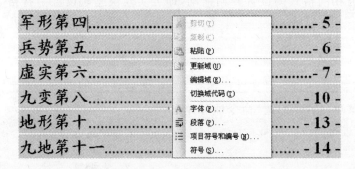

图 4-110 "目录"快捷菜单   图 4-111 "更新目录"对话框

◆ 删除目录:选择插入的目录,按 Delete 键即可快速删除目录。

索引是根据一定需要,把书刊中的主要概念或各种题名摘录下来,标明出处、页码,按一定次序分条排列,以供人查阅的资料。它是图书中重要内容的地址标记和查阅指南。下面通过制作"孙子兵法"的索引,如图 4-112 所示来学习如何建立及编辑索引。

(1) 标记索引项。

要编制索引,应该首先标记文档中的概念名词、短语和符号之类的索引项。索引的提出可以是书中的一处,也可以是书中相同内容的全部。标记"孙子兵法"中索引项的操作如下。

◆ 选中文字"用兵之法",单击"插入"→"引用"→"索引和目录",出现如图 4-109 所示的对话框后,选择"索引"选项卡,如图 4-113 所示,单击"标记索引项"按钮,出现如图 4-114

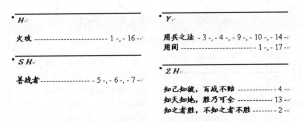

图 4-112　"孙子兵法"索引示例

所示的子对话框。单击"标记全部"按钮后，则可将"孙子兵法"全文中所有出现"用兵之法"的地方索引出来，这时原文中的"用兵之法"4 个字后面将会出现"{XE "用兵之法"}"的标志，此时图 4-114 所示的"取消"按钮将自动变为"关闭"按钮。

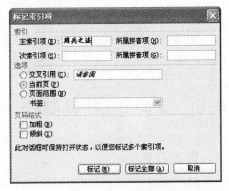

图 4-113　"索引"选项卡　　　　　　　　　图 4-114　"标记索引项"对话框

◆ 不要关闭"标记索引项"对话框，用鼠标直接在文档窗口选定其他要制作索引的文本如"善战者"；然后单击"标记索引项"对话框，单击"标记全部"按钮即可实现继续标记其他索引项。

注意：标记索引项时会在原文字的后面出现"{XE "用兵之法"}"标志，可通过单击"常用"工具栏中的"显示/隐藏编辑标记"按钮 把这一标记隐藏或显示出来。图 4-114 所示的"标记"按钮的作用是只标记全文中的一处。

(2) 提取已标记的索引项。

标记了索引项之后，就可以提取所标记的索引了。操作方法如下：

◆ 将光标移到"孙子兵法"的最后，单击"插入"→"引用"→"索引和目录"，选择"索引"选项卡，设置格式为"现代"，选中"页码右对齐"复选框，制表符前导符为"------"，类型为"缩进式"，栏数为"2"，语言为"中文"，类别为"普通"，排序依据为"拼音"，如图 4-115 所示。

注意：若格式为"来自模板"，则"修改"按钮可用，此时可设置生成索引的字体格式、段落格式等。排序依据可设置为"拼音"或"笔划"。

(3) 更新索引与删除索引。

更新索引的方法与更新目录类似，在希望更新的索引中单击右键，在弹出的快捷菜单中选择"更新域"即可。在要更新的索引中单击左键，然后按 F9 键，也可以实现更新索引的功能。更新整个索引后，将会丢失更新前完成的索引或添加的格式。

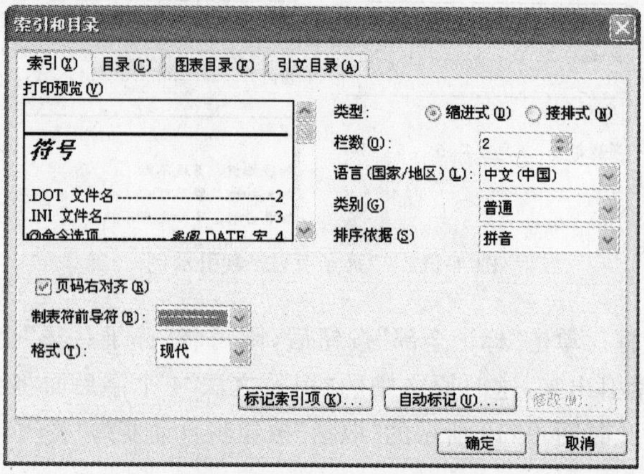

图 4-115 提取索引项的具体设置

删除索引时选中索引标志如“{XE “用兵之法”}”,要连同{}符号选中整个索引项,按 Delete 键实现删除。

4.8 实训 8: 批量制作“录用通知书”——邮件合并

设定目标

制作批量书信和信封主要运用 Word 2003 中的邮件合并功能,即创建一封书信或一个信封可以实现多次打印,并且可以将每封书信发送给不同收件人的套用信函。下面通过批量制作“录用通知书”和信封来学习如何创建数据源、插入合并域及完成合并等。图 4-116 为批量制作通知书后的效果。

XX 公司人员录用通知书

赵小萌 同志:

您应聘本公司职位,经面试考核成绩如下:

英语:	85	专业理论:	80
计算机能力:	92	面试:	86

成绩通过,依本公司任用规定给予录用,现热诚欢迎您加入本公司行列。

有关报到事项如下,敬请参照办理。

报到日期:2011 年 4 月 16 日前。

地点:北京市海淀区学院路 33 号。

报道时需携带资料:

(一)录取通知书;

XX 公司人员录用通知书

焦晶 同志:

您应聘本公司职位,经面试考核成绩如下:

英语:	82	专业理论:	96
计算机能力:	92	面试:	83

成绩通过,依本公司任用规定给予录用,现热诚欢迎您加入本公司行列。

有关报到事项如下,敬请参照办理。

报到日期:2011 年 4 月 16 日前。

地点:北京市海淀区学院路 33 号。

报道时需携带资料:

(一)录取通知书;

XX 公司人员录用通知书

孙爱明 同志:

您应聘本公司职位,经面试考核成绩如下:

英语:	90	专业理论:	86
计算机能力:	83	面试:	86

成绩通过,依本公司任用规定给予录用,现热诚欢迎您加入本公司行列。

有关报到事项如下,敬请参照办理。

报到日期:2011 年 4 月 16 日前。

地点:北京市海淀区学院路 33 号。

报道时需携带资料:

(一)录取通知书;

XX 公司人员录用通知书

王欣 同志:

您应聘本公司职位,经面试考核成绩如下:

英语:	87	专业理论:	89
计算机能力:	90	面试:	81

成绩通过,依本公司任用规定给予录用,现热诚欢迎您加入本公司行列。

有关报到事项如下,敬请参照办理。

报到日期:2011 年 4 月 16 日前。

地点:北京市海淀区学院路 33 号。

报道时需携带资料:

(一)录取通知书;

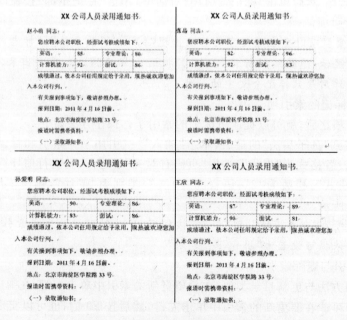

图 4-116 批量制作“录用通知书”效果

4.8.1　制作通知书

使用 Word 提供的邮件合并功能制作通知书的具体步骤如下。

(1) 首先建立数据源，新建 Word 文件“通知书数据源”，该文件中仅包含表格，内容如图 4-117 所示。

称呼	英语	专业理论	计算机能力	面试
赵小萌	85	80	92	86
张晶	82	96	92	83
孙爱明	90	86	83	86
王欣	87	89	90	81
李婷	91	90	84	92

图 4-117　“通知书数据源”文件内容

(2) 新建一个空白文档，输入每张通知书中所有不变的内容并进行排版，如图 4-118 所示。

(3) 单击“工具”→“信函与邮件”→“邮件合并向导”选项，弹出如图 4-119 所示的“邮件合并向导”窗格。在“择文档类型”中选择“信函”单选框，然后单击“下一步：正在启动文档”，弹出如图 4-120 所示的步骤 2 画面。

XX 公司人员录用通知书

同志：

您应聘本公司职位，经面试考核成绩如下：

英语：		专业理论：	
计算机能力：		面试：	

成绩通过，依本公司任用规定给予录用，现热诚欢迎您加入本公司行列。

有关报到事项如下，敬请参照办理。

报到日期：2011 年 4 月 16 日前。

地点：北京市海淀区学院路 33 号

报道时需携带资料：

(一) 录取通知书；

(二) 居民身份证原件；

(三) 最高学历证书原件；

(四) 资历、资格证书（或上岗证）；

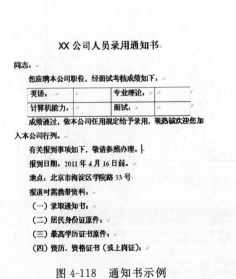

图 4-118　通知书示例

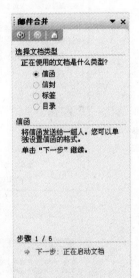

图 4-119　邮件合并步骤 1

(4) 在图 4-120 中，选中“使用当前文档”选项，然后单击“下一步：选取收件人”，弹出如图 4-121 所示的步骤 3 画面。

(5) 在图 4-121 中，单击“浏览”选项，在弹出的“选取数据源”对话框中找到已经建立的文件“通知书数据源”，单击“打开”按钮，如图 4-122 所示。

(6) 单击“打开”按钮后，将会弹出如图 4-123 所示的“邮件合并收件人”对话框，用户可以在此对话框中对要生成通知书的人员进行相应的设置。设置完成后单击“确定”按钮，关闭对话框。

图 4-120　邮件合并步骤 2　　　　　图 4-121　邮件合并步骤 3

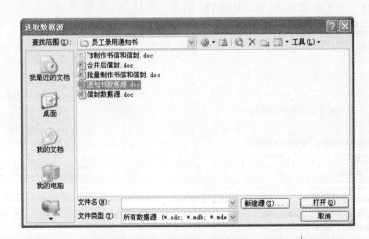

图 4-122　"选取数据源"对话框

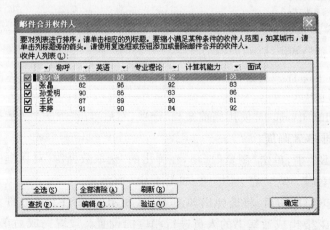

图 4-123　"邮件合并收件人"对话框

（7）在如图 4-123 所示的"邮件合并"任务窗格中，单击"下一步：撰写信函"选项，进入如图 4-124 所示的步骤 4 画面，将光标定位于"同志"一词的前面，单击"其他项目…"，弹出如图 4-125 所示的对话框。

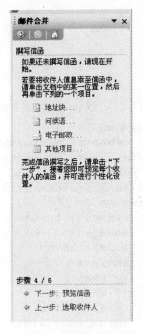

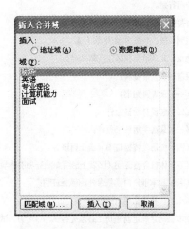

图 4-124　邮件合并步骤 4　　　　　　图 4-125　"插入合并域"对话框

（8）在"插入合并域"对话框中选中"称呼"，单击"插入"按钮，完成"称呼"域的插入。其他各项成绩域的插入方法与此相同。插入域后的效果如图 4-126 所示。

注意：此时，用鼠标单击域时，显示方式为灰色底纹黑色字，表示此处是一个域，会根据每个学生的实际信息发生变化。

（9）在如图 4-124 所示的步骤 4 中单击"下一步：预览信函"选项，会根据第一名录用人员的情况生成一张通知书，如图 4-127 所示。此时的"邮件合并"任务窗格进入如图 4-128 所示的步骤 5。

（10）可以单击任务窗格中"预览信函"区域的"《"和"》"按钮查看每一张通知书，若正确无误，单击"下一步：完成合并"，此时的"邮件合并"任务窗格进入如图 4-129 所示的步骤 6。

（11）可以单击任务窗格中的"打印…"选项直接进行通知书的打印，在弹出的如图 4-130 所示的"合并到打印机"对话框中选择"全部"，单击"确定"按钮后即打印。若想生成一个由所有通知书组成的文档，则单击"编辑个人信函…"选项，在弹出的如图 4-131 所示的"合并到新文档"对话框中选择"全部"，单击"确定"后系统就会自动生成一个名为"字母 1"的文档，可以根据自己的需要进行更名保存。

注意：合并过程中也可以根据自己的需要打印或合并一部分成绩单。本实例是在已有数据源（表格）的情况下进行的邮件合并，实际应用时，也可以在邮件合并过程中新建数据源，即在如图 4-122 所示的"选取数据源"对话框中单击"新建源…"按钮即可。

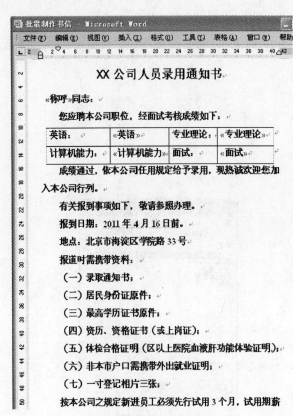

图 4-126 插入域后效果图

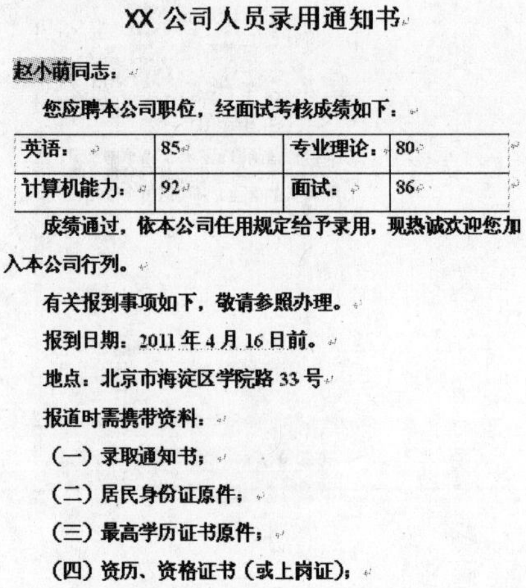

图 4-127 预览信函效果图

图 4-128 邮件合并步骤 5

图 4-129 邮件合并步骤 6

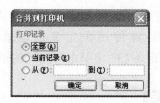

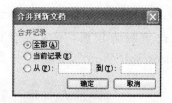

图 4-130　"合并到打印机"对话框　　　　图 4-131　"合并到新文档"对话框

4.8.2　制作信封

批量制作录用通知书后,需要根据录用人员的地址进行信件的逐一邮寄。由于每个被录用的人员地址信息是不同的,若能批量制作信封,则可大大减少工作量。图 4-132 为批量制作信封的效果。

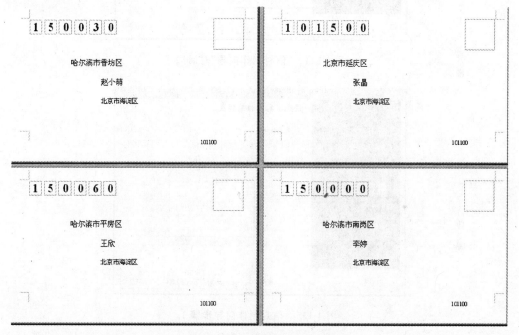

图 4-132　批量制作信封效果

◆ 首先建立数据源,新建 Word 文件"信封数据源",该文件中仅包含表格,内容如图 4-133 所示。

收信人邮编	收信人地址	收信人姓名	发信人地址	发信人邮编
150030	哈尔滨市香坊区	赵小萌	北京市海淀区	101100
101500	北京市延庆区	张晶	北京市海淀区	101100
101300	北京市怀柔区	孙爱明	北京市海淀区	101100
150060	哈尔滨市平房区	王欣	北京市海淀区	101100
150000	哈尔滨市南岗区	李婷	北京市海淀区	101100

图 4-133　"信封数据源"文件内容

◆ 将文件"信封数据源"关闭,新建一个 Word 空白文档,选择"工具"→"信函与邮件"→"中文信封向导",弹出如图 4-134 所示的对话框。单击"下一步"按钮后,弹出如

图 4-135 所示的对话框,再单击"下一步"按钮后,在图 4-136 所示的对话框中选择"以此信封为模板,生成多个信封"单选框,在使用预定义的地址簿中选择"Micorosoft Word",单击"下一步"按钮后,在图 4-137 中单击"完成"按钮。

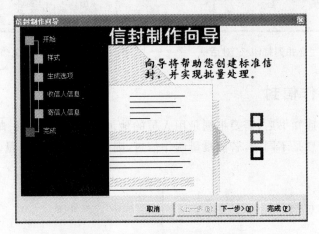

图 4-134　"信封制作向导"对话框

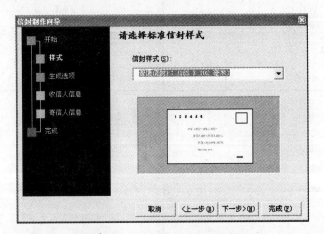

图 4-135　信封制作向导步骤 1

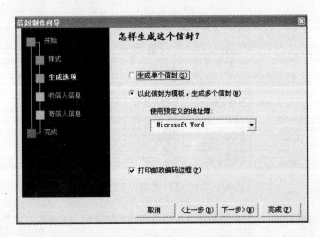

图 4-136　信封制作向导步骤 2

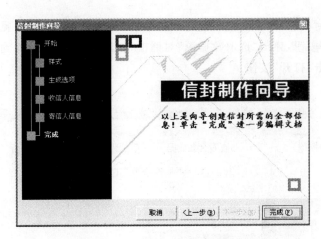

图 4-137 信封制作向导步骤 3

◆ 执行步骤 2 后，Word 会自动生成"信封 1"文件，内容如图 4-138 所示。

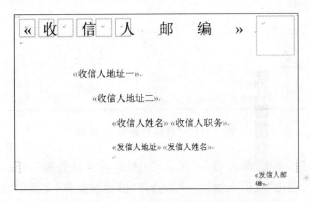

图 4-138 自动生成信封效果

◆ 在图 4-138 中，"收信人邮编"、"收信人地址一"等用"《》"标示出的部分即为需要进行合并的域，其中"收信人地址二"、"收信人职务"及"发信人姓名"在我们的示例中不需要，可分别选中它们后依次按 Delete 键删除。删除后效果如图 4-139 所示。

图 4-139 修改后信封效果

◆ 制作好信封模板后,需要插入合并域。单击"邮件合并"工具栏(见图 4-140)中的"打开数据源"按钮,弹出"选取数据源"对话框,如图 4-141 所示,找到已建立的"信封数据源",单击"打开"按钮。

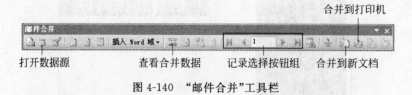

合并到打印机

打开数据源　　　查看合并数据　　记录选择按钮组　合并到新文档

图 4-140　"邮件合并"工具栏

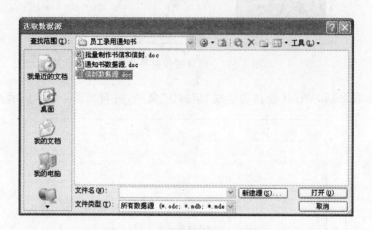

图 4-141　"选取数据源"对话框

◆ 选取数据源后,单击"邮件合并"工具栏中"查看合并数据"按钮,弹出如图 4-142 所示的对话框,指出"收信人地址一"的域与"信封数据源"文件中表格的"收信人地址"不一致,此时需要选择下拉列表框进行匹配的选择。

注意:由于"信封数据源"文件中表格的各个字段中只有"收信人地址"与所要生成信封中的域"收信人地址一"不匹配,因此,单击图 4-142 的"确定"按钮后,信封即可自动生成。若数据源中的表格字段中还有其他字段与信封中的域不匹配,则需要进一步确定数据源中的字段与信封中域的一一对应关系。

◆ 执行步骤 6 后,即生成第一个录用人员的信封如图 4-143 所示。此时,可单击"邮件合并"工具栏中记录选择按钮组,进行信封的预览和核对。

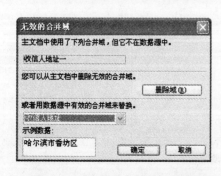

图 4-142　"无效的合并域"对话框

图 4-143　信封效果图

◆ 参照制作"通知书"的最后一步,单击"邮件合并"工具栏中的"合并至新文档"或"合并到打印机"按钮,保存或打印批量制作的信封。

4.9 实训 9:制作"XX 部门招考"试卷——高级应用

设定目标

大型企业招聘员工一般采用统一招考的形式,下面通过制作如图 4-144 所示的示例"招考试卷"掌握公式的使用、流程图及组织结构图的绘制、制表位的使用与中文版式的使用方法。

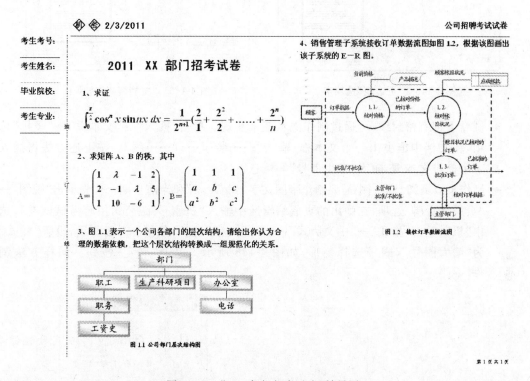

图 4-144 "××部门招考试卷"效果图

4.9.1 制作试卷模板

某公司每年各个部门都需要进行人才招聘。试卷通常使用 B4 纸、横向、分两栏印刷,均包含装订线、考生考号等必填的信息,只是不同部门所对应的考试内容不同。因此,可制作"试卷模板"方便各部门使用。

◆ 首先进行页面设置。新建一个空白文档,单击"文件"→"页面设置"选项,打开"页面设置"对话框,选择"纸张"选项卡,设置纸张大小为 B4 纸;再切换到"页边距"选项卡,设置相应边距与装订线宽度,如图 4-145 所示,并设置"方向"为"横向";再切换到"文档网格"选项卡,设置"文字排列"为"水平",栏数为"2",如图 4-146 所示。单击"确定"按钮。

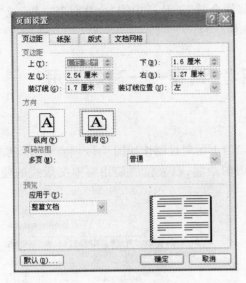
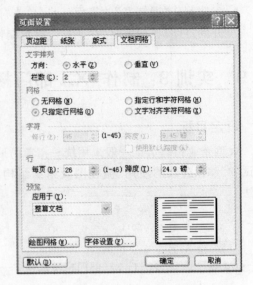

图 4-145　"页边距"选项卡　　　　图 4-146　"文档网格"选项卡

◆ 试卷上都有密封线,可通过制作文本框来实现。单击"插入"→"文本框"→"竖排"选项,在文档中拖曳出一个文本框,输入"……装……订……线"。按上述方法再插入一个横排文本框,输入"考生考号"等信息。

◆ 制作页眉页脚。页眉中需要制作带圈文字"◈""◈"和当前日期。首先单击"视图"→"页眉和页脚"选项,在弹出的页眉编辑区中输入"机密 久游公司招聘考试试卷",选中"机",单击"格式"→"中文版式"→"带圈文字"选项,如图 4-147 所示,设置"样式"为"增大圈号",圈号选择菱形,如图 4-148 所示。单击"确定"按钮。同样方法制作"◈"。

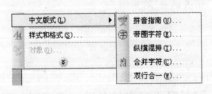

图 4-147　"中文版式"子菜单

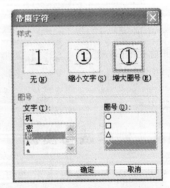

图 4-148　"带圈字符"对话框

将光标定位于"◈ ◈"后,单击"页眉页脚"工具栏"插入日期"按钮，插入当前日期。切换到页脚编辑区,单击"页眉页脚"工具栏"插入页码"按钮，"插入页数"按钮，实现"第 1 页、共 3 页"效果。

◆ 完成以上操作后,单击"文件"→"保存"选项,弹出"另存为"对话框,如图 4-149 所示,选择"保存类型"为"文档模板(* .doc)",保存位置为默认位置。单击"保存"按钮。

图 4-149 "另存为"文档模板对话框

注意：保存位置为默认位置时，在新建文档时，可在"本机上的模板"中选择已保存的模板如图 4-150 和图 4-151 所示；若保存在其他位置，则需要自行选择。

图 4-150 "新建"任务窗格

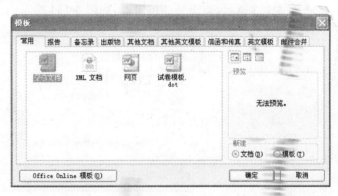

图 4-151 "模板"对话框

中文版式中其他功能如下。

（1）拼音指南：可为汉字添加拼音，实现如小学语文课本的效果。先选中需要添加拼音的文字，如"机密"；单击"中文版式"→"拼音指南"选项，弹出如图 4-152 所示的对话框；进行相应的设置，单击"确定"按钮。效果为"机密"。

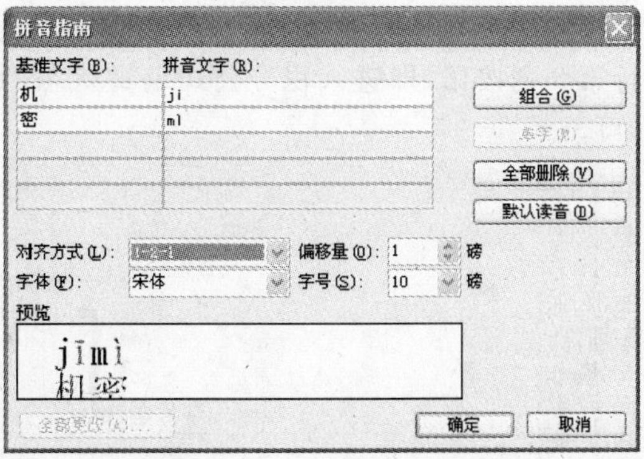

图 4-152 "拼音指南"对话框

（2）纵横混排：实现文字混排效果。效果为"大计算机网"。

（3）合并字符：可将两行文字的占位变成一行。效果为"大众计 计机网"。读者可依据以上操作自己动手试作双行合一的功能。

4.9.2　公式编辑

下面通过录入示例"招考试卷"中复杂的公式和矩阵来学习公式的编辑方法。示例中的公式及矩阵如下：

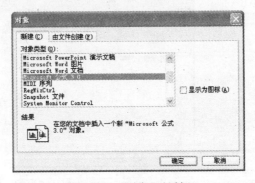

具体操作步骤如下：

◆ 单击"插入"→"对象"选项，在"对象类型"列表框中选择"Microsoft 公式 3.0"，如图 4-153 所示，弹出公式编辑器，如图 4-154 所示。

图 4-153　"对象"对话框

积分模板　　　　　　　　矩阵模板

图 4-154　公式编辑器

◆ 制作积分公式。将光标停在相应位置，单击"公式"工具栏"积分模板"按钮，如图 4-155 所示，选择第 1 行第 3 列按钮，即进入积分公式编辑状态，如图 4-156 所示，在相应位置进行输入即可。

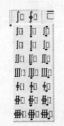

图 4-155　"积分模板" 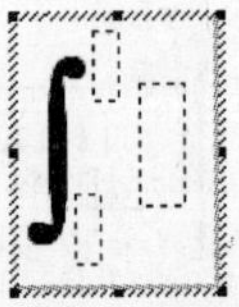　　　　　　　图 4-156　"积分公式"编辑状态

◆ 制作矩阵。将光标停在相应位置,单击"公式"工具栏"矩阵模板"按钮,如图 4-157 所示;"矩阵模板"中前 3 行按钮中没有与示例相同的样式,因此,需要选择第 4 行第 3 列按钮,弹出"矩阵"对话框,进行自行设置,如图 4-158 所示。单击"确定"按钮后,即进入矩阵编辑状态,如图 4-159 所示。

图 4-157 "矩阵模板"　　　　图 4-158 "矩阵"对话框　　　　图 4-159 "矩阵"编辑状态

　　每输入一种格式的公式,只需在编辑器中单击相应格式,按顺序录入即可。将光标在"公式"工具栏的按钮上停留几秒后,系统会自动提示按钮功能。

4.9.3 组织结构图与流程图

　　下面通过使用"插入"→"图片"→"组织结构图"选项制作示例"久游招考试卷"中的图 1.1,学习组织结构图的制作方法。组织结构图示例见图 4-160。

◆ 将光标定位于文档中合适的位置,单击"插入"→"图片"→"组织结构图"选项,弹出"组织结构图"工具栏,如图 4-161 所示,Word 会自动生成如图 4-162 所示的组织结构图。

图 4-160 组织结构图示例　　　　　图 4-161 组织结构图工具栏

◆ 根据示例的要求,在图 4-162 的基础上进行修改。选中图 4-162 中第二行第 1 个矩形,单击"组织结构图"工具栏中"插入形状"下拉列表框中"下属"选项,添加分支"职务",如图 4-163 所示;同理依次添加分支"工资史"与"电话"。

◆ 单击"组织结构图"工具栏中"样式库"按钮 ，在"组织结构图样式库"中选择"斜面渐变",如图 4-164 所示,单击"确定"按钮即可。

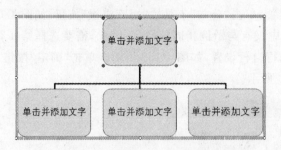

图 4-162　系统自动生成组织结构图 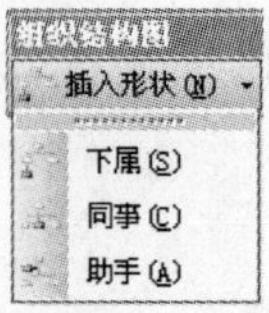　　　　　图 4-163　"插入形状"类型

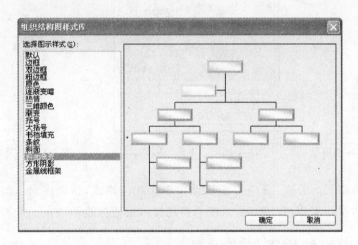

图 4-164　组织结构图样式库

4.9.4　制表位的使用

在文字处理中,经常遇到文字对齐的问题。通常我们采用空格来完成,然而在修改时会有诸多不便,如需要重新对齐,或者因为全角半角字符的出现而根本无法对齐。这时我们可以采用制表位进行对齐,效果十分理想。

所谓的制表位就是按键盘上的 Tab 键,使光标跳到下一个预定的位置。制定制表位后可使示例"久游招考试卷"中的选择题答案中的 ABCD 四个选项位置都对齐,使整个试卷更加美观。

添加制表位的操作有如下两种:

◆ 使用标尺实现。单击如图 4-165 所示的标尺上的"制表符样式"按钮时,将不断转换制表符的样式,如图 4-165 即为"居中式制表位"单击后即转换为"右对齐式制表位"。使用标尺设置制表位时只需在相应位置单击即可。若想修改已有制表位,双击即进入如图 4-166 所示的"制表位"对话框进行设置。

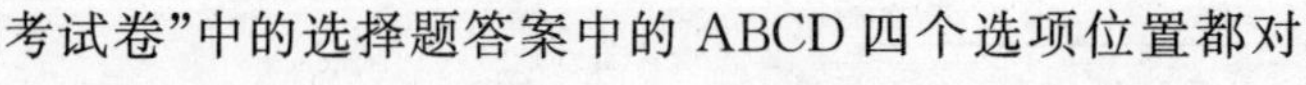

制表符样式按钮——

图 4-165　标尺上"制表符"与"制表位"

◆ 单击"格式"→"制表位"选项实现。制表位可以在文本输入前进行设置,也可以在文本输入后进行重新设置。

为示例添加制表位的具体操作如下:

将光标停在需添加制表位的位置,单击"格式"→"制表位"选项,弹出如图 4-166 所示的"制表位"对话框,此时"设置"与"清除"按钮为灰色不可用。在"制表位位置"处输入"4 字符",设置"对齐方式"为"居中"后,按钮"设置"与"清除"即变为可用状态;此时单击"设置"按钮,则"4 字符 居中"制表位设置成功。如图 4-167 所示,可继续进行其他制表位的设置。

 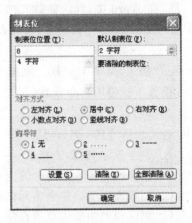

图 4-166 "制表位"对话框   图 4-167 "制表位"对话框

若想清除制表位,在"制表位"对话框中单击"清除"按钮即可。

习题 4

一、选择题

1. 在 Word 文档中,要为一个特定的词汇加脚注或尾注,应使用(   )菜单的命令。

   A. 工具   B. 插入   C. 格式   D. 编辑

2. 在 Word 中选择整个文档,应按(   )键。

   A. Ctrl+C   B. Alt+A   C. Shift+A   D. Ctrl+Shift+A

3. 在 Word 中,如果已有页眉的内容,再次进入页眉区只需双击(   )就可以。

   A. 菜单区   B. 文本区   C. 页眉区   D. 工具栏区

4. Word 中可同时显示水平标尺和垂直标尺的视图方式是(   )。

   A. 普通视图   B. 大纲视图   C. 页面视图   D. 阅读版式

5. Word 2003 的"文件"菜单底部显示的文件名所对应的文件是(   )。

   A. 当前被操作的文件   B. 当前已经打开的所有文件

   C. 最近被操作过的文件   D. 扩展名是 .doc 的所有文件

6. 在 Word 中,设定打印纸张大小时,应当使用的命令是(   )。

   A. "文件"菜单中的"打印预览"命令   B. "文件"菜单中的"页面设置"命令

   C. "视图"菜单中的"工具栏"命令   D. "视图"菜单中的"页面"命令

7. 在 Word 中,要改变字符的格式,第一个关键的操作步骤是(　　)。

    A. 在光标插入点单击鼠标右键　　　　B. 选中字符

    C. "格式"工具栏中的"字体"图标　　　D. "格式"菜单中的"字体"命令

8. 在 Word 中,节是一个重要的概念,下列关于节的叙述错误的是(　　)。

    A. 可以对一篇文档设定多个节

    B. 对一篇文档设定的多个节,必须大小相同

    C. 可以对不同的节设定不同的页码

    D. 在 Word 中,默认整篇文档为一个节

9. 在 Word 2003 工具栏上,发现没有"常用"工具栏,要把它找出来,正确的菜单命令是选择(　　)。

    A. "插入"菜单　　　B. "视图"菜单　　　C. "工具"菜单　　　D. "格式"菜单

10. 设置下标使用的命令是(　　)。

    A. 插入/批注　　　B. 插入/题注　　　C. 格式/首字下沉　　　D. 格式/字体

11. 选定表格的某一列,再从"编辑"菜单中选择"清除"命令(或按 Delete 键),将(　　)。

    A. 删除这一列,即表格减少一列

    B. 删除该列各单元格中的内容

    C. 删除该列中第一个单元格中的内容

    D. 删除该列中插入点所在单元格中的内容

12. 在 Word 2003 中,从一页中间分成两页,正确的命令是(　　)。

    A. 选择"格式"菜单中的"字体"命令选项

    B. 选择"插入"菜单中的"页码"命令选项

    C. 选择"插入"菜单中的"分隔符"命令选项

    D. 选择"插入"菜单中的"自动图文集"命令选项

13. 在 Word 2003 中,行距表示文本行之间的垂直间距,系统在默认情况下采用的是(　　)行距。

    A. 最小值　　　B. 固定值　　　C. 单倍　　　D. 多倍

14. 在 Word 2003 中,单击 Page Down 键,则屏幕显示向后移动(　　)。

    A. 一行　　　B. 一页　　　C. 一节　　　D. 一屏

15. Word 的字数统计功能所在的菜单是(　　)。

    A. 视图　　　B. 格式　　　C. 工具　　　D. 帮助

16. 在 Word 2003 中,可以将段落设置为左缩进、右缩进、悬挂缩进和(　　)。

    A. 凹下缩进　　　B. 凸出缩进　　　C. 首行缩进　　　D. 尾行缩进

17. 在 Word 的表格中,可对(　　)进行拆分操作。

    A. 任意行　　　B. 任意列　　　C. 任意行或列　　　D. 选定的一个单元格

18. 在两端对齐方式下,不足一行的文字会自动(　　)对齐。

    A. 左　　　B. 右　　　C. 居中　　　D. 分散对齐

19. 如果在 Word 文档中创建表格,应使用(　　)菜单。

    A. 格式　　　B. 表格　　　C. 工具　　　D. 插入

20. 要把插入点光标快速移到 Word 文档的首部,应按组合键(　　)。

    A. Ctrl+Page Up　　　　　　B. Ctrl+↑

C. Ctrl+Home　　　　　　　　D. Ctrl+End

21. 假设文档有两个段落,当删除前一个段落的段落标记后,(　　)。

　　A. 两段文字合并成一段,并采用后一个段落的段落格式

　　B. 两段文字合并成一段,并采用前一段的段落格式

　　C. 仍为两段,且格式不变

　　D. 两段文字合并成一段,并变成无格式

22. 在 Word 2003 中,查找操作结束后,插入点将定位在(　　)。

　　A. 文档的开始位置　　　　　　B. 文档的结束位置

　　C. 开始查找的原位置　　　　　D. 以上都不正确

23. Word 对表格进行拆分操作时,(　　)。

　　A. 一个表格可以拆分成上下两个或左右两个

　　B. 一个表格只能拆分成上下两个

　　C. 一个表格只能拆分成左右两个

　　D. 以上都不正确

24. 在 Word 2003 的表格操作中,当前插入点在表格中某行的最后一个单元格内,按 Enter 键后,则(　　)。

　　A. 插入点所在的行加高　　　　B. 插入点所在的列加宽

　　C. 在插入点下一行增加一空表格行　　D. 对表格不起作用

25. 在 Word 中,如果要在文档中画两个并列的表格(如下所示),应进行(　　)操作。

　　A. 单击"插入表格",在左侧位置插入一个表格,再在其后插入第二个表格

　　B. 单击"插入表格",在文档中插入一个表格,然后删除中间一列

　　C. 先在左侧位置里用"绘制表格"命令绘制一个表格,再单击"插入表格"按钮,在其后插入另一个表格

　　D. 先插入并列的两个文本框,再在两个文本框中插入或绘制表格

二、填空题

1. 用鼠标选定矩形文本块时,需按住＿＿＿＿＿＿＿键。

2. Office 剪贴板最多可以存放＿＿＿＿＿＿＿项最近剪切或复制的内容。

3. 在 Word 2003 中,可以插入横排或＿＿＿＿＿＿＿两种文本框。

4. 在 Word 2003 中,若想绘制正方图形时,在用鼠标绘制的同时需按住＿＿＿＿＿键。

5. 在 Word 2003 中,要插入页眉、页脚,应该在＿＿＿＿＿＿＿视图下使用＿＿＿＿＿＿＿菜单下的"页眉和页脚"命令。

6. 在 Word 中,可以很方便地为几段文字添加＿＿＿＿＿＿＿或编号,使文档更有层次感,易于阅读和理解。

7. 在 Word 中,同时关闭所有已打开的多个文档的方法是,按住＿＿＿＿＿键的同时单击"文件"菜单下的"全部关闭"命令。

8. 在 Word 的表格中,对表格的内容进行排序,作为排序类型的有数字、笔划、拼音和＿＿＿＿＿。

第 5 章

Excel 2003的使用

本章学习内容

◆ 熟悉工作簿和工作表的概念

◆ 熟悉工作簿的基本操作

◆ 掌握美化与管理工作表的方法

◆ 掌握公式和函数的使用方法

◆ 掌握创建数据图表、数据筛选与排序的方法

◆ 掌握创建和编辑数据透视表的方法

Excel 2003 是 Office 2003 的组件之一,是一种能用于现代理财和数据分析的电子表格管理软件,它能把文字、数据、图形、图表和多媒体对象集于一体,并对表格中的数据进行各种统计、分析和管理等,具备丰富的宏命令和函数,同时它还支持 Internet 网络的开发功能。

5.1 实训 1:Excel 2003 基本知识

5.1.1 Excel 2003 的窗口界面

启动 Excel 2003 后,其窗口如图 5-1 所示。

5.1.2 Excel 2003 的基本概念

1. 工作簿和工作表

工作簿是指用来存储并处理工作数据的文件,其中可包含多张不同类型的工作表。工作表是工作簿的一部分,它由众多的行和列构成,用于显示和分析数据。在工作表中可以存储字符串、数字、公式、图表、声音等信息。

当启动 Excel 时,系统会自动创建一个新的工作簿(默认名为 book1),其中包含 3 张工作表(Sheet1、Sheet2、Sheet3)。一个工作簿内最多可以有 255 个工作表。单击工作表标签,可以在多个工作表之间切换。

图 5-1　Excel 2003 窗口

2. 单元格

单元格是指工作表中的一个个小方格，用于记录各种数据，如字符串、数字、日期或时间等。每个单元格可以存放多达 3200 个字符的信息。

3. 行号和列号

Excel 的行号用 $1,2,\cdots,65536$ 表示，共 65536 行；列号用 A，B，$\cdots$，IV 表示，共 256 列。每个单元格都用地址名称来标识，它是由列号和行号组成的。例如，A1 表示第 1 行第 1 列的单元格，C9 表示第 9 行第 3 列的单元格。

4. 编辑栏

选中某单元格后，编辑栏用来输入或编辑当前活动单元格中的数据和公式。对已经具备内容的当前单元格来说，可通过查看编辑栏了解该单元格中的内容是公式还是常量。

编辑栏尤其适合于以下情况：

（1）查看已在单元格中经过变换的数据。例如原输入为 0.634，保留 2 位小数后变换为 0.63，如果需要，可在编辑栏中查看原始数据。

（2）若单元格中的数据是由公式算出的值，则可在编辑栏中查看与它对应的公式。

5. 名称框

位于编辑栏的左侧，用来显示当前活动单元格或区域的位置。当要输入数据的单元格不在屏幕显示的范围内时，只需在名称框输入单元格编号（如 B500），即可将该单元格调整至屏幕范围之内并快速定位至该单元格。

5.2　实训 2：制作"现金日记账"——工作簿的基本操作

设定目标

制作如图 5-2 所示的"现金日记账"，学习工作簿的创建、保存、打印及打开与关闭的方法。

	A	B	C	D	E	F	G
1	日期	摘要	科目名称	借方	贷方	余额	备注
2		期初余额				50000	
3	3月1日	收营业款	营业款	60000		110000	
4	3月2日	营业部报销油票	费用报销		500	109500	
5	3月3日	供货商保证金	保证金收入	20000		129500	
6	3月4日	员工离职	备用金		2000	127500	
7	3月5日	某某员工还款	个人还款	600		128100	
8	3月6日	某员工借款	个人借款		1000	127100	
9	3月7日	办公费	费用报销		2000	125100	
10	3月8日	银行存款	银行存款		70000	55100	
11	3月9日	收营业款	营业款	80000		135100	
12	3月10日	收营业款	营业款	20000		155100	
13	3月11日	收营业款	营业款	10000		165100	
14							
15	合计			190600	75500		
16							

图 5-2　现金日记账示例

5.2.1　工作簿的创建

当启动 Excel 之后，会自动创建一个新的空白工作簿，默认名为"Book1"。在未关闭 Excel 之前，再新建工作簿未取名时，会自动沿用默认值 Book2，Book3，……

新建工作簿的具体操作如下：

（1）启动 Excel 时自动新建 Book1.xls。

（2）单击"文件"→"新建"选项，弹出"新建工作簿"任务窗格，此时可根据需要创建工作簿。

（3）按 Ctrl+N 组合键或单击"常用"工具栏上的"新建"按钮。

5.2.2　数据的自动填充

"现金日记账"的具体制作过程如下：

（1）先输入表的列名：单击 A1 单元格，输入"日期"；单击 B1 单元格，输入"摘要"；……单击 G1 单元格，输入数据"备注"。

（2）利用自动填充功能输入日期"3 月 1 日～3 月 11 日"（图 5-3）。

在 A3 单元格输入"3/1"按 Enter 键后自动转换为"3 月 1 日"；在 A4 单元格输入"3/2"按 Enter 键后自动转换为"3 月 2 日"。

选定这两个单元格，将鼠标指针移至 A4 单元格的右下角处的小"■"块（自动填充柄）处；

当鼠标指针变成黑"＋"字时，按住鼠标左键向下拖动至 A13 单元格，序列"3 月 3 日～3 月 11 日"按次序被自动写入 A5 到 A13 的单元格区域。

（3）单击 B2～B13 单元格，输入"期初余额"、"收营业款"、……、"收营业款"。

（4）单击 C3～C11 单元格输入"营业款"、"费用报销"、"保证金收入"、……、"营业款"，C11～C13 利用自动填充功能输入。

将鼠标指针移至 C11 单元格的右下角处的小"■"块（自动填充柄）处；

当鼠标指针变成黑"＋"字时，按住鼠标左键向下拖动至 C13 单元格，"营业款"自动写入 C11 到 C13 的单元格区域。

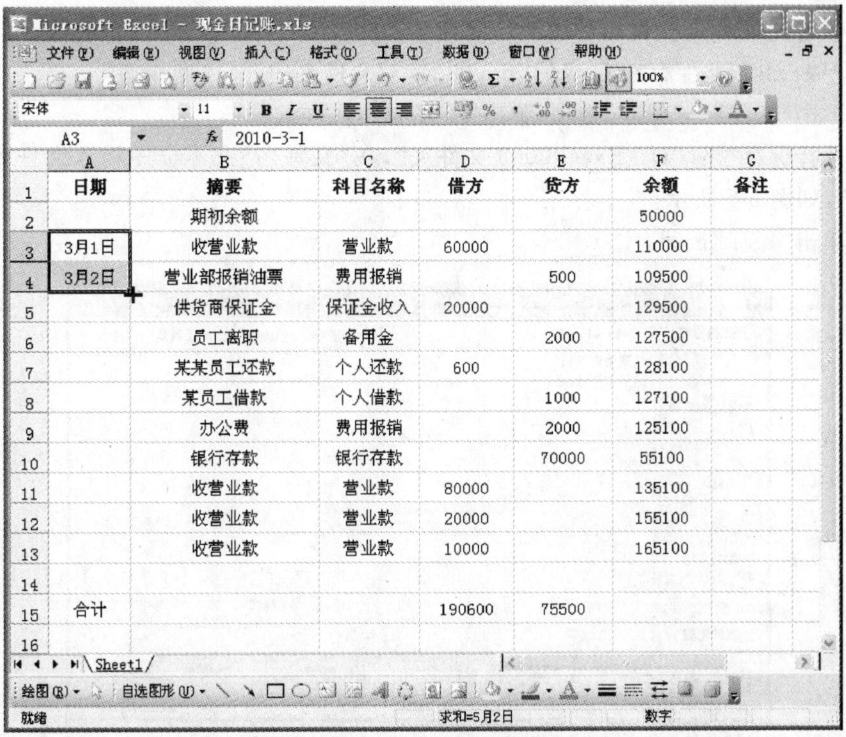

图 5-3　利用自动填充功能输入日期

注意：利用菜单命令也可以实现数据的自动填充。

例如，在 A2～A6 的单元格区域输入"1、10、100、1000、10000"序列，具体操作如下：

（1）在 A1 单元格内输入"1"。

（2）单击"编辑"→"填充"→"序列"选项，弹出"序列"对话框。

（3）对各选项进行设置，如图 5-4 所示。

（4）单击"确定"按钮，便可完成数据的自动填充。

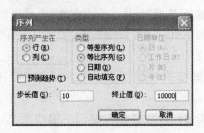

图 5-4   自动填充对话框

5.2.3   工作簿的保存

在对工作簿处理的过程中，随时保存是一个良好的习惯，这样可以避免因掉电或误操作而引起的数据丢失。

1. 保存未命名的新工作簿

第一次存储工作簿文件时须给工作簿命名，并指定保存位置。例如，将"Book1"命名为"现金日记账.xls"，并保存在 D 盘的"Excel 2003"文件夹中，具体操作如下：

（1）单击"文件"→"保存"选项，弹出"另存为"对话框。

（2）选择保存位置"D:\Excel 2003 文件夹"，在"文件名"文本框中输入文件名"现金日记账.xls"，如图 5-5 所示。

（3）单击"保存"按钮。

图 5-5   "另存为"对话框

注意：除了利用菜单命令保存工作簿之外，还有以下几种方法：

◆ 单击"常用"工具栏中的"保存"按钮；

◆ 按 Ctrl＋S 组合键；

◆ 按 Shift＋F12 组合键。

2．保存已有的工作簿

　　如果要保存的工作簿在磁盘上已存过，用上面的方法保存时不会弹出"另存为"对话框，而是直接将新工作簿的内容覆盖旧文件的内容。

3．保存工作簿的副本

　　如果用户在不影响已有工作簿的情况下，想产生一个与此工作簿相同的文件时，可以用另一个名字保存该文件，具体操作如下：

　　(1) 单击"文件"→"另存为"选项，弹出"另存为"对话框。

　　(2) 单击"保存位置"的下拉按钮，选择保存工作簿副本的文件夹，在"文件名"文本框中输入工作簿文件的新名称。

　　(3) 单击"保存"按钮。

4．自动保存工作簿

　　在工作簿处理过程中，用户要养成时刻保存的好习惯。如果在编辑工作簿的过程中，每隔一段时间，正在编辑的工作簿能够自动被保存，则再方便不过了。具体操作如下：

　　(1) 单击"工具"→"选项"命令，弹出"选项"对话框。

　　(2) 选择"保存"选项卡，输入自动保存时间间隔。

　　(3) 单击"确定"按钮。

5.2.4　工作簿的打印

　　一旦准备好要打印数据时，我们就可以查看像打印结果一样的工作预览，并且可以调整页面的设置来得到我们所需要的打印输出。

1．页面的设置

　　页面设置不仅仅在打印时进行，它可以在建新表、编辑等任何需要的时候进行设置。具体操作如下：

　　单击"文件"→"页面设置"选项，弹出"页面设置"对话框。"页面设置"对话框中包括"页面"、"页边距"、"页眉/页脚"和"工作表"4个选项卡。

　　1) 设置页面

　　在"页面设置"对话框中单击"页面"选项卡，如图 5-6 所示。在该选项卡中可以设置打印方向、缩放比例、纸张大小、打印质量和起始页号。各选项的含义如下：

　　◆ "方向"：决定了纸张的走向是纵向还是横向。

　　◆ "缩放"：有两个选项。"缩放比例"选项用于确定打印的工作表为正常大小的百分比；"调整为"选项用于设置页高、页宽的比例。

　　◆ "纸张大小"：用于指定打印纸张的大小。

　　◆ "打印质量"：用于指定打印时所用的分辨率，数字越大，打印质量越好。

　　◆ "起始页号"：用于指定打印页的起始页号，以后的页号顺序加1。

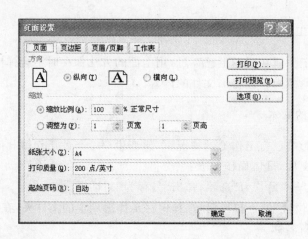

图 5-6 "页面"选项卡

2）设置页边距

在"页面设置"对话框中单击"页边距"选项卡，如图 5-7 所示。在该选项卡中可以调整文档到页边的距离，在预览框中可以看到调整后的效果。各选项的含义如下。

◆ "上"、"下"、"左"、"右"：分别用来设置打印时工作表边距。数值越大，留的空白边界越大，打印的可用范围越小。

◆ "页眉"、"页脚"：用于设置它们距打印上边缘和下边缘的距离。

◆ "居中方式"：有水平和垂直两种。

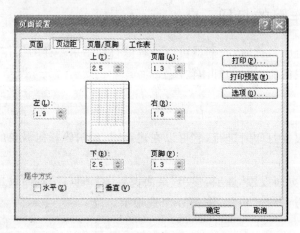

图 5-7 "页边距"选项卡

3）设置页眉/页脚

在"页面设置"对话框中选择"页眉/页脚"选项卡，如图 5-8 所示。页眉位于每一页的顶端，用于标明名称和报表标题。页脚位于每一页的底部，用于标明页号以及打印日期、时间等。页眉和页脚并不是实际工作表的一部分。

在"页眉/页脚"选项卡的下拉式列表中，Excel 2003 提供了一些内部页眉和页脚，供用户选择。我们也可以自定义页眉和页脚，方法是单击"自定义页眉"或"自定义页脚"按钮。

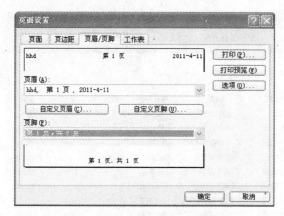

图 5-8 "页眉/页脚"选项卡

4）设置工作表

在"页面设置"对话框中单击"工作表"选项卡，如图 5-9 所示。各选项的含义如下。

◆ "打印区域"：用来指定打印的区域。可以单击该栏右边的按钮，返回到工作表，用鼠标拖动选定区域；也可以直接在该栏内输入选定区域。

◆ "打印标题"：选定或直接输入每一页上要打印相同标题的行和列。

◆ "打印"：用来指定一些打印选项。

◆ "批注"：打印单元格批注，在下拉列表中选择打印的方式。

◆ "打印顺序"：为超过一页的工作表选择打印顺序。

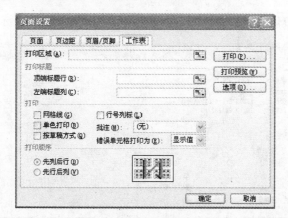

图 5-9 "工作表"选项卡

2. 打印预览

在打印之前使用打印预览很有用。它可以事先查看打印效果，而且在打印预览窗口中可以设置打印格式，达到理想的打印效果。单击"常用"工具栏中的"打印预览"按钮，切换到打印预览窗口，如图 5-10 所示。

在打印预览窗口中，鼠标指针的形状是一个放大镜，单击工作表将工作表放大，再次单击又将工作表复原。

如果要从预览窗口打印，单击"打印"按钮。如果要关闭预览窗口不打印，单击"关闭"按钮。

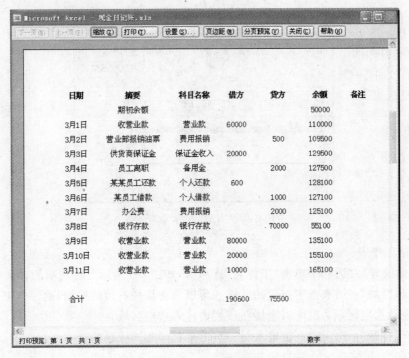

图 5-10 打印预览窗口

3. 打印输出

单击"文件"→"打印"选项,弹出"打印内容"对话框,如图 5-11 所示。

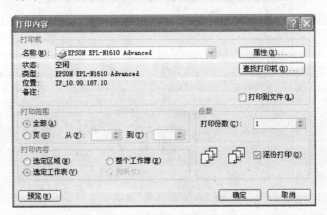

图 5-11 "打印内容"对话框

通常有以下几种打印方式。

1) 打印选定区域

具体操作如下:

◆ 选定要打印的单元格区域;

◆ 单击"文件"→"打印"选项,弹出"打印"对话框;

◆ 选择"选定区域"选项;

◆ 单击"确定"按钮。

2）打印一个或一组工作表

具体操作如下：

◆ 选定要打印的一个或一组工作表；

◆ 单击"文件"→"打印"选项，弹出"打印"对话框；

◆ 选择"选定工作表"选项；

◆ 单击"确定"按钮。

3）打印整个工作簿

具体操作如下：

◆ 单击"文件"→"打印"选项，弹出"打印"对话框；

◆ 选择"选定整个工作簿"选项；

◆ 单击"确定"按钮。

4）打印选定页数

系统默认是对选定的区域、工作表或工作簿进行全部打印，但我们也可以通过输入页数范围对其进行指定页数范围的打印。

除此之外，还可以设定打印份数。

5.2.5　工作簿的打开与关闭

1．工作簿的打开

保存并关闭一个工作簿后，用户可以重新打开这个工作簿并对其做修改。打开"现金日记账.xls"的具体操作如下：

（1）单击"文件"→"打开"选项，弹出"打开"对话框。

（2）确定"查找范围"为"D:\Excel 2003文件夹"；这时"现金日记账.xls"工作簿显示在列表框中，单击"现金日记账.xls"工作簿，如图5-12所示。

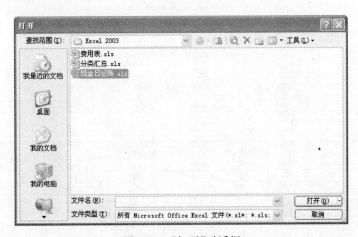

图5-12　"打开"对话框

（3）单击"打开"按钮，便打开文档"现金日记账"。

注意：除了利用菜单命令打开工作簿之外，还有以下两种方法。

（1）单击"常用"工具栏中的"打开"按钮。

(2) 单击“文件”菜单，在下拉菜单底部最近使用的文件清单列表中选择要打开的文件。如果用户希望一次打开多个工作簿，在“打开”对话框中可以这样选择多个文件。

- 选择不相邻的多个文件：先单击一个文件，然后按住 Ctrl 键，再单击其他文件。
- 选择相邻的多个文件：先单击第一个文件，然后按住 Shift 键，再单击最后一个文件。

2. 工作簿的关闭

在完成一个工作簿的编辑后，应及时关闭它，以释放该工作簿所占的内存。关闭工作簿有以下几种方法：

- 单击“文件”→“关闭”选项。
- 单击工作簿窗口右上角的关闭按钮。
- 双击工作簿窗口左上角的控制菜单按钮。
- 按 Ctrl+F4 组合键。
- 按 Ctrl+W 组合键。

注意：如果用户希望一次关闭打开的多个工作簿，按住 Shift 键的同时，单击“文件”→“全部关闭”选项。

5.3 实训 3：对“日常费用支出统计表”进行修饰——美化和管理工作表

设定目标

对“日常费用支出统计表”进行修饰，如图 5-13 所示，学习工作表的格式设置。

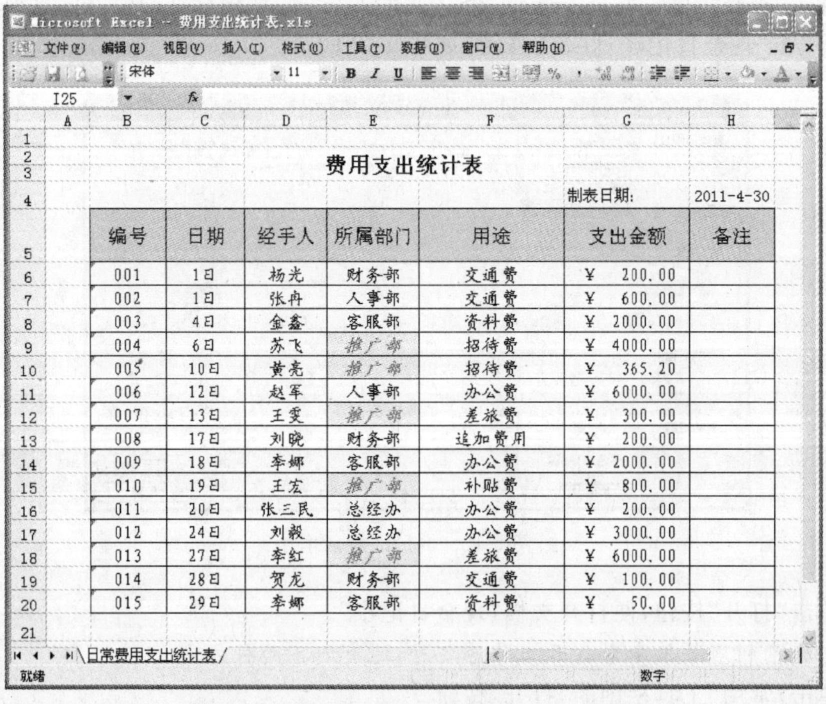

编号	日期	经手人	所属部门	用途	支出金额	备注
001	1日	杨光	财务部	交通费	¥ 200.00	
002	1日	张冉	人事部	交通费	¥ 600.00	
003	4日	金鑫	客服部	资料费	¥ 2000.00	
004	6日	苏飞	推广部	招待费	¥ 4000.00	
005	10日	黄亮	推广部	招待费	¥ 365.20	
006	12日	赵军	人事部	办公费	¥ 6000.00	
007	13日	王雯	推广部	差旅费	¥ 300.00	
008	17日	刘晓	财务部	追加费用	¥ 200.00	
009	18日	李娜	客服部	办公费	¥ 2000.00	
010	19日	王宏	推广部	补贴费	¥ 800.00	
011	20日	张三民	总经办	办公费	¥ 200.00	
012	24日	刘毅	总经办	办公费	¥ 3000.00	
013	27日	李红	推广部	差旅费	¥ 6000.00	
014	28日	贺龙	财务部	交通费	¥ 100.00	
015	29日	李娜	客服部	资料费	¥ 50.00	

图 5-13 修饰后的日常费用支出统计表示例

5.3.1　调整表格的结构

1. 单元格的选定

选定单元格的方法如下。

◆ 选定单个单元格：单击该单元格。

◆ 选定连续单元格区域：单击单元格区域的第一个单元格，按住鼠标左键拖动到最后
一个单元格。

◆ 选定非连续单元格区域：单击单元格区域的任意一个单元格，按住 Ctrl 键，单击需
要选定的其他单元格。

◆ 选定连续大范围单元格区域：单击单元格区域的第一个单元格，按住 Shift 键，单击
该区域右下角的最后一个单元格。

◆ 选定整行：单击行号。

◆ 选定整列：单击列号。

◆ 选定相邻的行(列)：单击第一行(列)，然后按住 Shift 键再单击最后一行(列)。

◆ 选定非相邻的行(列)：单击某一行(列)，然后按住 Ctrl 键再单击其他行(列)。

◆ 选定工作表的所有单元格：单击工作表左上角行号和列号的交叉按钮，即"全选"
按钮。

注意：若选择可见区域以外的单元格区域，使用滚动条或滚动按钮会影响编辑的速度，
为了提高效率可使用单元格定位方法。例如，选定第 20 行第 4 列到第 60 行第 5 列的单元
格区域，具体操作如下：

◆ 单击"编辑"→"定位"选项，弹出"定位"对话框；

◆ 在"引用位置"文本框中输入"D20：E60"；

◆ 单击"确定"按钮。

除利用菜单命令进行单元格定位外，还可以直接双击名称框，然后输入"D20：E60"，也
可以达到同样的效果。

2. 设置行高和列宽

1) 调整行高

要调整第 1 行的高度，将鼠标指针移到行号 1 和行号 2 的分界线，当鼠标指针变为上、
下箭头形状时，按住鼠标左键向下拖动到需要的高度，如图 5-14 所示。

注意：如果需要精确确定行高，可以利用菜单命令，具体操作如下：

◆ 选定行号；

◆ 单击"格式"→"行"→"行高"选项，弹出"行高"对话框；

◆ 在"行高"文本框中输入行高值；

◆ 单击"确定"按钮，即可调整所有被选定的行号的高度。

2) 调整列宽

要调整某列的列宽，只需将鼠标指针移到该列的右侧列框线处，当鼠标指针变为左、右
箭头形状时，按住鼠标左键拖动即可调整列宽。若双击该列的右侧列框线，则将其调整为最

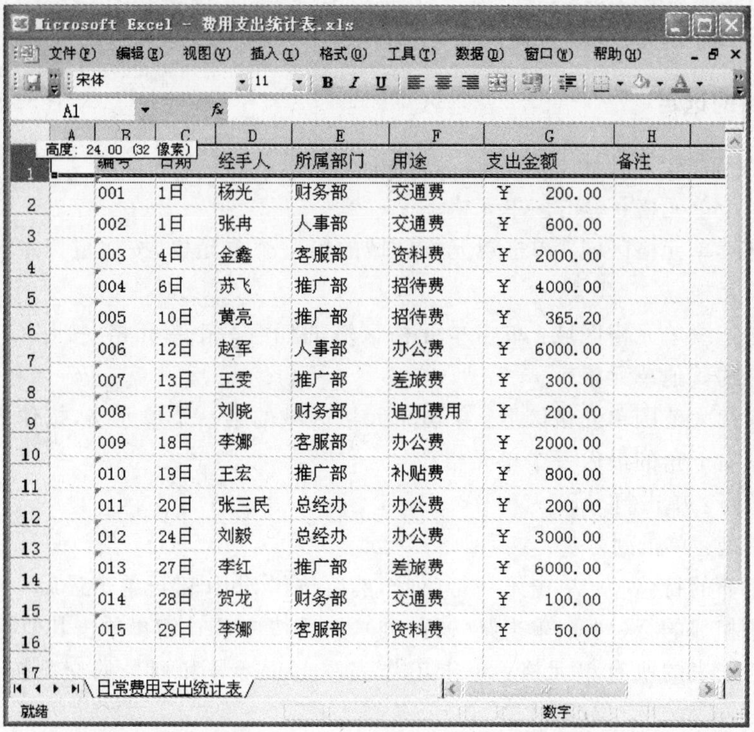

编号	日期	经手人	所属部门	用途	支出金额	备注
001	1日	杨光	财务部	交通费	￥ 200.00	
002	1日	张冉	人事部	交通费	￥ 600.00	
003	4日	金鑫	客服部	资料费	￥ 2000.00	
004	6日	苏飞	推广部	招待费	￥ 4000.00	
005	10日	黄亮	推广部	招待费	￥ 365.20	
006	12日	赵军	人事部	办公费	￥ 6000.00	
007	13日	王雯	推广部	差旅费	￥ 300.00	
008	17日	刘晓	财务部	追加费用	￥ 200.00	
009	18日	李娜	客服部	办公费	￥ 2000.00	
010	19日	王宏	推广部	补贴费	￥ 800.00	
011	20日	张三民	总经办	办公费	￥ 200.00	
012	24日	刘毅	总经办	办公费	￥ 3000.00	
013	27日	李红	推广部	差旅费	￥ 6000.00	
014	28日	贺龙	财务部	交通费	￥ 100.00	
015	29日	李娜	客服部	资料费	￥ 50.00	

图 5-14 行高加宽示例

适合的列宽。

3. 插入行、列、单元格

要想在费用支出统计表上方设置一个题目，必须将费用支出统计表下移几行，具体操作如下：

(1) 选定 1～3 行，单击鼠标右键，在弹出的快捷菜单中单击"插入"选项，或单击菜单"插入"→"行"选项，则在第 1 行的上方插入 3 个空行。

(2) 现在想将费用支出统计表向右移动一下，如图 5-15 所示，具体操作如下：

右击列号 A，在弹出的快捷菜单中单击"插入"选项，或单击菜单"插入"→"列"选项，则在第 1 列的左方插入 1 个空列。

注意：当要在工作表中插入一个或多个单元格时，应选择预插入位置的单元格或区域，右击并选择快捷菜单的"插入"选项或单击菜单"插入"→"单元格"选项，在弹出的对话框中选择插入的方式，如图 5-16 所示。

4. 删除行、列、单元格

可将选定的单元格、行和列及其中的数据删除，具体操作如下：

(1) 选定要删除的行、列或单元格。

(2) 右击并选择快捷菜单的"删除"选项或单击菜单"编辑"→"删除"选项，在弹出的对话框中选择删除的方式，如图 5-17 所示。

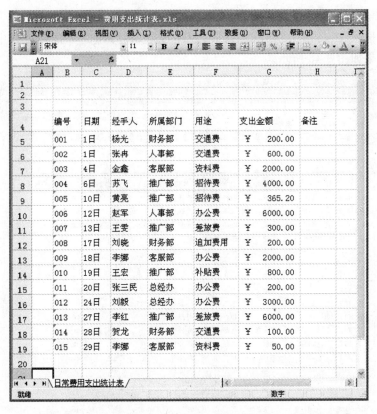

图 5-15 插入行、列示例

图 5-16 "插入"对话框

图 5-17 "删除"对话框

5.3.2 单元格格式设置

1. 设置字体、字号

默认的文字字体为"宋体",如果想将费用支出统计表中的信息改用"楷体",具体操作如下。

(1) 选定要设置字体格式的单元格区域,即 B5 到 H19 单元格。

(2) 单击"格式"工具栏中字体框右侧的三角按钮,在弹出的下拉列表框中选择"楷体"选项即可。

(3) 默认的文字字号为"五号",为了突出表头信息,可以将通讯录中的表头"编号"、"日期"、……、"备注"的字号大小设置为"14",具体操作如下:

◆ 选定要设置字号格式的单元格区域，即 B4 到 H4 单元格；

◆ 单击"格式"工具栏中字号框右侧的三角按钮，在弹出的下拉列表框中选择"14"选项，结果如图 5-18 所示。

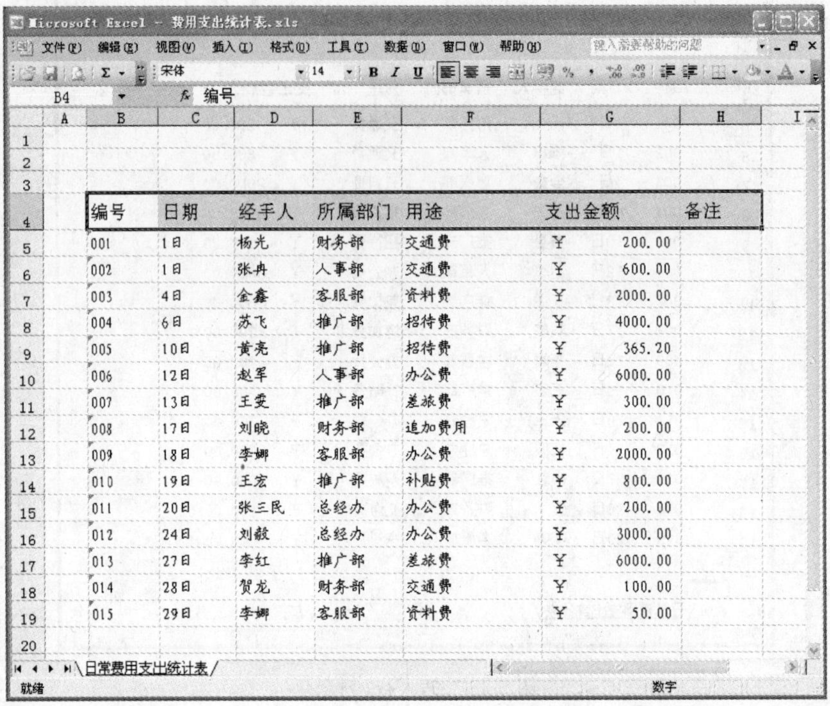

图 5-18　字体、字号设置结果

注意：利用"格式"工具栏上的相应按钮，还可为字符设置其他格式。"格式"工具栏如图 5-19 所示。

图 5-19　"格式"工具栏

对于表格中要重新设置的某些字体和字号，还可以通过以下两种方法实现。

方法一：通过菜单命令实现。

◆ 选定要设置字符格式的单元格区域；

◆ 单击"格式"→"单元格"选项，弹出"单元格格式"设置对话框，如图 5-20 所示。

◆ 单击"字体"选项卡；

◆ 在"字体"列表框中选择适宜的选项，在"字号"列表框中选择合适的字号大小选项；

◆ 单击"确定"按钮。

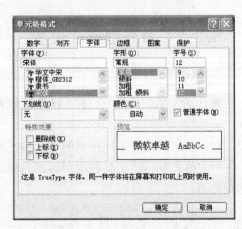

图 5-20　"单元格格式"对话框

方法二：通过快捷菜单实现。

- 选定要设置字符格式的单元格区域；
- 右击选定区域，弹出快捷菜单，单击“设置单元格格式”选项，同样弹出如图 5-20 所示的对话框。

2. 设置文本、数字对齐方式

默认情况下，单元格中的文本是左对齐的，而数字是右对齐的。为使费用支出统计表设计得更加美观，可将单元格中的文本信息放在单元格的中间位置，即设置为居中方式，具体操作如下：

(1) 选定要设置对齐格式的单元格区域，即 B4 到 H19 单元格。

(2) 单击“格式”工具栏中“居中”按钮，结果如图 5-21 所示。

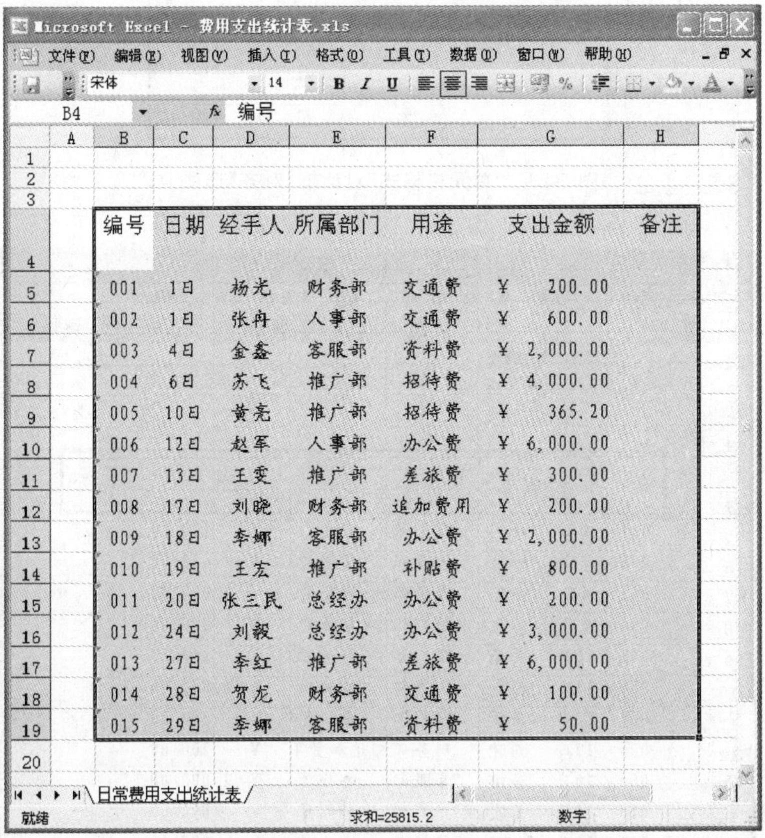

编号	日期	经手人	所属部门	用途	支出金额	备注
001	1日	杨光	财务部	交通费	¥ 200.00	
002	1日	张冉	人事部	交通费	¥ 600.00	
003	4日	金鑫	客服部	资料费	¥ 2,000.00	
004	6日	苏飞	推广部	招待费	¥ 4,000.00	
005	10日	黄亮	推广部	招待费	¥ 365.20	
006	12日	赵军	人事部	办公费	¥ 6,000.00	
007	13日	王雯	推广部	差旅费	¥ 300.00	
008	17日	刘晓	财务部	追加费用	¥ 200.00	
009	18日	李娜	客服部	办公费	¥ 2,000.00	
010	19日	王宏	推广部	补贴费	¥ 800.00	
011	20日	张三民	总经办	办公费	¥ 200.00	
012	24日	刘毅	总经办	办公费	¥ 3,000.00	
013	27日	李红	推广部	差旅费	¥ 6,000.00	
014	28日	贺龙	财务部	交通费	¥ 100.00	
015	29日	李娜	客服部	资料费	¥ 50.00	

图 5-21　费用支出统计表内容水平居中效果

3. 设置垂直居中对齐方式

在图 5-21 中，表头数据在水平方向处于单元格的中间位置，如果要设置成在竖直方向也处于单元格的中间位置，具体操作如下：

(1) 选定要设置对齐格式的单元格区域，即 B4 到 H4 单元格。

(2) 单击“格式”→“单元格”选项，弹出“单元格格式”设置对话框。

（3）单击"对齐"选项卡。

（4）单击"垂直对齐"右侧的三角按钮，在弹出的下拉列表框中选择"居中"选项，如图 5-22 所示。

（5）单击"确定"按钮，结果如图 5-23 所示。

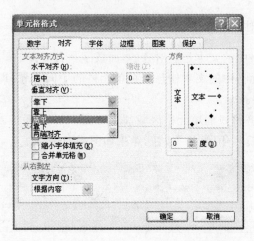

图 5-22　"单元格格式"对话框"对齐"选项卡

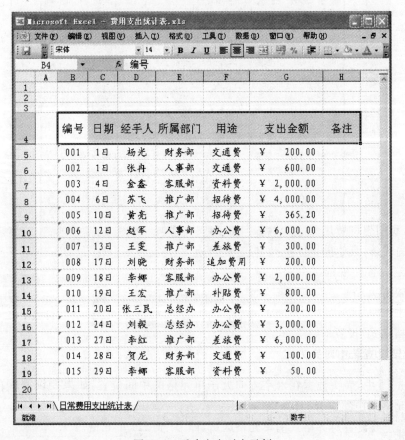

图 5-23　垂直方向对齐示例

4．设置单元格边框

给费用支出统计表添加边框线的具体操作如下：

（1）选定设置边框的单元格区域，即 B4 到 H19 单元格。

（2）单击"格式"工具栏中边框按钮右侧的三角，在弹出的下拉列表框中选择其中一种边框类型，结果如图 5-24 所示。

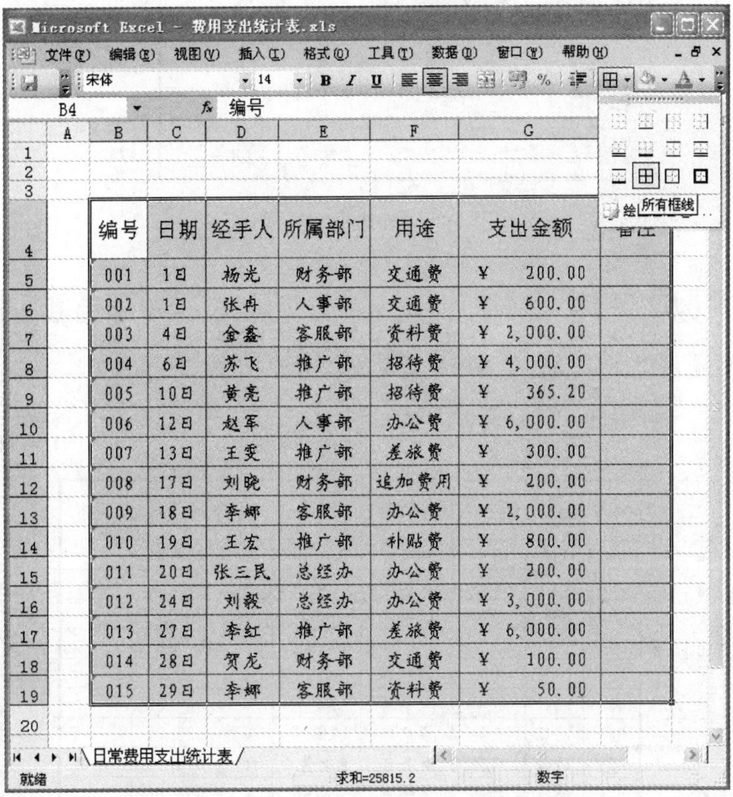

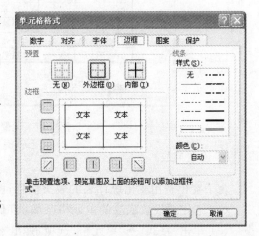

图 5-24 添加边框示例

这里，我们想将费用支出统计表外边框设置为稍粗的线条，具体操作如下：

◆ 选定设置边框的单元格区域，即 B4 到 H19 单元格；

◆ 单击"格式"→"单元格"选项，弹出"单元格格式"设置对话框；

◆ 单击"边框"选项卡，如图 5-25 所示；

◆ 在"线条"中选择一种较粗的线条样式；

◆ 在"预置"中单击"外边框"按钮，此时"边框"预览图的外边框变粗，如图 5-26 所示；

◆ 单击"确定"按钮，结果如图 5-27 所示。

图 5-25 "单元格格式"对话框"边框"选项卡

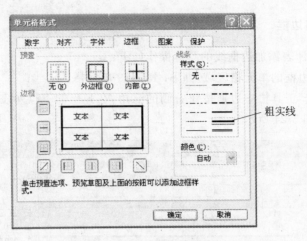

单元格格式
数字
对齐
字体
边框
图案
保护
预置
无(N)
外边框(O)
内部(I)
边框
文本
线条
样式(S):
无
粗实线
颜色(C):
自动
单击预置选项、预览草图及上面的按钮可以添加边框样式。
确定
取消

图 5-26　外边框加粗式样

Microsoft Excel - 费用支出统计表.xls
文件(F)
编辑(E)
视图(V)
插入(I)
格式(O)
工具(T)
数据(D)
窗口(W)
帮助(H)
宋体
编号 日期 经手人 所属部门 用途 支出金额 备注
001 1日 杨光 财务部 交通费 ¥ 200.00
002 1日 张冉 人事部 交通费 ¥ 600.00
003 4日 金鑫 客服部 资料费 ¥ 2,000.00
004 6日 苏飞 推广部 招待费 ¥ 4,000.00
005 10日 黄亮 推广部 招待费 ¥ 365.20
006 12日 赵军 人事部 办公费 ¥ 6,000.00
007 13日 王雯 推广部 差旅费 ¥ 300.00
008 17日 刘晓 财务部 追加费用 ¥ 200.00
009 18日 李娜 客服部 办公费 ¥ 2,000.00
010 19日 王宏 推广部 补贴费 ¥ 800.00
011 20日 张三民 总经办 办公费 ¥ 200.00
012 24日 刘毅 总经办 办公费 ¥ 3,000.00
013 27日 李红 推广部 差旅费 ¥ 6,000.00
014 28日 贺龙 财务部 交通费 ¥ 100.00
015 29日 李娜 客服部 资料费 ¥ 50.00
日常费用支出统计表
就绪
数字

图 5-27　改变线型的边框示例

5. 设置底纹

为了突出费用支出统计表的表头信息，可采用底纹修饰，具体操作如下：

(1) 选定要设置底纹的单元格区域，即 B4 到 H4 单元格。

(2) 单击“格式”→“单元格”选项，弹出“单元格格式”设置对话框。

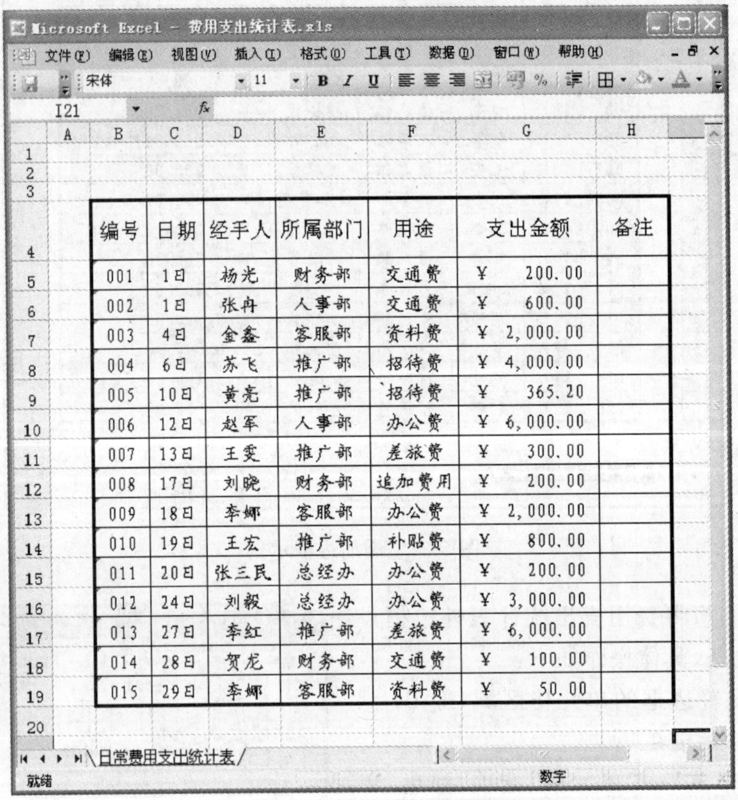

（3）单击"图案"选项卡。

（4）在"颜色"中选择"灰色-25％"选项，如图 5-28 所示。

（5）单击"确定"按钮，结果如图 5-29 所示。

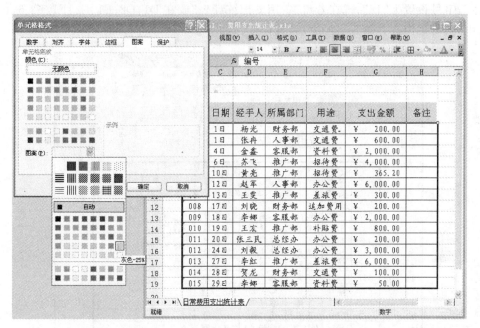

图 5-28　"单元格格式"对话框"图案"选项卡

图 5-29　底纹修饰示例

6. 设置标题行合并居中

如图 5-30 所示,在 D2 单元格处添加一个标题"费用支出统计表",并且将字体设置为"黑体",字号设置为"18",现在若将"费用支出统计表"放在 D1、D2、E1、E2、F1、F2 6 个单元格的中间,可采用合并单元格的方法,具体操作如下:

编号	日期	经手人	所属部门	用途	支出金额	备注
001	1日	杨光	财务部	交通费	¥　200.00	
002	1日	张舟	人事部	交通费	¥　600.00	
003	4日	金鑫	客服部	资料费	¥2,000.00	
004	6日	苏飞	推广部	招待费	¥4,000.00	
005	10日	黄亮	推广部	招待费	¥　365.20	
006	12日	赵军	人事部	办公费	¥6,000.00	
007	13日	王雯	推广部	差旅费	¥　300.00	
008	17日	刘晓	财务部	追加费用	¥　200.00	
009	18日	李娜	客服部	办公费	¥2,000.00	
010	19日	王宏	推广部	补贴费	¥　800.00	
011	20日	张三民	总经办	办公费	¥　200.00	
012	24日	刘毅	总经办	办公费	¥3,000.00	
013	27日	李红	推广部	差旅费	¥6,000.00	
014	28日	贺龙	财务部	交通费	¥　100.00	
015	29日	李娜	客服部	资料费	¥　50.00	

图 5-30　添加标题的费用支出统计表

(1)选定要合并的单元格区域,即 D1 到 F2 单元格。

(2)单击"格式"→"单元格"选项,弹出"单元格格式"设置对话框。

(3)选择"对齐"选项卡。

(4)在"水平对齐"、"垂直对齐"下拉列表框中选择"居中"选项,在"文本控制"中选择"合并单元格",如图 5-31 所示。

(5)单击"确定"按钮,结果如图 5-32所示。

注意:将多个单元格合并为一个单元格,可直接单击"格式"工具栏中的"合并及居中" 按钮来完成,但是采用该按钮,只能将单元格中的数据进行水平居中,而不能进行垂直居中。

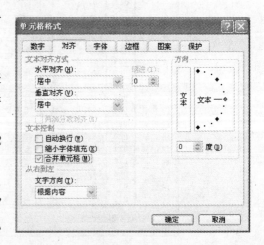

图 5-31　"单元格格式"对话框"对齐"选项卡

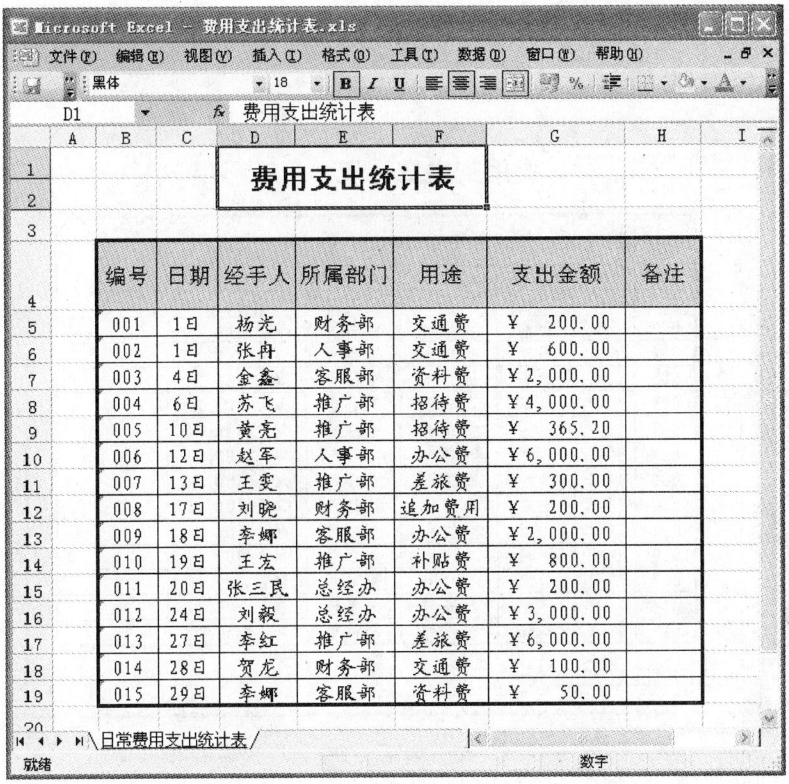

图 5-32 合并单元格示例

7．日期数据、编号及支出金额的输入

如图 5-33 所示，在费用支出统计表上方添加制表当天系统日期"2011-4-4"，具体操作如下：

（1）选定要添加系统日期的单元格，即 H3 单元格。

（2）按 Ctrl＋；组合键或直接输入数据"2011-4-4"。

（3）按 Enter 键确认。

注意：如果要在单元格内输入当天系统时间，只需按 Ctrl＋Shift＋；组合键即可。对于图 5-33 中的日期数据"2011-4-4"，我们可以设置成自己喜欢的格式，具体操作如下：

◆ 选定要设置数字格式的单元格区域；

◆ 单击"格式"→"单元格"选项，弹出"单元格格式"设置对话框；

◆ 单击"数字"选项卡；

◆ 在"分类"列表框中选择"日期"选项，在"类型"列表框中选择一种日期格式，如图 5-34 所示；

◆ 单击"确定"按钮。

输入编号中内容"001"、……、"015"时须选中 B5 至 B19 单元格，选择图 5-34 中"数字"选项卡中的"文本"项；支出金额中数据的货币符号须使用图 5-34 中"数字"选项卡中的"货币"项。

图 5-33　插入日期示例

图 5-34　"单元格格式"对话框"数字"选项卡

8．设置条件格式

若想对费用支出统计表中的所属部门为"推广部"的人员突出显示，可通过设置条件格式来完成，具体操作如下：

（1）选定要设置条件格式的单元格区域，即从 E5 到 E19 的单元格区域。

（2）单击"格式"→"条件格式"选项，弹出"条件格式"对话框。

（3）条件 1 的各项分别设置为"单元格数值"、"等于"、"推广部"，如图 5-35 所示。

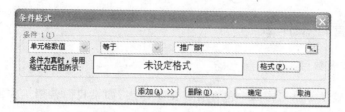

图 5-35 “条件格式”对话框

(4) 单击“格式”按钮，弹出“单元格格式”对话框。

(5) 单击“字体”选项卡，“字形”、“颜色”选项分别设置为“加粗 倾斜”、“红色”。

(6) 单击“图案”选项卡，选择“黄色底纹”。

(7) 单击“确定”按钮，返回到“条件格式”对话框，如图 5-36 所示。

(8) 单击“确定”按钮，结果如图 5-37 所示。

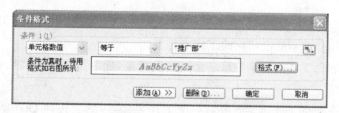

图 5-36 设置条件后的“条件格式”对话框

费用支出统计表

制表日期: 2011-4-30

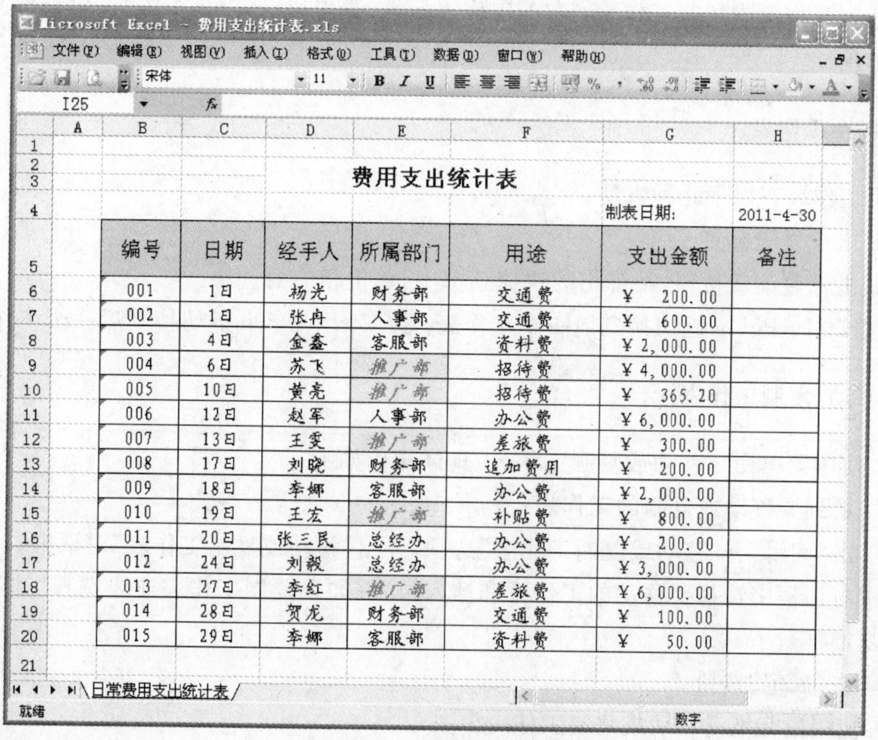

编号	日期	经手人	所属部门	用途	支出金额	备注
001	1日	杨光	财务部	交通费	¥ 200.00	
002	1日	张冉	人事部	交通费	¥ 600.00	
003	4日	金鑫	客服部	资料费	¥ 2,000.00	
004	6日	苏飞	推广部	招待费	¥ 4,000.00	
005	10日	黄亮	推广部	招待费	¥ 365.20	
006	12日	赵军	人事部	办公费	¥ 6,000.00	
007	13日	王雯	推广部	差旅费	¥ 300.00	
008	17日	刘晓	财务部	追加费用	¥ 200.00	
009	18日	李娜	客服部	办公费	¥ 2,000.00	
010	19日	王宏	推广部	补贴费	¥ 800.00	
011	20日	张三民	总经办	办公费	¥ 200.00	
012	24日	刘毅	总经办	办公费	¥ 3,000.00	
013	27日	李红	推广部	差旅费	¥ 6,000.00	
014	28日	贺龙	财务部	交通费	¥ 100.00	
015	29日	李娜	客服部	资料费	¥ 50.00	

图 5-37 设置条件格式后的通讯录

5.3.3　管理工作表

1. 设定工作表数目

Excel 2003 默认一个工作簿中包含有 3 张工作表,如果我们希望工作簿中包含 5 个工作表,具体操作如下:

(1) 单击"工具"→"选项"命令,弹出"选项"对话框。

(2) 单击"常规"选项卡。

(3) 在"新工作簿内的工作表数"文本框中设定数值为"5"。

(4) 单击"确定"按钮。

2. 选定工作表

用户在对工作表进行操作时,首先要选择工作表。选择工作表有以下几种方法。

◆ 选定单个工作表:单击相应的工作表标签。

◆ 选定多个相邻工作表:单击第一个工作表标签,然后按住 Shift 键,再单击最后一个工作表标签。

◆ 选定多个非相邻工作表:单击第一个工作表标签,然后按住 Ctrl 键,再单击其他的工作表标签。

◆ 选定工作簿中所有工作表:右击工作表标签,弹出快捷菜单,单击"选定全部工作表"选项。

3. 切换工作表

切换工作表有以下几种方法:

◆ 单击工作表标签。

◆ 右击标签滚动按钮,在弹出的快捷菜单中,单击相应的选项。

◆ 按 Ctrl+PgUp 键切换到前一个工作表;按 Ctrl+PgDn 键切换到后一个工作表。

4. 移动、复制工作表

(1) 使用菜单命令移动或复制工作表,具体操作如下:

◆ 切换到要移动或复制的工作表;

◆ 单击"编辑"→"移动或复制工作表"选项,弹出"移动或复制工作表"对话框;

◆ 在对话框中选择要移动的工作簿和插入位置(如果复制工作表还要选择"建立副本"复选框);

◆ 单击"确定"按钮。

(2) 使用鼠标拖动移动或复制工作表。

◆ 移动工作表:单击要移动的工作表标签,将它拖到目标位置,然后松开鼠标。

◆ 复制工作表：与移动工作表类似，只是按住 Ctrl 键后拖动选定的工作表。

5．插入工作表

在工作簿中插入一个工作表有以下两种方法：

◆ 选择某工作表，单击"插入"→"工作表"选项，则在该工作表的前面插入新工作表。

◆ 右击某工作表标签，弹出快捷菜单，单击"插入"选项，则在该工作表的前面插入新工作表。

6．删除工作表

在工作簿中删除不需要的工作表有以下两种方法：

◆ 切换到要删除的工作表，单击"编辑"→"删除工作表"选项。

◆ 右击要删除的工作表标签，弹出快捷菜单，单击"删除"选项。

7．重命名工作表

为了快速地识别出工作表中包含的内容，用户可以更改工作表的名字。

利用"格式"菜单重命名工作表的具体操作如下：

（1）切换到要重命名的工作表。

（2）单击"格式"→"工作表"→"重命名"选项。

（3）在重命名的工作表标签处输入新的名称。

（4）按 Enter 键。

除了利用菜单命令更改工作表名字之外，还有以下两种方法：

◆ 右击要重命名的工作表标签，弹出快捷菜单，单击"重命名"选项。

◆ 双击要重命名的工作表标签，输入新的名称。

8．同时显示多个工作表

在屏幕上同时显示一个工作簿中的多个工作表，可以用多窗口显示的方法来实现。具体操作如下：

（1）单击"窗口"→"新建窗口"选项。

（2）单击"窗口"→"重排窗口"选项，弹出"重排窗口"对话框。

（3）在"排列方式"组中选择合适选项。

（4）单击"确定"按钮即可。

5.4 实训 4：制作"员工工资表"——公式与函数的使用

设定目标

制作如图 5-38 所示的员工工资表，学习公式与函数的使用方法。

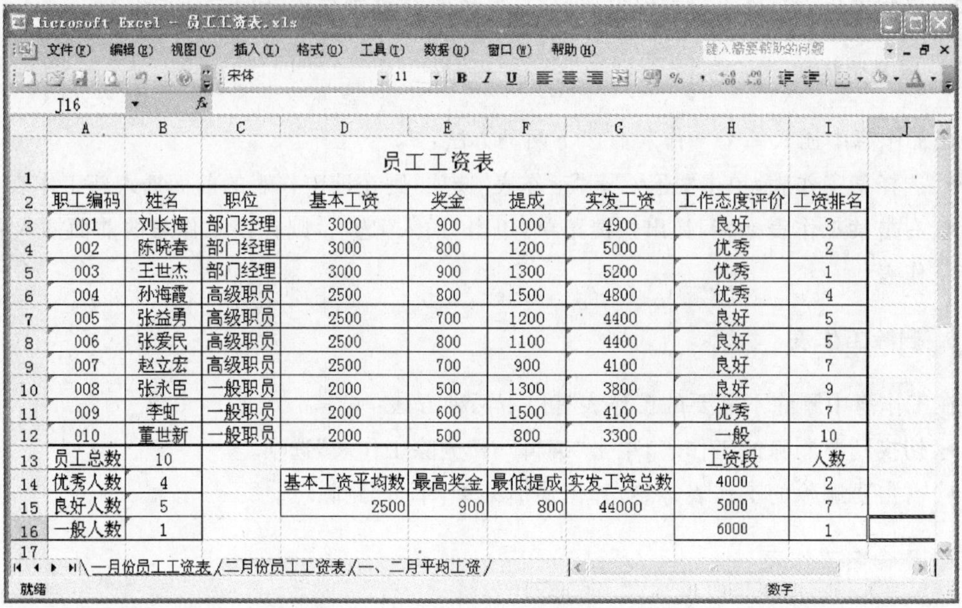

	A	B	C	D	E	F	G	H	I
1					员工工资表				
2	职工编码	姓名	职位	基本工资	奖金	提成	实发工资	工作态度评价	工资排名
3	001	刘长海	部门经理	3000	900	1000	4900	良好	3
4	002	陈晓春	部门经理	3000	800	1200	5000	优秀	2
5	003	王世杰	部门经理	3000	900	1300	5200	优秀	1
6	004	孙海霞	高级职员	2500	800	1500	4800	优秀	4
7	005	张益勇	高级职员	2500	700	1200	4400	良好	5
8	006	张爱民	高级职员	2500	800	1100	4400	良好	5
9	007	赵立宏	高级职员	2500	700	900	4100	良好	7
10	008	张永臣	一般职员	2000	500	1300	3800	良好	9
11	009	李虹	一般职员	2000	600	1500	4100	优秀	7
12	010	董世新	一般职员	2000	500	800	3300	一般	10
13	员工总数	10						工资段	人数
14	优秀人数	4		基本工资平均数	最高奖金	最低提成	实发工资总数	4000	2
15	良好人数	5		2500	900	800	44000	5000	7
16	一般人数	1						6000	1
17									

图 5-38　员工工资表

5.4.1　公式的使用

用户可以在编辑栏中输入公式，也可以在单元格里直接输入公式。员工工资表，如图 5-39 所示，我们首先来计算一下员工实发工资。

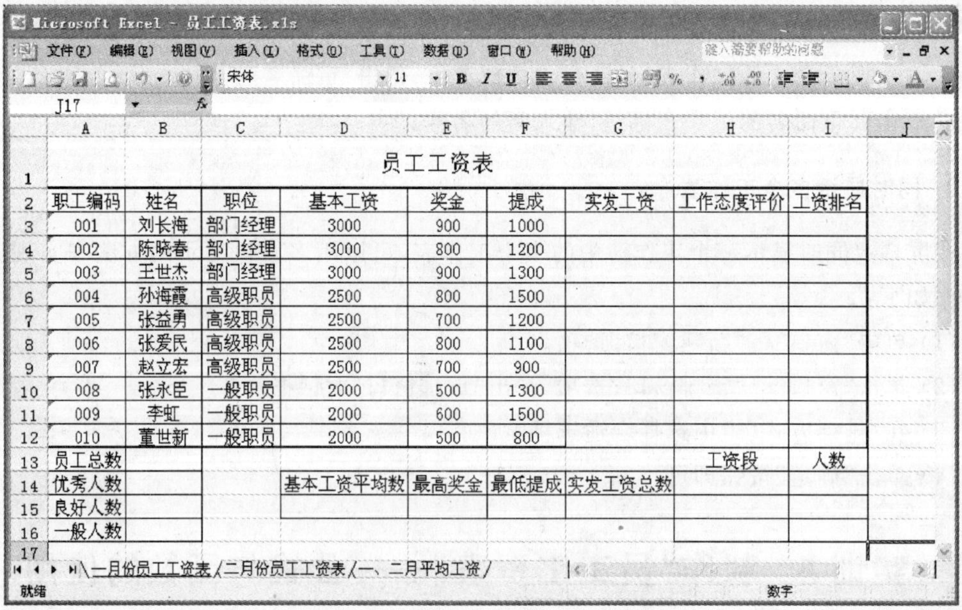

	A	B	C	D	E	F	G	H	I
1					员工工资表				
2	职工编码	姓名	职位	基本工资	奖金	提成	实发工资	工作态度评价	工资排名
3	001	刘长海	部门经理	3000	900	1000			
4	002	陈晓春	部门经理	3000	800	1200			
5	003	王世杰	部门经理	3000	900	1300			
6	004	孙海霞	高级职员	2500	800	1500			
7	005	张益勇	高级职员	2500	700	1200			
8	006	张爱民	高级职员	2500	800	1100			
9	007	赵立宏	高级职员	2500	700	900			
10	008	张永臣	一般职员	2000	500	1300			
11	009	李虹	一般职员	2000	600	1500			
12	010	董世新	一般职员	2000	500	800			
13	员工总数							工资段	人数
14	优秀人数			基本工资平均数	最高奖金	最低提成	实发工资总数		
15	良好人数								
16	一般人数								
17									

图 5-39　员工工资表原始数据

1. 在单元格里直接输入公式

在单元格输入公式时,总是以等号"="作为开头,具体操作如下:

(1) 单击要输入公式的单元格,即 G3 单元格。

(2) 在单元格里输入"=D3+E3+F3"。

(3) 按 Enter 键,公式结果填入 G3 单元格。

2. 在编辑栏输入公式

具体操作如下:

(1) 单击要输入公式的单元格,即 G3 单元格。

(2) 在编辑栏里输入"=D3+E3+F3"。

(3) 单击编辑栏"√"按钮进行确认。

在上述方法中,单元格数据的引用还可以通过鼠标点击来引用,具体操作如下:

◆ 单击要输入公式的单元格,即 G3 单元格;

◆ 在编辑栏输入"=";

◆ 单击 D3 单元格,手动输入"+",然后单击 E3 单元格,再手动输入"+",最后单击 F3 单元格;

◆ 单击编辑栏"√"按钮进行确认。

上述操作结果如图 5-40 所示。

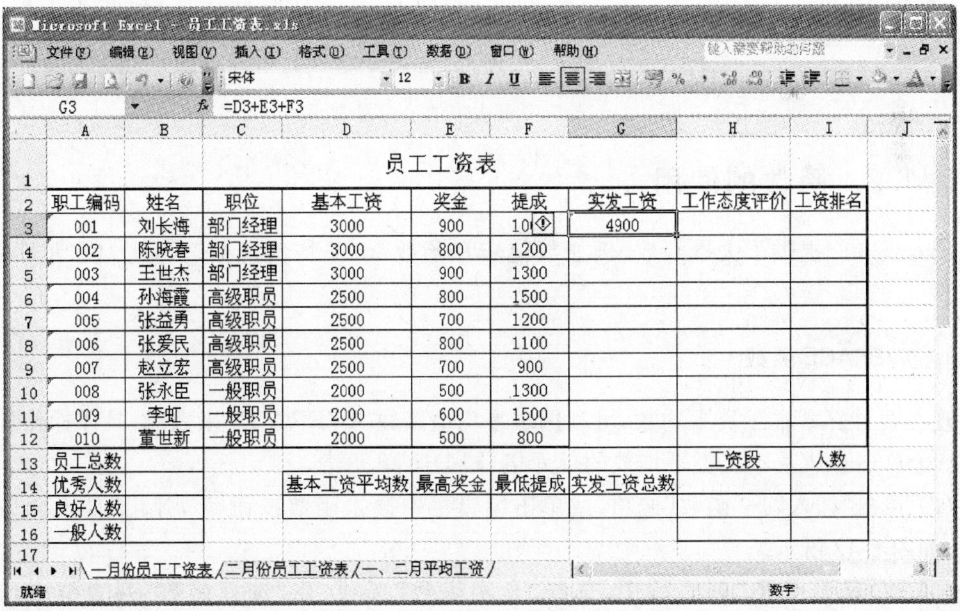

图 5-40　员工工资表中的公式示例

注意:员工工资表中的"职工编码"列为文本型数据,输入时只需在输入数字之前加上一个单引号即可,Excel 2003 将把它当作文本型数据处理。

3. 复制公式

除了菜单命令、快捷菜单、工具栏按钮方法外,还可以利用自动填充方法进行公式复制。这里我们把 G3 单元格的公式复制到从 G4 到 G12 的单元格区域,具体操作如下:

(1) 单击 G3 单元格,将鼠标指针移到 G3 单元格的右下角。

(2) 当鼠标指针变为"+"时,拖动鼠标至 G12 单元格,松开鼠标左键,结果如图 5-41 所示。

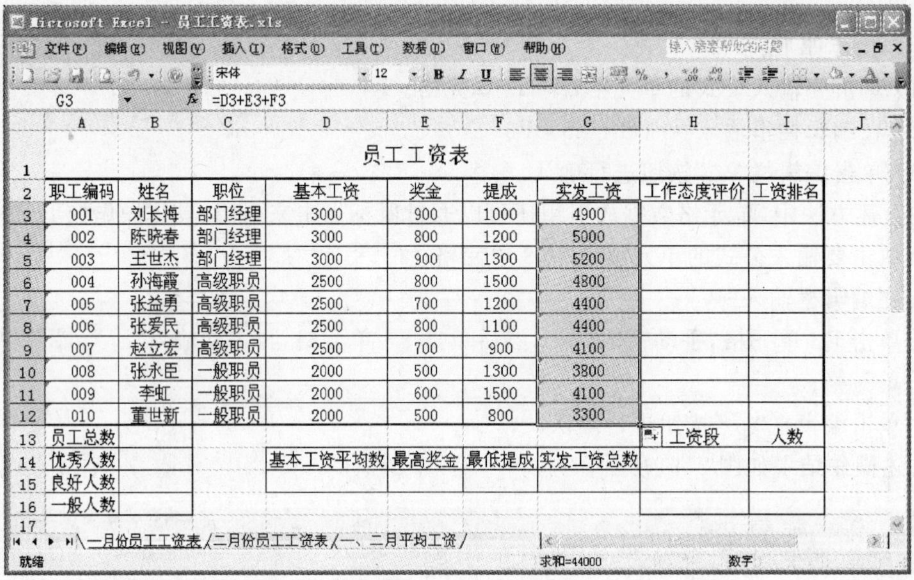

图 5-41　员工工资表中的公式复制示例

5.4.2　函数的使用

Excel 2003 提供了大量函数,例如数值求和函数、求平均值函数、求最大值、最小值函数等。

1. AVERAGE 函数

现在要计算基本工资平均数,可利用求平均值函数 AVERAGE 来完成,具体操作如下:

(1) 单击存放基本工资平均数的单元格,即 D15 单元格。

(2) 单击"插入"→"函数"选项,或单击编辑栏中插入函数按钮 fx ,弹出"插入函数"对话框,如图 5-42 所示。

(3) 在"函数分类"列表框中,选择"常用函数"选项,在"选择函数"列表框中,选择 AVERAGE 函数。

(4) 单击"确定"按钮,弹出"函数参数"对话框,如图 5-43 所示。

如果"Number1"输入栏中没有选定单元格区域或单元格区域不正确,可单击输入栏右边的折叠按钮,回到工作表,用鼠标拖动选中求平均值区域,即选中 D3 到 D12 的单元格区域,如图 5-44 所示。

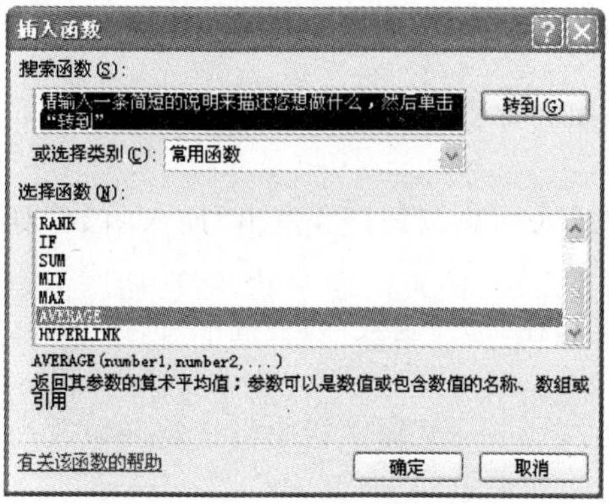

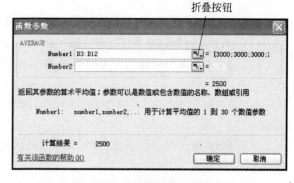

图 5-42　"插入函数"对话框　　　　　　图 5-43　"函数参数"对话框

图 5-44　折叠后的"函数参数"对话框

（5）单击图 4-44 中的"还原"按钮，回到"函数参数"对话框。

（6）单击"确定"按钮，D15 单元格内显示求得的平均工资，如图 5-45 所示。

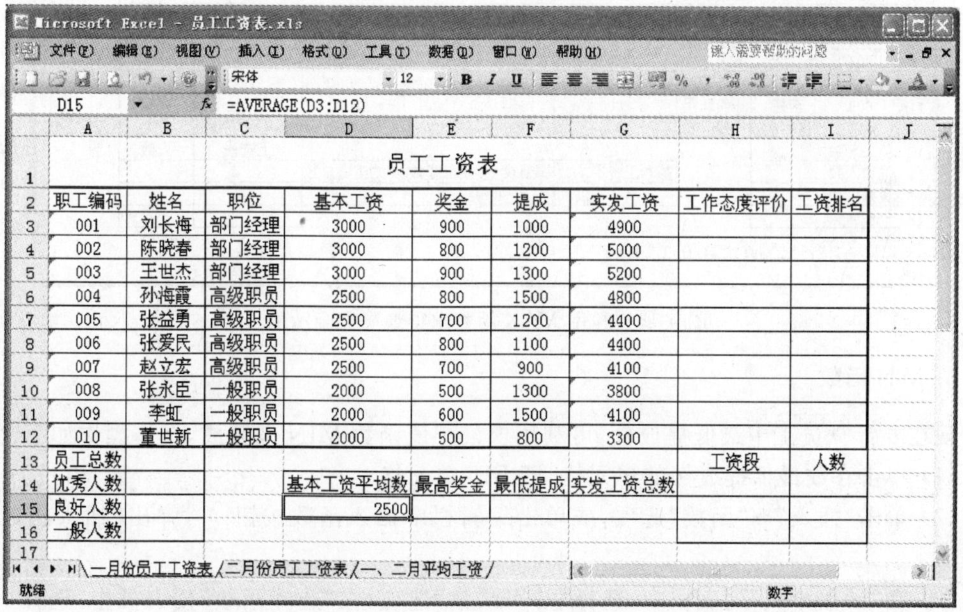

	A	B	C	D	E	F	G	H	I	J
1				员工工资表						
2	职工编码	姓名	职位	基本工资	奖金	提成	实发工资	工作态度评价	工资排名	
3	001	刘长海	部门经理	3000	900	1000	4900			
4	002	陈晓春	部门经理	3000	800	1200	5000			
5	003	王世杰	部门经理	3000	900	1300	5200			
6	004	孙海霞	高级职员	2500	800	1500	4800			
7	005	张益勇	高级职员	2500	700	1200	4400			
8	006	张爱民	高级职员	2500	800	1100	4400			
9	007	赵立宏	高级职员	2500	700	900	4100			
10	008	张永臣	一般职员	2000	500	1300	3800			
11	009	李虹	一般职员	2000	600	1500	4100			
12	010	董世新	一般职员	2000	500	800	3300			
13	员工总数							工资段	人数	
14	优秀人数			基本工资平均数	最高奖金	最低提成	实发工资总数			
15	良好人数			2500						
16	一般人数									
17										

D15 单元格：=AVERAGE(D3:D12)

图 5-45　利用 AVERAGE 函数求得基本工资平均数示例

　　注意：员工工资表中实发工资除了利用公式实现外，还可以利用"常用"工具栏的自动求和按钮 Σ 来完成，具体操作如下：

◆ 选中求和区域（包括存放实发工资单元格区域），即从 D3 到 G12 的单元格区域；

◆ 单击 Σ 按钮即可。

2. MAX 函数

现在要计算员工最高奖金额,可利用求最大值函数 MAX 来完成,具体操作如下:

(1) 单击存放最高分的单元格,即 E15 单元格。

(2) 单击"插入"→"函数"选项或单击编辑栏中插入函数按钮 f_x,弹出"插入函数"对话框。

(3) 在"函数分类"列表框中,选择"常用函数"选项,在"选择函数"列表框中,选择 MAX 函数。

(4) 单击"确定"按钮,弹出"函数参数"对话框,在"Numberl"输入栏中将选定区域改为"E3:E12"。

(5) 单击"确定"按钮,E15 单元格内显示求得的最高奖金,如图 5-46 所示。

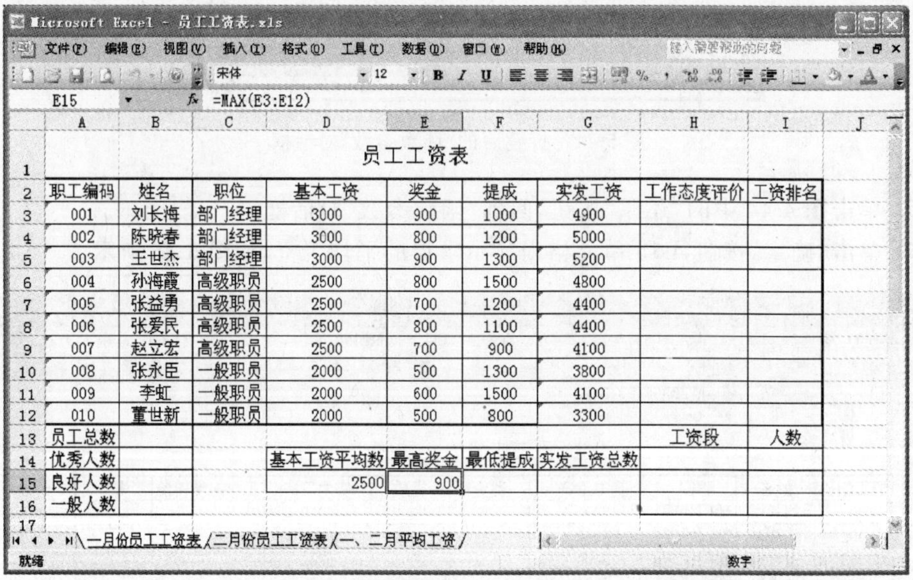

图 5-46　利用 MAX 函数求得最高奖金示例

3. MIN 函数

现在要计算员工中最低提成额,可利用求最小值函数 MIN 来完成,具体操作如下:

(1) 单击存放最低提成额的单元格,即 F15 单元格。

(2) 单击"插入"→"函数"选项,或单击编辑栏中插入函数按钮 f_x,弹出"插入函数"对话框。

(3) 在"函数分类"列表框中,选择"常用函数"选项,在"选择函数"列表框中,选择 MIN 函数。

(4) 单击"确定"按钮,弹出"函数参数"对话框,在"Numberl"输入栏中将选定区域改为"F3:F12"。

(5) 单击"确定"按钮,F15 单元格内显示求得的最低提成额,结果如图 5-47 所示。

4. SUM 函数

现在要计算员工实发工资总额,可利用求和函数 SUM 来完成,具体操作如下:

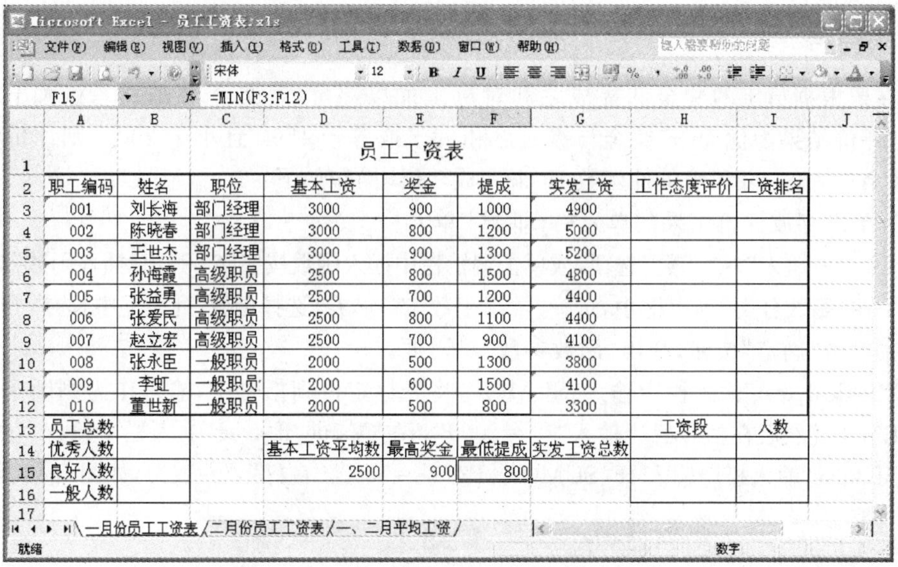

职工编码	姓名	职位	基本工资	奖金	提成	实发工资	工作态度评价	工资排名
001	刘长海	部门经理	3000	900	1000	4900		
002	陈晓春	部门经理	3000	800	1200	5000		
003	王世杰	部门经理	3000	900	1300	5200		
004	孙海霞	高级职员	2500	800	1500	4800		
005	张益勇	高级职员	2500	700	1200	4400		
006	张爱民	高级职员	2500	800	1100	4400		
007	赵立宏	高级职员	2500	700	900	4100		
008	张永臣	一般职员	2000	500	1300	3800		
009	李虹	一般职员	2000	600	1500	4100		
010	董世新	一般职员	2000	500	800	3300		
员工总数							工资段	人数
优秀人数			基本工资平均数	最高奖金	最低提成	实发工资总数		
良好人数			2500	900	800			
一般人数								

图 5-47 利用 MIN 函数求得最低提成示例

(1) 单击存放实发工资总数的单元格,即 G15 单元格。

(2) 单击"插入"→"函数"选项,或单击编辑栏中插入函数按钮 fx ,弹出"插入函数"对话框。

(3) 在"函数分类"列表框中,选择"常用函数"选项,在"选择函数"列表框中,选择 SUM 函数。

(4) 单击"确定"按钮,弹出"函数参数"对话框。

(5) 在"Numberl"输入栏中将选定区域改为"G3:G12"。

(6) 单击"确定"按钮,G15 单元格内显示求得的实发工资总数,如图 5-48 所示。

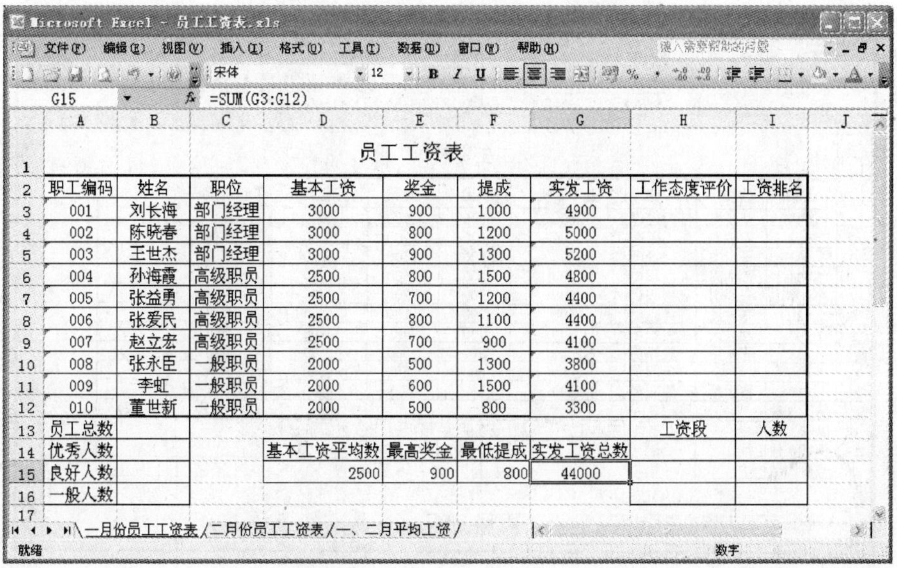

职工编码	姓名	职位	基本工资	奖金	提成	实发工资	工作态度评价	工资排名
001	刘长海	部门经理	3000	900	1000	4900		
002	陈晓春	部门经理	3000	800	1200	5000		
003	王世杰	部门经理	3000	900	1300	5200		
004	孙海霞	高级职员	2500	800	1500	4800		
005	张益勇	高级职员	2500	700	1200	4400		
006	张爱民	高级职员	2500	800	1100	4400		
007	赵立宏	高级职员	2500	700	900	4100		
008	张永臣	一般职员	2000	500	1300	3800		
009	李虹	一般职员	2000	600	1500	4100		
010	董世新	一般职员	2000	500	800	3300		
员工总数							工资段	人数
优秀人数			基本工资平均数	最高奖金	最低提成	实发工资总数		
良好人数			2500	900	800	44000		
一般人数								

图 5-48 利用 SUM 函数求得实发工资总数

5. IF 函数

现在要根据员工的奖金和提成之和对员工加以评价,若奖金与提成之和大于或等于 2000,则评价结果为优秀,若奖金与提成之和大于或等于 1500 且小于 2000,则评价结果为良好,其余为一般,可利用条件函数 IF 来完成,具体操作如下:

(1) 单击存放评价结果的单元格,即 H3 单元格。

(2) 单击"插入"→"函数"选项,或单击编辑栏中插入函数按钮f_x,弹出"插入函数"对话框。

(3) 在"函数分类"列表框中,选择"常用函数"选项,在"选择函数"列表框中,选择 IF 函数。

(4) 单击"确定"按钮,弹出"函数参数"对话框。

在"Logical_test"输入栏中输入"SUM()",将光标定位到括号中,输入作为判断条件的区域,即"E3:F3"然后在括号后边输入">=2000";在"Value_if_true"输入栏中输入"优秀",在"Value_if_false"输入栏中输入 IF(SUM(E3:F3)>=1500,"良好","一般"),如图 5-49 所示。

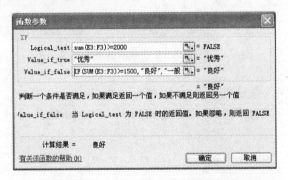

图 5-49 "函数参数"对话框

(5) 单击"确定"按钮,H3 单元格内显示评价结果。

(6) 拖动自动填充柄,复制公式到其他单元格,结果如图 5-50 所示。

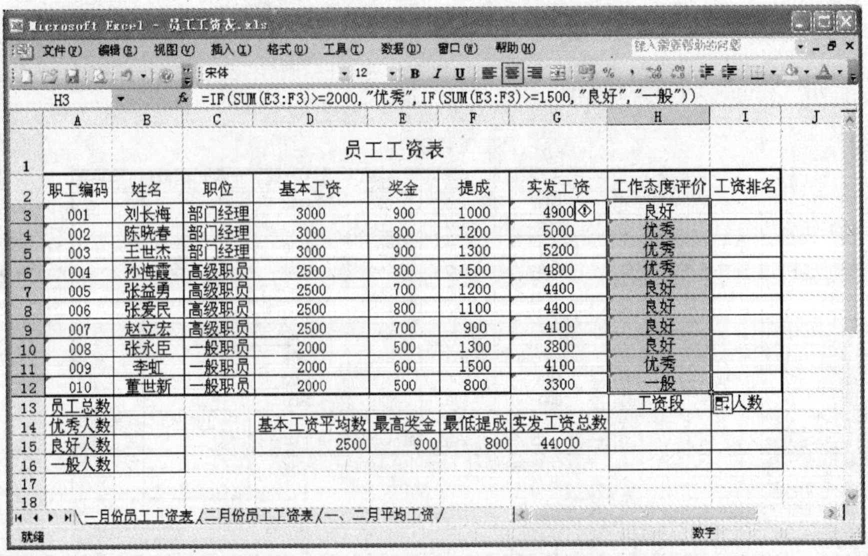

图 5-50 利用 IF 函数求得评价结果示例

注意：上例中用到两个函数，IF 函数嵌套 SUM 函数。

6. RANK 函数

现在要对员工的实发工资进行排名，可以使用 RANK 函数来完成，具体操作如下：

(1) 单击存放排名结果的单元格，即 I3 单元格。

(2) 单击"插入"→"函数"选项，或单击编辑栏中插入函数按钮 fx ，弹出"插入函数"对话框。

(3) 在"函数分类"列表框中，选择"常用函数"选项，在"选择函数"列表框中，选择 RANK 函数。

(4) 单击"确定"按钮，弹出"函数参数"对话框。

(5) 在"Number"输入栏中输入 G3，在"Ref"输入栏中输入 \$G\$3: \$G\$12，在"Order"输入栏中输入 0，如图 5-51 所示。

函数参数
RANK
Number G3 = 4900
Ref $G$3:$G$12 = {4900;5000;5200;
Order 0 = FALSE
= 3
返回某数字在一列数字中相对于其他数值的大小排位
Order 指定排位的方式。如果为 0 或忽略，降序；非零值，升序
计算结果 = 3
有关该函数的帮助(H)
确定
取消

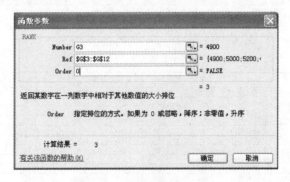

图 5-51 "函数参数"对话框

(6) 单击"确定"按钮，I3 单元格内显示排名结果。

(7) 拖动自动填充柄，复制公式到其他单元格，结果如图 5-52 所示。

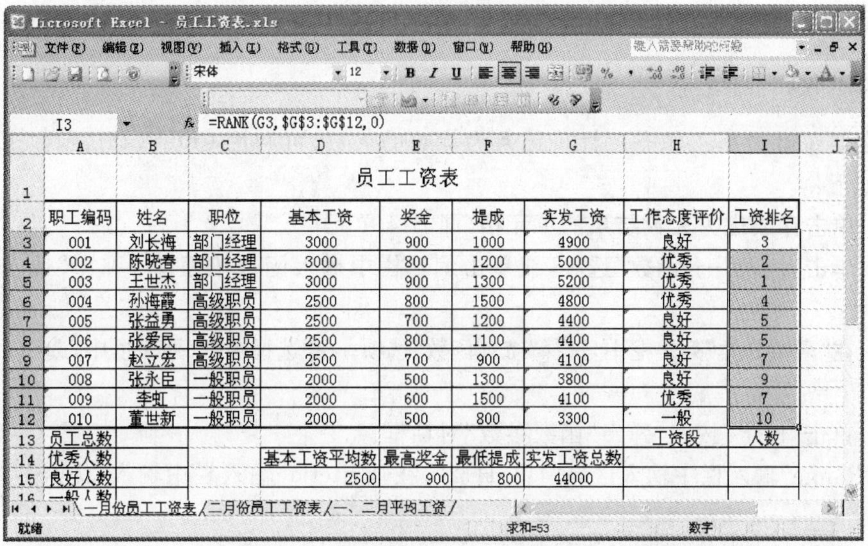

Microsoft Excel - 员工工资表.xls
I3
=RANK(G3,$G$3:$G$12,0)
员工工资表
职工编码 姓名 职位 基本工资 奖金 提成 实发工资 工作态度评价 工资排名
001 刘长海 部门经理 3000 900 1000 4900 良好 3
002 陈晓春 部门经理 3000 800 1200 5000 优秀 2
003 王世杰 部门经理 3000 900 1300 5200 优秀 1
004 孙海霞 高级职员 2500 800 1500 4800 优秀 4
005 张益勇 高级职员 2500 700 1200 4400 良好 5
006 张爱民 高级职员 2500 800 1100 4400 良好 5
007 赵立宏 高级职员 2500 700 900 4100 良好 7
008 张永臣 一般职员 2000 500 1300 3800 良好 9
009 李虹 一般职员 2000 600 1500 4100 优秀 7
010 董世新 一般职员 2000 500 800 3300 一般 10
员工总数 工资段 人数
优秀人数 基本工资平均数 最高奖金 最低提成 实发工资总数
良好人数 2500 900 800 44000
一般人数
一月份员工工资表 二月份员工工资表 一、二月平均工资
就绪 求和=53 数字

图 5-52 利用 RANK 函数求得工资排名结果示例

7. COUNTA 函数

现在要统计员工总人数,可利用 COUNTA 函数来完成,具体操作如下:

(1) 单击存放总人数结果的单元格,即 B13 单元格。

(2) 单击"插入"→"函数"选项,或单击编辑栏中插入函数按钮 f_x,弹出"插入函数"对话框。

(3) 在"函数分类"列表框中,选择"统计函数"选项,在"选择函数"列表框中,选择 COUNTA 函数。

(4) 单击"确定"按钮,弹出"函数参数"对话框,在"Value1"输入栏中将选定区域改为 "A3:A12"。

(5) 单击"确定"按钮,B13 单元格内显示求得的总人数,如图 5-53 所示。

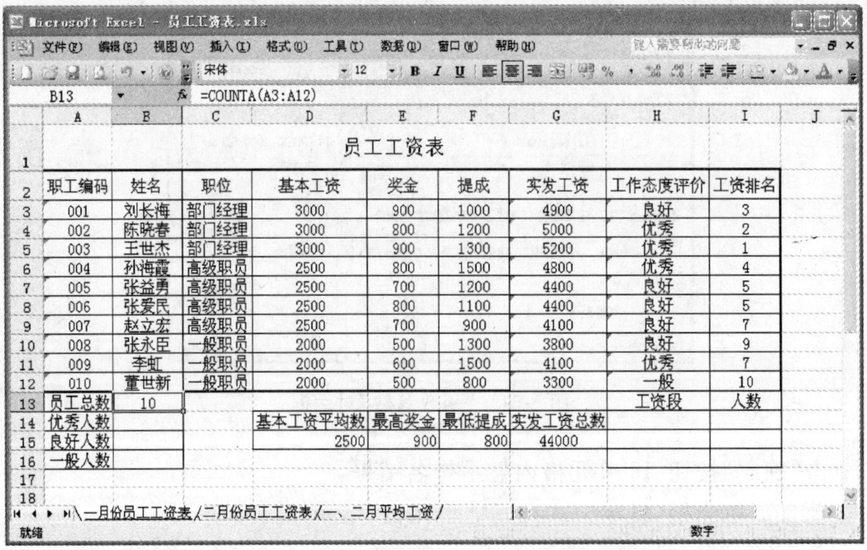

图 5-53　利用 COUNTA 函数求得员工总人数结果示例

8. COUNTIF 函数

现在要统计员工工作态度评价结果为优秀的人数,可利用 COUNTIF 函数来完成,具体操作如下:

(1) 单击存放优秀人数结果的单元格,即 B14 单元格。

(2) 单击"插入"→"函数"选项,或单击编辑栏中插入函数按钮 f_x,弹出"插入函数"对话框。

(3) 在"函数分类"列表框中,选择"统计函数"选项;在"选择函数"列表框中,选择 COUNTIF 函数。

(4) 单击"确定"按钮,弹出"函数参数"对话框。

在"Range"输入栏中输入区域"H3:H12",在"Criteria"输入栏中输入"优秀",如图 5-54 所示。

(5) 单击"确定"按钮,B14 单元格内显示求得的结果,如图 5-55 所示。

注意:利用同样方法可求得良好人数及一般人数,结果如图 5-56 所示。

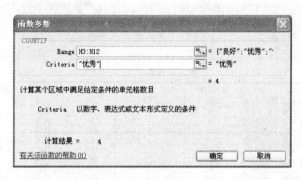

图 5-54 "函数参数"对话框

A	B	C	D	E	F	G	H	I	J
				员工工资表					
职工编码	姓名	职位	基本工资	奖金	提成	实发工资	工作态度评价	工资排名	
001	刘长海	部门经理	3000	900	1000	4900	良好	3	
002	陈晓春	部门经理	3000	800	1200	5000	优秀	2	
003	王世杰	部门经理	3000	900	1300	5200	优秀	1	
004	孙海霞	高级职员	2500	800	1500	4800	优秀	4	
005	张益勇	高级职员	2500	700	1200	4400	良好	5	
006	张爱民	高级职员	2500	800	1100	4400	良好	5	
007	赵立宏	高级职员	2500	700	900	4100	良好	7	
008	张永臣	一般职员	2000	500	1300	3800	良好	9	
009	李虹	一般职员	2000	600	1500	4100	优秀	7	
010	董世新	一般职员	2000	500	800	3300	一般	10	
员工总数	10						工资段	人数	
优秀人数	4		基本工资平均数	最高奖金	最低提成	实发工资总数			
良好人数			2500	900	800	44000			
一般人数									

图 5-55 利用 COUNTIF 函数求得优秀人数结果示例

9. FREQUENCY 函数

现在要统计员工工资处于 0～4000、4000～5000、5000～6000 上各段的人数,可利用 FREQUENCY 函数来完成,具体操作如下:

(1) 在 H14、H15 及 H16 单元格中分别输入 4000、5000 及 6000。

(2) 拖拉选中单元格区域"I14:I16"。

(3) 单击"插入"→"函数"选项,或单击编辑栏中插入函数按钮 f_x,弹出"插入函数"对话框。

(4) 在"函数分类"列表框中,选择"常用函数"选项;在"选择函数"列表框中,选择 FREQUENCY 函数。

(5) 单击"确定"按钮,弹出"函数参数"对话框。

(6) 在"Data_array"输入栏中输入区域"G3:G12",在"Bins_array"输入栏中输入区域 "H14:H16",如图 5-57 所示。

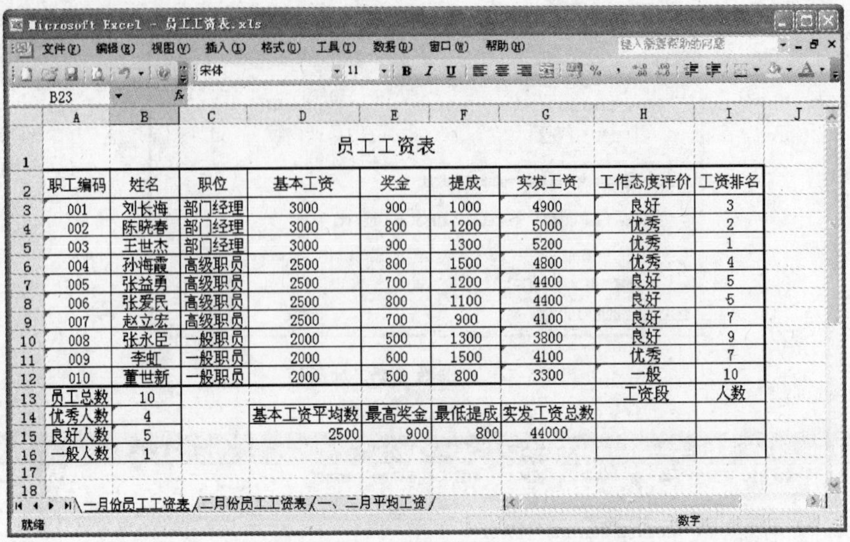

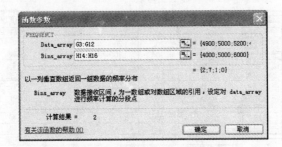

图 5-56　利用 COUNTIF 函数求得良好人数及一般人数结果示例

图 5-57　"函数参数"对话框

（7）按住 Ctrl 和 Shift 键，再单击"确定"按钮，结果显示在选定区域"I14：I16"内，如图 5-58 所示。

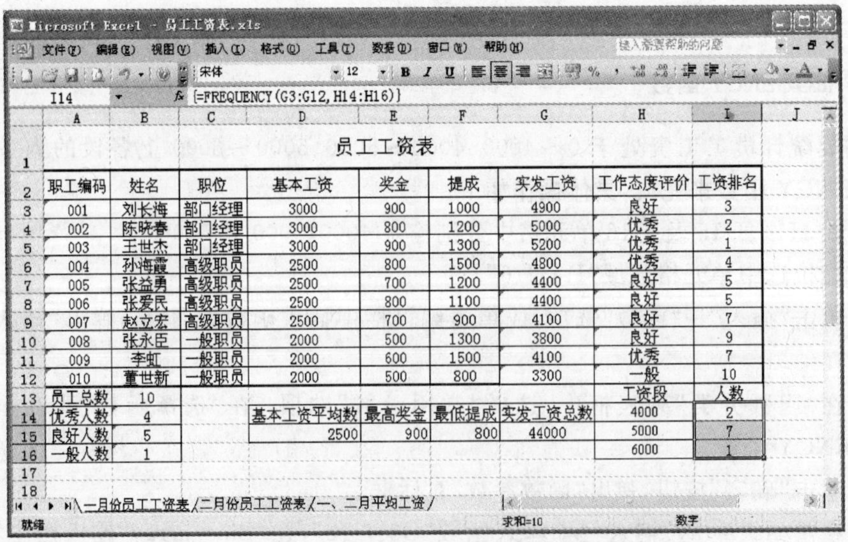

图 5-58　利用 FREQUENCY 函数求得各工资段人数示例

5.4.3　单元格位置引用

通过单元格位置的引用,可以在某个公式中使用工作表或工作簿中任何单元格的数据,也可以在几个公式中使用同一单元格中的数值。单元格位置的引用有两种方式,一是输入单元格地址,另一种是用鼠标进行单元格引用。根据单元格地址被复制到其他单元格后是否会改变,分为相对引用、绝对引用、混合引用和三维引用。

1. 相对引用

通常,我们所进行的引用都是相对引用。相对引用的含义是:把一个含有单元格地址引用的公式复制到一个新的位置时,公式中的单元格地址会根据情况而改变。相对引用的表示方法是用字母表示列,用数字表示行,例如 A2。

如图 5-41 所示的"员工工资表中的公式复制示例",G3 单元格的公式"＝D3＋E3＋F3"被复制到 G4 单元格后,就相应变成了"＝D4＋E4＋F4"。

2. 绝对引用

绝对引用的含义是:把一个含有单元格地址引用的公式复制到一个新的位置时,公式中的单元格地址保持不变。绝对引用的表示方法是在列字母和行数字之前加上美元符"＄",例如 ＄A＄2。假如 F6 单元格的公式为"＝E6 ＊ ＄E＄2"被复制到 F7 单元格后,就相应变成了"＝E7 ＊ ＄E＄2"。

3. 混合引用

混合引用综合了相对引用和绝对引用的效果。当用户需要固定某行引用而改变列引用,或者需要固定某列引用而改变行引用时,就要用到混合引用,例如 ＄B5,D＄66 都是混合引用。

4. 三维引用

利用三维引用,用户可以对一个工作簿中不同工作表的数据进行引用。利用这一点,将每个员工一、二月份的平均工资计算出来,结果如图 5-59 所示。

一月份员工工资表、二月份员工工资表两张工作表分别记载员工一、二月份的工资情况,下面我们来统计每个员工一、二月份的平均工资,具体操作如下:

(1) 选定存放平均工资的单元格。即一、二月份平均工资! C3 单元格。

(2) 在编辑栏输入"＝("。

(3) 切换到"一月份员工工资表"工作表标签,单击 G3 单元格,编辑栏显示"一月份员工工资表! G3",手动输入"＋";切换到"二月份员工工资表"工作表标签,单击 G3 单元格,公式栏显示"二月份员工工资表! G3";手动输入")/2"。

(4) 单击编辑栏"√"按钮,结果如图 5-60 所示。

(5) 拖动自动填充柄,复制公式到其他单元格,结果如图 5-59 所示。

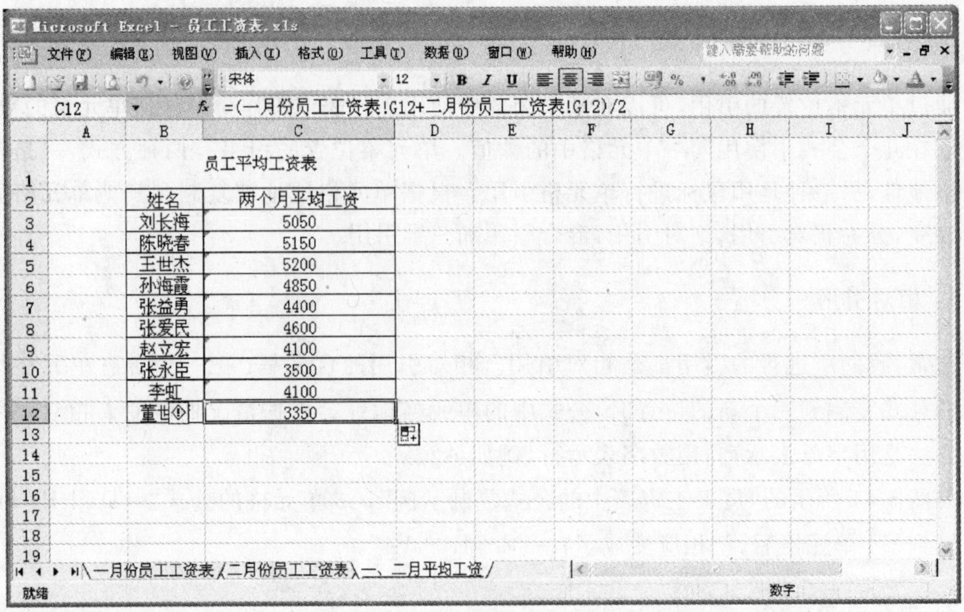

图 5-59　三维引用后的结果

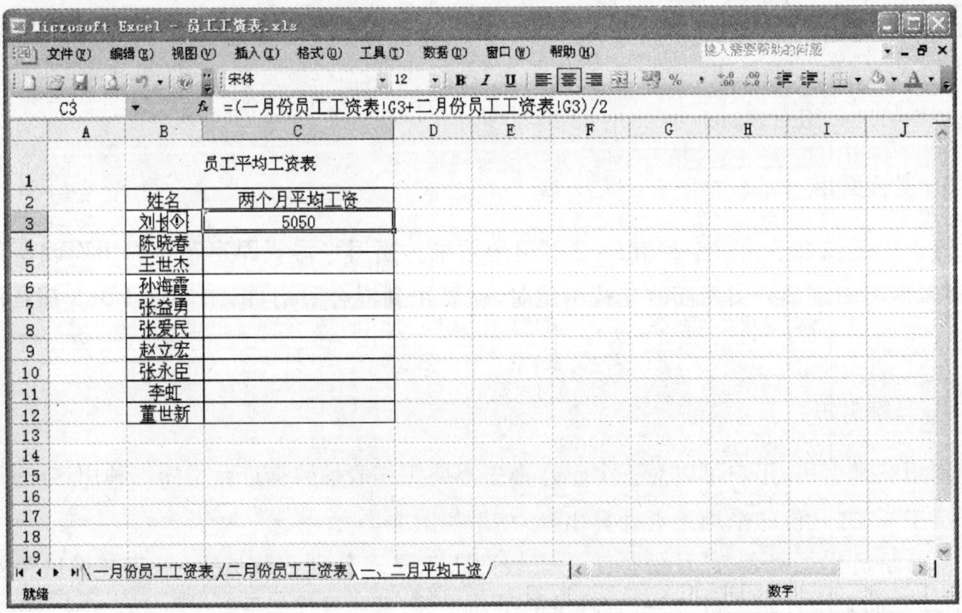

图 5-60　三维引用示例

5.5　实训5：制作"采购分析图"——数据图表的使用

设定目标

制作如图 5-61、图 5-62、图 5-63 所示的某企业采购分析图,学习数据图表的使用方法。

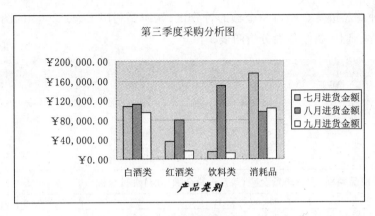

图 5-61 柱形图示例

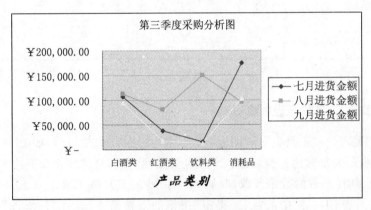

图 5-62 折线图示例

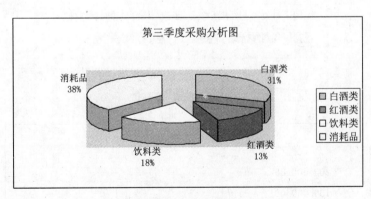

图 5-63 饼图示例

5.5.1 创建图表

Excel 2003 提供了大量图表类型，将数据以图表的形式显示，可以使数据更清晰、更有趣、更易于理解。

某企业第三季度采购分析表如图 5-64 所示，为了更好、更直观地比较各类商品的进货情况,以及每种商品进货金额占总金额的百分比,就需要利用 Excel 2003 的图表向导功能,在原有表格的基础上,制作各类分析图表。

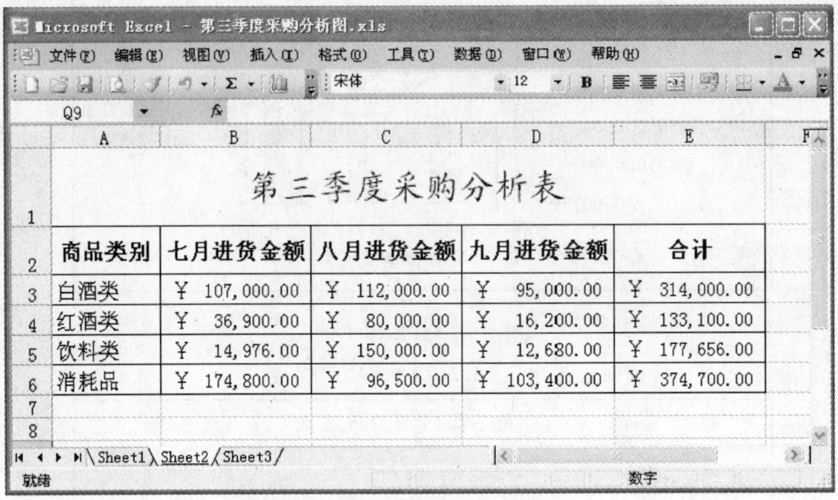

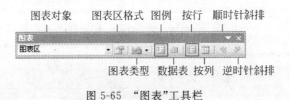

图 5-64　三季度采购分析表

1. 根据"图表"工具栏一步创建图表

首先单击"视图"→"工具栏"→"图表"选项,将"图表"工具栏打开,如图 5-65 所示。

下面我们用图表来对比各类商品 3 个月进货金额情况,具体操作如下:

(1) 选择待制作图表的数据区域,即从 A2 到 D5 的单元格区域。

(2) 单击"图表"工具栏中的"图表类型"按钮的下拉箭头,选择"柱形图"选项,结果如图 5-66 所示。

图表对象　　图表区格式　图例　按行　顺时针斜排

图表类型　数据表　按列　逆时针斜排

图 5-65　"图表"工具栏

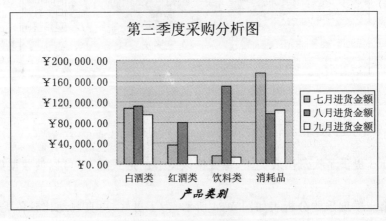

图 5-66　柱形图示例

2．使用图表向导创建图表

使用图表工具栏创建图表虽然快捷，但它能提供的图表很有限，而使用图表向导则能创建更为丰富的图表。具体操作如下：

（1）选择待制作图表的数据区域，即从 A2 到 D6 的单元格区域。

（2）单击"插入"→"图表"选项（或直接单击"常用"工具栏中的图表向导按钮 ），弹出"图表向导 4-1"对话框。

（3）单击"标准类型"选项卡，在"图表类型"列表框中选择"柱形图"选项，在"子图表类型"列表框中选择第一个选项，如图 5-67 所示。

（4）单击"下一步"按钮，弹出"图表向导 4-2"对话框，如图 5-68 所示。

图 5-67　"图表向导 4-1"对话框

图 5-68　"图表向导 4-2"对话框

若未选择要包含在图表中的数据单元格区域，在"数据区域"输入框中设定单元格区域，然后单击"下一步"按钮，弹出"图表向导 4-3"对话框，在图表标题栏中输入标题"第三季度采购分析图"，在分类（X）轴中输入"产品类别"，如图 5-69 所示。

（5）单击"下一步"按钮，弹出"图表向导 4-4"对话框，选择"作为其中的对象插入"选项，如图 5-70 所示。

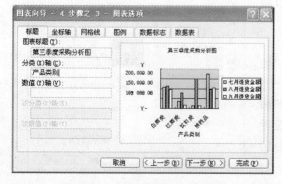

图 5-69　"图表向导 4-3"对话框

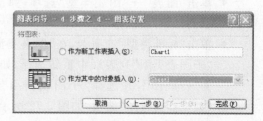

图 5-70　"图表向导 4-4"对话框

（6）单击"完成"按钮，结果如图 5-71 所示。

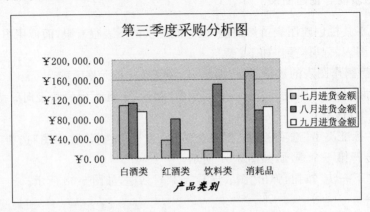

图 5-71　利用图表向导制作的柱形图示例

5.5.2　修改图表

创建图表后，还有很多有关图表的操作能使图表更加完善。

1. 调整图表的位置和大小

（1）移动图表位置的具体操作如下：
- 单击要移动的图表，图表周围出现 8 个尺寸句柄；
- 把鼠标指针放在该图表区域空白处，按住鼠标左键，并拖动到目标位置；
- 松开鼠标左键。

（2）缩放图表的具体操作如下：
- 单击要移动的图表，图表周围出现 8 个尺寸句柄；
- 将鼠标指针移近图表的尺寸句柄；
- 当鼠标指针变成双向箭头时，按住鼠标左键，并拖动鼠标调整图表大小；
- 松开鼠标左键。

2. 改变图表类型

1）折线图的制作

如果想考察一下各类商品的进货趋势，可将图 5-71 改成折线图，具体操作如下：

- 单击要改变类型的图表；
- 单击"图表"→"图表类型"选项，弹出"图表类型"对话框；
- 单击"标准类型"选项卡，在"图表类型"和"子图表类型"列表框中重新选择，如设置为"折线图"，并选择"子图表类型"中的"数据点折线图"选项，如图 5-72 所示；
- 单击"确定"按钮，结果如图 5-73 所示。

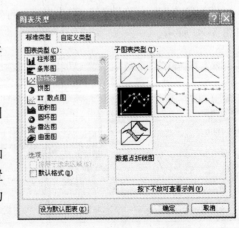

图 5-72　"图表类型"对话框

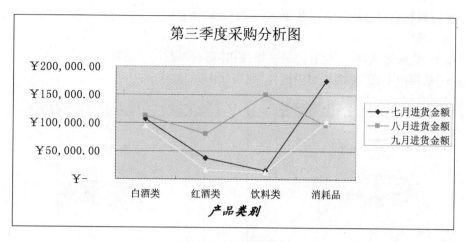

图 5-73 折线图示例

2）饼图的制作

如果想考察一下各类商品在进货金额中所占的百分比，可将图 5-73 改成饼图，并且要修改它的源数据，具体操作如下：

◆ 单击要改变类型的图表；

◆ 单击"图表"→"图表类型"选项，弹出"图表类型"对话框；

◆ 单击"标准类型"选项卡，在"图表类型"和"子图表类型"列表框中重新选择，如设置为"饼图"，并选择"子图表类型"中的"分离型三维饼图"选项，如图 5-74 所示；

◆ 单击"确定"按钮，如图 5-75 所示。

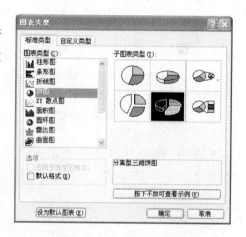

图 5-74 "图表类型"对话框

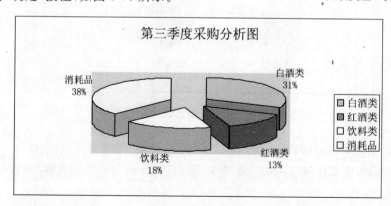

图 5-75 修改类型后的饼图

◆ 单击要改变源数据的图表（见图 5-75）；

◆ 单击"图表"→"源数据"选项，弹出"源数据"对话框，如图 5-76 所示；

◆ 单击"数据区域"输入栏右边的折叠按钮，回到工作表；

◆ 先用鼠标拖拉选择左表头数据区(A2∶A6),按住 Ctrl 键,再拖拉选择"合计"数据区
　(E2∶E6);

◆ 单击"数据区域"输入栏右边的还原按钮,回到源数据对话框;

◆ 在"系列产生在"单选按钮中选择"列",如图 5-77 所示;

图 5-76　"源数据"对话框

图 5-77　改变数据区域后的"源数据"对话框

◆ 单击"确定"按钮,结果如图 5-78 所示。

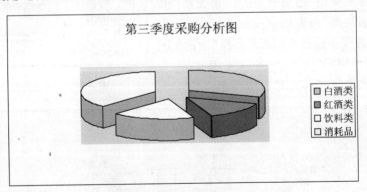

图 5-78　改变数据区域后的饼图

◆ 选中该图表,单击"图表"→"图表选项"命令,弹出"图表选项"对话框;

◆ 在此对话框中选择"数据标志"选项卡,单击"百分比"和"类别名称"复选框,如图 5-79
　所示;

◆ 单击"确定"按钮,结果如图 5-80 所示。

3. 删除数据

删除图表中的数据系列的具体操作如下:

(1) 单击图表中要删除的数据系列。

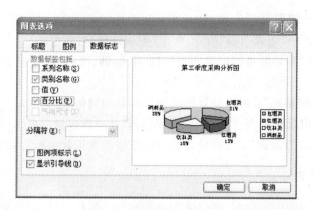

图 5-79 "图表选项"对话框

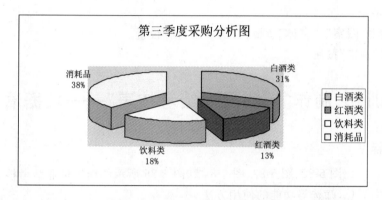

图 5-80 显示百分比的饼图示例

（2）单击"编辑"→"清除"→"系列"选项。

4．添加数据

用户向已经建立了图表的工作表中添加了数据系列后，如果想把添加的数据系列也在图表中显示出来，具体操作如下：

（1）选中要添加数据系列的图表。

（2）单击"图表"→"源数据"选项，弹出"源数据"对话框。

（3）单击"数据区域"选项卡，在"数据区域"输入框中输入新的数据范围。

（4）单击"确定"按钮。

用复制的方法也可以完成图表中数据的添加，具体操作如下：

◆ 选中要添加的数据；

◆ 单击"编辑"→"复制"选项；

◆ 单击要添加数据系列的图表；

◆ 单击"编辑"→"粘贴"选项。

5．设置各种图表选项

如果用户要设置各种图表选项，具体操作如下：

(1) 选中要操作的图表。

(2) 单击“图表”→“图表选项”命令，弹出“图表选项”对话框。

利用“图表选项”对话框可以设置图表标题、坐标轴、图例、数据标志等选项。下面介绍各选项卡的功能。

- “坐标轴”、“网格线”：可以设置图表的坐标轴和网格线。
- “图例”：可以设置是否在图表中显示图例以及选择图例的显示位置。
- “数据标志”、“数据表”：可以设置是否在图表中显示数据标志和数据库表。

6. 设置图表格式

通过对图表背景颜色的设置，可以使图表更加赏心悦目，具体操作如下：

(1) 右击要进行格式设置的图表，弹出快捷菜单，然后单击“图表区格式”选项，弹出“图表区格式”对话框。

(2) 分别对“图案”、“字体”、“属性”选项卡进行设置。

(3) 单击“确定”按钮。

5.6 实训 6：制作“销售员业绩考核表”——数据清单处理

设定目标

制作如图 5-81、图 5-82、图 5-83、图 5-84 和图 5-85 所示的销售员业绩考核表，学习数据清单排序、分类汇总、筛选等功能的使用方法。

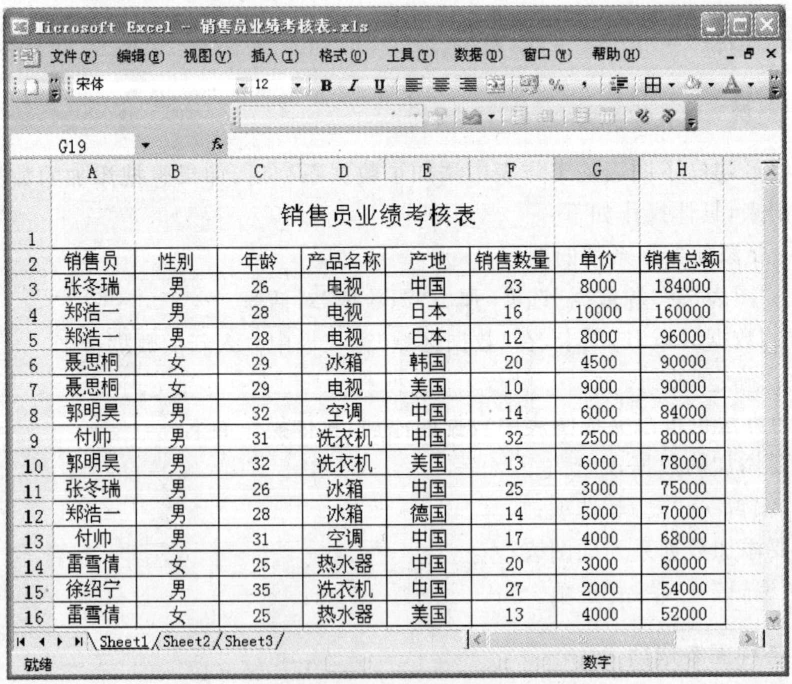

	A	B	C	D	E	F	G	H
1	销售员业绩考核表							
2	销售员	性别	年龄	产品名称	产地	销售数量	单价	销售总额
3	张冬瑞	男	26	电视	中国	23	8000	184000
4	郑浩一	男	28	电视	日本	16	10000	160000
5	郑浩一	男	28	电视	日本	12	8000	96000
6	聂思桐	女	29	冰箱	韩国	20	4500	90000
7	聂思桐	女	29	电视	美国	10	9000	90000
8	郭明昊	男	32	空调	中国	14	6000	84000
9	付帅	男	31	洗衣机	中国	32	2500	80000
10	郭明昊	男	32	洗衣机	美国	13	6000	78000
11	张冬瑞	男	26	冰箱	中国	25	3000	75000
12	郑浩一	男	28	冰箱	德国	14	5000	70000
13	付帅	男	31	空调	中国	17	4000	68000
14	雷雪倩	女	25	热水器	中国	20	3000	60000
15	徐绍宁	男	35	洗衣机	中国	27	2000	54000
16	雷雪倩	女	25	热水器	美国	13	4000	52000

图 5-81 按“销售总额”和“销售数量”字段降序排序

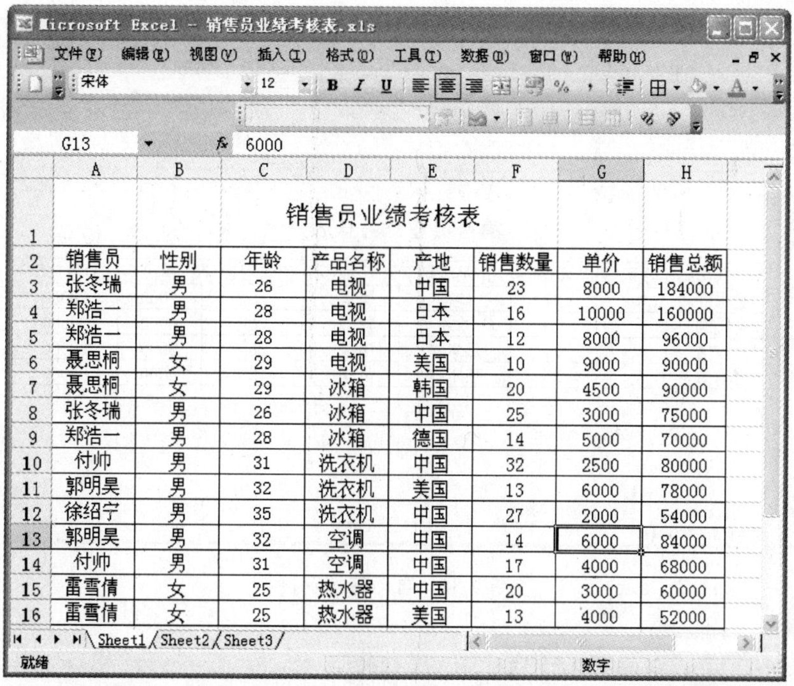

图 5-82　按"产品名称"字段自定义排序

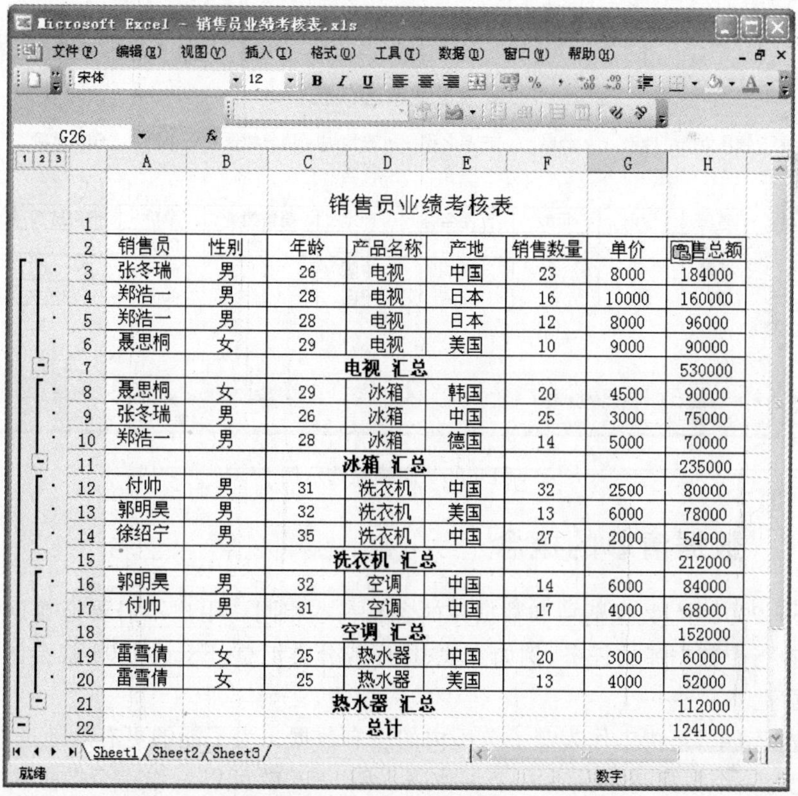

图 5-83　按"产品名称"字段分类汇总

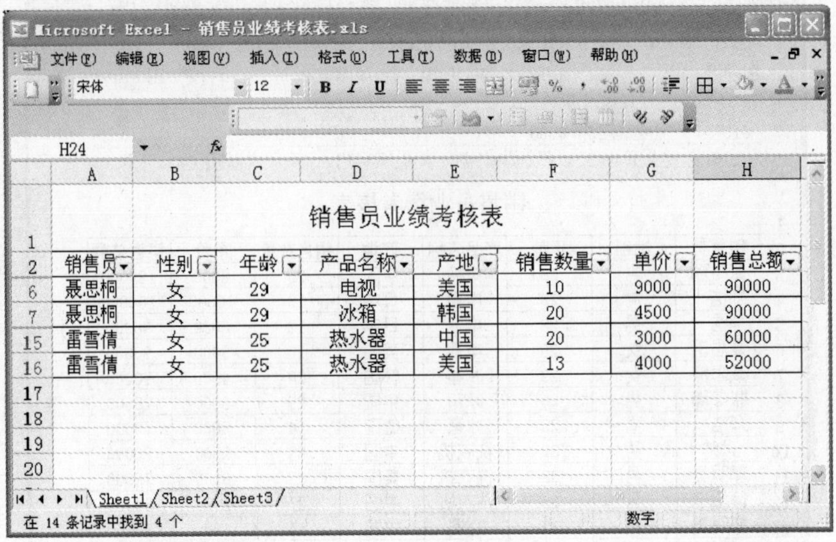

图 5-84　自动筛选示例

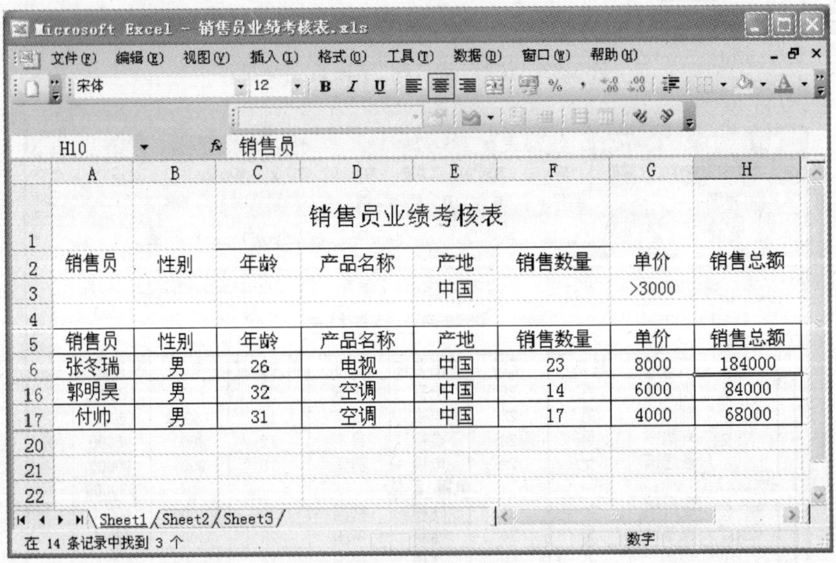

图 5-85　高级筛选示例

5.6.1　数据清单的概念

在 Excel 2003 中,数据清单和数据库的含义基本相同。用户不需要把数据清单变为数据库,只要执行了数据库的任务,例如查找、排序或分类汇总,Excel 2003 就会认为你的清单是一个数据库。

所谓数据清单,是指工作表某一范围内的所有数据。为了能够更有效地进行数据管理,通常我们把每一个数据清单独占一个工作表。图 5-86 就可以看作一个数据清单。每一列都可以看作是数据库的字段,每个字段应该包含同类信息。图 5-86 中共有 8 个字段,分别为“销售员”、“性别”、“年龄”、“产品名称”、“产地”、“销售数量”、“单价”和“销售总额”。数据清单第一行中显示的是字段名，又被称为“标题行”。除标题行外，每一行数据都是一个记录。

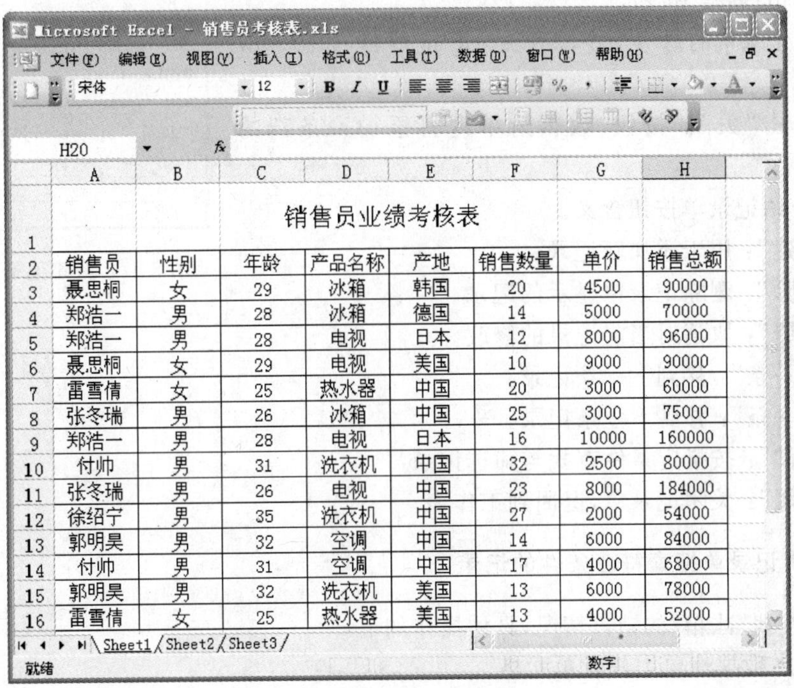

	A	B	C	D	E	F	G	H
1	销售员业绩考核表							
2	销售员	性别	年龄	产品名称	产地	销售数量	单价	销售总额
3	聂思桐	女	29	冰箱	韩国	20	4500	90000
4	郑浩一	男	28	冰箱	德国	14	5000	70000
5	郑浩一	男	28	电视	日本	12	8000	96000
6	聂思桐	女	29	电视	美国	10	9000	90000
7	雷雪倩	女	25	热水器	中国	20	3000	60000
8	张冬瑞	男	26	冰箱	中国	25	3000	75000
9	郑浩一	男	28	电视	日本	16	10000	160000
10	付帅	男	31	洗衣机	中国	32	2500	80000
11	张冬瑞	男	26	电视	中国	23	8000	184000
12	徐绍宁	男	35	洗衣机	中国	27	2000	54000
13	郭明昊	男	32	空调	中国	14	6000	84000
14	付帅	男	31	空调	中国	17	4000	68000
15	郭明昊	男	32	洗衣机	美国	13	6000	78000
16	雷雪倩	女	25	热水器	美国	13	4000	52000

图 5-86　销售员业绩考核表

5.6.2 冻结拆分窗口

由于工作表内容较多，在滚动工作表时，数据清单最上边的标题行和最左端的列字段总是被隐藏起来，为保持其始终在屏幕上，可采用冻结拆分窗口。下面以图 5-86 所示清单为例，冻结第一行和第一列，具体操作如下：

(1) 单击冻结点，即 B3 单元格。

(2) 单击“窗口”→“冻结窗格”选项，则冻结点上边的单元格和左边的单元格都被冻结，一直保持在屏幕上。

(3) 若取消冻结窗口，单击“窗口”→“取消冻结窗格”选项，即可恢复原状。

5.6.3 编辑记录单

记录单可以提供简捷的方法从数据清单或数据库中查看、更改、添加以及删除记录，或者根据指定的条件查找特定的记录。一个记录单只显示一个完整记录。下面以图 5-86 所示清单为例，讲解如何编辑记录单。

1. 使用记录单添加数据

例如，在销售员业绩考核表增加一条记录，具体操作如下：

（1）单击数据清单中任意单元格。

（2）单击"数据"→"记录单"选项，弹出"记录单"对话框。

（3）单击"新建"按钮。

（4）在记录单的每一个字段处输入相应内容，如图 5-87 所示。

（5）单击"关闭"按钮，数据清单内将添加一条新的记录。

图 5-87　新建记录的记录单

下面介绍记录单按钮含义。

◆ "新建"：用于添加新记录。

◆ "删除"：删除记录单显示的记录。

◆ "还原"：取消对当前记录的修改。

◆ "上一条"：移到上一条记录。

◆ "下一条"：移到下一条记录。

◆ "条件"：按指定条件查找与筛选记录。

◆ "关闭"：关闭记录单，退回到工作表。

2. 使用记录单搜索符合条件的记录

例如，查找"冰箱"的销售情况，具体操作如下：

（1）单击数据清单中任意单元格。

（2）单击"数据"→"记录单"选项，弹出"记录单"对话框。

（3）单击"条件"按钮。

（4）在"产品名称"文本框中输入查找条件"冰箱"。

（5）按 Enter 键，显示查找到的第一条记录，通过"上一条"和"下一条"按钮可查看其他符合条件的记录。

5.6.4　排序

排序方法是指按照字母的升序或降序以及数值顺序来组织数据。我们可以选择数据和选择排序次序，或建立和使用一个自定义排序次序。

1. 默认的排序顺序

Excel 2003 根据数据的数值来排列数据，可以按字母顺序、数字顺序或日期顺序来排列数据。在递增排序时 Excel 2003 使用如下顺序：

◆ 数值从最小的负数到最大的正数排序。

◆ 文本和数字按从 0~9 至 A~Z 的顺序。

◆ 在逻辑值中，False 排在 True 之前。

◆ 所有错误值的优先级相同。

◆ 空格排在最后。

◆ 在递减排序时，除空格仍排在最后外，其他正好与递增排序时相反。

当数据排序时,Excel 2003会遵循以下原则:

◆ 按某一列来排序时,该列上有完全相同值的行将保持它们的原始次序。

◆ 按多列来排序时,第一列中有完全相同值的行会根据指定的第二列来排序,第二列中有完全相同值的行会根据指定的第三列来排序。

◆ 若选择自定义排序次序,Excel 2003将用所选顺序代替默认排序顺序。

2. 简单排序

下面按照"销售总额"字段从大到小的顺序对图5-86所示清单排序,具体操作如下:

(1) 单击数据清单中任意单元格。

(2) 单击"数据"→"排序"选项,弹出"排序"对话框。

(3) 在"主要关键字"下拉列表框中,选择"销售总额"选项,并选择"降序"选项,如图5-88所示。

(4) 单击"确定"按钮,结果如图5-89所示。

注意:按一列排序,还可以用"常用"工具栏中的升序排序按钮实现,具体操作如下。

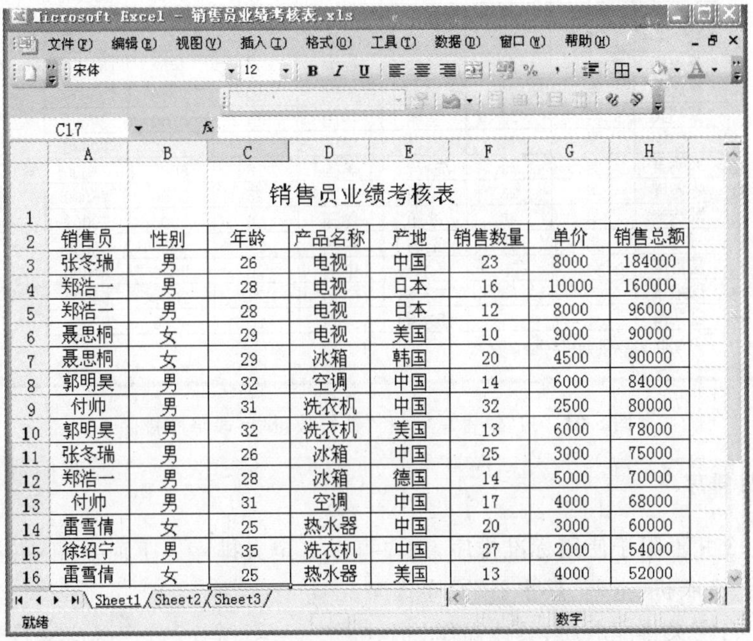

图5-88　"排序"对话框

图5-89　按"销售总额"字段降序排序

(1) 单击"销售总额"字段列任意单元格。

(2) 单击"常用"工具栏按钮 ↓ 。

3. 多列排序

在上一例中,我们按"销售总额"字段进行排序,若还存在销售总额相同的记录,这时我

们可以进一步排序,例如对于销售总额值相同的记录按"销售数量"字段进行递减排列,具体操作如下:

(1)单击数据清单中任意单元格。

(2)单击"数据"→"排序"选项,弹出"排序"对话框。

(3)在"主要关键字"下拉列表框中,选择"销售总额"选项,并选择"降序"选项;在"次要关键字"下拉列表框中,选择"销售数量"选项,并选择"降序"选项,如图5-90所示。

(4)单击"确定"按钮,结果如图5-91所示。

图5-90　"排序"对话框

	A	B	C	D	E	F	G	H
1	销售员业绩考核表							
2	销售员	性别	年龄	产品名称	产地	销售数量	单价	销售总额
3	张冬瑞	男	26	电视	中国	23	8000	184000
4	郑浩一	男	28	电视	日本	16	10000	160000
5	郑浩一	男	28	电视	日本	12	8000	96000
6	聂思桐	女	29	冰箱	韩国	20	4500	90000
7	聂思桐	女	29	电视	美国	10	9000	90000
8	郭明昊	男	32	空调	中国	14	6000	84000
9	付帅	男	31	洗衣机	中国	32	2500	80000
10	郭明昊	男	32	洗衣机	美国	13	6000	78000
11	张冬瑞	男	26	冰箱	中国	25	3000	75000
12	郑浩一	男	28	冰箱	德国	14	5000	70000
13	付帅	男	31	空调	中国	17	4000	68000
14	雷雪倩	女	25	热水器	中国	20	3000	60000
15	徐绍宁	男	35	洗衣机	中国	27	2000	54000
16	雷雪倩	女	25	热水器	美国	13	4000	52000

图5-91　按"销售总额"和"销售数量"字段降序排序

4.自定义排序

Excel 2003并不限于使用标准排序,用户可以自定义排序。下面对图5-91所示的清单按"电视、冰箱、洗衣机、空调、热水器"次序排序。

首先建立自定义排序顺序,具体操作如下:

(1)单击"工具"→"选项"命令,弹出"选项"对话框。

(2)单击"自定义序列"选项卡。

(3)在"自定义序列"列表框中选择"新序列"选项,在"输入序列"文本框中输入"电视",然后按Enter键,依此法依次输入"冰箱"、"洗衣机"、"空调"和"热水器",单击"添加"按钮,如图5-92所示。

(4)单击"确定"按钮。

然后应用自定义排序顺序,具体操作如下:

（1）单击数据清单中任意单元格。

（2）单击"数据"→"排序"选项，弹出"排序"对话框。

（3）在"主要关键字"下拉列表框中，选择"产品名称"选项，并选择"升序"选项。

（4）单击"选项"按钮，弹出"排序选项"对话框，在"自定义排序次序"下拉列表框中，选择"电视、冰箱、洗衣机、空调、热水器"选项，如图5-93所示。

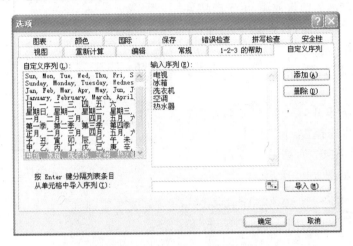

图5-92　"自定义序列"选项卡

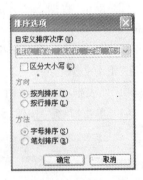

图5-93　"排序选项"对话框

（5）单击"确定"按钮，返回"排序"对话框。

（6）单击"确定"按钮，结果如图5-94所示。

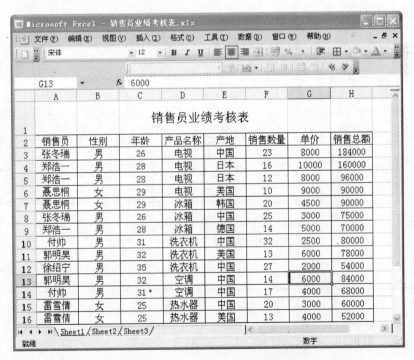

图5-94　按"产品名称"字段自定义排序

5.6.5 分类汇总

1. 建立分类汇总

在分类汇总前数据清单在汇总字段必须是有序的。在上一例的基础上,我们来汇总同一产品的销售数额,由于产品名称字段已排好序,可以省略排序这一步骤,具体操作如下:

(1) 单击数据清单中任意单元格。

(2) 单击"数据"→"分类汇总"选项,弹出"分类汇总"对话框。

(3) 在"分类字段"下拉列表框中,选择"产品名称"选项,在"汇总方式"下拉列表框中,选择"求和"选项,在"选定汇总项"列表框中,选择"销售总额"选项,如图 5-95 所示。

(4) 单击"确定"按钮,结果如图 5-96 所示。

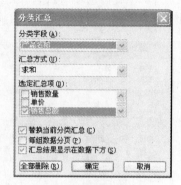

图 5-95 "分类汇总"对话框

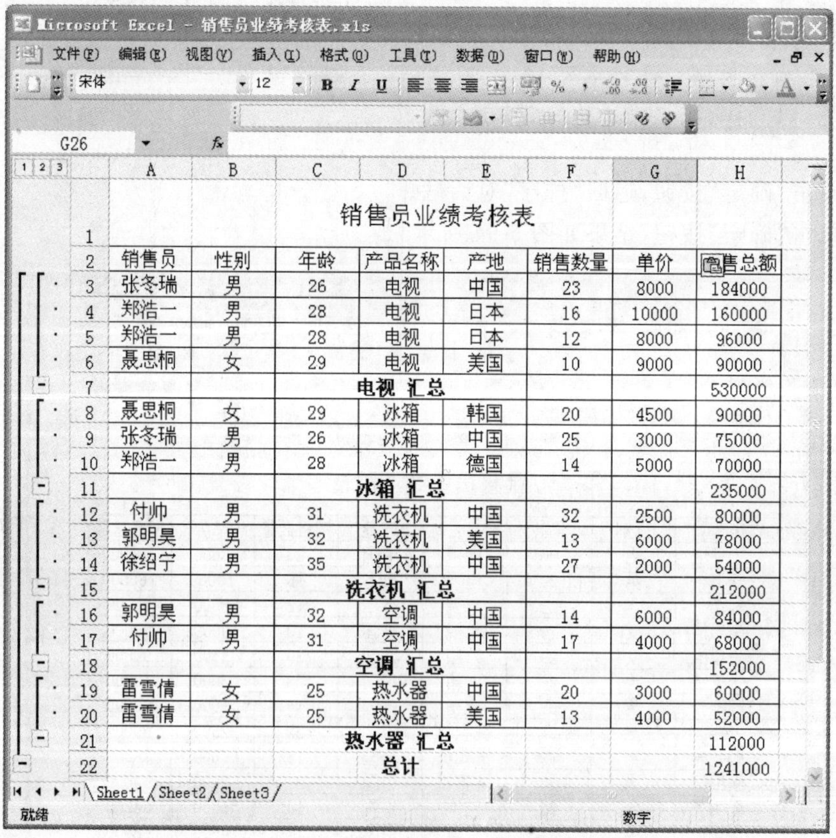

	A	B	C	D	E	F	G	H
1				销售员业绩考核表				
2	销售员	性别	年龄	产品名称	产地	销售数量	单价	销售总额
3	张冬瑞	男	26	电视	中国	23	8000	184000
4	郑浩一	男	28	电视	日本	16	10000	160000
5	郑浩一	男	28	电视	日本	12	8000	96000
6	聂思桐	女	29	电视	美国	10	9000	90000
7				电视 汇总				530000
8	聂思桐	女	29	冰箱	韩国	20	4500	90000
9	张冬瑞	男	26	冰箱	中国	25	3000	75000
10	郑浩一	男	28	冰箱	德国	14	5000	70000
11				冰箱 汇总				235000
12	付帅	男	31	洗衣机	中国	32	2500	80000
13	郭明昊	男	32	洗衣机	美国	13	6000	78000
14	徐绍宁	男	35	洗衣机	中国	27	2000	54000
15				洗衣机 汇总				212000
16	郭明昊	男	32	空调	中国	14	6000	84000
17	付帅	男	31	空调	中国	17	4000	68000
18				空调 汇总				152000
19	雷雪倩	女	25	热水器	中国	20	3000	60000
20	雷雪倩	女	25	热水器	美国	13	4000	52000
21				热水器 汇总				112000
22				总计				1241000

图 5-96 按"产品名称"字段分类汇总

2. 分级显示数据

在创建了分类汇总的工作表中,数据是分级显示的,如图 5-96 所示。第一级数据是所有销售总额的合计,第二级数据是每种产品的合计,第三级是数据清单的原始数据。

下面介绍分级视图中各个按钮含义。

(1) ①：单击该按钮,显示一级数据。

(2) ②：单击该按钮,显示一级和二级数据。

(3) ③：单击该按钮,显示前三级数据。

(4) ➕：单击该按钮,显示明细数据。

(5) ➖：单击该按钮,隐藏明细数据。

例如,单击 ② 按钮,结果如图 5-97 所示。

图 5-97　显示前两级数据示例

3. 撤销分类汇总

撤销分类汇总的具体操作如下:

(1) 单击数据清单中任意单元格。

(2) 单击"数据"→"分类汇总"选项,弹出"分类汇总"对话框。

(3) 单击"全部删除"按钮,即恢复为原数据清单状态。

5.6.6　筛选

通过筛选数据清单,可以只显示满足指定条件的数据行。

1. 自动筛选

自动筛选的具体操作如下:

(1) 单击数据清单中任意单元格。

(2) 单击"数据"→"筛选"→"自动筛选"选项,在每个字段名右端增加一个下拉列表按钮,在每一个下拉列表框中,均将字段名下的所有数据显示出来,供我们选择,如图 5-98 所示。

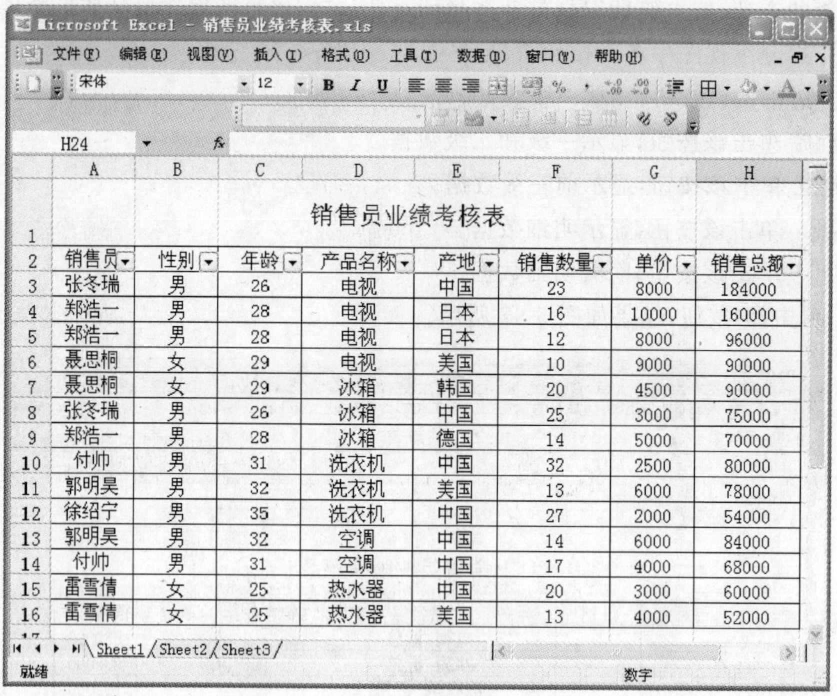

图 5-98　加上自动筛选按钮的数据清单

如果只想显示性别为女的销售员的记录,只需从"性别"字段的下拉列表框中选择"女"选项,结果如图 5-99 所示。

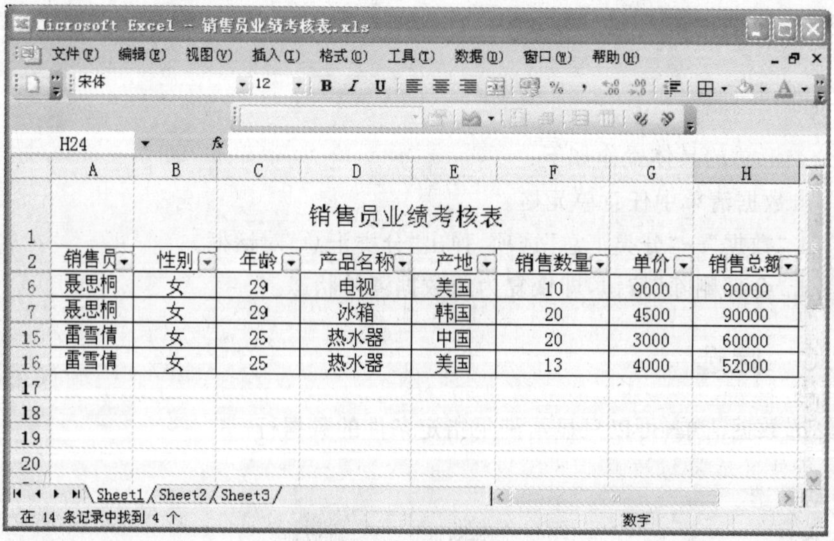

图 5-99　自动筛选示例

如果想取消自动筛选,单击数据清单中任意单元格,单击"数据"→"筛选"→"自动筛选"选项。

2. 高级筛选

使用高级筛选，一定要先建立一个条件区域，条件区域用来指定筛选的数据需要满足的条件。下面筛选产地是中国并且单价在 3000 元以上的记录，具体操作如下：

（1）建立条件区域，设置筛选条件，如图 5-100 所示。

A	B	C	D	E	F	G	H
			销售员业绩考核表				
销售员	性别	年龄	产品名称	产地	销售数量	单价	销售总额
				中国		>3000	
销售员	性别	年龄	产品名称	产地	销售数量	单价	销售总额
张冬瑞	男	26	电视	中国	23	8000	184000
郑浩一	男	28	电视	日本	16	10000	160000
郑浩一	男	28	电视	日本	12	8000	96000
聂思桐	女	29	电视	美国	10	9000	90000
聂思桐	女	29	冰箱	韩国	20	4500	90000
张冬瑞	男	26	冰箱	中国	25	3000	75000
郑浩一	男	28	冰箱	德国	14	5000	70000
付帅	男	31	洗衣机	中国	32	2500	80000
郭明昊	男	32	洗衣机	美国	13	6000	78000
徐绍宁	男	35	洗衣机	中国	27	2000	54000
郭明昊	男	32	空调	中国	14	6000	84000
付帅	男	31	空调	中国	17	4000	68000
雷雪倩	女	25	热水器	中国	20	3000	60000
雷雪倩	女	25	热水器	美国	13	4000	52000

图 5-100　设置条件区域示例

（2）单击数据清单中任意单元格。

（3）单击"数据"→"筛选"→"高级筛选"选项，弹出"高级筛选"对话框。

（4）设置"数据区域"、"条件区域"，如图 5-101 所示。

（5）单击"确定"按钮，结果如图 5-102 所示。

注意：条件区域最好放在筛选区域的上方或者是下方，并至少留一个空行与之相隔。条件区域至少由 2 行组成，第 1 行是标题行，第 2 行和其他行是输入的筛选条件；条件区域的标题必须与筛选区域的标题保持一致。而要保持一致的最好方法是复制、粘贴筛选区域的标题。条件区域不必包括列表中的每个标题。不需要筛选的列可以不在条件区域内。

图 5-101　"高级筛选"对话框

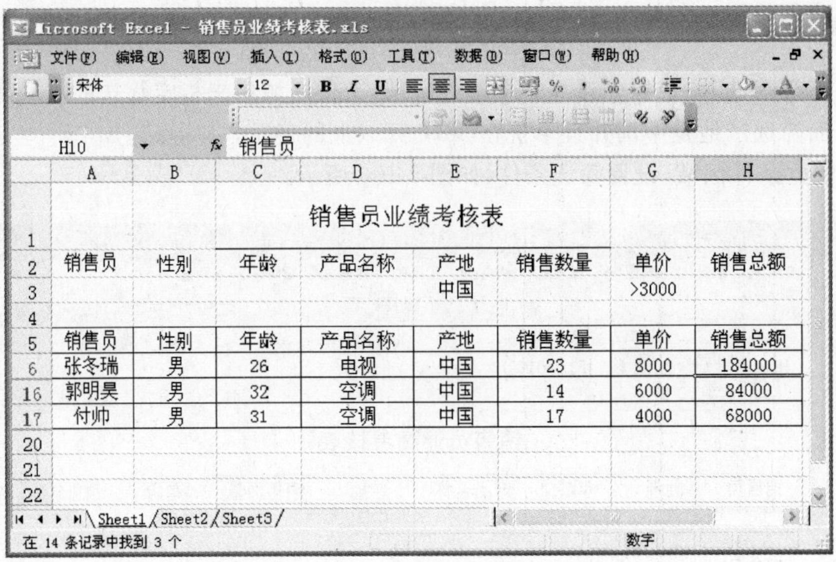

图 5-102　高级筛选示例

5.7　实训 7：制作"部门费用表"——数据透视表的使用

设定目标

制作如图 5-103 所示的部门费用表的数据透视表,学习数据透视表功能的使用方法。

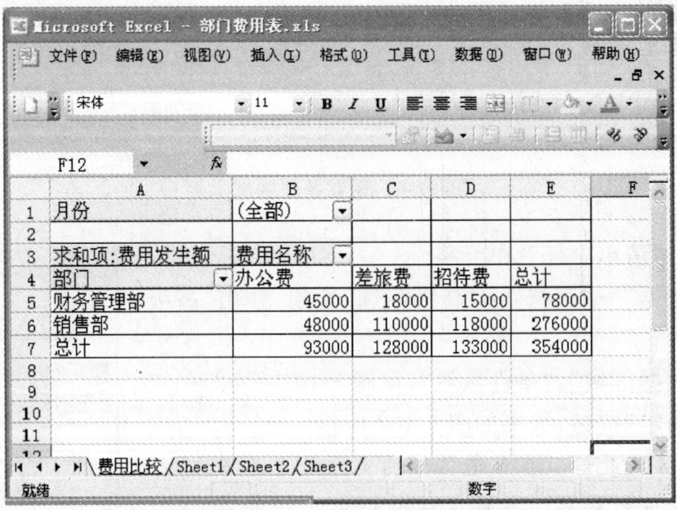

图 5-103　数据透视表示例

5.7.1　创建数据透视表

数据透视表是一种交互式工作表,用于对现有数据清单或记录单进行汇总和分析。用户可以在透视表中指定要显示的字段和数据项,以确定如何组织数据。

图 5-104 是部门费用对比清单，虽然信息量比较丰富，但各条记录之间没有什么条理性，我们可以利用 Excel 2003 的数据透视表功能，制作出图 5-103，从该图中可以看出这两个部门哪项费用较高。

	A	B	C	D
1	部门	费用名称	月份	费用发生额
2	销售部	办公费	一月	28000
3	销售部	差旅费	一月	60000
4	销售部	招待费	一月	50000
5	销售部	办公费	二月	20000
6	销售部	差旅费	二月	50000
7	销售部	招待费	二月	68000
8	财务管理部	办公费	一月	20000
9	财务管理部	差旅费	一月	10000
10	财务管理部	招待费	一月	5000
11	财务管理部	办公费	二月	25000
12	财务管理部	差旅费	二月	8000
13	财务管理部	招待费	二月	10000

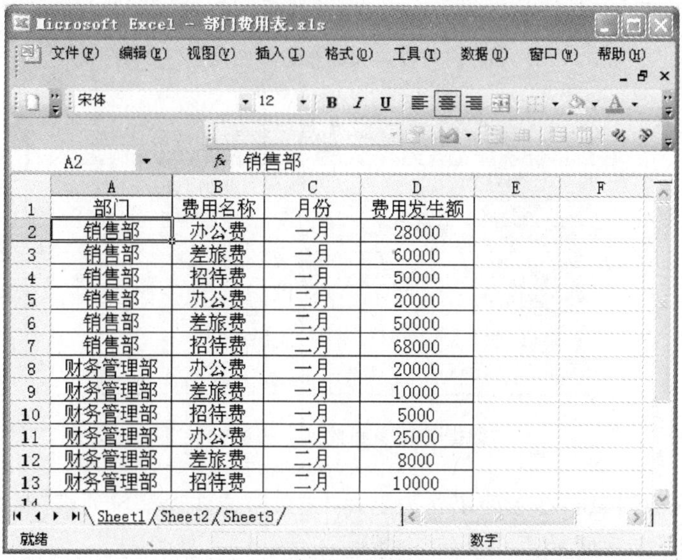

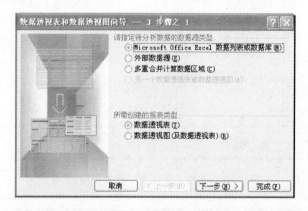

图 5-104 部门费用数据清单

建立数据透视表的具体操作如下：

(1) 单击数据清单的任意单元格。

(2) 单击“数据”→“数据透视表和数据透视图”选项，弹出“数据透视表和数据透视图向导 3-1”对话框，数据源类型选择“Microsoft Excel 数据清单或数据库”选项，报表类型选择“数据透视表”选项，如图 5-105 所示。

图 5-105 “数据透视表和数据透视图向导 3-1”对话框

(3) 单击“下一步”按钮，弹出“数据透视表和数据透视图向导 3-2”对话框，如图 5-106 所示。

(4) 单击“下一步”按钮，弹出“数据透视表和数据透视图向导 3-3”对话框，选择“新建工作表”选项作为数据透视表的显示位置，如图 5-107 所示。

图 5-106　"数据透视表和数据透视图向导 3-2"对话框

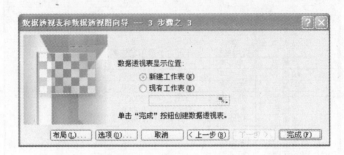

图 5-107　"数据透视表和数据透视图向导 3-3"对话框

（5）单击"完成"按钮，在新建工作表上弹出"数据透视表字段列表"对话框及"数据透视表"工具栏，如图 5-108 所示。

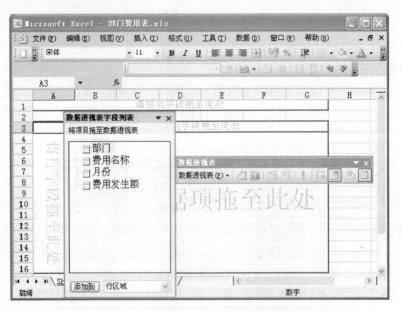

图 5-108　"数据透视表字段列表"对话框

这一步用来确定数据透视表结构。在"数据透视表字段列表"对话框中给出了所有的字段名，可以任意将某个或几个字段按钮拖到标明"页字段"、"行字段"、"列字段"或"数据项"的位置。这里，我们分别将"月份"、"费用名称"、"部门"和"费用发生额"按钮拖动至页字段区、行字段区、列字段区和数据项区位置，结果如图 5-109 所示。

图 5-109　数据透视表示例

5.7.2　编辑数据透视表

1. 添加或删除数据透视表字段

如果屏幕上没有显示"数据透视表"工具栏，单击"视图"→"工具栏"→"数据透视表"选项，打开"数据透视表"工具栏，如图 5-110 所示。

添加数据透视表字段的具体操作如下：

（1）单击数据透视表中数据区任意单元格，在"数据透视表"工具栏中单击"显示字段列表"按钮

图 5-110　"数据透视表"工具栏

，弹出"数据透视表字段列表"对话框，在此对话框中将显示出该表单的所有字段名。

（2）在要添加的字段按钮处，按下鼠标左键。

（3）拖动鼠标到数据透视表中的相应区域。

（4）删除字段的时候，只需单击要删除的字段按钮，并拖动鼠标到透视表区域的外部即可。

2. 更新数据透视表中的数据

当数据源发生变化时，数据透视表的内容并不改变，通常要执行更新数据操作才能刷新透视表中的数据。如图 5-104 所示的工作表，发现 D2 单元格值应输入"29000"，更正后，对于由此生成的透视表数据也应立即更新，具体操作如下：

（1）单击数据透视表中数据区任意单元格。

（2）单击"数据"→"刷新数据"选项（或单击"数据透视表"工具栏的"刷新数据"按钮）。

3. 撤销数据透视表的总计项

在默认情况下，数据透视表自动显示行与列的总和，如果要取消透视表中的总计项，具体操作如下：

（1）单击数据透视表中数据区任意单元格。

（2）单击"数据透视表"工具栏中"数据透视表"的下拉按钮，然后从下拉列表框中选择"表选项"命令，弹出"数据透视表选项"对话框，如图 5-111 所示。

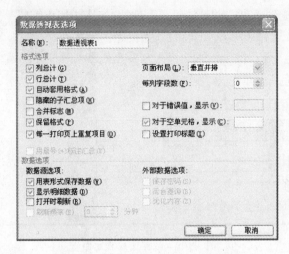

图 5-111 "数据透视表选项"对话框

（3）在"格式选项"组中，撤销"行总计"和"列总计"两个选项。

（4）单击"确定"按钮。

4．更改页面布局

将鼠标指针指向数据透视表中要移动的单元格的边框，或要移动的字段按钮，当指针变为箭头时，将选定的单元格或字段按钮拖动到新位置。

5．改变数据透视表的汇总方式

Excel 2003 默认的汇总方式是求和，现在用户想把如图 5-109 所示的透视表汇总方式更改为求最大值，具体操作如下：

（1）单击数据透视表中数据区任意单元格。

（2）单击"数据透视表"工具栏中的"字段设置"按钮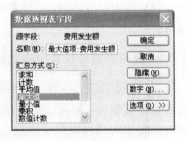，弹出"数据透视表字段"对话框。

（3）在"汇总方式"列表框中选择"最大值"选项，如图 5-112 所示。

（4）单击"确定"按钮。

图 5-112 "数据透视表字段"对话框

如果想进一步分析透视表中的数据，还可以对数据透视表进行排序，以及在数据透视表中建立图表，执行的步骤与一般工作表的处理过程类似，这里就不做详细介绍了。

习题 5

一、选择题

1．在 Excel 2003 工作表中左上角的按钮（即行号和列标交叉处的按钮）的作用是（　　）。

    A．选中所有行号　　　　　　　　　　B．选中所有列号

C. 选中整个工作表所有单元格　　　　D. 无任何作用

2. 在 Excel 2003 工作表中,不正确的单元格地址是( )。

A. C$66　　　　B. $C66　　　　C. C6$6　　　　D. $C$66

3. 在 Excel 2003 工作簿中,默认含有的工作表个数是( )。

A. 1　　　　B. 2　　　　C. 3　　　　D. 4

4. 在 Excel 2003 中,一个工作表最多可以有( )行。

A. 255　　　　B. 256　　　　C. 65535　　　　D. 65536

5. 在当前工作表中,选定单元格 Q300 为活动单元格最快捷的方法是( )。

A. 拖动滚动条

B. 按 Pg Dn 键或 Pg Up 键

C. 在名称框中输入 Q300,并按回车键

D. 先按组合键"Ctrl＋→"找到 Q 列,再按组合键"Ctrl＋↓"找到 300 行

6. 在 Excel 2003 工作表中,在某单元格内输入数值 452,不正确的输入形式是( )。

A. 452　　　　B. ＝452　　　　C. ＋452　　　　D. ＊452

7. 在 Excel 2003 工作表中,进行自动填充时,鼠标的形状为( )。

A. 空心粗十字　　B. 向左上方箭头　　C. 实心细十字　　D. 向右上方箭头

8. 在 Excel 2003 中,如果把一串阿拉伯数字作为字符串而不是数值输入到单元格中,
应当先输入( )。

A. "(双引号)　　　　　　　　B. '(单引号)

C. ""(两个双引号)　　　　　　D. "(两个单引号)

9. 在 Excel 2003 工作表中,正确的 Excel 公式形式为( )。

A. ＝C4＊Sheet2! A2　　　　　B. ＝C4＊Sheet3$A2

C. ＝C4＊Sheet2:A2　　　　　D. C4＊Sheet3‰A2

10. 在 Excel 2003 工作表中,单元格 D5 中有公式"＝$B$2＋C4",删除第 A 列后,C5
单元格中的公式为( )。

A. ＝$A$2＋B4　　　　　B. ＝$B$2＋B4

C. ＝$A$2＋C4　　　　　D. ＝$B$2＋C4

11. 在 Excel 2003 工作表的 A2 单元格中输入数值 14.5,然后在 C2 单元格中输入"＝A2
＊5"后按回车,C2 单元格将显示( )。

A. A25　　　　B. 72.5　　　　C. 5A2　　　　D. A2＊5

12. 以下对单元格的引用中,属于相对引用的是( )。

A. D8　　　　B. D$8　　　　C. $D8　　　　D. $D$8

13. 在 Excel 2003 表格中,在对数据清单分类汇总前,必须做的操作是( )。

A. 排序　　　　B. 筛选　　　　C. 合并计算　　　　D. 指定单元格

14. 在单元格中输入文本,默认的对齐方式是( )。

A. 左对齐　　　　B. 右对齐　　　　C. 分散对齐　　　　D. 居中

15. 在 Excel 2003 的某个单元格中有公式"＝$F$6",它采用了单元格的( )方式。

A. 相对引用　　　　B. 混合引用　　　　C. 绝对引用　　　　D. 任意引用

16. Excel 2003 中,选择整行的最简捷的操作是( )。

　　A. 单击该行的第一单元格,然后拖动鼠标直至最后一个单元格

　　B. 单击全选按钮

　　C. 单击行号

　　D. 沿行号或列号拖动

17. 要调整 Excel 2003 工作表中某列单元格的列宽为最适合列宽,最简便的方法是( )。

　　A. 鼠标拖动列名左边的边框线　　　　B. 鼠标拖动列名右边的边框线

　　C. 双击列名右边的边框线　　　　　　D. 双击列名左边的边框线

18. Excel 2003 中,数值型数据的系统默认对齐方式是( )。

　　A. 右对齐　　　　B. 左对齐　　　　C. 居中　　　　D. 垂直居中

19. 若在单元格中出现了一连串的"＃＃＃"符号,则( )。

　　A. 须重新输入数据　　　　　　　　B. 需调整单元格的宽度

　　C. 须删去该单元格　　　　　　　　D. 需删去这些符号

20. 在 Excel 2003 工作簿中,有关移动和复制工作表的说法正确的是( )。

　　A. 工作表只能在所在工作簿内移动不能复制

　　B. 工作表只能在所在工作簿内复制不能移动

　　C. 工作表可以移动到其他工作簿内,不能复制到其他工作簿内

　　D. 工作表可以移动到其他工作簿内,也可复制到其他工作簿内

二、填空题

1. Excel 2003 可进行非当前工作表单元格的引用,如要引用 Sheet3 工作表中的 A3、A4、A5 3 个单元格,则应在当前工作表的选定的单元格中输入_____。

2. 用鼠标拖动法复制工作表,应先选定要复制的工作表,再按键盘_____键,用鼠标左键将工作表标签拖到新的位置。

3. 在 Excel 2003 中,重命名工作表的最简单方法是用鼠标_____要重命名的工作表标签,再输入新的工作表名称后按回车键。

4. 在 Excel 2003 中,要将某一区域的单元格格式应用于其他多个不同的区域,应先_____常用工具栏上的"格式刷"工具,再进行适当的操作。

5. 在 Excel 2003 中,要进行单元格的合并,应先选定要合并的单元格区域,再执行_____菜单的命令。

第6章

PowerPoint 2003的使用

本章学习内容

◆ 熟悉 PowerPoint 2003 的基本知识

◆ 熟悉幻灯片中各种对象的编辑方法

◆ 掌握演示文稿的 4 种视图方式

◆ 掌握幻灯片的设计方法

◆ 掌握幻灯片的放映方法

◆ 掌握演示文稿的发布与打印方法

在报告、教学、讲演时,如何才能直观、形象、生动地表达出自己的观点,以打动在场的所有听众? 使用一份集文本、声音、图表、表格、图像、影像于一体的演示文稿是一个非常好的方法。PowerPoint 2003 就是一款功能强大的用于幻灯片制作、放映的软件,它是 Office 2003 的组件之一,它提供了一种生动活泼、图文并茂的交流手段,用户可以通过色彩艳丽、动感十足的演示画面,生动形象地表述主题、展现创意、阐明观点。用它编制的文稿,既可以在投影仪和计算机上进行演示,还可以将其打印、制作成海报、胶片等,可以应用到更广泛的领域。

使用 PowerPoint 创建的文件称为演示文稿,其扩展名是“. ppt”,而幻灯片则是组成演示文稿的每一页,在幻灯片中可以插入文本、图片、声音和影片等对象。

6.1　实训 1：认识 PowerPoint 2003

设定目标

熟悉 PowerPoint 2003 的操作界面及视图方式,对 PowerPoint 2003 有一个初步的认识,掌握演示文稿的创建、打开、保存、关闭等操作。

6.1.1　PowerPoint 2003 的启动与退出

1. 启动

启动 PowerPoint 2003 有 3 种方法。

• 双击桌面上的 PowerPoint 2003 快捷图标。

• 选择“开始”→“所有程序”→Microsoft Office 2003→Microsoft Office PowerPoint

2003 选项。

- 直接双击已经创建的 PowerPoint 演示文稿(扩展名.ppt)。

2．退出

使用 PowerPoint 2003 制作完成演示文稿后,应退出 PowerPoint 2003 以节省系统资源。退出 PowerPoint 2003 有 4 种方法:

- 单击标题栏右上角的"关闭"按钮。
- 双击标题栏左上角的控制菜单图标。
- 选择"文件"→"退出"选项。
- 按 Alt＋F4 组合键。

6.1.2　PowerPoint 2003 的工作环境

启动 PowerPoint 2003 之后,系统会自动新建一个空白演示文稿,如图 6-1 所示,这便是 PowerPoint 2003 的基本操作界面,它主要包括标题栏、菜单栏、工具栏、幻灯片列表区、幻灯片编辑区、任务窗格、幻灯片视图切换按钮、绘图工具栏以及状态栏等。

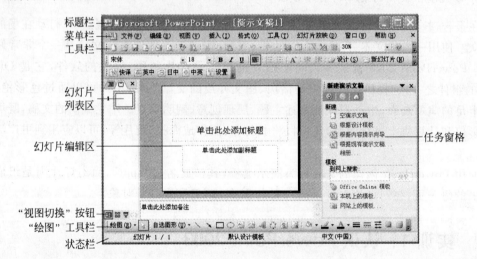

图 6-1　PowerPoint 2003 的工作界面

1．标题栏

其包含有控制菜单按钮、演示文稿名称、"最小化"按钮、"最大化(还原)"按钮、"关闭"按钮。

2．菜单栏

菜单栏位于标题栏下方,包括 PowerPoint 2003 工作过程中的大部分命令。

3．工具栏

工具栏包含了 PowerPoint 2003 中的常用操作命令,并以图形按钮形式显示,方便用户使用,一般只将"常用"工具栏、"格式"工具栏和"绘图"工具栏显示在窗口内,其他的暂时隐藏。

4．幻灯片编辑区

默认情况下，刚打开 PowerPoint 2003 时进入演示文稿的普通视图，在该视图中，演示文稿窗口包括大纲区、幻灯片区、备注区，可分别按不同方式加工演示文稿。

5．视图切换按钮

利用视图切换按钮、可以在各种视图之间进行切换，单击演示文稿窗口左下方的视图切换按钮可以进入不同的视图。

6．状态栏

状态栏位于 PowerPoint 2003 窗口的最下方，当演示文稿处于普通视图时，还显示当前演示文稿中的幻灯片总数及当前幻灯片的编号。

6.1.3　PowerPoint 2003 的视图

视图是 PowerPoint 2003 演示文稿在计算机屏幕上的信息显示方式，为了方便建立、编辑、浏览、放映幻灯片，PowerPoint 2003 提供了"普通视图"、"幻灯片浏览视图"、"幻灯片放映视图"和"备注页视图"4 种基本视图模式。

在 PowerPoint 2003 窗口的左下角有 3 个按钮 ，它们分别为"普通视图"按钮 、"幻灯片浏览视图"按钮 和"幻灯片放映视图"按钮 。单击相应的按钮可以切换到相应的视图模式。

PowerPoint 2003 除了上述 3 种视图模式外，还有一种"备注页视图"模式，它可以通过单击"视图"→"备注页"选项来打开"备注页视图"。

1．普通视图

普通视图是 PowerPoint 2003 的默认方式，是创建与编辑演示文稿的一种常用的视图。在该视图方式下，屏幕的左边是演示文稿中各幻灯片的大纲情况，右上方是当前幻灯片，右下方是幻灯片的备注页视图，在左边窗口中，有"大纲"和"幻灯片"两个选项卡。

在普通视图中，单击"大纲"选项卡时，下面显示大纲窗口，这时可以方便地输入演示文稿的一系列主题，系统将根据这些主题自动生成相应的幻灯片，而且这些主题将自动设置为幻灯片的标题，如图 6-2 所示。单击"幻灯片"选项卡时，则演示文稿中的每个幻灯片以缩小方式排列在下面的窗口中，这时可以浏览幻灯片的缩略图，快速定位所要编辑的幻灯片，如图 6-3 所示。

2．幻灯片浏览视图

单击"幻灯片浏览视图"按钮 ，可以切换到"幻灯片浏览视图"。在此视图模式下，显

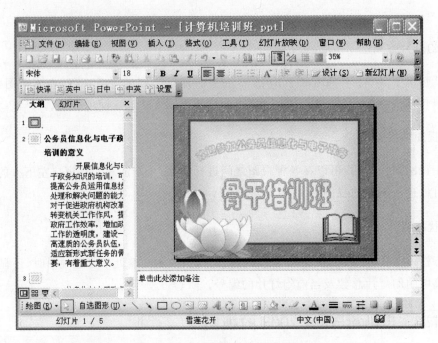

图 6-2 "普通视图"的大纲选项卡

图 6-3 "普通视图"的幻灯片选项卡

示演示文稿中所有幻灯片的缩略图,这时可以重新调整幻灯片的排列顺序,检查演示文稿是否流畅,也可以加入新幻灯片、删除幻灯片,在幻灯片之间进行复制,还可设定幻灯片之间切换的效果,以及设置幻灯片的放映时间等,但此时不能对幻灯片的内容进行更改。在众多的幻灯片中,外框有蓝色粗线的是当前幻灯片,如图6-4所示。

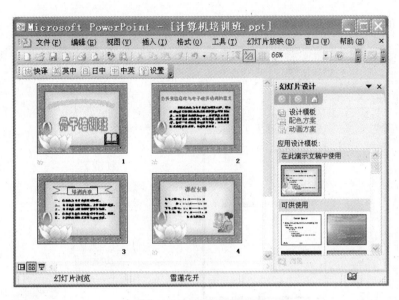

图 6-4　幻灯片浏览视图

3．幻灯片放映视图

单击"幻灯片放映"按钮，将进行幻灯片的放映。在普通视图中，从当前幻灯片开始放映，如果在幻灯片浏览视图中，从选定幻灯片开始放映。

幻灯片放映视图显示的不是单个静止的画面，而是像播放真实的 35mm 幻灯片一样，按照预先设定的方式一幅一幅动态地显示，直到演示文稿结束，返回到原来的视图下。因此，用户不但可以从中体验添加到演示文稿中的动画和声音效果，还能观察到转换的效果。如图 6-5 所示。

图 6-5　幻灯片放映视图

4．备注页视图

单击"视图"→"备注页"选项，可以进入备注页视图。在备注页视图中，将在幻灯片下方显示幻灯片的注释页,可在该处为幻灯片创建演讲者注释,如图 6-6 所示。

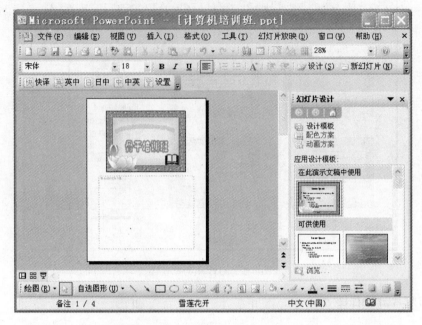

图 6-6　备注页视图

6.1.4　打开演示文稿

默认情况下,启动 PowerPoint 2003 打开的第一张幻灯片是标题演示页,任务窗格中显示的是"开始工作"任务窗格,如图 6-7 所示,编辑幻灯片的工作就从这里开始。

开始工作任务窗格的"打开"区域会列出最近打开过的演示文稿,可以直接单击演示文稿的名称打开。如所需要的文件没有被列出则按如下步骤打开演示文稿:

(1) 单击"开始工作"任务窗格,选择"打开"区域的"其他"选项,弹出"打开"对话框,如图 6-8 所示。

图 6-7　"开始工作"
任务窗格

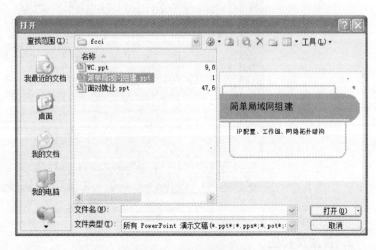

图 6-8　"打开"对话框

（2）在"查找范围"下拉列表框中，选择演示文稿所在的驱动器和文件夹。

（3）在文件列表中选中演示文稿时，右侧的预览区域会显示出该演示文稿的第一页。

（4）单击对话框中的"打开"按钮，或双击该文件。

6.1.5 创建演示文稿

要创建新的演示文稿，可以在"开始工作"任务窗格中选择"新建演示文稿"，将"开始工作"任务窗格切换为"新建演示文稿"任务窗格，在这里进行新建演示文稿的操作。如图 6-9 所示。

1. 创建空演示文稿

在"新建演示文稿"任务窗格中单击"空演示文稿"选项，"新建演示文稿"任务窗格切换为"幻灯片版式"任务窗格，如图 6-10 所示。鼠标指向任务窗格中应用幻灯片版式列表中的一种版式，单击该版式右侧下拉箭头出现下拉列表，选择"应用于选定幻灯片"则将该版式应用于选定的幻灯片上；如果选择"插入新幻灯片"则将插入一张新的幻灯片，新幻灯片将应用该版式。

图 6-9 "新建演示文稿"任务窗格

图 6-10 "幻灯片版式"窗格

PowerPoint 2003 提供了 4 大类共 31 种自动版式供用户选择，在这些版式的结构图中不包含除黑色和白色之外的任何颜色，也不包括任何形式的样式，更不含有具体的内容，只包括一些矩形框，这些方框被称为占位符，不同版式中的占位符也是不同的。所有的占位符都有提示文字，可以根据提示在占位符中填入标题、文本、图片、图标、组织结构图和表格等内容。

如果对演示文稿的内容和结构比较熟悉，可以从空白的演示文稿开始进行设计。空白的演示文稿具有最大的灵活性，可以充分发挥自己的想象力和创造力。

2. 根据现有演示文稿创建演示文稿

创建演示文稿时，如果认为以前创作的演示文稿比较适合新建的内容，可以利用这些已有的演示文稿来创建新的演示文稿，在原演示文稿的基础上进行编辑修改，充分利用原有样式和背景设置简化创建过程、提高效率。

根据现有演示文稿创建演示文稿的具体操作步骤如下：

(1) 执行"新建演示文稿"→"根据现有演示文稿"命令，弹出"根据现有演示文稿新建"对话框，如图 6-11 所示。

图 6-11　"根据现有演示文稿新建"对话框

(2) 在对话框中选择合适的演示文稿。

(3) 单击"创建"按钮，即可在已有的演示文稿基础上创建新的演示文稿。

利用已有的演示文稿创建新的演示文稿过程，只是创建了原有演示文稿的副本，不会改变原演示文稿的内容。

3．使用模板创建演示文稿

PowerPoint 提供了多种模板，使用模板创建演示文稿既方便又实用。使用模板创建演示文稿的操作步骤如下：

(1) 执行"新建演示文稿"→"本机上的模板"命令，弹出"新建演示文稿"对话框。

(2) 选择"演示文稿"选项卡，在模板列表框选择一种模板，在右边预览框中显示相应的版式，如图 6-12 所示。

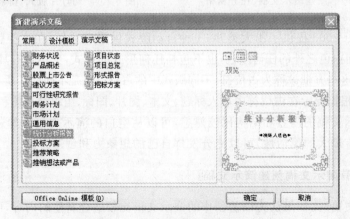

图 6-12　"新建演示文稿"对话框

（3）单击"确定"按钮，系统会自动创建一份包含多张幻灯片的演示文稿。

4. 根据内容提示向导创建演示文稿

"内容提示向导"中有多种主题的演示文稿示例，根据要表达的内容选择合适的主题后，在"内容提示向导"的引导下建立文稿。"内容提示向导"不但能够帮助完成演示文稿的格式设置，还能帮助输入演示文稿的主要内容。"内容提示向导"是初学者开始创建演示文稿的最佳途径。

根据内容提示向导创建文稿的具体操作步骤如下：

（1）执行"新建演示文稿"→"根据内容提示向导"命令，弹出"内容提示向导"对话框，如图 6-13 所示。

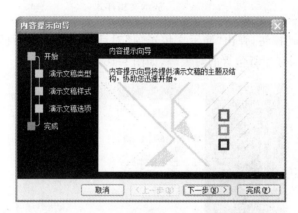

图 6-13　"内容提示向导"对话框

（2）单击"下一步"按钮，弹出"演示文稿类型"对话框，如图 6-14 所示。在该对话框中提供了 7 种演示文稿类型。在右侧的列表中选择一种演示文稿类型。

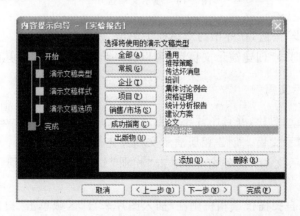

图 6-14　演示文稿类型

（3）单击"下一步"按钮，弹出"演示文稿样式"对话框。定义幻灯片的输出类型，如图 6-15 所示。输出类型共有 5 种：屏幕演示文稿、Web 演示文稿、黑白投影机、彩色投影机、35mm 幻灯片。一般情况下，演示文稿是通过计算机屏幕演示的，因此默认值为"屏幕演示文稿"。

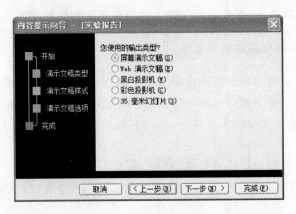

图 6-15　演示文稿样式

（4）单击"下一步"按钮，弹出"演示文稿选项"对话框。在该对话框中可以输入演示文稿的标题、设置每张幻灯片所包含的对象等，如图 6-16 所示。

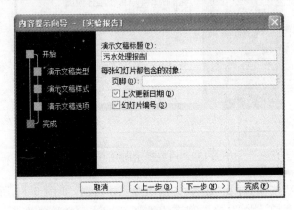

图 6-16　演示文稿选项

（5）单击"下一步"按钮，在弹出的对话框中单击"完成"按钮。

使用"内容提示向导"创建演示文稿后，可以进一步根据需要修改其中的内容。

5．创建相册演示文稿

向演示文稿中添加图片，并且图片不要自定义，此时可以使用 PowerPoint 2003 的相册功能创建一个相册演示文稿。创建相册演示文稿具体操作步骤如下：

（1）在"新建演示文稿"任务窗格，单击"相册"选项，弹出"相册"对话框，如图 6-17所示。

（2）如果图片来自扫描仪或相机则在"插入图片来自"区域单击"扫描仪/相机"按钮，如果图片来自磁盘则单击"文件/磁盘"按钮，弹出"插入新图片"对话框，在对话框中选择图片，插入到相册。

（3）被插入的图片在"相册中的图片"列表框中列出，单击图片可在预览区看到相应的显示。单击上移按钮或下移按钮改变图片的先后顺序。

（4）单击"新建文本框"，可以在相册中插入文本框，作文字说明。

图 6-17 "相册"对话框

（5）单击"相册版式"→"图片版式"下拉菜单，在下拉列表中选择图片版式，单击"相框形状"下拉菜单，选择相框的形状。

（6）单击"创建"按钮。

注意：在"相册"对话框中单击"浏览"可查找设计模板，美化相册。

6.1.6 保存演示文稿

在保存演示文稿时，如果是第一次保存，在执行"文件"→"保存"命令时，会弹出如图 6-18 所示的"另存为"对话框。在对话框中"保存位置"选择保存的文件位置，在"文件名"文本框中输入演示文稿的名称，单击"确定"按钮即可。

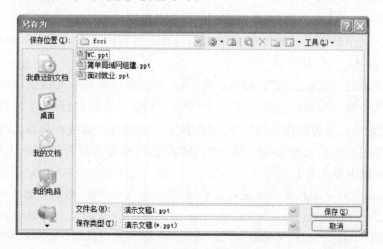

图 6-18 "另存为"对话框

也可以根据需要将演示文稿保存为 Web 页。执行"文件"→"另存为 Web 页"命令，弹出"另存为"对话框，在对话框中默认保存位置为该演示文稿所在文件夹，默认文件名为演示文稿原来的文件名,但扩展名为".htm"。默认的页标题为该演示文稿的标题幻灯片标题。可以对保存位置和文件名进行修改,然后单击"确定"按钮。

6.2　实训 2：插入演示文稿中的对象

设定目标

掌握演示文稿中内容的制作,学习在幻灯片中编辑文本,插入图片、表格、组织结构图及图表等对象的方法。为编辑出具有专业水准的演示文稿奠定基础。

6.2.1　编辑文本

演示文稿的内容由文本对象和图形对象组成,其中,文本对象是幻灯片的基本组成部分,也是演示文稿中最重要的组成部分。合理地组织文本对象可以使幻灯片能更好地传达信息,合理地设置文本对象的格式使幻灯片更具吸引效果。

1. 添加文本

在幻灯片文本占位符上可以直接输入文本,如果要在占位符以外的地方输入文本必须在文本框中输入,可以先在幻灯片中插入文本框,然后在文本框中输入文本。

1) 在占位符中输入文本

在插入一个版式的幻灯片后可以发现,在版式中使用了许多占位符。占位符就是创建新幻灯片时出现的虚线方框,这些方框代表着一些待确定的对象,在占位符中有对该占位符的说明。占位符是幻灯片设计模板的主要组成元素,在占位符中添加文本和其他对象可以方便地建立规整美观的演示文稿。

在占位符中输入文本,可以单击占位符中的任意位置,此时虚线边框将被斜线边框所代替,在占位符上显示的原始示例文本也消失,同时在占位符内出现一个闪烁的插入点,表明可以在此输入文本。

如单击"单击此处添加标题"标题占位符,可以发现在占位符中间位置出现一个闪烁的插入点,在插入点输入标题的内容,如图 6-19 所示。输入文本时,如果文本超出占位符的宽度将会自动把超出占位符的部分转到下一行,按 Enter 键将开始输入新的文本行。当输入文本行数超出占位符时,文本会溢出占位符。输入完毕,单击占位符外的空白区域。

2) 在文本框中输入文本

如果要在幻灯片中的其他位置输入文本,必须先插入文本框,然后在插入的文本框中添加文本,如图 6-20 所示。

单击"绘图"工具栏中的"文本框"按钮,或在"插入"菜单中选择"文本框"命令,此时有两种方法可以插入文本框:

◆ 在幻灯片中直接单击要添加文本的位置。这种方式插入的文本框在输入文本时将自动适应输入文字的长度,不作自动换行。按 Enter 键可以开始输入新的文本行,文本框将随着输入文本行数的增加而扩大。

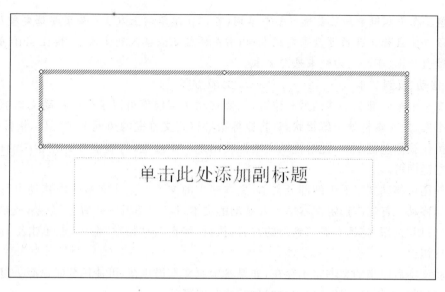

图 6-19　标题占位符

图 6-20　在文本框中输入文本示例

- 在幻灯片上拖动鼠标绘制出文本框。这种方式插入的文本框在输入文本时,如果输入的文本超出文本框的宽度,则超出的部分自动转到下一行,按 Enter 键将开始输入新的文本行,文本框将随着输入文本行数的增加而扩大。

2. 操作文本

无论是在占位符还是在文本框中输入文本,都可能要对文本进行修改。单击文本内容进入编辑状态,插入点会在文本中闪烁,此时可对文本进行修改。其实占位符也可以看作是一个文本框,只不过在版式中被提前插入。

1) 选定文本

和 Word 文档一样,在删除文本、移动文本或复制文本时,必须先选定文本。

- 选定整个文本框中的文本:单击文本框使文本框处于编辑状态,执行"编辑"→"全选"命令,则该文本框中的文本被全部选中。
- 选定文本框中的部分文本:将插入点移到要选定文本的开始处,拖动鼠标,选定的文本呈反白显示。

注意：在文本框中如果要选定整个单词，可以在该单词上双击；如果要选定整段文字，可在该段三击鼠标。使用键盘选定文本时，首先将插入点插入到文本中，按住 shift 键不放，并通过键盘的上、下、左、右键来选定文本。

2）移动、复制文本

将文本框中全部文字移到另一位置，只要移动文本框就可以了。在移动文本框时首先单击文本框，使文本框处于编辑状态，将鼠标指针移到文本框的边框上，当鼠标指针变成 ✛ 形状时按住鼠标左键不放，此时拖动文本框会出现一个虚框，将虚框放置在相应的位置，松开鼠标左键即可。

另外还可移动文本框中的部分文本，文本框中的文本可以在文本框内移动也可在不同文本框间移动。首先应选定文本框中要移动的文本，执行"编辑"→"剪切"命令，或单击工具栏中的"剪切"按钮，将插入点移到新的位置，执行"编辑"→"粘贴"命令，或单击工具栏中的"粘贴"按钮。

移动文本后原来的文本将不存在，如果希望原文本仍存在，可使用复制命令。复制和移动的操作相似，使用"编辑"菜单中的"复制"命令即可。

注意：使用鼠标移动文本，首先选定要移动的文本，将鼠标指针指向被选中的文本，当鼠标变成 I 形状时按左键拖动，拖动时出现一个虚线插入点，插入点的位置就是文本放置的位置，到达目标位之后，松开左键。

3．设置文本格式

PowerPoint 2003 提供了强大的文本效果处理功能，可以对演示文稿中的文本进行各种格式的设置。

1）设置字体格式

设置字体格式，可以在"格式"工具栏或"字体"对话框中进行设置，具体方法可参照第 4 章"Word 2003 的使用"。

2）设置字体对齐方式

如果一行文字的字号不一致，可以设置字体的对齐方式。执行"格式"→"字体对齐方式"命令，弹出如图 6-21 所示的子菜单。在子菜单中可以设定垂直方向的文字对齐方式，分为顶端对齐、居中、底端对齐和罗马方式对齐，对于含有英文的文本，通常选择罗马方式对齐，这也是默认的对齐方式。

3）替换字体

PowerPoint 2003 允许替换整个演示文稿中的某个指定字体。例如，将宋体替换为方正舒体。具体操作如下：

◆ 执行"格式"→"替换字体"命令，弹出"替换字体"对话框，如图 6-22 所示。

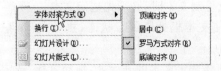

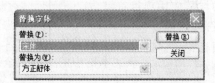

图 6-21　"字体对齐方式"子菜单　　　　图 6-22　"替换字体"对话框

◆ 单击"替换"下拉列表框,显示演示文稿中的所有字体,选择被替换的字体。

◆ 在"替换为"下拉列表框中选择需要的字体。

◆ 单击"替换"按钮,开始替换。

◆ 单击"关闭"按钮,关闭对话框。

4．设置段落格式

对文本的段落格式进行设置可以使文本对象的放置更加整齐、有层次感。段落格式设置包括对齐方式、段落缩进、行距、段间距以及制表位等。

1) 段落对齐

默认情况下,在占位符中输入的文本会根据情况自动设置对齐方式,如在标题和副标题占位符中输入的文本会自动居中对齐;在文本框中输入的文本默认是左对齐方式。要调整文本段落的对齐方式,首先应选中要设置对齐方式的段落,再执行"格式"→"对齐方式"命令,在弹出子菜单中选择对齐方式,如图 6-23 所示。

2) 行距和段间距

更改段落中的行距或者段落之间的段间距,选中段落,执行"格式"→"行距"命令,弹出如图 6-24 所示的对话框。在对话框中设定行距和段前、段后的间距,系统提供了两种单位供选择:"行"和"磅"。

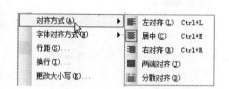

图 6-23　"对齐方式"对话框

图 6-24　"行距"对话框

5．项目符号和编号

项目符号和编号是幻灯片中常用的元素,它可以使幻灯片的项目层次更加清晰。项目符号通常用于各个项目之间没有顺序的情况,编号则适用于各个项目有顺序限制的情况。

1) 项目符号

默认情况下,在文本内容占位符中输入的文本会自动添加项目符号。单击该占位符,插入点会显示在第一个项目符号后,输入第一个列表内容之后,按 Enter 键开始新的带项目符号列表项。

为段落使用项目符号,首先设置一种项目符号,然后逐段输入段落内容;也可以选定已有的段落,然后再创建项目符号。

项目符号还可以用"格式"工具栏上的"项目符号"按钮 三 来设置。选定要设置项目符号的段落,单击"项目符号"按钮即可。

设置更加新颖的项目符号,可以通过"项目符号和编号"对话框来进行。

◆ 选定要设置项目符号的段落或将插入点定位在起始段落处。

◆ 执行"格式"→"项目符号和编号"命令,弹出对话框,选择"项目符号"选项卡,如图 6-25
所示。

◆ 选择一种项目符号,在"大小"数值框中输入项目符号相对于文本大小的百分比,在
"颜色"文本框的下拉列表中选择项目符号的颜色。单击"图片"按钮,可以在弹出的
"图片项目符号"对话框中选择一种图片作为项目符号。单击"自定义"按钮,在弹出
的"符号"对话框中选择一种符号作为项目符号。

◆ 设置完毕,单击"确定"按钮。

2)编号

设置编号可使用"格式"工具栏中的"编号"按钮  。也可以利用"项目符号和编号"对
话框进行设置,具体操作与设置项目符号类似,如图 6-26 所示。

图 6-25　设置项目符号

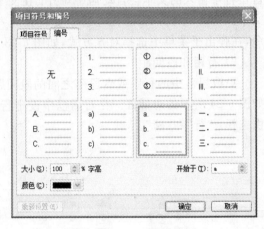

图 6-26　设置编号

6.2.2　设置文本框格式

6.2.1 节已经介绍了占位符可以看作是一种文本框,可以进行格式设置,例如给文本框
填充各种效果,设置文本框的尺寸位置和旋转角度等。占位符和文本框的格式设置分别在
"设置占位符格式"和"设置文本框格式"对话框中进行。文本框和占位符设置方法相同,下
面以设置文本框格式为例,介绍格式设置的具体操作。

单击要设置格式的文本框,执行"格式"→"文本框"命令,弹出"设置文本框格式"对话
框。把鼠标指向文本框的边界,当鼠标变为"十"形状时双击,同样可以弹出"设置文本框格
式"对话框。另外,在文本框上右击,在快捷菜单中选择"设置文本框格式"的命令也可以调
出"设置文本框格式"对话框。

1. 填充颜色和边框线条

默认情况下,在输入文本后看不到占位符,这是因为文本框和占位符填充颜色和线条颜
色都默认为"无填充颜色"。在"设置文本框格式"对话框中选择"颜色和线条"选项卡,可以
对文本框和线条颜色进行设置,如图 6-27 所示。

在"填充"区域的颜色下拉列表中为文本框填充单调颜色;选择"其他颜色"选项可以从

调色板中选择更多的颜色；选择"填充效果"对话框可设置风格迥异的填充效果；选择"背景"选项将自动设置文本框的填充色为幻灯片背景色，与"无填充色"不同的是，该选项将覆盖背景上的图案。

在"线条"区域的"颜色"下拉列表中选择一种线条颜色，然后再对线条的样式、虚实、粗细等进行设置。

2．文本框尺寸

占位符可以通过拖动边框上的拖动点来调整大小，也可以通过"设置占位符格式"对话框中的"尺寸"选项卡来设置。

新插入的文本框拖动边框上的拖动点只能改变文本框的宽度不能改变高度，要改变文本框的高度应在"设置文本框格式"对话框的"尺寸"选项卡中进行设置，如图 6-28 所示。

图 6-27　设置文本框的颜色和线条　　　　图 6-28　设置文本框的尺寸

要旋转文本框还可以设置文本框的旋转角度。在文本框旋转时，文本框中的字体同样跟着旋转，使用文本框的旋转特性可以制作出许多特殊的文字效果。

注意：占位符只有在对话框中才能设置旋转角度，文本框还可以直接用鼠标拖动绿色旋转点来设置旋转角度。

3．控制文本锁定点

文本锁定点是指文本相对于文本框的垂直对齐方式，设置文本锁定点可以调节文本在文本框中的位置。

在"设置文本框格式"对话框中选择"文本框"选项卡，在"文本锁定点"下拉列表中选择锁定位置，共有 6 种文本锁定点：顶部、中部、底部、顶部居中、中部居中、底部居中，如图 6-29 所示。

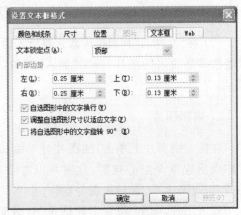

图 6-29　设置文本锁定点

如果选中"调整自选图形尺寸以适应文字"复选框,那么当文本超出文本框时,文本框将会随着文本扩展,否则文本框不会随着文本改变大小。

注意:占位符默认设置没有选中"调整自选图形以适应文字"复选框,文本框的默认设置是选中"调整自选图形以适应文字"复选框。

6.2.3　插入图片

用 PowerPoint 2003 创建演示文稿时,对于一些不方便用语言描述的内容,使用图片来表达会收到很好的效果。在幻灯片中使用图片,将丰富幻灯片的演示效果,还能避免观看者因面对单调的文字和数据而产生厌烦心理。

1. 插入图片

在幻灯片中插入的图片可以来自文件也可以是剪贴画,由于两者的方法类似,这里只介绍来自文件的图片插入。

操作步骤如下:

(1) 在幻灯片中执行"插入"→"图片"→"来自文件"命令,弹出"插入图片"对话框,如图 6-30 所示。

图 6-30　"插入图片"对话框

(2) 在"文件名"列表框中输入要插入的图片名称或者选择要插入的图片,单击"插入"按钮,如图 6-31 所示。

2. 编辑图片

在插入的图片上单击,使图片处于编辑状态,图片四周出现 9 个空心句柄,此时可以对图片进行移动位置、改变大小、旋转角度等操作。

双击图片,弹出"设置图片格式"对话框,可以在

图 6-31　"插入图片"的幻灯片

对话框中对图片进行更为详细的设置。

6.2.4 插入表格

PowerPoint 2003有自己的表格制作功能。在幻灯片中插入表格,有两种方法:一种是利用幻灯片版式建立带"表格占位符"的幻灯片;另一种是在幻灯片中直接插入表格。

利用幻灯片版式建立带有"表格占位符"的幻灯片,操作步骤如下:

(1) 执行"格式"→"幻灯片版式"命令,弹出"幻灯片版式"任务窗格,在"应用幻灯片版式"列表中选择含有"表格占位符"的幻灯片版式,例如选择"标题和表格"版式,如图6-32所示。

(2) 双击"双击此处添加表格"占位符,弹出"插入表格"对话框。

(3) 在"列数"和"行数"文本框中分别输入表格的列数和行数,如图6-33所示。

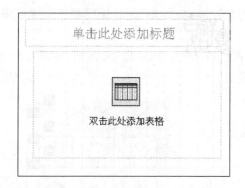

图 6-32 带"表格占位符"的幻灯片

图 6-33 "插入表格"对话框

(4) 单击"确定"按钮,生成表格。

插入表格之后,插入点在左上角的单元格中闪烁,提示可以向表格中输入数据,同时出现"表格和边框"工具栏。如图6-34所示。

在幻灯片中直接插入表格:打开演示文稿,在普通视图状态下,选择需要添加表格的幻灯片,执行"插入"→"表格"命令,弹出"插入表格"对话框,在对话框中指定"行数"和"列数",单击"确定"按钮,生成表格。

课程表					
星期 节数	星期一	星期二	星期三	星期四	星期五
1、2节	数学	语文	英语	微机	体育
3、4节	语文	数学	英语	科学	美术
5、6节	品德	综合	音乐	自然	数学
7、8节	自习	体育	班会	数学	语文

图 6-34 "插入表格"的幻灯片

另外,单击"常用"工具栏中的"插入表格"按钮,会弹出一个4行5列的模型表格,按住左键拖动鼠标可在模型表格中选择所需的行数和列数,松开左键,在幻灯片中生成指定大小的表格。如果表格的行数大于4或列数大于5,模型表格会自动扩展。

在表格的任意单元格中单击,则插入点定位在单元格中,可以编辑单元格的内容,鼠标移到表格句柄上,当变为双向箭头状时,拖动鼠标可以改变表格的大小。在表格上按住鼠标左键拖动,可以改变表格位置。鼠标移动到表格的列线上,当变为 ✛ 状时,拖动鼠标可以改变表格的列宽。在表格上右击,在快捷菜单中选择"边框和填充"命令,弹出"设置表格格式"

对话框,可以对表格的格式进行详细的设置。

6.2.5　插入组织结构图

组织结构图是反映各种组织人员或单位层次结构的图示,组织结构图可以清楚地描述出组织中各单元的层次结构和相互关系。

1. 插入组织结构图

插入组织结构图有两种方法:一种是利用幻灯片版式建立带"组织结构图占位符"的幻灯片,另一种是在幻灯片中直接插入组织结构图。

利用幻灯片版式建立带有"组织结构图占位符"的幻灯片,操作步骤如下:

(1) 执行"格式"→"幻灯片版式"命令,弹出"幻灯片版式"任务窗格,在"应用幻灯片版式"列表中选择含有"组织结构图占位符"的幻灯片版式,例如选择"标题和图示或组织结构图"版式,如图 6-35 所示。

(2) 双击"双击添加图示或组织结构图"占位符,弹出"图示库"对话框,如图 6-36 所示。在对话框中单击图示,下方会出现该图示的说明。

图 6-35　带"组织结构图占位符"的幻灯片

图 6-36　"图示库"对话框

(3) 在对话框中选定组织结构图,单击"确定"按钮,生成组织结构图。

另外,也可以执行"插入"→"图片"→"组织结构图"命令直接向幻灯片中插入组织结构图,或者执行"插入"→"图示"命令,在弹出的"图示库"对话框中选择组织结构图。

2. 编辑组织结构图

在幻灯片中插入组织结构图后,会弹出"组织结构图"工具栏,如图 6-37 所示,可以使用工具栏对组织结构图进行编辑。

◆ 编辑文字,直接在组织结构图中输入文字即可。组织结构图的最上端是组织最高级别,默认情况下,刚插入的组织结构图中的最高级别在打开时已被选中,周围出现 8 个⊗符号。例如,在图 6-39 所示的组织结构图最高级别成员框中输入组织结构图的最高成员"总经理",在下面分别输入"部门经理 A"、"部门经理 B"、"部门经理 C"。

◆ 添加结构,可以使用工具栏中的"插入形状"按钮。例如,为总经理添加一位助手"总经理助理"。选定"总经理"单击"插入形状"按钮右侧的下拉箭头,出现一个下拉列

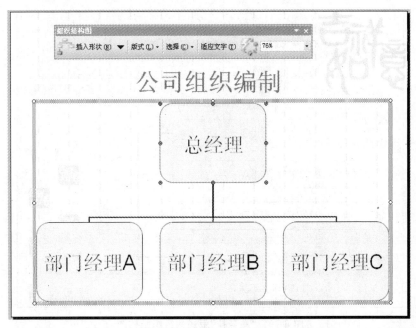

图 6-37　编辑组织结构图

表,在列表中有三种成员关系:下属、同事和助手,单击"助手"则在组织结构图中为"总经理"插入了一位助手,输入助手的名称为"总经理助理",如图 6-38 所示。

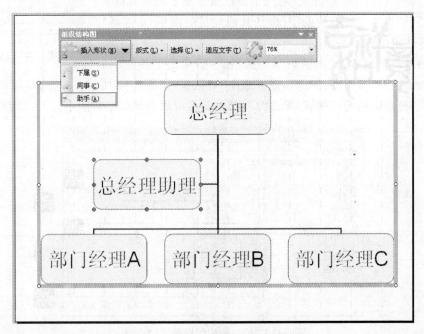

图 6-38　添加了助手的组织结构图

注意:组织结构图中的最高成员是不能添加同事的。

在工具栏上单击"版式"按钮,在"版式列表"中可以选择组织结构图的其他版式,例如选择"左悬挂"版式,则组织结构图效果如图 6-39 所示。

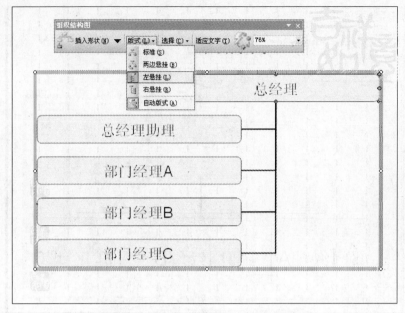

图 6-39　"左悬挂"版式的组织结构图

选择组织结构图中的一个成员,在工具栏上单击"选择"按钮,出现一个下拉菜单,如图 6-40 所示,选择"级别"将选定所有与已选定成员同一级别的成员;选择"分支"将选定该成员分支下的所有成员;选择"所有助手"将选定所有的助手(包括其他成员的助手);选择"所有连接线"将选定组织结构图上的所有成员。

图 6-40　选择成员

使用"自动套用格式"把组织结构图格式化,单击工具栏上的"自动套用格式"按钮,弹出"组织结构图样式库"对话框,如图 6-41 所示。在"选择图示样式"列表中选择一种组织结构图样式,单击"应用"按钮将应用到组织结构图上。

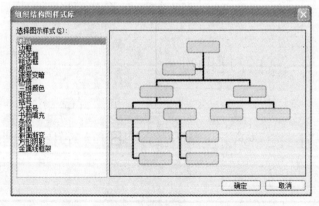

图 6-41　"组织结构图样式库"对话框

6.2.6　插入图表

图表同其他图示对象一样,能直观地描述数据,而且定量、精确。插入图表有两种方法:一种是利用幻灯片版式建立带"图表占位符"的幻灯片,另一种在幻灯片中直接插入图表。

利用幻灯片版式建立带有"图表占位符"的幻灯片，操作步骤如下：

（1）执行"格式"→"幻灯片版式"命令，弹出"幻灯片版式"任务窗格，在"应用幻灯片版式"列表中选择含有"图表占位符"的幻灯片版式，例如选择"标题和图表"版式，如图 6-42 所示。

图 6-42　带"图表占位符"的幻灯片

（2）双击"双击此处添加图表"占位符，占位符内会出现三维柱形图表，数据表窗口将出现在图表上方，如图 6-43 所示。

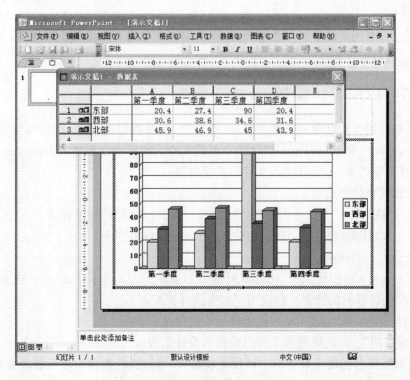

图 6-43　插入图表的幻灯片

　　在数据表窗口中输入数据取代原来的示范数据。在数据表窗口中输入或修改数据的操作,会自动反映在图表上,图表会随着数据表中数据的改变而自动调整,如图 6-44 所示。

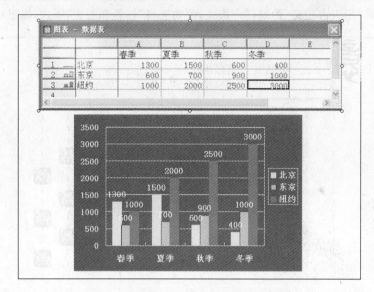

图 6-44　插入图表后修改数据的幻灯片

6.3　实训3:设计演示文稿

设定目标

　　使用配色方案使幻灯片的颜色更具美感,为幻灯片中的对象设置动画效果,设计出别具特色、生动活泼的幻灯片。

6.3.1　应用设计模板

　　设计模板决定了幻灯片的主要外观,包括背景、预制的配色方案、背景图形等。在应用设计模板时,系统会自动对当前幻灯片或全部幻灯片应用设计模板文件中包含的各种版式、文字样式、背景等外观,不更改应用文件的文字内容。

　　应用设计模板的方法如下。

　　(1)执行“格式”→“幻灯片设计”命令,切换到“幻灯片设计”任务窗格。

　　(2)单击“设计模板”选项,任务窗格中会列出设计模板列表。

　　该列表分为三个区域。

◆ “在此演示文稿中使用”:此区域列出了当前演示文稿中使用的一个或多个设计模板,在一篇演示文稿中可能应用了多个设计模板。

◆ “最近使用过的”:此区域列出了最近曾使用过的模板。

◆ “可供使用”:此区域列出了可以使用的设计模板。

　　(3)把鼠标指向任何区域中的一种设计模板,在该模板的右侧出现下拉箭头,单击下拉箭头出现下拉列表,如图 6-45 所示。

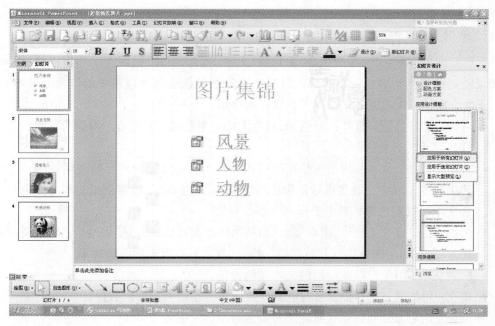

图 6-45　应用设计模板

（4）在下拉列表中选择"应用于所有幻灯片"则该设计模板被应用到演示文稿所有的幻灯片中；选择"应用于选定幻灯片"则该设计模板被应用到演示文稿被选定的幻灯片中；选择"显示大型预览"则在"幻灯片设计"任务窗格中将会以较大的图示预览"设计模板"的效果。

在"幻灯片设计"任务窗格底部单击"浏览"选项，弹出"应用设计模板"对话框，如图 6-46 所示。在对话框中可以找到更多的设计模板，选定一个设计模板，单击"应用"按钮，则该设计模板被应用到演示文稿中所有的幻灯片。

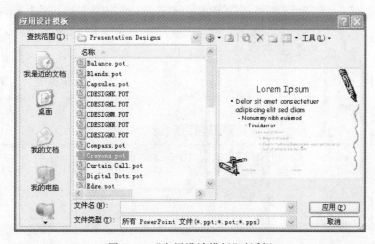

图 6-46　"应用设计模板"对话框

6.3.2　配色方案

配色方案是一组可用于演示文稿的预设颜色，整个演示文稿可以使用一个色彩方案，也可以分成若干个部分，每个部分使用不同的配色方案。

1. 应用配色方案

配色方案由背景、文本和线条、阴影、标题文字、填充、强调、强调文字和超链接、强调文字和尾随超链接 8 个颜色设置组成。方案中的每种颜色会自动应用于幻灯片上的不同组件。下面介绍一下配色方案中 8 种颜色设置的作用。

- ◆ 背景：背景色是幻灯片的底色，幻灯片上的背景色出现在所有的对象目标之后，是幻灯片设计的基本色调。
- ◆ 文本和线条：文本和线条色是在幻灯片上输入文本和绘制图形时使用的颜色，所有使用文本工具建立的文本对象和使用绘图工具绘制的图形都使用文本和线条色，通常文本和线条色与背景色要形成强烈的对比。
- ◆ 阴影：在幻灯片上使用"阴影"命令加强物体的显示效果时，使用的颜色就是阴影色。通常情况下，阴影色比背景色要暗一些，这样才可以突出阴影的效果。
- ◆ 标题文本：用于幻灯片标题的文本颜色设置。
- ◆ 填充：用作填充基本图形目标和其他绘图工具所绘制的图形目标。
- ◆ 强调：用来加强某些重点或者需要着重指出的文字。
- ◆ 强调文字和超链接：用来突出显示超链接的颜色。
- ◆ 强调文字和尾随超链接：用来突出显示尾随链接的颜色。

应用配色方案操作步骤如下：

（1）执行"格式"→"幻灯片设计"命令，出现"幻灯片设计"任务窗格。

（2）单击"配色方案"选项，在任务窗格中会列出配色方案列表。

（3）选择一种配色方案，在该方案的右侧出现下拉箭头，单击下拉箭头出现下拉列表，如图 6-47 所示。

图 6-47　应用配色方案

（4）在下拉列表中选择"应用于所有幻灯片"则该配色方案被应用到演示文稿所有的幻灯片中；选择"应用于选定幻灯片"则该配色方案被应用到演示文稿被选定的幻灯片中；选择"显示大型预览"则在"幻灯片设计"任务窗格中将会以较大的图示预览"配色方案"的效果。

2．自定义配色方案

系统提供的配色方案中各项设置都给出了默认的颜色，如想改变颜色可以自定义配色方案，具体操作步骤如下：

（1）在"应用配色方案"列表中选择一种与理想最接近的配色方案。

（2）选择任务窗格下方的"编辑配色方案"选项，在弹出的对话框中选择"自定义"选项卡，如图 6-48 所示。

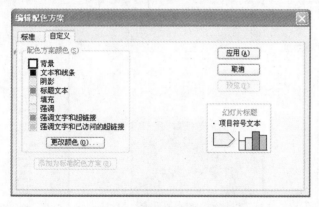

图 6-48　自定义配色方案

（3）在"配色方案颜色"列表中选中某一区域的颜色，单击"更改颜色"按钮，在弹出的"颜色"对话框中选择一种颜色应用于该区域。

（4）对各区域的颜色设置完毕后，单击"应用"按钮，则自定义的配色方案被应用到演示文稿所有的幻灯片中；单击"添加为标准配色方案"按钮，则自定义的方案被添加到"标准"选项卡的"标准配色方案"列表中，可以在以后使用它。

（5）选择"标准"选项卡，在对话框中可以对配色方案进行管理，如配色方案的删除、应用等。如图 6-49 所示。

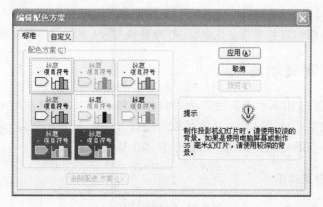

图 6-49　管理配色方案

6.3.3　动画方案

PowerPoint 2003 提供了多种动画方案供用户选择,预定义动画能使整个演示文稿具有更加一致的风格,且每张幻灯片的动画效果又互不相同。

(1) 选择要设置动画效果的幻灯片为当前幻灯片。

(2) 执行"幻灯片放映"→"动画方案"命令,出现"幻灯片设计"任务窗格。

(3) 在"动画方案"列表中列出了系统提供的预定义动画方案,并对动画方案进行了分类。把鼠标指向"应用于所选幻灯片"列表中的动画方案稍停片刻,系统会显示该动画效果的切换方式和幻灯片中各区域的动画效果,如图 6-50 所示。

图 6-50　选择"动画方案"

(4) 在列表中选择所需要的动画方案,此时在幻灯片工作窗口中可以预览所选择的动画效果。

(5) 选择"应用于所有幻灯片"选项,可以为所有的幻灯片加上相同的动画效果;选择"播放"可以播放当前幻灯片效果;选择"幻灯片放映"则从当前幻灯片开始连续播放。

6.3.4　自定义动画

6.3.3 节介绍了使用动画方案可以为幻灯片添加动画效果,但并不是对幻灯片中所有的元素添加动画效果。自定义动画功能可以为幻灯片中的所有元素添加动画效果,设置各元素动画效果的先后顺序以及为每个对象设置多个播放效果。

1. 为对象自定义动画

(1) 在幻灯片中选定要显示动画效果的对象。

（2）执行"幻灯片放映"→"自定义动画"命令，出现"自定义动画"任务窗格，如图 6-51 所示。

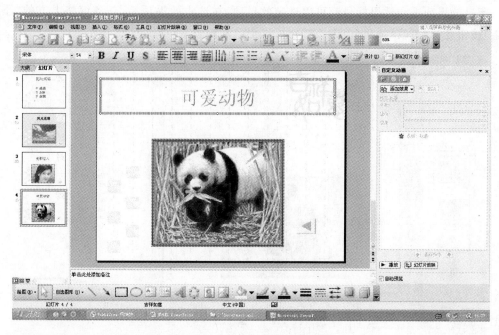

图 6-51　"自定义动画"任务窗格

（3）单击"添加效果"的下拉箭头，出现"添加效果"菜单，系统共提供 4 项效果，分别为"进入"、"强调"、"退出"和"动作路径"，每种效果中包含了不同的选项，如图 6-52 所示。

（4）"开始"下拉列表中有三种选择："单击"、"之前"和"之后"，设置何时开始展示该动画效果。选择"单击"则单击时开始展示动画效果；选择"之前"则在下一项动画开始之前自动开始展示动画效果；选择"之后"则在上一项动画结束后自动开始展示动画效果。应根据幻灯片中的对象的数量和放映方式选择动画效果开始的时间。

图 6-52　"添加效果"菜单

（5）在"方向"下拉列表中有可供选择的方向。"方向"列表中的选项会随着添加效果的不同而改变。

（6）在"速度"下拉列表框中选择以合适的速度展示动画效果。

（7）选择"播放"则动画效果在幻灯片区自动播放，可观察效果。

（8）选择"幻灯片放映"则自动进入到幻灯片放映视图进行放映。

（9）选择"自动浏览"复选框，则在设置动画效果的过程中幻灯片区会自动展示效果，这是系统默认的设置。

注意：可以为一个对象同时设置多个动画效果。

2．效果列表和效果标号

在"自定义动画"任务窗格中有当前幻灯片中的所有动画效果的列表，按照时间顺序排列并有标号,左边幻灯片视图中有相应的标号与之对应,标号的位置在该动画效果起作用的对象的左上方。

通过效果列表和效果标号都可以选定效果项,在选中效果项后,任务窗格上方的"添加效果"按钮变为"更改"按钮,单击该按钮可以更改动画效果,如图 6-53 所示。

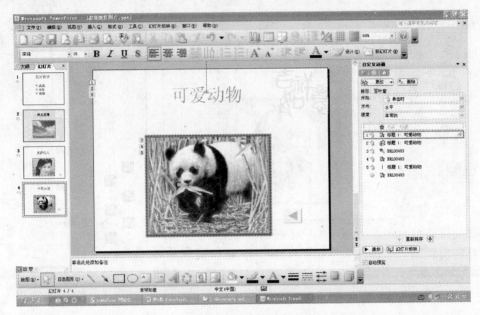

图 6-53　效果列表

动画效果的编号是以设置"单击时"开始的动画效果为界限的,如果在幻灯片中设置了多个"单击时"开始的动画效果则会根据设置的先后顺序进行编号,如果在动画效果前设置了"之前"开始的动画效果,编号将和上一编号相同,如果在某一动画效果后设置了"之后"开始的动画效果,它的编号也将和上一编号相同。

注意:在一张幻灯片中如果设置了多个动画效果在"之前"开始,则这些动画效果在下一效果之前同时开始展示;如果设置了多个动画效果在"之后"开始,则这些动画效果根据设置的顺序一个个地展示。

3. 设置效果选项

把鼠标移至动画效果列表中任意一个动画效果上,在该动画效果的右端将会出现一个下拉箭头,单击该箭头将会出现一个下拉列表,如图 6-54 所示。

该列表的前三项分别对应于任务窗格里的"开始"下拉菜单列表中的三项。可以选择单击开始、从上一项开始或者从上一项之后开始。对于包含多个段落的占位符,该选项将作用于所有子段落。在列表中选择"效果选项",则会出现一个含有"效果"、"计时"和"正文文本动画"三个选项卡的对话框,在对话框中可以对效果的各项进行详细的设置。由于不同的动画效果具体的设置不同,所以选择不同的效果出现的对话框也是不同的。

下面以文本进入时的百叶窗动画效果为例,简单介绍对话框中各选项卡的设置。

1) 效果

在对话框中选择"效果"选项卡,如图 6-55 所示。在"设置"区域可以对动画效果的方向进行设置,和任务窗格中的"方向"下拉列表相对应。

图 6-54　效果下拉列表

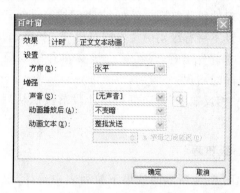

图 6-55　"效果"选项卡

在"增强"区域单击"声音"文本框右侧的下拉箭头,在下拉列表中可以为动画效果选择一种声音,声音将伴随动画播放。

单击"动画播放后"文本框右侧的下拉箭头,在下拉列表中选择一种效果,该效果将在动画播放后对该对象生效,如在列表中选择了"播放动画后隐藏"则动画效果播放完毕后该对象将自动隐藏。

单击"动画文本"文本框右侧的下拉箭头,在下拉列表中有三种选择。

◆ 整批发送:文本框中的文本以段落作为一个整体出现。

◆ 按字词:文本框中的英文按单个的词飞入,中文则按字或词飞入。

◆ 按字母:文本框中的英文按字母飞入,中文则按字飞入。

2)计时

在对话框中选择"计时"选项卡,如图 6-56 所示。在对话框中可以对动画的开始时间、延迟时间和速度进行设置。在触发器区域还可以把某些动画效果设置为触发器,单击"单击下列对象时启动效果"按钮,从右侧的下拉列表框中选择用来触发该效果的对象。选择一个效果后,在放映幻灯片时,只有单击该对象,动画才会放映出来,如果单击该对象以外的地方,那么将跳过该动画效果的播放,这个功能可以用来让演讲者在放映时决定是否放映某一对象。

3)正文文本对象

选择"正文文本动画"选项卡,如图 6-57 所示。可以对文本框中的组合文本进行设置。

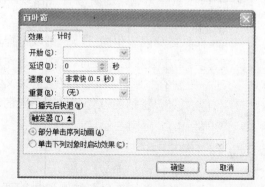

图 6-56　"计时"选项卡

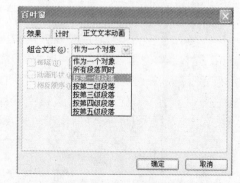

图 6-57　"正文文本动画"选项卡

如果文本框中的文本分为不同的大纲级别,在组合文本下拉列表框中可以选择文本框中文本出现的段落级别。例如:选择"按第一级段落",则文本在出现时,第一级段落中的文本和第一级下所有级别的文本同时出现;如果选择"按第二段落",则文本在出现时,第一级段落中文本首先出现,然后第二级文本和第二级下所有级别的文本才同时出现。

选中"相反顺序"复选框可以让段落按照从后向前的顺序播放。

4.高级日程

在如图 6-54 所示的效果下拉列表中选择"显示高级日程表"命令,出现如图 6-58 所示的高级日程表。在高级日程表中可以精确地设置每项效果的开始和结束时间。鼠标拖动时间方块的两端可以设置放映时间。鼠标拖动方块的中间可以改变项目的开始时间并保持项目的时间长度不变。还可以使用效果列表下面的上移箭头 ⬆ 或下移箭头 ⬇ 改变动画效果的先后顺序,动画效果的顺序改变后,效果标号也跟着改变。

图 6-58　显示高级日程表

6.3.5　创建动作按钮

在演示文稿中可以添加动作按钮,并定义在放映中如何使用这些按钮。例如,链接到另一张幻灯片或激活一段影片、声音等。

创建动作按钮的操作步骤如下:

(1)在普通视图中选中要添加动作按钮的幻灯片为当前幻灯片。

(2)执行"幻灯片放映"→"动作按钮"命令,弹出子菜单,如图 6-59 所示。

(3)鼠标在菜单中的按钮上稍作停留,会显示该按钮的名称和功能,选择所需的按钮,然后在幻灯片中单击,按钮就被添加到鼠标所点击的位置上。新添加的按钮为默认尺寸,按住鼠标左键进行拖动,可以调整按钮的大小。

(4)松开左键,弹出"动作设置"对话框,如图 6-60 所示。

图 6-59　"动作按钮"子菜单　　　　　图 6-60　"动作设置"对话框

按钮的使用方式有两种：单击和鼠标移过，两种方式的具体作用都是相同的。

◆ 超链接到：在"超链接到"列表框中选择一个链接对象，在执行按钮动作时将链接到该对象。

◆ 运行程序：在该文本框中输入具体的程序，或单击"浏览"按钮选择目标程序，在执行按钮动作时将运行该程序。

◆ 运行宏：如果在 PowerPoint 2003 中创建了宏，可以在列表中选择要运行的宏，在执行按钮动作时将运行该宏。

◆ 如果要在单击时播放声音，可以选择"播放声音"复选框，并选择一种声音效果。

6.3.6 幻灯片背景

制作幻灯片时，可使用 PowerPoint 提供的多种添加背景。背景的填充方式包括：单色填充、渐变色填充、纹理、图片等，在一张幻灯片或者母版上只能使用一种背景类型。

1. 背景颜色

最简单的幻灯片背景是设定背景颜色，具体操作如下：

（1）执行"格式"→"背景"命令，或在幻灯片上右击，在弹出的快捷菜单中选择"背景"命令，弹出"背景"对话框。

（2）单击"背景填充"区域下面文本框中的下拉箭头，弹出下拉列表，如图 6-61 所示。

（3）在下拉列表中系统提供了几种作为背景颜色的颜色选项，可选择其中的一种作为背景颜色，也可以选择"其他颜色"选项，在弹出的"颜色"对话框中自定义颜色。

（4）选中"忽略母版的背景图形"，则母版的图形和文本不会显示在当前幻灯片上。在讲义的母版视图中不能使用该选项。

（5）单击"预览"按钮可以在不关闭对话框的前提下预览幻灯片的背景效果。

图 6-61 "背景"对话框

（6）单击"应用"则该背景颜色被应用到当前幻灯片中；单击"全部应用"则该背景颜色被应用到所有幻灯片中。

2. 填充效果

执行"背景"→"填充效果"命令，弹出"填充效果"对话框，对话框中包括渐变、纹理、图案、图片 4 个选项卡，在不同的选项卡中可以设置不同的填充效果。

例如，为幻灯片设置渐变色，操作步骤如下：

（1）在"填充效果"对话框中选择"渐变"选项卡。

（2）在"颜色"区域选中"单色"渐变，在"颜色1"下拉列表中选择渐变原色。通过滑动杆控制颜色的深浅，在"底纹样式"列表中选择一种底纹的样式，在"变形"区域中选择一种变形的方式，如图 6-62 所示。

（3）如果在"颜色"区域选中"双色"渐变，在"颜色1"下拉列表中选择渐变起始色，在"颜色2"下拉列表中选择渐变终止色，在"底纹样式"列表中选择一种底纹的样式，在"变形"区域中选择一种变形的方式,如图 6-63 所示。

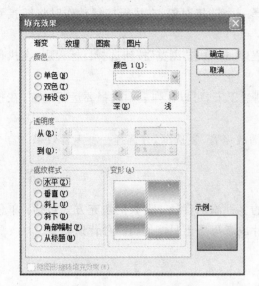

图 6-62　设置单色渐变

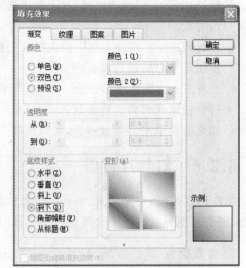

图 6-63　设置双色渐变

(4) 如果在"颜色"区域选中"预设",则可以在"预设颜色"下拉列表中选择系统预设的颜色。

(5) 设置完毕后,单击"确定"按钮回到"背景"对话框,单击"应用"则该背景颜色被应用到当前幻灯片中;如果单击"全部应用"则该背景颜色被应用到所有幻灯片中。

6.3.7　母版

母版可以对演示文稿的外观进行控制,包括幻灯片的标题和文本的格式与类型、颜色、放置位置、图形、背景等,在母版上进行的设置将应用到由其衍生出的所有幻灯片中。但是改动母版的文本内容不会影响幻灯片中的相应文本内容,受影响的只是外观和格式。如果需要使个别幻灯片的外观与母版不同,可以直接修改该幻灯片而不用修改母版。对单独改动过的幻灯片,母版中的改动对它不起作用。

母版分为 4 种:幻灯片母版、标题母版、讲义母版、备注母版。

1. 幻灯片母版

幻灯片母版是所有母版的基础,它控制演示文稿中除标题幻灯片之外所有幻灯片的默认外观,也包括讲义和备注中的幻灯片外观。幻灯片母版控制文字的格式、位置、项目符号的字符、配色方案以及图形项目。

执行"视图"→"母版"→"幻灯片母版"命令,显示幻灯片母版视图,同时弹出"幻灯片母版视图"工具栏,如图 6-64 所示。

默认的幻灯片母版中有 5 个占位符:标题区、对象区、日期区、页脚区、数字区,修改它们可以影响所有基于该母版的幻灯片。

(1) 标题区:用于所有幻灯片标题的格式化,可改变幻灯片标题的字体效果。

(2) 对象区:用于所有幻灯片主题文字的格式化,可改变字体效果及项目符号和编号等。

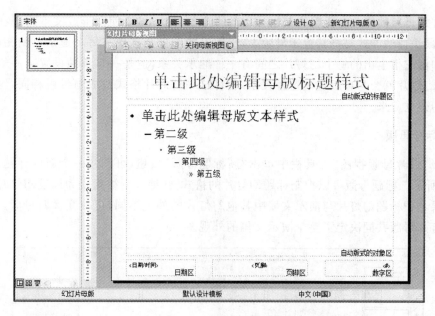

图 6-64　幻灯片母版视图

（3）日期区：用于页眉/页脚上日期的添加、定位、大小和格式化。

（4）页脚区：用于页眉/页脚上说明性文字的添加、定位、大小和格式化。

（5）数字区：用于页眉/页脚上自动页面编号的添加、定位、大小和格式化。

除了编辑占位符，还可以编辑母版的背景和配色方案以及动画方案。

例如，在"幻灯片设计"任务窗格中选择"配色方案"选项，为幻灯片母版设置配色方案，此时在配色方案列表中单击配色方案的下拉箭头，在菜单中选择"应用于所选母版"或"所有母版"，如图 6-65 所示。

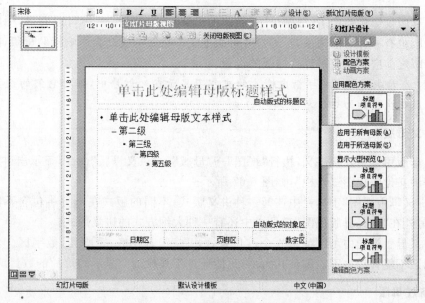

图 6-65　为母版设置配色方案

幻灯片母版的修改会反映在其衍生出的每个幻灯片上,要使图形或文本出现在每个幻灯片上,最快捷的方式是将其置于母版上,母版上的对象会出现在每个演示页的相同位置。即母版和由它衍生出的每个幻灯片之间有一种继承关系,但是一旦单独设置某一幻灯片的格式,该幻灯片就会与母版脱离这种关系,若将这一幻灯片格式改成与母版相同,这种关系又会重新建立起来。

2. 标题母版

在"幻灯片母版视图"工具栏中单击"新标题母版"按钮,可创建一个新的标题母版,如图 6-66 所示。标题母版可以控制标题幻灯片的格式,还能控制被指定为标题幻灯片的幻灯片。如果希望标题幻灯片与演示文稿中其他幻灯片的外观不同,可改变标题母版。标题母版和幻灯片母版共同决定了整个演示文稿的外观。

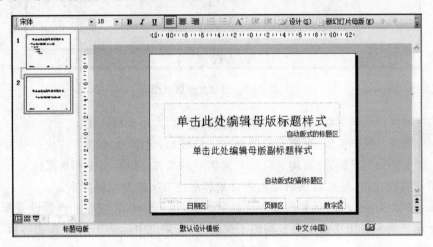

图 6-66 "标题母版"

标题母版仅影响使用了"标题母版"版式的幻灯片。在图 6-66 中可以看到,标题母版对幻灯片母版也有一种继承关系,对幻灯片母版上文本格式的改动会影响标题母版,因此在设置标题母版之前应先完成幻灯片母版的设置。

注意:在母版的标题文字框内输入的文字不显示在幻灯片中,但对它们的设置会影响整个由母版衍生出的幻灯片。

3. 讲义母版

讲义母版用于格式化讲义,执行"视图"→"母版"→"讲义母版"命令,显示出讲义母版视图,弹出"讲义母版视图工具栏",如图 6-67 所示。

在"讲义母版视图"工具栏中选择一种讲义版式,不同的版式在每页将包含不同的幻灯片数目,另外在"讲义母版视图"工具栏中还有一种大纲方式的讲义版式。

在讲义母版视图中可以编辑 4 个占位符:页眉区、日期区、页脚区、数字区。对于幻灯片或大纲区不能移动也不能调整其大小,只能通过工具栏改变显示幻灯片的数目。

4. 备注母版

备注母版用于格式化演讲者备注页面,执行"视图"→"母版"→"备注母版"命令,显示备注母版视图,弹出"备注母版视图工具栏",如图 6-68 所示。

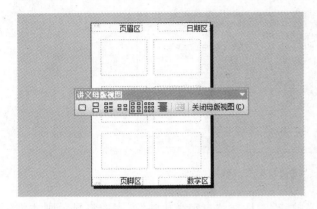

图 6-67 "讲义母版"视图

图 6-68 "备注母版"视图

在备注母版中可以添加图形项目和文字,而且可以调整幻灯片区域的大小。备注母版包含 6 个占位符:页眉区、日期区、页脚区、数字区、幻灯片区、备注文本区,可以对它们进行编辑,编辑的效果将影响由其衍生出的所有备注页。

6.4 实训4:演示文稿的放映

设定目标

掌握幻灯片的放映技巧,在放映时对演示文稿进行控制,根据不同的观众进行放映,让演示文稿真正动起来。

6.4.1 创建自定义放映

自定义放映方案指按事先设置好的放映顺序播放演示文稿。选择演示文稿中多个单独的幻灯片,并设定各幻灯片的放映顺序,形成一个自定义放映方案。一个演示文稿可以根据需要创建多个自定义放映方案。

1. 设置自定义放映

(1)执行"幻灯片放映"→"自定义放映"命令,弹出"自定义放映"对话框,如图 6-69 所示,如果以前没有建立过自定义放映,则窗口中是空白的,只有"新建"和"关闭"按钮可用。

(2)单击"新建"按钮,弹出"定义自定义放映"对话框。

(3)在"幻灯片放映名称"的文本框中输入自定义放映文件的名称。

(4)"在演示文稿中的幻灯片"列表框中选择要添加到自定义放映的幻灯片,单击"添加"按钮。

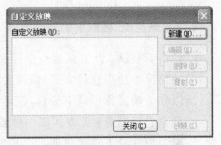

图 6-69 "自定义放映"对话框

按此方法依次添加幻灯片到自定义幻灯片列表中，如图 6-70 所示。

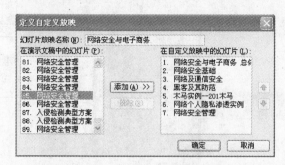

图 6-70 "定义自定义放映"对话框

(5) 单击"确定"按钮，返回"自定义放映"对话框，"自定义放映"列表中将显示刚才创建的自定义放映名称。

注意：幻灯片的次序可以在"自定义放映中的幻灯片"列表中改变，选中要移动的幻灯片，单击上、下箭头改变位置；要删除多余的幻灯片，则单击"删除"按钮。

2. 编辑自定义放映

(1) 执行"幻灯片放映"→"自定义放映"命令，弹出"自定义放映"对话框。

(2) 在"自定义放映"列表中选择自定义的名称，单击"删除"按钮，则自定义放映方案被删除，这个操作对演示文稿中的幻灯片没有影响，幻灯片不会被删除。

(3) 在"自定义放映"列表中选择自定义的名称，单击"复制"按钮，这时会复制一个相同的自定义放映，其名称前面出现"复件"字样，单击"编辑"按钮，对其进行重命名或增删幻灯片的操作。

(4) 在"自定义放映"列表中选择自定义的名称，单击"编辑"按钮，会出现"自定义放映"对话框，允许添加或删除任意幻灯片。

(5) 编辑完毕后，单击"关闭"按钮，关闭对话框。

6.4.2 设置放映方式

PowerPoint 2003 提供了几种不同的幻灯片放映方式，以满足不同的环境、不同的对象的需要。执行"幻灯片放映"→"设置放映方式"命令，弹出"设置放映方式"对话框，如图 6-71 所示。

1. "放映类型"区域中的放映方式

◆ 演讲者放映：此方式运行全屏显示的演示文稿，通常用于演讲者亲自播放演示文稿的情况。使用这种方式，演讲者可以将演示文稿暂停、添加会议细节或即席反应，可以在放映过程中录下旁白，还可以使用画笔。

◆ 观众自行浏览：此方式以一种较小的规模运行放映。例如，个人通过局域网进行浏览。以这种方式放映演示文稿时，该演示文稿会出现在小型窗口内，并提供相应的操作命令，可以在放映时移动、编辑、复制和打印幻灯片。在这种方式中，可以使用

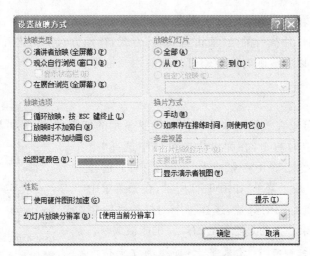

图 6-71　"设置放映方式"对话框

滚动条从一张幻灯片移动到另一张幻灯片,可以同时打开其他程序,也可以显示Web工具栏,以便浏览其他的演示文稿和文档。

◆ 在展台浏览:此方式可自动运行演示文稿。例如,在展览会场或会议中无人管理幻灯片的放映,可以采取这种方式,运行时大多数的菜单和命令都不可用,并且在每次放映完毕后重新开始。在这种放映方式中鼠标变得几乎毫无用处,如果设置的是手动换片方式放映,那么将无法执行换片的操作;如果设置了"排练计时",则会严格地按照"排练计时"设置的时间放映,按 Esc 键可退出放映。

2. 在"放映幻灯片"区域选定幻灯片

◆ 选择"全部"则放映演示文稿中的全部幻灯片。

◆ 可以在文本框中设置幻灯片的具体编号。

◆ 选择"自定义",可在下拉列表中选择已经定义好的方案中的幻灯片。

3. "换片方式"区域中的换片方式

如果设置了放映计时,选中"如果存在排练时间,则使用它"选项,可以使用排练计时;如果没有设置放映计时可以选择"手动"换片方式,但这种方式对"在展台浏览"放映方式是不起作用的。

注意:如果不选择"如果存在排练时间,则使用它"选项,即使设置了放映计时,在放映幻灯片时也不能使用。

6.4.3　放映的控制

演示文稿制作完成后,就可以进行幻灯片的放映。用以下方法可以启动幻灯片的放映:

◆ 单击演示文稿窗口左下角的"从当前幻灯片开始幻灯片放映"按钮,可以从当前幻灯片开始放映。

◆ 执行"幻灯片放映"→"观看放映"命令,从第一张幻灯片开始放映。

◆ 执行"视图"→"幻灯片放映"命令,从第一张幻灯片开始放映。

◆ 按 F5 键，从第一张幻灯片开始放映。

默认情况下，幻灯片执行的是"演讲者放映"方式，在该方式下演讲者可以对幻灯片进行自由的控制，例如可以在放映时定位幻灯片和使用画笔等。

1．定位

使用定位功能可以在放映时快速切换到想要显示的幻灯片，而且可以显示被隐藏的幻灯片。在幻灯片放映时右击，在弹出快捷菜单中选择"下一张"或"上一张"将会放映下一张或上一张幻灯片；选择"定位至幻灯片"则出现子菜单，如图 6-72 所示，在子菜单中列出该演示文稿中所有的幻灯片，选择一个幻灯片系统将会播放此幻灯片，如果选择的是隐藏的幻灯片也能被放映。

注意：在"定位至幻灯片"子菜单中，标题编号带括号的为隐藏的幻灯片。

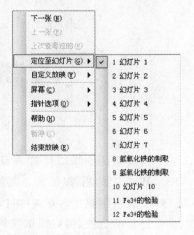

图 6-72　定位幻灯片

2．使用画笔

在放映过程中，有时需要在幻灯片上的重要位置进行标注，这种情况下可使用"画笔"功能。在放映的幻灯片上单击右键，在弹出的快捷菜单上选择"指针选项"命令，如图 6-73 所示。

在菜单中选择画笔则鼠标会变为所选画笔的形状，此时演讲者可以使用画笔在演示画面上进行涂写，画笔不会影响演示文稿的内容，如图 6-74 所示。

图 6-73　指针选项菜单

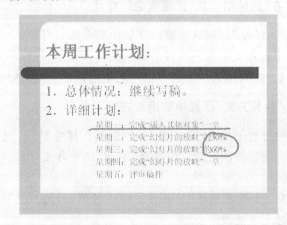

图 6-74　画笔的使用

根据幻灯片的不同背景颜色，可以选择不同颜色的画笔，在"指针选项"菜单中选择"墨迹颜色"将会出现一个颜色列表框，在列表框中可选择画笔的颜色。

要擦除墨迹可以在"指针选项"菜单中选择"橡皮擦"，此时鼠标变为橡皮状，拖动鼠标可以擦除墨迹。如果要一次性擦除所有墨迹，选择"擦除幻灯片上的所有墨迹"命令即可。

没有完全擦除幻灯片上的墨迹就退出幻灯片的放映，系统会弹出警告窗口，选择"保留"则墨迹将保留在幻灯片中，选择"放弃"则墨迹将自动清除，如图 6-75 所示。

3．屏幕选项

在快捷菜单中选择"屏幕"选项，弹出"屏幕子菜单"，如图 6-76 所示。

图 6-75　墨迹保留提示窗口

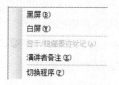

图 6-76　屏幕子菜单

1）黑屏/白屏

在放映演示文稿的过程中，会有观众与演讲者发生交流，例如提问、讨论等。这时将屏幕设置为"黑屏/白屏"，会使观众的注意力集中在演讲者身上。

2）演讲者备注

在编辑演示文稿时如果为幻灯片添加了备注，可以在放映演示文稿时显示出来。在"屏幕子菜单"中选择"演讲者备注"命令，弹出"演讲者备注"窗口，如图 6-77 所示。

如果在普通视图的幻灯片备注中添加了备注，则在"演讲者备注"窗口中会显示备注的内容，演讲者可

图 6-77　"演讲者备注"窗口

以将插入点插入到"演讲者备注"窗口，在窗口中添加或修改备注。每一张幻灯片都可以有备注，单击"演讲者备注"窗口中的"关闭"按钮，可以关闭演讲者备注。

3）切换程序

在"屏幕子菜单"中选择"切换程序"命令，将会显示任务栏，在任务栏中可以进行程序的切换。

6.5　实训5：演示文稿的打印与发布

设定目标

掌握对演示文稿的打印设置，使幻灯片达到最佳的发布效果。

6.5.1　页面设置

在打印演示文稿前，首先要进行页面设置。包括幻灯片的打印尺寸，幻灯片的走向和起始序号等。页面设置的操作步骤如下：

（1）执行"文件"→"页面设置"命令，弹出"页面设置"对话框，如图 6-78 所示。

（2）单击"幻灯片大小"右边的下拉箭头，在下拉列表中选择纸张的大小。每个纸张类型都有固定的宽度和高度，将显示在"宽度"和"高度"文本框中；选择"自定义"可以在"宽度"和"高度"文本框中直接输入数值。

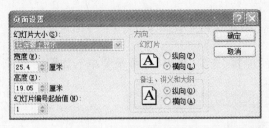

图 6-78　"页面设置"对话框

（3）在"幻灯片编号起始值"文本框中，可以输入或选择从第几张幻灯片开始打印。

（4）在"方向"中选择"幻灯片"和"备注、讲义和大纲"的方向。

（5）设置完毕后，单击"确定"按钮。

6.5.2　页眉和页脚的设置

1. 为幻灯片添加页眉和页脚

具体操作如下。

（1）执行"视图"→"页眉和页脚"命令，弹出"页眉和页脚"对话框，选择"幻灯片"选项卡，如图 6-79 所示。

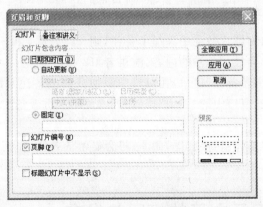

图 6-79　"幻灯片"选项卡

（2）如果选中"日期和时间"复选框，则可以对要显示的日期和时间进行两种设置。

◆ 自动更新：把系统时间作为当前时间，时间和日期区域的时间随着系统时间的更新而自动更新。

◆ 固定：可以在文本框中输入固定日期和时间，显示在幻灯片上。

（3）选择"幻灯片编号"复选框则系统会按幻灯片顺序为幻灯片编号。

（4）选择"页脚"复选框，可在文本框中输入要显示在页脚的内容。

（5）选择"标题幻灯片不显示"复选项则以上设置对标题幻灯片无效。

（6）单击"应用"按钮该设置将应用到当前幻灯片；单击"全部应用"按钮则该设置应用到所有的幻灯片。

注意：如果在对话框中没有选中"幻灯片编号"复选框，那么在进行页面设置时对幻灯片编号起始值的设置是无效的。

2．对备注和讲义的页眉和页脚进行设置

具体操作如下。

（1）在"页眉和页脚"对话框中选择"备注和讲义"选项卡，如图 6-80 所示。

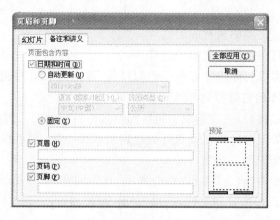

图 6-80　"备注和讲义"选项卡

（2）选中"日期和时间"复选框，可以设置要显示的日期和时间为固定值或自动更新。

（3）选择"页眉"复选框，在文本框中输入要显示在页眉的内容。

（4）选择"页脚"复选框，在文本框中输入要显示在页脚的内容。

（5）选择"页码"复选框，在备注和讲义中将会显示页码。

（6）设置完毕后单击"全部应用"，应用到所有的幻灯片中。

6.5.3　打印

如果要打印演示文稿，先要使其成为当前演示文稿，再执行"文件"→"打印"命令或按 Ctrl＋P 键，在弹出的"打印"对话框中进行设置，如图 6-81 所示。

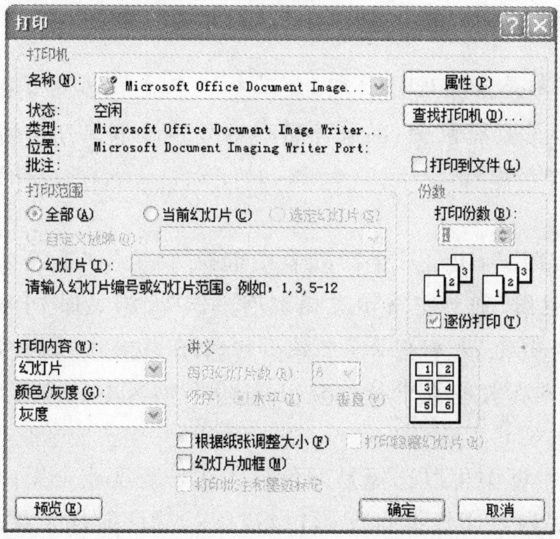

图 6-81　"打印"对话框

1. 设置打印选项

如果计算机上安装了多台打印机,则先在"打印机"区域的列表中选择要使用的打印机的名称,单击"属性"按钮还可以对打印机进行设置。

1) 打印范围

◆ 全部:打印演示文稿中所有的幻灯片。

◆ 当前幻灯片:打印视图中当前的幻灯片。

◆ 选定幻灯片:可以打印选择好的一组幻灯片,该选项只有当用户在幻灯片浏览视图中选中了要打印的幻灯片后才有效。

◆ 幻灯片:选择该项后,在文本框中指定幻灯片的打印范围。例如:1-3,7,11-15。

◆ 自定义放映:如果已经存在设置好的自定义放映方案,则可以在右侧下拉菜单中选择要打印的自定义放映方案。

◆ 打印到文件:单击"确定"按钮时,会弹出"打印到文件"对话框,如图 6-82 所示。在对话框中设置保存位置和文件名,单击"保存"按钮,保存到文件中。

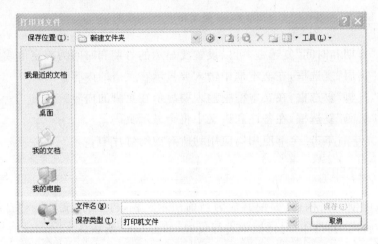

图 6-82 "打印到文件"对话框

注意:一般情况下都是直接进行打印,如果打印机出现问题可以将演示文稿打印到指定的文件。此文件包含了打印命令,以后可以在装有相同型号打印机的计算机上打印,这与是否安装了 PowerPoint 2003 无关。

2) 打印内容

默认的选项为"幻灯片",也可从下拉列表中选择"讲义"、"备注页"或"大纲视图"。

注意:选择"大纲视图"则打印演示文稿大纲。但"大纲视图"中被折叠的内容不参与打印。打印页中文本的大小受"大纲视图"中显示比例的影响。例如,显示比例为 50% 时,在大纲视图中 40 磅的文本在打印页中将被打印成 20 磅的文本。

3) 设置打印颜色

在"颜色/灰度"文本框中可以选择是颜色打印还是灰度或全黑白打印。

◆ 选择"灰度"在黑白打印机上打印彩色幻灯片,打印时用灰度填充对象,用黑白图案或灰色图案代替彩色图案,为不带边框的对象加上细的黑色边框(文本对象除外)。

◆ 选择"纯黑白"将演示文稿中所有颜色转换成黑色或白色,当打印机不能打印"灰度"时可以选择该选项。

4)打印份数

输入要打印的份数,如果打印份数大于1,则"逐份打印"复选框变为可选状态,选中该复选框系统将一份一份地打印文件,否则系统将把每一页重复打印,然后再打印下一页。

5)其他设置

◆ 选择"根据纸张调整大小"复选框,则幻灯片的大小自动适应打印页的大小。

◆ 选择"幻灯片加框"复选框,则在每张幻灯片的周围打印一个边框。

◆ 选择"打印隐藏幻灯片"复选框,则被隐藏的幻灯片也将打印,如演示文稿中没有隐藏的幻灯片则该选项不可用。

◆ 选择"打印批注和墨迹标记",则在演示文稿中的批注和墨迹也可以被打印。

6)打印

设置完毕,单击"确定"按钮,开始打印。

2. 打印预览

在打印预览状态下看到的效果和打印的实际效果一致,在对打印选项设置完毕后,进入打印预览状态可以观察演示文稿是否符合要求,如不满意可以回到编辑状态下进行修改,直到满意为止。这种所见即所得的方式可以避免纸张浪费。

在"打印"对话框中单击"预览"按钮或执行"文件"→"打印预览"命令将会显示出打印预览视图,如图6-83所示。

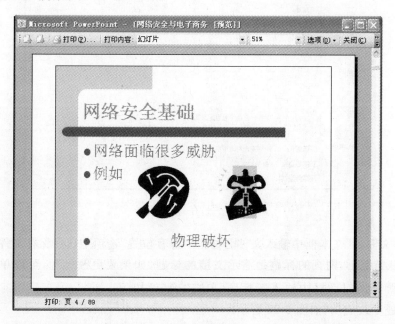

图6-83　打印预览

在预览视图中单击"上一页"按钮或"下一页"按钮可以在演示文稿中进行翻页,单击带加号的放大镜可以放大显示幻灯片,单击带减号的放大镜可以缩小显示幻灯片。

单击"打印内容"文本框中的下拉箭头出现一个下拉列表,如图 6-84 所示,可以发现该列表中的内容和"打印"对话框中"打印内容"中的设置相同。

单击"选项"按钮出现一个下拉菜单,如图 6-85 所示。在菜单中单击"页眉和页脚",弹出"页眉和页脚"对话框,在对话框中可以对幻灯片的页眉和页脚进行编辑。

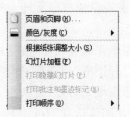

图 6-84　"打印内容"下拉菜单　　　　图 6-85　"选项"菜单

单击"关闭"按钮,关闭打印预览视图,单击"打印"按钮,执行打印命令。

6.5.4　发布演示文稿

随着 Internet 技术的发展,在网上发布演示文稿也越来越有意义,将演示文稿保存为网页格式进行发布的具体操作如下:

(1) 执行"文件"→"另存为网页"命令,弹出"另存为"对话框,如图 6-86 所示。

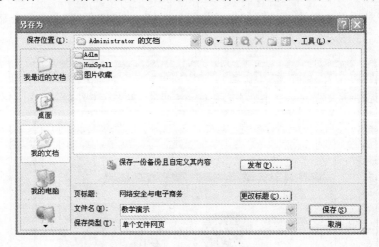

图 6-86　"另存为"对话框

(2) 在"文件名"文本框中输入文件名称,在"保存位置"选项中选择保存文件的路径。

(3) 默认情况下,网页的标题是演示文稿的标题,如果要更改标题,可以单击"更改标题"按钮,在弹出的对话框中输入新标题,单击"确定"按钮即可使标题更改成功,如图 6-87 所示。

(4) 单击"发布"按钮,弹出如图 6-88 所示的对话框,对话框中的各选项功能如下。

◆ "发布内容":在该区域可以选择发布的内容,是全部发布还是发布演示文稿的一部分,如果幻灯片

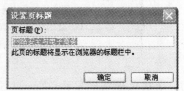

图 6-87　设置页标题

中有备注,还可以选择是否将备注显示。

◆ "浏览器支持":在该区域可以选择发布网页的浏览器支持等级,第一个选项可以节约磁盘空间且信息量大,第二、三个选项则可以照顾使用低版本软件的用户。

◆ "发布一个副本为":在这里可以选择要发布的文件。

(5) 单击"发布"按钮,开始发布。

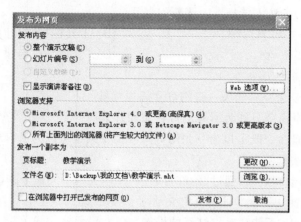

图 6-88　"发布为网页"对话框

习题 6

一、选择题

1. PowerPoint 2003 的主要功能是(　　)。

　　A. 创建演示文稿　　　　B. 数据处理　　　　C. 图像处理　　　　D. 文字编辑

2. PowerPoint 2003 下保存的演示文稿扩展名是(　　)。

　　A. .PPT　　　　　　　B. .XLS　　　　　　C. .TXT　　　　　D. .DOC

3. 在 PowerPoint 2003 中,"格式"菜单中的可以改变幻灯片布局的命令是(　　)。

　　A. 背景　　　　　　　　　　　　B. 幻灯片版式

　　C. 幻灯片配色方案　　　　　　　D. 字体

4. 在 PowerPoint 中,大纲视图只显示文稿的(　　)部分。

　　A. 图形对象　　　　　B. 色彩　　　　　　C. 文本　　　　　D. 声音媒体

5. 在幻灯片浏览视图中不可以进行的操作是(　　)。

　　A. 删除幻灯片　　　　　　　　　B. 编辑幻灯片

　　C. 移动幻灯片　　　　　　　　　D. 设置幻灯片的放映方式

6. 下列不是 PowerPoint 2003 视图的是(　　)。

　　A. 页面视图　　　　　　　　　　B. 幻灯片浏览视图

　　C. 备注页视图　　　　　　　　　D. 普通视图

7. 下列关于 PowerPoint 2003 的描述正确的是(　　)。

　　A. 使用 PowerPoint 2003 只能生成 PPT 类型的文件

　　B. 使用 PowerPoint 2003 不可以制作电子相册

C. 通过内容提示向导可以快速完成演示文稿的制作

D. PowerPoint 2003 是一个系统软件

8. 要在每张幻灯片上添加统一的公司标记,应该在(　　)中进行设置。

　A. 大纲视图　　　　　　　　　　　　B. 普通视图

　C. 幻灯片母版　　　　　　　　　　　D. 幻灯片浏览视图

9. 通过下列哪种方法不能插入一张新幻灯片(　　)。

　A. "插入"→"新幻灯片"　　　　　　　B. 工具栏"新幻灯片"按钮

　C. 快捷键 Ctrl+M　　　　　　　　　D. "文件"→"新建"

10. 下列说法正确的是(　　)。

　A. 通过背景命令只能为一张幻灯片添加背景

　B. 通过背景命令只能为所有幻灯片添加背景

　C. 通过背景命令既可以为一张幻灯片添加背景也可以为所有幻灯片添加背景

　D. 以上说法都不对

11. 幻灯片间的动画效果,通过"幻灯片放映"菜单的(　　)命令来设置。

　A. 动作设置　　　B. 自定义动画　　　C. 动画预览　　　D. 幻灯片切换

12. 在下列操作中,不能放映幻灯片的操作是(　　)。

　A. 执行"视图"菜单中的"幻灯片浏览"命令

　B. 执行"幻灯片放映"菜单中的"观看放映"命令

　C. 单击主窗口左下角的"幻灯片放映"按钮

　D. 直接按 F5

13. 使用椭圆工具画圆时,按下(　　)键可以画出一个正圆形。

　A. Shift　　　　　B. Ctrl　　　　　C. Alt　　　　　D. Enter

14. 在幻灯片浏览视图中,用鼠标拖动复制幻灯片时,同时按(　　)。

　A. Ctrl　　　　　B. Alt　　　　　C. Shift　　　　　D. Space

15. 关于插入表格的方法,下列(　　)说法是错误的。

　A. 可以使用插入菜单插入表格

　B. 可以通过应用内容版式为幻灯片插入表格

　C. 只能将 Word 中做好的表格复制到 PowerPoint 中

　D. Word 和 Excel 中的制作好的表格都可以复制到 PowerPoint 中来

16. 在演示文稿中,在插入超级链接中所链接的目标,不能是(　　)。

　A. 另一个演示文稿　　　　　　　　　B. 同一演示文稿的某一张幻灯片

　C. 其他应用程序的文档　　　　　　　D. 幻灯片中的某个对象

17. 在 PowerPoint 2003 的幻灯片中插入剪贴画,下面叙述不正确的是(　　)。

　A. 剪贴画的大小可以改变　　　　　　B. 不能设置剪贴画的动画效果

　C. 可以移动剪贴画的位置　　　　　　D. 可以对剪贴画进行裁剪

18. 在放映幻灯片时,如果需要从第 1 张切换至第 3 张,应(　　)。

　A. 在制作时建立第 1 张转至第 3 张的超链接

　B. 停止放映,双击第 3 张后再放映

　C. 放映时双击第 3 张就可切换

D. 放映时不能从第 1 张直接切换至第 3 张

19. 以下说法错误的是(　　)。

　　A. 制作好的演示文稿可以通过计算机屏幕进行放映

　　B. 制作好的演示文稿只能通过计算机屏幕进行放映

　　C. 制作好的演示文稿可以通过投影仪进行放映

　　D. 制作好的演示文稿可以通过 Web 页的形式放映

20. 利用内容版式不可以插入的对象是(　　)。

　　A. 图片　　　　　　　B. 图表　　　　　　C. 组织结构图　　D. 艺术字

二、填空题

1. 创建演示文稿的方法主要有：_____、_____和_____。

2. 执行_____菜单中的"新幻灯片"命令,或单击_____工具栏上的"新幻灯片"按钮,可以添加一张新幻灯片。

3. 在演示文稿的播放过程中,如果要终止幻灯片的放映,可以按_____终止键。

4. 在幻灯片中插入图表,可选择_____菜单下_____命令。

5. 幻灯片的 3 种放映类型分别是_____、_____和_____。

第7章

多媒体基础及应用

本章学习内容

◆ 熟悉多媒体的概念及发展情况

◆ 了解多媒体的关键技术及未来发展趋势

◆ 学会 Photoshop 以及 Flash 制作软件的使用

◆ 掌握使用 Photoshop 进行图片处理的基本方法

◆ 掌握 Flash 制作软件进行简单动画制作的方法

随着近代社会的发展，多媒体在生活中无处不在。小到手里拿的一部手机，大到社会各行各业中用到的互联网。可以说，多媒体在现在社会中起着举足轻重的作用。在信息化的时代里，掌握了最先进的科技就掌握了发展的主动权。随着科技力量的普及，人们的生活也越来越多地依赖多媒体，而多媒体的制作就成了我们需要掌握的一门技术。

7.1　实训1：认识多媒体

设定目标

◆ 了解多媒体的基本概念和技术特点。

◆ 熟悉组成多媒体的元素：文档、图形、图像、动画音频、视频和流媒体等。

◆ 掌握信息处理的关键技术。

7.1.1　多媒体的基本概念

自 20 世纪 80 年代以来，随着电子技术和大规模集成电路技术的发展，计算机技术、信息技术、通信技术和广播电视技术相互渗透、相互融合，形成了一门崭新的技术即多媒体技术。多媒体技术将计算机技术的交互性和可视化的真实感结合起来，使计算机可以处理人类生活中最直接、最普遍的信息，从而使得计算机应用领域及功能得到了极大的扩展。

多媒体的直接起源是计算机工业、家用电器和通信工业对各自领域未来发展的预测，从两方面提出要推出交互式综合处理多媒体信息的设备或系统。

最早提出多媒体的是计算机工业的 IBM、Intel、Apple、Commodore 公司和家用电器公司 Philips、Sony 等。IBM 与 Intel 推出 DVI(Digital Video Interactive)交互式的数字电视处理影像视频信息到电视领域。Philips 与 Sony 提出将电视技术改进向智能化方向发展、向有交互能力方向发展的 CD-I,又与通信网络结合,开发出电视机顶盒技术(Set Top Box)。通信工业也不甘落后,推出可视电话、视频会议、远程服务、综合电话终端等。

进入 20 世纪 90 年代,"信息高速公路"的发展和 Internet 的广泛应用推动了多媒体的发展,这段时期被称为"多媒体时代"。各领域的技术从独立发展到今天终于走到一起来了。

从英文上看,Multimedia(多媒体)是 Multi 这个字首与 media 组合而成的,意味着"多重的"、"复合的"媒体。而媒体这个名词,一般是指用来表达信息的载体与形式,如口述、文字、图片、图像等(或者指产生、加工、传送它们的组织,如电视台、报社等,这个含义和我们的讨论无关)。若从这样的定义来看,电视似乎也是一种多媒体,但是,我们为什么很少把它认为是多媒体呢? 主要是因为现在的电视还缺少多媒体的另一项特点:交互。"多媒体"在我们一般的印象中,除了具有声音、图像、动画和文字等特点外,更重要的是,由于以电脑为基础,使得接受信息的方式更具主动性和跳跃性。因此,我们谈起"多媒体"时,很自然地是指在电脑上的多媒体。

从科学的定义来看,多媒体是融合两种或者两种以上媒体的一种人机交互式信息交流和传播的媒体,使用的媒体包括文字、图形、图像、声音、动画和电视图像(Video)。所以,一般来讲,多媒体主要有两个特征:

(1) 运用丰富的媒体来呈现、表达信息。

(2) 具有提供人机交互的特点,使人们主动接受信息。

当然,日常谈论的多媒体可能指得更广泛,但是理解多媒体的最初含义对开发项目时会有一定的帮助。

多媒体是超媒体系统中的一个子集,超媒体系统是使用超链接构成的全球信息系统,全球信息系统是因特网上使用 TCP/IP 协议和 UDP/AP 协议的应用系统。二维的多媒体网页使用 HIBTL 来编写,而三维的多媒体网页使用 VRILIL 来编写。目前许多多媒体作品使用光盘存储器发行,在将来,多媒体作品会更多地使用网络来发行。多媒体的出版物现在已经风靡了世界,每年的多媒体出版物都不计其数。在制作多媒体项目时也应该把主要精力放到内容和创新上,而不是着迷于某个强大的功能。虽然创作工具的功能是很重要的,但它们应该只是工具,而非目的。

媒体与多媒体一词译自英文 Multimedia,其核心词是媒体(Media)。媒体又称载体或介质,原意是 things in the middle,指信息表达、传送和存储最基本的技术和手段。根据 ITU(International Telecommunication Union,国际电信联盟)的定义,媒体有下列 5 种类型:

(1) 感觉媒体。能直接作用于人的感官,使人产生感觉的媒体。感觉媒体包括人类的语言、音乐和自然界的各种声音、活动图像、图形、动画、文本等。感觉媒体帮助人类感知环境的信息。目前,人类主要靠视觉和听觉来感知环境的信息。触觉作为一种感知方式也逐渐被引入到计算机中。

(2) 表示媒体。为传输感觉而研究出来的中间手段,以便能更有效地将感觉从一地传向另一地。表示媒体包括各种语音编码、音乐编码、图像编码、文本编码、活动图像编码和静止图像编码等。

(3) 显示媒体。指为人们再现信息和获取信息的物理工具和设备。如显示器、扬声器、打印机等输出类表现媒体,以及键盘、鼠标、扫描仪等输入类表现媒体。

(4) 存储媒体。用于存储数据的媒体,以便本机随时调用或供其他终端远程调用。存储介质有硬盘、软盘、光盘、磁带等。

(5) 传输媒体。用于将表示媒体从一地传输到另一地的物理实体。传输媒体的种类很多,如电话线、双绞线、同轴电缆、光纤、无线电和红外线等。一般所说的多媒体,不仅指多种媒体信息本身,而且指同时获取、处理、编辑、存储和集成两个以上不同类型信息媒体的技术,因此多媒体常被当作多媒体技术的同义词。

目前的多媒体系统大多只利用了人的视觉、听觉和触觉,而味觉、嗅觉尚未集成进来。计算机视觉也主要在可见光部分,随着技术的进步,多媒体的含义和范围还将扩展。

7.1.2　多媒体技术的特点

多媒体技术是以数字技术为基础,把通信技术、广播技术和计算机技术融于其中,并对文字、图形、图像、声音和视频等多种媒体信息进行存储、传送和处理的综合性技术。多媒体技术具有 4 个显著特点,即多样性、集成性、实时性和交互性,这也是它区别于传统计算机技术的特征。

1. 多样性

多样性是指信息媒体的多样化,同时也指媒体输入、传播、再现和展示手段的多样化。多媒体技术使我们的思维不再局限于顺序、单调和狭小的范围。这些信息媒体包括文字、声音、图像、动画等,它扩大了计算机所能处理的信息空间,使计算机不再局限于处理数值、文本等,使人们能得心应手地处理更多种信息。

2. 集成性

集成性主要是指以计算机为中心,综合处理多种信息媒体的特性。一方面表现为媒体信息,即声音、文字、图像和视频等的集成,另一方面表现为显示或表现媒体的设备的集成,即多媒体系统一般不仅包括了计算机本身,而且还包括了像电视、音响、录像机和激光唱机等设备。这种集成包括信息的多通道的统一获取、多媒体信息的统一存储与组织以及多媒体信息显示合成等方面。多媒体信息带来了信息的冗余性,因此可以通过媒体的重复或并行地使用多种媒体的方法消除来自于通信双方及环境噪声对通信产生的干扰。

3. 实时性

指在多媒体系统中声音及活动的视频图像是强实时的(Hard Teal Time),多媒体系统提供了对这些媒体实时处理的能力。多媒体系统除了像一般计算机一样能够处理离散媒体,如文本、图像外,它的另一个基本特征就是能够综合处理带有时间关系的媒体,如音频、视频和动画,甚至是实况信息媒体。这就意味着多媒体系统在处理信息时有着严格的时序要求和很高的速度要求。当系统应用扩大到网络范围之后,这个问题将会更加突出,会对系统结构、媒体同步、多媒体操作系统及应用服务提出相应的实时化要求。在许多方面,实时性确实已经成为多媒体系统的关键技术。

4. 交互性

多媒体技术的关键特征就是它的交互性,没有交互性的系统就不是多媒体系统。交互性是指向用户提供了更加有效地控制和使用信息的手段。多媒体计算机与其他传统媒体，像电视机、激光唱机等家用声像电器有所差别的关键特性就是交互性。对于传统媒体来说，用户只能被动收看，而不能介入到媒体的加工和处理之中。多媒体系统向用户提供交互式使用、加工和控制信息的手段，为多媒体系统的应用开辟了更加广阔的领域，也为用户提供了更加自然的信息存取手段。交互可以增加对信息的注意力和理解力，延长信息的保留时间。

当然多媒体技术除了以上显著特点外，还有如下其他特点。

5. 非线性

多媒体技术的非线性特点将改变人们传统循序性的读写模式。以往人们的读写方式大都采用章、节、目的框架，循序渐进地获取知识，而多媒体技术将借助超文本链接（Hypertext Links）的方法，把内容以一种更灵活、更具变化的方式呈现给读者。

6. 信息使用的方便性

用户可以按照自己的需要、兴趣、任务要求、偏爱和认知特点来使用信息，任取图、文、声等信息表现形式。

7. 信息结构的动态性

"多媒体是一部永远读不完的书"，用户可以按照自己的目的和认知特征重新组织信息，增加、删除或修改节点，重新建立链接。

7.1.3　多媒体信息的类型

在介绍多媒体技术之前，首先要了解媒体的概念。媒体是信息表示和传输的载体，比如报纸、广播、电视等都是媒体。

在计算机领域，媒体通常有两种理解：其一把媒体看作计算机系统中信息的载体，即信息的表现形式或传输形式，如文字、声音、图形、图像和动画等，不同种类的信息附在不同的载体上进行传播交流，体现了多种信息媒体的特征；其二把媒体视为计算机系统中存储信息的实体，如纸张、磁盘、光盘等。多媒体技术中的多媒体常指前者。由于计算机技术和通信技术的发展，人们有能力把各种媒体信息在计算机内均以数字形式表现，并综合起来形成一种全新的媒体概念——多媒体。

多媒体（Multimedia）可理解为信息的载体，不仅包括文字，而且包括图形、图像、声音、动画、视频等多种媒体。多媒体是指多种信息的有机继承，即能同时采集和处理两种以上不同的信息载体。

从多媒体的定义中，我们可以看出，组成多媒体的元素包括：文档、图形、图像、动画音频、视频和流媒体等。

1. 文档

格式化正文为书写、保存、显示、打印具有一定格式要求的文档提供了可能性。文档可以是文章、书籍等。格式化文档具有内部结构，如它们通常由标头、题目、章、节、表、脚注、参考文献和索引组成。为了在计算机上处理格式化文档,必须具有描述文档结构的能力。描述这种结构的规则集就称为文档格式。文档格式主要分为两种:结构描述格式和页面描述格式。

1) 结构描述格式

文档除了正文体外,还包含控制信息,控制信息用来标识不同的结构部件(如章、节)。这样,在文档真正输出时,就会自动产生特定的文档元素(如脚注号、索引号等)。一般来说,结构描述格式定义文档的作者如何指定结构的元素(如一个新章或索引的开始)以及结构信息编码的方法,这种格式既可以只规定文档的逻辑结构,也可以同时规定文档的逻辑结构和布局结构。结构描述格式的例子有 TEX、LETEX、SGML 和 HTML 等。

2) 页面描述格式

这些格式也称为页面描述语言,它们使用一种编程语言来描述可打印文档的页面。尽管它们可以通过手工编程完成,但绝大多数情况下是用一些特定的应用系统自动生成。它们必须由打印机中的解释器进行解释执行,从而产生输出。当然,解释器也可以用软件仿真,软件在一般的微机系统上执行,从而可驱动显示屏在显示器上产生仿真输出,或在多种不同的打印机上产生输出。页面描述格式通常也可以描述图形和图像等其他元素。使用最为普遍的页面描述格式(页面描述语言)是 Adobe System 公司的 PostScript。

2. 图形

图形(Graphic)一般指用计算机绘制的画面,如直线、圆、圆弧、矩形、任意曲线和图表等。图形的格式是一组描述点、线、面等几何图形的大小、形状及其位置、维数的指令集合。在图形文件中只记录生成图的算法和图上的某些特征点,因此也称矢量图。用于产生和编辑矢量图形的程序通常称为"draw"程序。微机上常用的矢量图形文件有:.3DS(用于 3D 造型)、.DXF(用于 CAD)、.WMF(用于桌面出版)等。

由于图形只保存算法和特征点,因此占用的存储空间很小。但显示时须经过重新计算,因而显示速度相对较慢。

1) 图形特性

图形是可修改型"文档",原因是它们的格式保留在结构信息中。图形可以由用户借助于基于计算机的图形编辑器来创建,也可以通过程序自动生成。图形画面由线、曲线或圆之类的对象组成。这些对象可以被检测到,可以进行有关编辑操作(删除、增加、移动、修改、旋转和延伸等)。图形对象的一些属性(如线宽、颜色、填充式样和线型等)也是可修改的,图形有时也被称为向量图形。

2) 图形格式

表示图形时,通常保留了图形的语义内容。PHIGS 和 GKS 是两个常用的图形标准。如果在一幅图的画面中也包含有正文信息,那么这些正文信息通常属 rich text,即格式化正文,它们也是可修改的,它们的正文属性也可适当改变。正文的修改由图形编辑器(或图文编辑器)中的文字编辑功能来生成。

3) 图形/图像

图形和图像都是非正文信息,它们可以被显示或打印。我们可以把图形和图像显示以把它们输出到打印机上。但是,如果相应的设备只能处到终端,那么就不能输出图形或图像。图形类似于书或杂志中的线画图,而图像则类似于书中的照片。正常情况下,对不涉及计算机的线画图和连续色调的照片之间的差别很明显;如果涉及计算机,那么图形和图像之间的差别就没那么明显了。

3. 图像

图像(Image)是指通过扫描仪、数字相机、摄像机等输入设备捕捉到的实际场景画面,或以数字化形式存储的任意画面。静止的图像是一个矩阵,阵列中的各项数字用来描述构成图像的各个点(称为像素点 pixel)的强度与颜色等信息。这种图像也称为位图。

1) 图像特性

图像是一种不可修改的文档,对应的文档格式不包含结构信息,图像可能源于真实世界(如用照相机拍摄的照片),也可能由计算机生成。从真实世界产生数字化图像的方法有以下三种:图像的扫描输入,帧捕捉设备从视频序列捕捉到的图像帧,来源于 CD-ROM 或电影胶片。

上述这些图像在生成过程中都要进行数字化处理,所以常称为扫描静止图像。另一方面,图像也可以借助计算机来生成。例如用图形编辑器编辑生成一幅图形,把它按图像格式保存,即把图形转换成图像;另外一个例子是用计算机生成三维真实感图形,有照片的效果,这样的高质量图形也可保存为图像,我们把这类图像称为合成静止图像。

图像可以用图像编辑器进行处理。图像编辑器和图形编辑器类似,但图形编辑器中操作的对象可以是一些基本图元(如圆、曲线),而图像编辑器中操作的对象只能是最基本的像素,这样由图像编辑器产生的编辑结果(文档)就不包含语义信息。图像编辑操作的种类很多,有些非常简单,有些也比较复杂。复杂的例子有:从几个画面创建复合图像、图像叠加、颜色修改、变形、对图像的某些部分进行拉伸等。

2) 图像格式

计算机图像以位图的形式表示。一个简单位图可看成是一个两维矩阵,每个矩阵元素就是像素。像素是表示图像的最基本元素。表示每个像素的数值称为幅值。对一个像素进行编码的可用位数也称为幅值深度或像素深度。图像的典型像素深度为 1、2、4、8、12、16 或 24 位。当像素深度为 1 位时,表示黑白图像,只有两种颜色;如果像素深度为 2,那么对应的图像可有 2+2=4 种颜色。像素的数值可表示二值图像中的黑白点,也可以表示连续色调单色图像中的灰度,当然也能表示彩色图像中的彩色属性。

虽然图形或正文是可修改的文档,但它们也可转换为位图格式,并以图像的方式保存。把计算机图形转换为位图也是产生合成静止图像的一种手段。在把图形转换为图像时,图形画面的一些结构信息就会完全丢失。下面举一个简单的例子来说明。设图形画面只由一根黑色线组成,这个画面使用这根线的空间坐标来描述,在转换为图像后,"画面中有一条黑线"的信息就不复存在,图像只由一系列的像素点组成,在保存图像时,必须分别保存这些像素点。典型的图像格式(也称位图格式)标准有 TIFF 和 GIF 等。

3) 存储需求

图像所需的存储量远多于图形或正文的存储量,原因是位图图像忽略了访问信息。在不使用压缩算法的情况下,两幅大小相同的图像所占的存储空间完全一样,而不管这两幅图像的复杂度相差有多大(可假设一个图像中保存照片,另一个图像中保存的气管呈的几何线画图)。因此,可以得出这样的结论:图形存储方法远比图像存储方法所需的空间小,只要有可能,我们就应该用图形存储方法来保存画面。

然而,在某些情况下我们无法把图像按图形格式来保存。第一个原因是图像的语义有时很复杂,不能被计算机识别,而模式识别只能解决部分问题。光学字符识别(OCR)是把位图转换为文字信息的典型例子,但它远远未普及使用,目前绝大多数计算机扫描仪或传真机等设备所产生的仍然是位图格式。有些程序检测位图图像中的形状边界,把图像转变为对象,这种技术也被称为"自行跟踪"。第二个原因是有照片效果的图像只用计算机图形技术很难绘制出来。第三个原因在于计算机图形生成的时间比显示图像的时间要长很多,这是因为图形格式中保存的是抽象描述信息,在生成前要对它们进行解释。如果要生成的是三维真实感图形,那么所需的时间取决于场景的复杂程度,有时可能要几十分钟。因此,在某些情况下,人们还是要使用位图格式来保存相应的图形画面。

4) 图像压缩

图像数据的一大特点是数据量大。数据量大不仅影响到存储,而且也影响到传输,在传输时可能会产生较大的延迟。为了解决这个问题,需要对图像进行压缩处理。压缩方法很多,可分为两类:有失真压缩和无失真压缩。如果使用的是无失真压缩,那么解压缩后的图像与原始图像完全一样;如果使用的是有失真压缩,那么解压缩后的图像与原始图像有一定差别。现在的图像压缩比可达到 25∶1 左右。

5) 图像和图形的混合

事实上,图像和图形经常会组合到一个文档中。在某些编辑器中把图像也作为一种图形对象,对其中的图形元素用结构元素的形式表示,而对图像元素则用位图的形式表示。

4. 动画

动画是指活动的画面,实质是一幅幅静态图像的连续播放。动画的连续播放既指时间上的连续,也指图像内容上的连续。计算机设计的动画有两种:一种是帧动画,一种是造型动画。

帧动画是由一幅幅位图组成的连续的画面,就如电影胶片或视频画面一样要分别设计每屏幕显示的画面。造型动画是对每一个运动的物体分别进行设计,赋予每个动元一些特征,然后用这些动元构成完整的帧画面。动元的表演和行为是由制作表组成的脚本来控制的。存储动画的文件格式有 FLC、MMM 等。

1) 帧和帧速率

当把运动图像和运动图形显示到计算机屏幕上时,它们可以占据整个屏幕空间,也可以占据屏幕的一部分。连续序列中的每一幅画面称为帧,帧与帧之间的延迟是恒定的。每秒钟显示的帧数称为帧速率,其单位用 fps 表示。

运动图像和运动图形具有一定的特征:相邻两帧并不是完全独立的,而是相关的,并且一般来说,每一帧都是前一帧的变种,这样两个相邻帧中的很多部分是相同的,在压缩时可以利用这种帧相关性。

帧速率在 10fps 以上时,所显示的图像序列会有"在运动"的感觉,但是运动过程中图像有抖动,要使运动平滑,帧速率应大于或等于 15fps。

电影的帧速率为 24 帧/秒,当前美国和日本电视制式使用 30 帧/秒的帧速率,而欧洲电视制式则使用 25 帧/秒的帧速率。有些高清晰度电视（HDW）制式使用 60 帧/秒的帧速率。注意,这里的帧速率与计算机显示器的扫描刷新速率是两个不同的概念。计算机显示器的扫描刷新速率通常为 60～70Hz,有的高达 80Hz。当以 NTSC 的帧速率在计算机显示器上显示电影时,每一帧都要显示两遍。

2）运动位图图像

运动位图图像的关键特征是运动序列中的每帧图像都以位图（可能是压缩单元）形式存在,而不是以几何对象或文字对象的集合形式存在。和静止图像类似,产生基于计算机的运动图像有两个不同的过程：

◆ 用 TV 摄像机捕获真实世界中的图像；
◆ 使用计算机辅助生成位图图像序列。

第一种技术产生"捕获运动视频",通常称为运动视频。捕获运动视频与扫描静止图像类似。

第二种技术产生"合成运动视频",它与合成静止视频类似,每一帧都用计算机或借助计算机来生成,并按位图图像的形式保存。在显示输出这种位图图像时,不需要任何解释操作。

不管是哪一种运动图像,它们与静止图像有相同的特征,即都缺乏语义描述,并且需要大量的存储空间。

3）运动图形

运动图形或计算机动画与上面描述的运动图像不一样,它记录的是一帧帧由计算机生成的对象,在播放或显示时,必须对每帧的对象描述进行解释并在计算机屏幕上产生具有运动感觉的连续画面。优点是所需的存储空间小,缺点是在显示时要进行实时处理,需要非常快速的计算能力。

4）混合运动图像

混合运动图像序列的一幅图像中既包含有捕获运动视频,又包含有计算机生成的动画。一个例子是用模式识别技术对 TV 或录像带提供的视频影像进行识别,在识别出图形对象后,再根据需要对它们进行修改,这样,这个图像中既有视频图像成分,又有计算机图形成分。另一个例子是变形（Morph）,即从一幅图像变到另一幅图像。

5. 视频

视频是由一幅幅单独的画面序列（帧 frame）组成的,这些画面以一定的速率连续地投射在屏幕上,使观察者具有图像连续运动的感觉。视频文件的存储格式有 AVI、MPG、MOV 等。

6. 音频

音频包括话语、音乐及各种动物和自然界（如风、雨、雷）发出的各种声音。加入音乐和解说词会使文字和画面更加生动；音频和视频必须同步才会使视频影像具有真实的效果。在计算机中音频处理技术主要包括声音信号的采样、数字化、压缩和解压缩播放等。

7. 流媒体

流媒体是应用流技术在网络上传输的多媒体文件,它将连续的图像和声音信息经过压缩后存放在网站服务器，让用户一边下载一边观看、收听，不需要等整个压缩文件下载到用户计算机后才可以观看。流媒体就像"水流"一样从流媒体服务器源源不断地"沥"向客户机。该技术先在客户机上创建一个缓冲区，在播放前预先下载一段资料作为缓冲，避免播放中断，也使播放质量得以维护。

7.1.4 多媒体信息处理的关键技术

多媒体信息处理需要一系列相关技术的支持，这些关键技术是多媒体研究的热点，是多媒体未来发展的趋势。

1. 多媒体数据压缩技术

在多媒体计算机系统中要表示、传输和处理声、文、图信息，特别是数字化图像和视频要占用大量的存储空间，因此高效的压缩和解压缩算法是多媒体系统运行的关键。

(1) 在无损压缩方案中，原始数据可以完全恢复。它是无噪声的，不向信号中加入噪声。它采用丙(评价信息量)编码，采用统计或分解技术消除冗余。主要有哈夫曼编码(常用的符号采用较少的位长)和游程编码(用计数/符号替换相同的符号)。

(2) 有损压缩方案是不可逆的，它降低了编码的保真度和数据的平均值。它采用相对少量的空间，使解码数据的还原让人感到与源数据相同。在压缩的数据中加入可察觉的人工因素。虽然在质量上带来了可察觉的损失，但可以实现高压缩比。主要有预测方式编码(通过观察前面的数据值来预测后面的数据值)、面向频率的编码(把原始数据分裂成不同频率的子频段，对不同频率的子频段各自采用独立的编码方法)、面向重要性的编码(可滤掉不能被感知的数据，如语音的低频，为重要的数据采用多位编码，而一些连续的、单调的区域，采用较少的位编码)和混合的编码(组合不同的编码方案，将各种编码的优点综合在一起产生一个新的编码方案)。

随着多媒体技术与应用的发展，与多媒体有关的标准越来越多地被制定出来。有两类特别重要的标准：一类是低层的用于编码压缩的标准；一类是高层的用于网络操作的标准。主要有：适用于有损耗图像压缩技术的 JPEG 联合照片专家组；适用于双态图像无损压缩的 JBIG 联合双态成像组；H.261 视像通话编码专家组；MPEG 动画编码专家组；MHEG 多媒体与超媒体专家；HYTIME 标准音乐表示工作组。

数字化的声音和图像数据量非常大，例如，一幅中等分辨率(640×480 像素点)的彩色(24bit/像素)图像的数据量约为每帧 1MB(精确计算为 0.922MB/帧)。为了使视频画面活动保持连续，则必须至少以每秒 25 帧的速度播放。这样一来，一秒钟的活动视频画面约占 25MB，一分钟的活动视频画面约占 1500MB，即 1.5GB。即使是存储容量高达 600MB 的 CD-ROM，其单片也仅能存储播放 20 多秒钟的数据量。这样一来，如果在未压缩的情况下，要实行全动态的视频及立体声音响的实时处理，则需要高达每秒上亿次的操作速度和几十个 GB 的存储容量，这对目前的微机来说是无法实现的。因此，对多媒体信息进行实时压缩和解压缩是十分必要的。

数据压缩问题的研究已进行了 50 年。从 PCM 编码理论开始，到如今已成为多媒体数据压缩标准的 JPEG、BDEG，已经产生了各种各样针对不同用途的压缩算法、压缩手段和实现这些算法的大规模集成电路或者计算机软件。在波形编码理论之后，近几年提出的小波变换等技术正在受到学术界的重视。我们还在继续寻找更加有效的压缩算法。

2．多媒体数据存储技术

数字化的多媒体信息虽然经过了压缩处理，但仍然包含了大量的数据。例如，视频图像在未经压缩处理时的每秒数据量约为 25MB，经某种算法压缩处理后，每分钟的数据量约为10MB，每小时的数据量为 600MB。对于这样的数据量，显然不可能存于一张软盘上，而必须存于光盘或硬盘上。

数字化数据存储可采用的介质有光盘、硬盘和磁带。目前，一般的大容量硬盘用于存储多媒体数据完全可以满足要求，但是由于硬盘不方便携带和交换，所以不适宜用于多媒体信息和软件的大量发行；移动式硬盘既可用于存储数据，又适合交换数据，当然价格较贵；只读光盘存储器(CD-ROM)的出现，正好满足了存储和交换两方面的需要。目前常用的 CD-ROM光盘外径为 5 英寸，容量为 650MB 左右，价格低廉；存储容量更大的是 DVD 光盘，如果采用单面结构，容量可达 4.7GB，双面双层结构的容量可达 18GB，一张 DW 光盘的容量相当于8～25 张 CD-ROM，尺寸则与其相同。

3．多媒体计算机软、硬件平台

多媒体计算机系统基础是计算机系统，它一般有较大的内存和外存(硬盘)，并配有光驱、音频卡、视频卡和音像输入/输出设备等。

多媒体计算机软件平台以操作系统为基础，一般有两种形式：一是专门设计操作系统以支持多媒体功能，如 Amiga DOS、CD-RTOS、NEXT Step 等；二是在原有操作系统基础上扩充一个支持音频/视频处理的多媒体模块和各种服务工具，如 DVI 系统中建立在 MS-DOS 基础上的 AVSS。

4．多媒体开发和创作工具

为了便于用户编程开发多媒体应用系统，一般在多媒体操作系统之上提供了丰富的多媒体开发工具，如 Microsoft MDK 就给用户提供了对图形、视频、声音等文件进行转换和编辑的工具。另外，为了方便多媒体节目的开发，多媒体计算机系统还提供了一些直观、可视化的交互式创作工具(Authoring Tool)，如三维造型与动画制作软件 3D Studio MAX，多媒体节目创作工具，如 ToolBook、Authorware、Director 等。

5．多媒体数据库

传统的数据库只能解决数值、字符等结构化数据的存储和检索。多媒体数据库包含着多种数据类型，数据更为复杂，需要一种更有效的管理系统来对多媒体数据库进行管理。多媒体需要解决的问题主要如下：

(1) 研究多媒体信息的特征、建立多媒体数据类型。

(2) 有效地组织和管理多媒体信息。

(3) 多媒体信息的检索和统计。

目前，人们开发出新一代的面向对象数据库(Object Oriented Data Base，OODB)，并结合超媒体(Hypermedia)技术的应用，为多媒体信息的建模、组织和管理提供了有效的方法。

同时,市场上也出现了多媒体数据库管理系统。但它们与实际复杂数据的管理和应用要求还存在较大的差距。

6. 超文本和超媒体

超文本或超媒体是管理多媒体数据信息的一种较好的技术,它本质上采用的是一种非线性的网络结构来组织块状信息。

7. 多媒体通信与分布式多媒体系统

20世纪90年代,计算机系统以网络为中心,而多媒体技术和网络技术、通信技术相结合出现了许多令人鼓舞的应用领域,如可视电话、电视会议、视频点播以及以分布式多媒体系统为基础的计算机支持协同工作(Computer Supported Collaborative Work,CSCW)系统,这种应用很大程度上影响了人类的生活和工作方式。多媒体通信要求能够综合传输、交换各种信息类型,而不同信息类型又呈现出不同的特征。多媒体通信是整个多媒体产业发展的关键和瓶颈。从某种意义上说,数据通信设施和其通信能力严重制约着多媒体产业的发展。而"信息高速公路"的实现和高速宽带网将解决这一问题。

8. 多媒体信息展示与交互技术

多媒体信息的展示和交互主要依赖于软件和硬件的发展、网络传输技术和人机交互技术的不断发展。

(1) 软件和硬件的发展,软件和硬件平台是实现多媒体系统的物质基础。过去,每项重要的技术突破都直接影响到多媒体技术的发展与应用进程。大容量的光盘、带有多媒体功能的Windows操作系统等都曾直接推动了多媒体技术的迅速发展。这方面需要研究的内容包括多媒体信息的输入、处理、存储、管理、输出和传输等各种技术和设备。在硬件方面,像光盘驱动器、音频卡、图像显示卡等已经成为多媒体计算机的标准配置,计算机CPU也加入了多媒体与通信的指令体系。扫描仪、数码相机、数码摄像机、数字摄像头、视频压缩卡和彩色打印机等都越来越普及。目前,多媒体技术已经在向更复杂的应用体系发展,硬件平台也更加复杂,其中值得一提的是超大规模集成电路技术的发展。音频和视频信号的压缩处理需要进行大量的计算和处理,输入和输出往往要实时完成,这就要求计算机有很高的处理速度,因此要求有高速运算能力的CPU和大容量的内存储器RAM,以及多媒体专用的数据采集和还原电路,对数据进行压缩和解压缩等高速数字信号处理器(Digital Signal Processor,DSP),这些都依赖于超大规模集成电路制造技术的发展和支持。具有多媒体扩展指令集MMX的CPU大大提高了对多媒体数据的处理能力,由软件完成MPEG-1视像的解压缩编码已进入实用阶段。而Pentium第4代CPU PIV,由于采用O.13um的铜线技术,主频可达到3GHz以上。RAM作为计算机的内存储器,也由于VLSI技术的发展而大大提高了容量,降低了成本。PC的RAM配置512MB甚至2GB已相当普遍,使PC能够更快地处理多媒体数据。CPU和RAM的快速发展为多媒体技术的普及铺平了道路。但是,更快、更好、更专业的多媒体处理是普通CPU所不能胜任的,必须依赖于专用的多媒体处理芯片。

(2) 网络传输技术,目前多媒体单机系统已相当成熟,但是多媒体网络通信还有许多问题需要解决。早期的计算机网络主要用来在用户间传送文本,为了传输多媒体信息,对计算机网络提出了更高的要求:带宽要高,以解决多媒体信息量大的问题;延时要小,以满足多媒体信息中声像同步、实时播放的要求。随着计算机网络技术和通信技术的迅猛发展,出现了一些比较适合于传输多媒体数据的网络体系结构,如环形网络 FDDI(光纤分布式数据接口)、基于信元交换的 ATM(异步传输模式)技术、千兆以太网技术(Giga bit Ethernet)和全光网络技术等。

(3) 人机交互技术,多媒体系统中的媒体种类繁多且数据量巨大,各种媒体之间既有差别又有信息上的关联。处理大量多媒体信息需要一种有效的人机交互技术,辅助人完成这项庞大的工作。超文本和超媒体允许以事物的自然联系组织信息,实现多媒体信息之间的连接,从而构造出能真正表达客观世界的多媒体应用系统。利用超文本和超媒体,人们可以很方便地完成与计算机的互动、使用和处理多媒体信息。随着计算机技术和生物技术的不断进步,人们越来越趋向使用虚拟现实技术来实现和多媒体信息的交互。虚拟现实(Virtual Realize)是在许多相关技术(如仿真技术、计算机图形学、多媒体技术等)的基础上发展起来的一门综合技术,是多媒体技术发展的更高境界。虚拟现实的本质是人与计算机之间或人与人借助计算机进行交流的一种方式,这种方式具有相当逼真的三维虚拟世界,即具有三维交互接口。

虚拟现实系统虚拟的现实具有如下特征:

① 感知性。所谓多感知是指除了一般多媒体计算机具有的视觉感知和听觉感知外,还有触觉感知、力觉感知、运动感知,甚至包括嗅觉感知和味觉感知等。理想的虚拟现实技术应有一切人所具有的感知功能,目前由于传感器技术的限制尚不能提供嗅觉感知和味觉感知。

② 临场感。临场感又称存在感,是指用户作为主角存在于模拟环境中感觉到的真实程度。理想的模拟环境应该达到使用户难以分辨真假,如实现比现实更逼真的照明和音响效果。

③ 交互性。交互性是指用户对模拟环境内物体的可操作程度和从环境得到反馈的自然程度,如用户可以用手去直接抓取模拟环境中的物体,这时手有握着东西的感觉,可以感觉物体的质量,视场中被抓的物体也会随着手的移动而移动。

④ 自主性。自主性是指模拟环境中物体依据物理定律运动的程度,如当物体受到力的推动时会向力的方向移动或翻倒。虚拟现实技术推动了通用计算机中多媒体设备的发展,在输入输出方面也由普通的键盘和二维鼠标发展为三维球、三维鼠标、数据手套、数据衣服以及头盔显示器等。

9. 多媒体信息版权保护技术

随着数字技术和因特网的发展,各种形式的多媒体数字作品(图像、视频、音频等)纷纷以网络形式发表,版权保护已成为了一个迫切需要解决的问题。数字水印(Digital Water Marking)是实现版权保护的有效办法,如今已成为多媒体信息安全研究领域的一个热点,也是信息隐藏技术研究领域的重要分支。该技术通过在原始数据中嵌入秘密信息——水印(Water Mark)来证实该数据的所有权。这种被嵌入的水印可以是一段文字、标识、序列号等,而且这种水印通常是不可见或不可察的,与原始数据(如图像、音频、视频数据)紧密结合并隐藏其中,能经历一些不破坏源数据使用价值或商用价值的操作而保存下来。

综上,多媒体技术是一种实用性很强的技术,相关的研究部门和产业部门都非常重视产品化工作,因此多媒体技术的发展和应用日新月异,产品更新换代的周期很快。多媒体技术及其应用几乎覆盖了计算机应用的各个领域,而且还开拓了涉及人类生活、娱乐、学习等方面的新领域。多媒体技术的显著特点是改善了人机交互界面,集声、文、图、像处理于一体,更接近人们自然的信息交流方式。多媒体技术广泛应用于教育和培训、咨询和演示、视频会议系统、视频服务系统和计算机支持协同工作等领域。

7.1.5　多媒体的应用前景

随着多媒体技术的发展,TV 与 PC 技术的竞争与融合越来越引人注目,传统的电视主要用在娱乐方面,而 PC 重在获取信息。随着电视技术的发展,电视浏览收看功能、交互式节目指南、电视上网等功能应运而生。而 PC 技术在媒体节目处理方面也有了很大的突破,视音频流功能的加强,搜索引擎、网上看电视等技术相应出现,比较来看,收发 E-mail、聊天和视频会议终端功能更是 PC 与电视技术的融合点,而数字机顶盒技术适应了 TV 与 PC 融合的发展趋势,延伸出"信息家电平台"的概念,使多媒体终端集家庭购物、居家办公、居家医疗、交互教学、交互游戏、视频邮件和视频点播等全方位应用于一身,代表了当今嵌入式多媒体终端的发展方向。嵌入式多媒体系统可应用在人们生活与工作的各个方面,在工业控制和商业管理领域,如智能工控设备、POS/ATM 机、IC 卡等;在家庭领域,如数字机顶盒、数字式电视、WebTV、网络冰箱、网络空调等消费类电子产品;此外,嵌入式多媒体系统还在医疗类电子设备、多媒体手机、掌上电脑、车载导航器、娱乐、军事等领域有着巨大的应用前景。

(1) 多媒体在教育培训中的应用,教育的目的是向人们传授知识,而知识就是信息。事实证明,传授信息的最好办法就是通过多种感觉器官、用多种媒体向人们提供信息,当在教学中用声音、文字进行讲课的同时,伴有大量图像、影像,将大大提高教学的效率。实验心理学家赤瑞特拉通过大量的实验证实:人类获取的信息 83%来自视觉,11%来自听觉,这两个加起来就有 94%。还有 3.5%来自嗅觉,1.5%来自触觉,1%来自味觉。多媒体技术既能看得见,又能听得见,还能用手操作。这样一来,通过多种感官的刺激获取的信息量很大。多媒体技术可向人们提供视、听、说等人性化的自然性信息,而生动活泼的电子教具、电子教材,使师生如身临其境,可以克服原来计算机辅导教学中单调乏味的教学画面;多媒体画面可实时传给单个或全体学生;教育软件可提供电子书刊、外语学习、资料检索等服务,并有极强的交互能力。在多媒体教室内,教师可配合电子白板,对屏幕上的任何内容进行标记、写字、画图和重复讲解;教师还可用键盘对学生键盘进行远程遥控和锁定;教师还可随机或轮流监视、监听每一个学生的语音和屏幕。多媒体教学不仅扩展和丰富了教学内容,而且增大了教学信息量,大大提高了教学质量。还可将多媒体教室与校园网相连,形成多媒体教学网络,并可通过 Internet 代理服务器连接 Internet,以获取最新最广泛的信息和知识;该网络也可与视频会议系统相配合,以便实现多媒体视频会议和远程教学。这样一来,将有可能使教育由以校园为主转变为以家庭为主,这种新的教育手段可取得与在名牌大学学习相类似的教育效果。可以说,由多媒体技术产生的社会信息化、全球信息化将把你、我、他和全球、全社会联系在一起,信息知识将跨越任何时间和空间为人们所用。多媒体教育系统也适用于员工培训、继续教育等。另外,还可以用于车船驾驶、飞行、军事、工业操作、体育训练、器材使用方法培训等。这种系统能做到声、文、图并茂,具有形象性和交互性,使接受教育和培训的人能够更加集中注意力和提高效率。如美国波音公司曾专门研制了一套多媒体辅助训练系统,接受培训的飞机驾驶员在训练舱里便可产生身临其境的感觉,训练的成本低,却可以获得极佳的效果。

(2)多媒体在电影电视广告咨询服务中的应用,利用以多媒体计算机为核心的三维特技编辑可以制作动画、电视、图文、音响效果等节目,并可交互式任意播放。

(3)多媒体电子出版物,多媒体技术的应用将改变传统的教学方式,将用声、文、图并茂的电子书籍(光盘),代替传统的书籍、电影、电视、录像带、录音带等。

(4)多媒体技术在军事与安全中的应用,很多技术都是在军事上应用成熟之后,才陆续转移到民用上,多媒体技术也不例外。多媒体技术在军事上的应用具有极高的水平,主要是侦察照片的判读、雷达图像的处理、军用地图的存储与自动检索、导弹的导航和军用设备(如飞机、坦克、军舰等)的模拟训练等。现代战争中,国防系统迅速作出反应越来越重要,这就需要在没有明显的人工干预下作出各种决策,如摧毁目标、监视目标、系统指挥及控制,所有这些工作都需要迅速作出判断,这都应该采用先进的人工智能方法,尤其是采用那些与图像分析和理解有关的各种方法。

(5)多媒体应用在个人鉴定和安全识别上,如指纹(门禁系统、考勤、银行、警用手枪等)、笔迹、印鉴、防伪、面部照片的识别、电子商务等。

(6)多媒体在通信与计算机中的应用。当数据压缩特别是图像信号的数据压缩能够很好地解决之后,多媒体技术与通信技术的结合就将成为必然。这种系统可提供可视通信、远程监视、桌面系统、远程教学、集中图像管理和声像资料联网传输等功能。图像技术在通信中的应用包括图像传真、图文电视、电视电话、电视会议、卫星电视、VCD、DVD、VOD、HDTV等,这些系统可提供远程监视、远程教学、远程医疗、远程图书馆等服务。多媒体计算机对信息压缩处理后可利用普通电话线进行传送,这就使信息交换十分方便——只要有电话就可以进行。这样一来,文件、会议纪要、报纸、通知、图片、文稿等都可以利用多媒体计算机经网络传输。多媒体通信增强了人们身临其境的真实感,如同面对面的交流。多媒体会议系统包括会议控制和管理系统、文件和程序共享并提供交互使用的电子白板、基于超文本和超媒体的文档制作系统、多媒体管理数据库,以及音频、视频、实时采集压缩和传输系统。多媒体会议系统可以是点对点多媒体信息的交互和传输,也可以是一点对多点和多点对多点的交互和传输,其网络平台可以在局域网上运行,也可以在令牌环网、城域网、广域网以及ISDN网上运行,甚至可以在Internet、Intranet或公用电话网(PSTN)上运行。工作方式既可以是单向(如广播方式)的,也可以是双向(信息交互双方均可以运行信息的发送和接收)的和双工(信息交互双方可以同时进行信息的发送和接收)的实时多媒体信息交互传输。

(7)多媒体的监控和检测。在交通管理、生产监控、调度、防盗、防火等现场检测中使用多媒体技术,可对采集到的图像、声音、报警探测器探测到的信息进行处理,从而可得知是否要报警或执行控制。如博物馆中贵重文物的保护,用正常的文物图像做标准,一旦文物移动或增加另外的图像,便可立即用声、光、电等进行综合报警。现在有不少企业为了提高效率,减少人员开销,实行无人管理,即采用监控、监测系统,定期采集仪器、仪表数据,一旦发现问题,采用自动控制或集中人工干预。

综上可知,近十几年来多媒体技术发展迅猛,已成为人类信息研究的重要对象。多媒体技术的发展,使人们认识自然界的视野更加宽阔,认识能力增强。在社会需要的强大推动之下,多媒体技术将会得到更加迅速的发展,给信息化社会提供更有利的支持。

7.2　实训2：使用图像处理软件 Photoshop

设定目标

掌握图像处理软件 Photoshop 的基本操作,使图像达到最佳的设计效果。

7.2.1　Photoshop 概述

1. Photoshop 的特点

图像编辑是图像处理的基础,在 Photoshop 中可以对图像做各种变换。如放大、缩小、旋转、倾斜、镜像、透视等,也可以进行复制、去除斑点、修补、修饰图像的残损等编辑内容,还可以将几幅图像通过图层操作、工具应用等编辑手法,合成完整的、意义明确的设计作品。

1) 支持多种图像格式

Photoshop 支持多种高质量的图像格式,包括 PSD、TIF 和 JPG 等 20 多种格式。在实际操作中,可以根据工作内容的需要,选取或生成各种图像格式。表 7-1 列举了编辑图像时常用的文件格式,其中主要介绍了 Photoshop 支持的文件格式和常用图像格式的特点,以及在 Photoshop 中进行图像转换时应注意的问题。

表 7-1　常用文件格式及其特点

文件格式	后缀名	图像格式的特点
PSD	.psd	该格式是 Photoshop 自身默认生成的图像格式,PSD 文件自动保留图像编辑的所有数据信息,便于进一步修改
TIFF	.tif	TIFF 格式是一种应用非常广泛的无损压缩图像格式,TIFF 格式支持 RGB、CMYK 和灰度 3 种颜色模式,还支持使用通道、图层和裁切路径的功能
BMP	.bmp	BMP 图像文件是一种 Windows 标准的点阵式图形文件格式,这种格式的特点是包含的图像信息较丰富,几乎不进行压缩,但占用磁盘空间较大
JPEG	.jpg	JPEG 是目前所有格式中压缩率最高的格式,普遍用于图像显示和一些超文本文档中
GIF	.gif	GIF 格式是 CompuServe 提供的一种图形格式,只能保存最多 256 色的 RGB 色阶数,还可以支持透明背景及动画格式
PNG	.png	PNG 是一种新兴的网络图形格式,采用无损压缩的方式,与 JPG 格式类似、网页中有很多图片都是这种格式,压缩比高于 GIF,支持图像半透明
RAW	.raw	RAW 是拍摄时将影像传感器上得到的信号转换后,不经过其他处理而直接存储的影像文件格式
PDF	.pdf	PDF 格式是应用于多个系统平台的一种电子出版物软件的文档格式
EPS	.eps	EPS 是一种包含位图和矢量图的混合图像格式,主要用于矢量图像和光栅图像的存储
3D 文件	.3ds	Photoshop 支持由 3ds Max 创建的三维模型文件,在 Photoshop 中可以保留三维模型文件的特点,并可对模型的纹理、渲染角度或位置进行调整
视频文件	AVI	Photoshop 可以编辑 Quick Time 视频格式的文件,如 MPEG-1、MPEG-4、MOV、AVI

2）堆叠功能

该软件支持多图层堆叠工作方式。可以对图层进行合并、复制或移动等操作。利用选区可以设定添加的编辑是添加在图层的部分或是全部，而利用调整图层可以在不损失图像颜色的前提下，控制图层中图像的颜色、渐变和不透明度等属性。

3）绘画功能

通过使用 Photoshop 中的"钢笔工具"、"画笔工具"、"铅笔工具"或者"直线工具"，可以绘制出任何所能想象到的图像。并且还可以自行设定画笔笔刷、形状、不透明度等属性，以及设定笔刷的压力、笔刷的边缘和笔刷的大小。如果配有绘图板，则可以像在纸上作画一样。

4）颜色调整功能

校正颜色是 Photoshop 最具特色的功能之一，它可以便捷地对图像颜色进行明暗、色偏的调整和校正，也可以在不同的颜色之间进行切换。以满足图像在广告、网页、印刷、多媒体等方面的应用。

5）特效制作

在该软件中可以轻松地创建出各种丰富的视觉特效图像，它们主要由"滤镜"、"通道"及其他工具综合应用完成。包括图像的特效创意和特效字的制作，如油画、浮雕、石膏画、素描等常用的传统美术技巧，都可通过在 Photoshop 中创建特效来完成。

6）色彩模式

在该软件中可以根据工作需要，有弹性地在多种色彩模式中转换，包括 RGB、CMYK、灰度、索引色、HSB 和 Lab 等。可以利用多种调色板选择颜色。不但可以使用系统默认提供的颜色，还可以通过自定义选择所需要的颜色。而利用 PANTONE 色混合则可以制作高质量的双色调、三色调和四色调图像。

7）开放式结构

支持 TWAIN_32 界面，可以接受广泛的图像输入设备，如扫描仪和数码照相机。还支持第三方滤镜的加入和使用，使得图像处理功能得到无限的扩展。

2．应用前景

Photoshop 在各种图形编辑工作领域中处于主导地位，它跨越了平面印刷、广告设计、建筑装潢、数码影像、网页美工和婚纱摄影等诸多行业，并且已经成为这些行业中不可或缺的一个组成部分。

1）平面印刷

无论是平面广告、包装装潢，还是印刷制版，自 Photoshop 诞生之日起，就引发了这些行业的技术革命。Photoshop 丰富而强大的功能，使设计师的各种奇思妙想得以实现，使工作人员从烦琐的手工拼贴操作中解放出来。

2）数码后期处理

运用 Photoshop 可以针对照片的问题进行修饰和美化。它可以修复旧照片，如修复边角缺损、裂痕、印刷网纹等，使照片恢复原来的面貌；或者美化照片中的人物，比如去斑、去皱、改善肤色等，使人物更加完美。

3）建筑装潢领域

Photoshop 使建筑效果图的后期处理工作变得更为简单和便于操纵。在设计制作建筑和装潢效果图时,使用三维渲染软件渲染出的图片颜色或是主体边缘可能会存在一些缺陷,而对于人物、植物等配景一般不在三维软件里渲染,因为无论是建模还是渲染都会耗费很多时间。而在 Photoshop 中则可以轻松地完成这些工作,并可随时对效果图的各部分颜色、配景进行调整。

4）网页美工

互联网技术的飞速发展,上网冲浪、查阅资料、在线咨询或者学习已经成为人们生活的习惯和需要。而优秀的网站设计、精美的网页动画、恰当的色彩搭配能够给人们带来更好的视听享受,为浏览者留下难忘的印象。这一切都得益于 Photoshop 强大的网页制作功能,它在网页美工设计中起着不可替代的作用。

5）设计游戏人物或场景

利用 Photoshop 可以制作游戏人物或进行场景设定,这个过程可以像使用画笔在纸上作画一样随心所欲,但要比纸上绘画更容易修改。

7.2.2　Photoshop 界面组成

打开 Photoshop 后,选择"文件"→"打开"来打开一张图像,可以看到 Photoshop 的界面状态如图 7-1 所示。如果选项面板摆放混乱,可选择"窗口"→"复位调板位置"将面板恢复到默认位置。

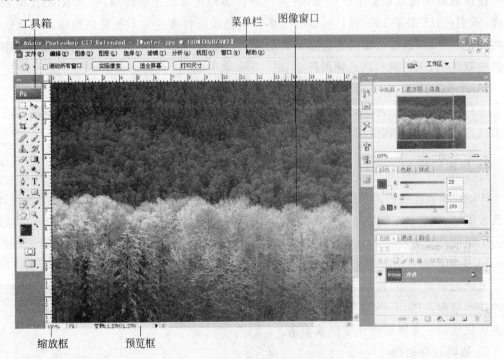

图 7-1　Photoshop 界面状态

选择"窗口"→"显示工具"可以显示工具箱。图 7-2 显示出了 Photoshop 工具箱中各个基本工具的名称。

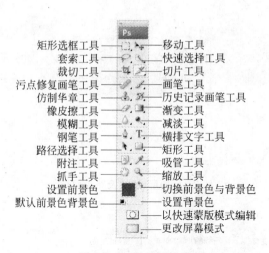

图 7-2　工具箱的使用

1. 选择工具

在工具箱中有些工具的右下角有一个黑色小三角形,用鼠标按住该工具停留片刻,就会出现一个弹出菜单,弹出菜单中包含一些隐含的工具,用鼠标将其选中,其图标就会出现在工具箱中。选择隐含工具时按下 Alt 键,再单击含有多个工具的工具箱,就会进行多个工具之间的切换。

选择工具箱中的工具时,可以在弹出菜单中用鼠标选择,也可以单击弹出菜单项内的英文字母(为工具选择的快捷键),图标显示出来以后,工具的英文名称及快捷键同时显示。隐含工具的切换也可以按下 Shift 键后单击快捷键。

2. 显示和隐藏面板

Photoshop 包含了许多不同的选项面板,各个面板的显示与隐藏都是在"窗口"菜单下实现的,选择"显示"可以将其显示出来,选择"隐藏"可以将其隐藏。

3. 面板的功能

每个面板控制不同的功能,控制颜色的面板包括颜色面板和色板面板,如图 7-3 所示。

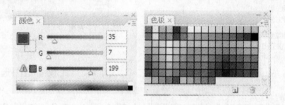

图 7-3　颜色面板和色板面板

进行页面图像控制时最常用的面板有图层、通道及路径面板,如图 7-4 所示。

如果面板的右上角有一个三角形图标,单击此图标就会出现一个弹出菜单,如图 7-5所示。

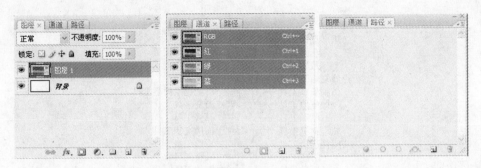

图 7-4   图层、通道及路径面板

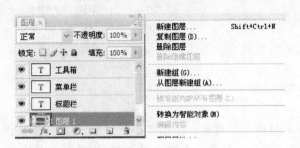

图 7-5   面板右侧的弹出菜单

4．设置缩览图

如果面板中包含缩览图，在面板右侧的弹出菜单中就会出现一个"调板选项"命令，表示可以设置缩览图大小。

选择"调板选顶"后，页面内弹出如图 7-6 所示的"图层调板选项"对话框，默认的"缩览图"为选中第 2 个单选按钮，在面板内的缩览图显示大小如图 7-7 所示。

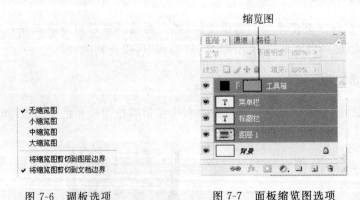

图 7-6   调板选项   图 7-7   面板缩览图选项

改变"缩览图"的选择，面板内的缩览图大小就会发生变化，如图 7-8 所示在对话框中选择大一些的尺寸（选中第 3 个单选按钮），面板中的缩览图会明显加大，如图 7-9 所示。

如果在"图层调板选项"对话框中选择"无缩览图"单选按钮，在面板内就会只有名称而没有缩览图的显示。

图 7-8　图层调板选项对话框　　　　图 7-9　面板缩览图显示

5．面板的常用图标

有些操作面板的底部包含操作图标以对应某些菜单操作。

画画新建或者复制图标，单击此图标将创建新的图层、通道、路径、动作或者快照，或将已经建立好的项目拖动到图标内进行复制。

单击此图标将删除图层、通道、路径、动作或者快照。

单击此图标将选区存储为通道或者路径。

6．选项面板

在各个面板中，有一个比较特殊的面板就是选项面板，该面板主要用于设置各种工具的参数，其内容是随着所选择工具的不同而变化的，选择"窗口"→"显示选项"或者双击某个选择的工具，都可以将此面板打开，在 Photoshop 中，选项面板的位置被固定在菜单的下面，如图 7-10 所示。

图 7-10　选项面板位置

7．面板的拆分和组合

在 Photoshop 中，各个面板的位置可以进行组合，也可以拆分为单个面板的形式。在组合的面板中，会同时出现若干个面板的名称，单击某个名称，就会将其选择为当前的应用面板。

在图 7-11 中包含了 3 个面板：图层面板、通道面板以及路径面板，当前所选择的面板为图层面板，如果希望将图层面板作为一个单独的面板应用，用鼠标按住图层名称的位置，向外拖动时，会出现一个虚线框，拖动到页面之外后，就会是一个单独的图层面板形式了，如图 7-12 所示，原来的面板内只剩下了通道和路径两个组合面板。

如果希望将原来分开的面板进行组合，可以用鼠标按住被移动面板的名称部分，拖动到希望组合面板的名称栏部分，如图 7-13 所示，松开鼠标后，面板就会组合在一起，如图 7-14所示。

图 7-11　含有 3 个面板的显示

图 7-12　图层面板移动完成后的显示

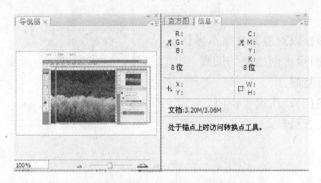

图 7-13　分开的面板显示

图 7-14　信息面板移动完成后的显示

面板组合后,可以节省桌面空间,但最好将不经常在一起使用的面板组合在一起,否则来回进行面板的切换会比较麻烦。

8. 调整面板大小

在面板的右侧有两个图标,可以对面板的大小进行调整。

(1) 缩小化图标,可以对面板进行缩小化操作,如果选项面板比较大,第 1 次单击此图标时会缩小到最小的状态,第 2 次单击此图标后,就会只剩下标题栏部分。此时该图标变成了还原状态。

(2) 还原图标,单击此图标可以将面板恢复为正常的状态。

(3) 关闭图标,单击此图标可以将面板关闭,面板就会被隐藏起来。

9. 图像窗口

图像窗口用来放置打开的图像,在工具箱中有 3 种显示图像窗口的方式,如图 7-15 所示。

图 7-16 为一张打开的屏幕模式显示图像,此时工具箱中显示的图标为 ■ ☞ ,页面内的所有内容,包括标题栏、菜单栏、选项面板等工具箱等都在页面内。

单击工具箱中的带有菜单栏的全屏模式图标,页面内图像的显示就会如图 7-17 所示,此时的 Photoshop 会进行全屏显

图 7-15　工具箱中窗口显示方式的选择项

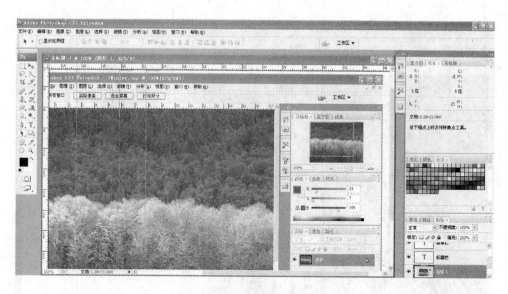

图 7-16　标准屏幕模式的状态

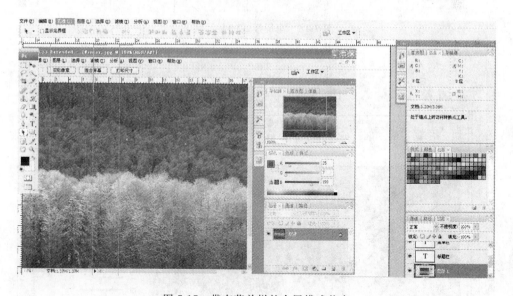

图 7-17　带有菜单栏的全屏模式状态

示,标题栏部分隐藏起来,这样可以最大范围地利用屏幕空间。

　　如果单击工具箱中的全屏模式图标 □全屏模式 ,页面内的菜单栏也会消失,而剩下各个选项面板及工具箱,如果单击 Tab 键,各个选项面板也会被隐藏,得到如图 7-18 所示的页面显示,此时的页面最有利于进行图像效果的欣赏。

　　如果希望重新显示各个选项面板及工具箱,再一次单击 Tab 键即可。

　　如果页面上打开的图像比较多,可以选择多个打开图像在窗口中的摆放方式,选择"窗口"→"层叠"可以将图像层叠摆放,如图 7-19 所示。

　　选择"窗口"→"拼贴"后可以进行图像的拼贴摆放,如图 7-20 所示。

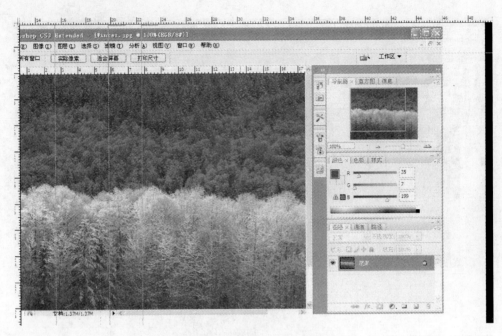

图 7-18　全屏模式的显示状态

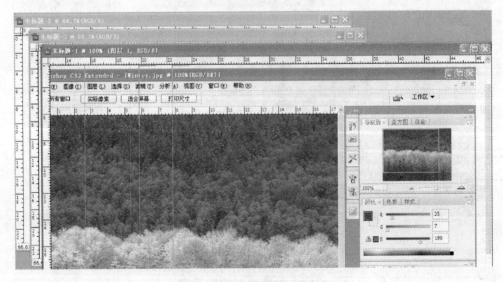

图 7-19　层叠的图像摆放方式

单击图像窗口右侧的三个按钮,可以对打开的图像窗口进行大小切换,单击第一个按钮可以在最小化与还原之间进行切换,单击第二个按钮可以在最大化和还原之间进行切换。

10. 控制页面显示

在图像制作过程中,经常会放大或缩小图像的显示,以便更好地进行操作。通常进行局部操作时需要放大页面,进行整体操作时需要缩小页面,图像放大后在窗口内就只能看到图像的局部,如果希望对其他部分进行操作,就需要进行页面的移动。

图 7-20 图像的拼贴摆放

11. 使用菜单项目设置比例

图 7-21 所示为进行页面显示的"视图"菜单项目。可以选择"放大"或者"缩小"进行页面显示大小的切换,也可以选择"满画布显示"将图像显示于整个画布上,选择"实际像素"后页面会以 100％的比例进行显示,选择"打印尺寸"会显示打印尺寸。

图 7-22 和图 7-23 所示的两个图像分别为 66.7％和 100％的比例的显示状态。需要特别提醒初学者的是:图像的显示比例是指图像上的像素与屏幕上光点的比例关系,而不是与图像实际尺寸的比例,改变图像的显示只是为了操作时的方便,而与图像本身的分辨率及尺寸无关。

图 7-21 视图菜单显示　　　　　　　　图 7-22 图像显示为 66.7％

图 7-23　图像显示为 100％

　　选择"视图"→"新视图"后,在页面内就会出现一个新的窗口状态,此窗口与原来的窗口是完全一样的,操作也是同步进行的,不过两个窗口的比例可以单独设置,例如将窗口设置为 50％显示整体的效果,将新窗口设置为 200％局部显示的效果,如图 7-24 所示。这样在操作过程中可以通过原始窗口看到整体效果的变换,设置完成后,关闭一个窗口,就会回到正常状态。

图 7-24　新视图的显示

12.使用放大镜设置比例

　　在工具箱选择放大镜工具 🔍,也可以进行页面显示的操作,选择放大镜工具后,页面菜单下会出现如图 7-25 所示的放大镜选项面板。

图 7-25　放大镜选项设置

选择"调整窗口大小以满屏显示"复选框后,用放大镜进行显示比例调整时图像窗口的大小也会同时进行调整,从而使窗口以最合适的大小显示在屏幕上。

单击"实际像素"按钮,页面会以100%的比例进行显示;选择"调整窗口大小以满屏显示"复选框,页面会以显示器大小进行显示;单击"打印尺寸"按钮,页面会以打印尺寸进行显示。

使用放大镜工具在页面上单击,页面就会以50%、66.7%、100%、200%、300%……的幅度在页面上进行放大,按下Alt键后,会变成缩小镜,同样以这些比例进行缩小。

放大镜还可以将局部需要放大的区域放置于整个页面上,使用放大镜工具在页面上绘制一个矩形块,在"调整窗口大小以满屏显示"复选框不选择的状态下,图像会在原窗口内将选择的区域铺满,如果选择了"调整窗口大小以满屏显示"复选框,整个图像的其余部分也会以同样的比例显示于页面内。

在工具箱中双击放大镜工具可以使窗口内的图像以100%的比例进行显示。

在工具箱中双击手形工具可以使窗口内的图像以显示器的大小进行显示。当图像放大到一定的比例时,页面上就会无法将其全部显示出来。选择"窗口"→"显示导航器",出现在导航器面板内红色的矩形框表示当前的页面窗口状态,用鼠标在导航器面板中的红色矩形框内拖动,光标会变成手的形状,可移动红色矩形框内的图像,其包含的内容也就是新的窗口显示状态。如果将鼠标放置于导航器面板红色矩形框之外,然后单击,那么红色矩形框就会移动到单击的位置,同时窗口内图像的位置也会发生移动,移动导航器面板下面的百分比滑鼠,页面内的图像也会按相应的百分比显示,百分比也可以通过键盘输入,输入数值后单击Enter键即可确认。如图7-26所示。

图7-26 导航器面板

如果要移动页面,可以在工具箱中选择手形工具 ✋ ,然后在图像上拖动,图像也会随着鼠标的移动在窗口内移动。

7.2.3 Photoshop 基本术语

像素:在Photoshop中,像素是图像的基本单位。像素是有颜色的小方块。Photoshop处理的图像通常为像素图,像素以行和列的方式排列。由于图像由方形像素组成,所以图像也必须是方形的。

　　光栅：是像素排列的栅格。由像素组成的图像通常被称做光栅图。光栅图不可以无限放大，否则，图像就会显得特别虚，会导致锯齿或肥胖边。

　　矢量：是数学上定义的直线或曲线。矢量图放大时不会失真。

　　路径：路径是矢量的基础。我们可以在 Photoshop 中创建路径，但也可在 Illustrator 等软件中创建路径。

　　颜色深度：是指图像中可用的颜色数量。通用的颜色深度是 1 位、8 位、24 位和 32 位。位的值可能是 0 或 1。位用来定义图像中像素的颜色。随着定义颜色的位的增加，每个像素可利用的颜色范围也增加。

　　由于 1 位图像只包含两种颜色，所以 1 位图像由两种颜色组成（黑和白）。8 位图像包含 256（2^8）种颜色或 256 级灰度。每个像素可以是 256 种可能颜色中的一种。24 位图像包含 16 777 266（2^{24}）种颜色。32 位图像包含（2^{32}）种可能颜色，它一般是增加了 Alpha 通道的 24 位图像，或者是在 CMYK 模式下的图像。

　　颜色空间：是设备的颜色及其空间颜色范围。例如，不同的显示器有不同的颜色空间，因为它们组合红色、绿色和蓝色光线的方式稍有不同。Photoshop 图像表现出的颜色空间由显示它们的设备（显示器和打印机）决定。可以通过调节 Photoshop 的 Color Setting（颜色设置）来调整颜色空间。

1. 颜色的基本理论和模式

　　由于 Photoshop 处理彩色图像的基础是具体的色彩模式，因此，充分理解色彩原理有助于了解色彩是如何被测定和 Adobe Photoshop 是如何定义、显示和输出色彩数值的。下面介绍一些与色彩模式相关的概念。

　　1）颜色的基本理论

　　在介绍 Photoshop 6.0 的各种色彩模式之前，有必要学习一些有关颜色的基本理论。

　　红、绿、蓝三原色是自然界所有色彩的基本颜色，也就是说，自然界中所有的颜色都是由红、绿、蓝这三种光线的不同亮度组合构成的。把三原色中的两种交互重叠，就能产生次混合色：黄色、紫色和青色。

　　2）色彩模式

　　人们总是希望把自然界中无限的色彩尽可能真实地再现出来，但是就像画家用不同的颜料和工具会反映出不同的颜色范围一样，在计算机处理图像的过程中，由于受到硬件设备、操作程序和使用要求等因素的影响，往往只能再现自然界中可见色彩的一部分。Photoshop 提供了一组描述自然界中光和色调的颜色模型，该颜色模型描述了如何将颜色以一种特定的方式表示出来。有时出于不同的目的，例如为了方便打印或给黑白相片上色，被表示出来的颜色需要以不同的色彩模式存储起来。

　　颜色模型与色彩模式是两个不同的概念。通过使用不同的颜色模型，可以创建同一种颜色，而这种颜色又可以针对特定的目的，用适当的色彩模式存储起来。

　　可以认为，色彩模式是存放可着色像素的容器，它标志着可存储成某种文件格式的最大颜色数据量。用户能把少量的颜色数据存放在一个大容器中，但不能把大量的颜色数据存放在一个小容器中。

　　在 Photoshop 中可使用的色彩模式包括：位图色彩模式、灰度色彩模式、双色色彩模式、索引色彩模式、RGB色彩模式、CMYK色彩模式、Lab色彩模式以及多通道色彩模式。

下面简要介绍它们的含义和效果。

① 位图色彩模式

在位图色彩模式(Bitmap Mode)中图像由黑色与白色两种像素组成,每一个像素用"位"来表示。这种模式所占用的磁盘空间最小。

② 灰度色彩模式

灰度色彩模式(Grayscale Mode)中只存在灰度,最多可以达到256级灰度,当一个彩色文件被转换成灰度模式文件时,Photoshop会将图像中的色相(Hue)、饱和度(Saturation)等有关色彩的信息消除掉,只留下亮度(Brightness)信息。在灰度文件中图像的色彩饱和度为零,亮度是唯一能够影响灰度图像的选项。亮度是光强的度量,0%代表黑色,100%代表白色。

③ 双色色彩模式

双色色彩模式(Duotone Mode)是用一种灰色油墨或彩色油墨渲染一个灰度图像,又叫双色套印或同色浓淡套印模式。在此模式中,最多可以向灰度图像中添加4种颜色,这样可以打印比单纯灰度要丰富得多的图像。

④ 索引色彩模式

索引色彩模式(Indexed Color Mode)也称映射颜色。在此种模式下,只能存储一个8位色彩深度的文件,即图像中最多含有256种颜色,而且这些颜色都是预先定义好的。一幅图像的所有颜色都在图像索引文件中被定义,即将所有色彩映射到一个色彩盘中,称为彩色对照表。当打开图像文件时,彩色对照表也一同被读入Photoshop中,Photoshop将从彩色对照表中找出最终的色彩值。

⑤ RGB色彩模式

RGB是色光的色彩模式,R代表红色,G代表绿色,B代表蓝色。3种色彩相叠加形成了其他的色彩。因为3种颜色每一种都有256个亮度水平级,所以3种色彩叠加就能形成1670多万种颜色,俗称"真彩色"。RGB图像是3通道图像,所以它们包含24(8×3)位/像素。

⑥ CMYK色彩模式

CMYK色彩模式是一种基于印刷处理的颜色模式。图像由用于打印分色的4种颜色组成,它们是4通道图像,包含32(8×4)位/像素。每个像素都是由青(Cyan)、洋红(Magenta)、黄(Yellow)、黑(Black)4种油墨组合出来的。

⑦ Lab色彩模式

它是一种独立于设备而存在的色彩模式,不受任何硬件性能的影响。由于其能表现的颜色范围较大,因此,在Photoshop中,Lab模式是从一种色彩模式转变到另一种色彩模式的中间形式。它由亮度和a、b 2个颜色轴组成,是24(8×3)位/像素的3通道图像模式。

⑧ 多通道色彩模式

多通道色彩模式(Multichannel Mode)为8位/像素,用于特殊打印。多通道模式在每个通道中使用256个灰度级。用户可以将由一个以上通道合成的任何图像转换为多通道图像,原来的通道将被转换为专色多通道。

2．文件压缩与文件格式

在 Photoshop 中，用户可以用各种文件格式输入和输出图像。不同的文件格式以不同的方式代表图像信息，即作为矢量图形或位图图像。一些文件格式只能包含矢量图形或只能包含位图图像，但大多数格式可以将两种信息包含在同一文件中。

许多文件格式使用压缩技术以减少位图图像数据所需的存储空间。压缩技术以是否压缩图像的细节和颜色来区分：无损压缩技术对图像数据进行压缩时不去掉图像的细节；有损压缩技术通过去掉图像的细节来压缩图像。以下是常用的压缩技术。

(1) RLE(行程长度受限编码)：是一种无损压缩技术，支持 Photoshop 文件格式、TIFF 文件格式及常用的 Windows 文件格式。

(2) LZW(Lemple-Zif-Wdlch)：是一种无损压缩技术，支持 TIFF、PDF、GIF 和 PostScript 语言文件格式。这种技术最适于压缩包含大面积单色彩的图像，例如屏幕快照或简单的绘画图像。

(3) JPEG(联合图片专家组)：是一种有损压缩技术，支持 JPEG、PDF 和 PostScript 语言格式。JPEG 压缩为连续色调的图像提供了最好的效果。

(4) CCITT 编码：是一种黑白图像无损压缩技术，支持 PDF 和 PostScript 语言文件格式。

(5) ZIP 编码：是一种无损压缩技术，支持 PDF 文件格式，ZIP 编码在压缩包含大面积单色彩的图像时最有效。

Photoshop 6.0 中几种常用的图像文件格式及特点简介如下。

(1) BMP：BMP 是 Dos 和 Windows 兼容计算机系统的标准 Windows 图像格式。BMP 格式支持 RGB 索引颜色、灰度和位图色彩模式，但不支持 Alpha 通道。用户可以指定图像采用 Microsoft(R) Windows 或 OS/2(R) 格式，并指定图像的位深度。对于使用 Windows 格式的 4 位和 8 位图像，可以指定采用 RLE 压缩。

(2) Photoshop EPS：EPS(封装的 PostScript)语言文件格式可以包含矢量图形和位图图像，可适用于所有的图形、示意图和页面排版程序。EPS 格式用于在应用程序间传输的 PostScript 语言图稿。在 Photoshop 中打开由其他应用程序创建的包含矢量图形的 EPS 文件时，Photoshop 会对此文件进行栅格化，将矢量图形转换为像素。

EPS 格式支持 Lab、CMYK、RGB、索引颜色、双色调、灰度和位图色彩模式，但不支持 Alpha 通道。EPS 支持剪贴路径。

(3) GIF：在网页图像传输中，GIF(图形交换格式)文件格式普遍用于显示索引颜色图形，GIF 是一种 LZW 压缩格式，用来最小化文件大小和电子传递时间。GIF 格式不支持 Alpha 通道。

(4) JPEG：在互联网上，JPEG(联合图片专家组)普遍用于显示图片和其他连续色调的图像文档。JPEG 格式支持 CMYK、RGB 和灰度色彩模式，不支持 Alpha 通道。

与 GIF 格式不同，JPEG 保留了 RGB 图像中的所有颜色信息，通过有选择地去掉数据来压缩文件。

JPEG 图像在打开时会自动解压缩。高等级的压缩会导致较低的图像品质，低等级的压缩则产生较高的图像品质。在大多数情况下，采用"最佳"品质选项产生的压缩效果与源图像几乎没有什么区别。

（5）PDF：PDF（可移植文档格式）是 Adobe 公司用于 Windows、Mac OS、UNIX（R）和 DOS 系统的一种电子出版软件格式。与 PostScript 页面一样，PDF 文件可以包含矢量图形和位图图像，还可以包含电子文档查找和导航功能。

Photoshop PDF 格式支持 RGB、索引颜色、CMYK、灰度、位图和 Lab 色彩模式，不支持 Alpha 通道。PDF 格式支持 JPEG 和 ZIP 压缩，但位图模式文件除外，位图模式文件在存储为 Photoshop PDF 格式时，采用 CCITT Group4 压缩。在 Photoshop 中打开其他应用程序创建的 PDF 文件时，Photoshop 将对此文件进行栅格化。

（6）Targe：Targe（TGA）格式专用于使用 Truevision（R）视频板的系统，MS-DOS 色彩应用程序普遍支持这种格式。Targe 格式支持带一个 Alpha 通道的 32 位 RGB 文件和不带 Alpha 通道的索引颜色、灰度、16 位以及 24 位 RGB 文件。将图像存储为这种格式时，可以选择像素深度。

（7）TIFF：TIFF（标记图像文件格式）用于在应用程序之间和计算机平台之间交换的文件。TIFF 是一种灵活的位图图像格式，适用于所有绘图、图像编辑和页面排版应用程序，而且几乎所有桌面扫描仪都可以生成 TIFF 图像。TIFF 格式支持带 Alpha 通道的 CMYK、RGB 和灰度文件，支持不带 Alpha 通道的 Lab、索引颜色和位图文件。TIFF 支持 LZW 压缩。

将在 Photoshop 中制作的图像保存为 TIFF 格式时，可以选择存储文件为 IBM-PC 兼容计算机可读的格式或 Macintosh 计算机可读的格式。对 TIFF 文件进行压缩时可减少文件的大小，但相应地增加了打开和存储文件的时间。

7.2.4　Photoshop 基本操作

1. 菜单的使用

菜单是指一组操作指令的集合。Photoshop 菜单的使用方法与其他 Windows 应用软件完全一致。菜单栏位于工作窗口的上方，当将光标指向某一菜单并且单击时，将弹出一个下拉菜单。例如，单击"选择"菜单，就会出现如图 7-27 所示的下拉菜单。

2. 菜单的使用方法

关于菜单的使用方法，可以分为以下几种情况：

（1）单击菜单名，从打开的下拉菜单中选择相应的菜单命令或子菜单命令。

（2）按住键盘上的 Alt 健和菜单名中带下划线的字母打开菜单，然后用方向键选择相应的菜单命令并按 Enter 键确认；或者直接按菜单命令中带下划线的字母执行命令。

图 7-27　下拉菜单

（3）使用快捷键执行菜单命令。快捷键是执行菜单命令最快的方法，因此，建议读者尽量牢记并尽量使用快捷键。

（4）除了菜单栏中的菜单以外，在 Photoshop 中还可以使用快捷菜单。例如，在图像窗口中建立一个选择区域后，单击鼠标右键即可弹出一个与该选择区域操作相关的快捷菜单，如图 7-28 所示。

图 7-28　快捷菜单

3．菜单的约定

◆ 灰暗色的菜单表示当前不可执行。

◆ 命令后跟有省略号"…"，表示选择该命令后将弹出一个对话框。

◆ 命令后有三角符号"▸"的表示其有下一级子菜单。

◆ 命令后的组合键为该菜单命令的快捷键。

◆ 菜单中的间隔线表示命令以组为单位进行归纳。

◆ 命令前面有"√"表示该命令已被选择。

4．工具箱的使用

工具箱位于工作窗口的最左侧，由一些代表不同用途的工具图标组成。使用某种工具时，可以按以下方法进行选择。

1）选择工具的方法

◆ 将光标指向工具图标上，稍一停顿将会出现工具的名称与快捷键。单击所需的工具或者直接按工具快捷键，可选择该工具。

◆ 在含有隐藏工具的按钮上按下鼠标左键，移动光标到所需的工具上松开鼠标，可选择隐藏工具，如图 7-29 所示。

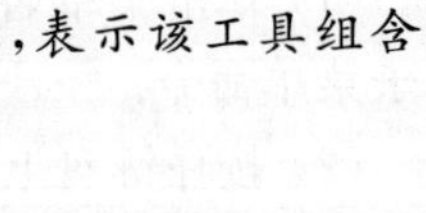

◆ 按住 Alt 键的同时单击含有隐藏工具的按钮，或者按住 Shift 键的同时反复按相应工具的快捷键，可循环选取隐藏工具。

图 7-29　选择隐藏工具

◆ 单击 按钮，可在 ImageReady 和 Photoshop 软件之间进行切换。

注意：工具箱中有些工具按钮的右下角带有一个黑色的三角图标，表示该工具组含有隐藏工具。

2）光标形状的控制

◆ 选取工具后，光标将变为工具或画笔图标状。

◆ 按下 Caps Lock 键可使光标在图标状与精确十字状之间进行切换。

5．工具选项栏的使用

工具选项栏位于图像窗口的上方，也可以将它置于图像窗口的下方。选择了工具箱中的工具后，该工具的选项及参数将自动显示在工具选项栏中。单击菜单栏中的"窗口"→"选项"命令可以隐藏或显示工具选项栏。

工具选项栏的位置可以随意移动。将光标指向工具选项栏的蓝色部分，按住鼠标左键可将其拖至目标位置处。双击工具选项栏的蓝色部分，可以使其最小化，再次双击可恢复到原来的状态。

6. 控制面板的使用

控制面板浮动在工作窗口之上，主要用来监视和编辑、修改图像。默认情况下，控制面板是成组出现的，并且以标签来区分。在处理图像的过程中，可以自由地移动、展开、折叠控制面板，也可以显示或隐藏控制面板。

1）显示与隐藏

单击"窗口"菜单中相应的命令，可显示或隐藏控制面板。

在编辑图像时，暂时不用的控制面板可以将其隐藏，需要时再调用，单击控制面板右上角的最小化按钮 或双击面板的标签，可使之呈最小化状态；单击关闭按钮 ，可关闭该控制板组。

注意：重复按 Tab 键，可显示或隐藏控制面板组、工具箱及工具选项栏。重复按 Shift＋Tab 组合键，可显示或隐藏控制面板组。

2）调整大小

控制面板的右下角呈 状，表示该控制面板的大小可以进行调整。将光标指向面板的四边或四角，当光标变为双向箭头时拖曳鼠标，可以改变面板的大小。

3）拆分与组合

控制面板组可以自由拆分或组合。将光标指向面板的标签，按住鼠标左键拖曳可以将某面板移到面板组外，即可拆分面板组；将面板拖曳到另一个面板组中，即可重新组合面板组。

4）其他操作

每个面板组的右上角都有一个三角图标 ，单击它可以打开相应的面板菜单，该面板的所有操作命令都包含在面板菜单中，如图 7-30 所示。

图 7-30　面板菜单

在 Photoshop 所有的控制面板中,其面板菜单中都增加了一个 Dock to Palette Well 命令,这是 Photoshop 控制面板的一大特点。通过执行该命令,可以使浮动的控制面板泊留到工具选项栏的右侧,从而留出更多的工作空间供设计使用。

7. 新建、打开图像文件

Photoshop 不同于其他 Windows 应用软件,启动以后,系统并不产生一个默认的图像文件,所以,设计图像作品时必须从新建文件开始。如果要编辑、修改一个已经存在的图像文件,则必须首先打开该图像文件。

1) 新建图像文件

在 Photoshop 中建立新文件之前,创作者必须对自己的作品有一个总体的认知和清晰的思路,只有这样,在建立新文件时,才能正确设置各项参数。

新建图像文件的基本操作步骤如下:

(1) 单击菜单栏中的"文件"→"新建"命令,或按下键盘中的 Ctrl＋N 组合键,将弹出"新建"对话框,如图 7-31 所示。

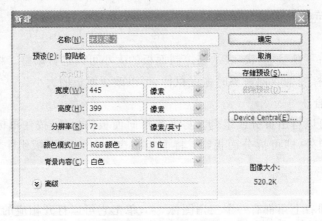

图 7-31 "新建"对话框

(2) 在对话框中设置文件的相关选项。

◆ 在"名称"文本框中输入文件的名称,系统的默认名称为"Untitled-1"。

◆ 在"预设"下拉列表中选择系统预设的图像尺寸。如果需要自己设置图像尺寸,可以选择"Custom"选项,然后在"宽度"和"高度"文本框中输入图像的宽度和高度,并选择合适的尺寸单位。

◆ 在"分辨率"选项中确定图像的分辨率。通常情况下,设计印刷品时,分辨率不能低于 300ppi;如果是设计网络图像,则分辨率设置为 72ppi。

◆ 在"颜色模式"下拉列表中选择图像的色彩模式。一般情况下,设计图像时使用 RGB 模式,最后再转换为 CMYK 模式进行输出。

◆ 在"背影内容"选项中确定图像中背景层的颜色。背景层的颜色可设置为白色、背景色或透明。

(3) 单击 确定 按钮,则新建了一个新文件。

注意:按住 Ctrl 键的同时双击工作区,也将弹出"新建"对话框。

2）打开图像文件

如果要编辑一个已经存在的图像文件，则需要打开该文件。

打开图像文件的基本操作步骤如下：

（1）单击菜单栏中的"文件"→"打开"命令，或按下键盘中的 Ctrl＋O 组合键，将弹出
"打开"对话框，如图 7-32 所示。

图 7-32 "打开"对话框

（2）在"查找范围"下拉列表中选择图像文件所在的位置。

（3）在"文件类型"下拉列表中选择文件类型。

（4）在文件列表中选择要打开的图像文件。

（5）单击打开(0)…按钮，则打开所选的图像文件。

注意：双击工作区时，也将弹出"打开"对话框。

在 Photoshop 的"文件"菜单中有一个"打开最
近文件"命令，该命令的子菜单中记录了最近打开的
图像文件的名称，单击其中的任意一个文件名称，可
以打开相应的图像文件。

8. 保存、关闭图像文件

在"文件"菜单中，有一组用于保存、关闭文件的
命令，选择相应的命令可以实现图像文件的保存与
关闭，如图 7-33 所示。

新建(N)…	Ctrl+N
打开(0)…	Ctrl+O
浏览(B)…	Alt+Ctrl+O
打开为(A)…	Alt+Shift+Ctrl+O
打开为智能对象…	
最近打开文件(T)	▶
Device Central…	
关闭(C)	Ctrl+W
关闭全部	Alt+Ctrl+W
关闭并转到 Bridge…	Shift+Ctrl+W
存储(S)	Ctrl+S
存储为(V)…	Shift+Ctrl+S
签入…	
存储为 Web 和设备所用格式(D)…	Alt+Shift+Ctrl+S
恢复	F12

图 7-33 保存、关闭文件的命令

1) 保存图像文件

当成功地编辑完一幅作品后,可以将它保存起来。Photoshop 为保存图像文件提供了三种方法。

◆ 单击菜单栏中的"文件"→"保存"命令,或按键盘中的 Ctrl＋S 组合键,可以保存图像文件。如果是第一次执行该命令,将弹出"存储为"对话框用于保存文件,如图 7-34所示。

图 7-34 "存储为"对话框

◆ 单击菜单栏中的"文件"→"另存为"命令,或按 Shift＋Ctrl＋S 组合键,可以将当前编辑的文件按指定的格式换名存盘,当前文件名将变为新文件名,原来的文件仍然存在。

◆ 单击菜单栏中的"文件"→"存储为 Web"命令,可以将图像文件保存为网络图像格式,并且可以对图像进行优化。

2) 关闭文件

在 Photoshop 中,可以采用以下几种方法关闭文件。

◆ 单击图像文件窗口上的 ⊠ 按钮,或双击图像文件窗口上的按钮,将关闭当前文件。如果文件未保存,系统将会弹出保存文件的提示信息。

◆ 单击菜单栏中的"文件"→"关闭"命令,或按键盘中的 Ctrl＋W 组合键,将关闭当前文件。

◆ 单击菜单栏中的"窗口"→"文件"→"关闭所有"命令,将关闭所有已打开的图像文件。

9. 颜色的使用

对于图像设计人员来说,正确选择与运用颜色是至关重要的。一幅成功的作品,除了构思精巧、布局合理外,颜色的运用也是不容忽视的,因为颜色对人的视觉刺激直接影响到人的心理活动。在设计图像时,如果颜色运用得合理,那么作品的视觉冲击力就会非常强烈。

一般情况下,在绘制图形、填充颜色或编辑图像之前,往往需要先选择颜色。Photoshop 7.0 为用户选取颜色提供了多种解决方案。在处理图像作品时,如果能灵活地运用这些方案,则可以收到事半功倍之效。

1) 利用工具箱

在 Photoshop 工具箱的下方提供了一组专门用于设置前景色、背景色的色块,如图 7-35 所示。

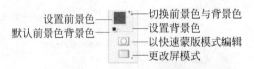

设置前景色 —————— 切换前景色与背景色
默认前景色背景色 —————— 设置背景色
—————— 以快速蒙版模式编辑
—————— 更改屏模式

图 7-35　颜色设置工具

◆ 单击 按钮,或按键盘中的 D 键,可将颜色设置为缺省色,即前景色为黑色,背景色为白色。

◆ 单击 按钮,或按键盘中的 X 键,可以转换前景、背景颜色。

◆ 单击前景色、背景色色块,将打开如图 7-36 所示的"拾色器(前景色)"对话框。在该对话框中,设置任何一种色彩模式的参数值都可以选取相应的颜色,也可以用直接在对话框左侧的色域中单击鼠标的方法选取相应的颜色。

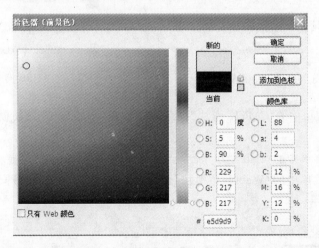

图 7-36　"拾色器(前景色)"对话框

在该对话框中,用户可以设置出 1680 多万种颜色。当所选颜色旁出现 标识时,表示该颜色超出了 CMYK 颜色范围,印刷输出时将用其下方的颜色替代所选颜色;当所选颜色旁出现 标识时,表示该颜色超出了网络所允许的颜色范围,其下方的颜色将替代所选颜色,在设计网页图形时,为确保选取的颜色不超出网络安全色的范围,可选择"只有 Web 颜色"复选框。

在工具箱中设置前景色或背景色的基本操作步骤如下:

(1) 单击前景色或背景色色块,打开"拾色器"对话框。

(2) 在对话框中选择所需要的颜色。

(3) 单击 ▭确定▭ 按钮,则可将所选颜色设置为前景色或背景色。

2) 利用"颜色"面板

使用"颜色"面板可以方便地选择所需的颜色,甚至可将当前颜色转换为 HTML 代码。单击菜单栏中的"窗口"→"颜色"命令,或者按下 F6 键,将打开"颜色"面板,如图 7-37 所示。

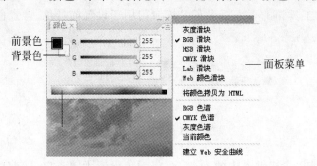

图 7-37　颜色面板

在"颜色"面板中可以进行如下操作:

◆ 移动三角形的颜色滑块,或在文本框中输入数值,可选择所需的颜色。

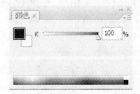 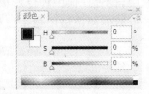

图 7-38　灰度模式　　　　　　　　图 7-39　HSB 模式

◆ 选择面板菜单中的"CMYK 滑块"命令,则"颜色"面板以 CMYK 模式显示,如图 7-40 所示。

◆ 选择面板菜单中的"Lab 滑块"命令,则"颜色"面板以 Lab 模式显示,如图 7-41 所示。

◆ 选择面板菜单中的"Web 颜色滑块"命令,则"颜色"面板以网络安全色模式显示,如图 7-42 所示。

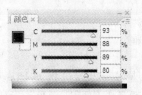 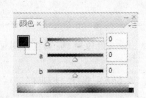 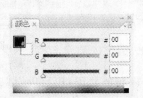

图 7-40　CMYK 模式　　　　图 7-41　Lab 模式　　　　图 7-42　网络安全色模式

颜色条的显示模式有 4 种。单击面板菜单中的相应命令,可以改变颜色条的显示模式。

◆ 选择"RGB 色谱"命令时使用 RGB 模式的色谱,即默认设置。

◆ 选择"CMYK 色谱"命令时使用 CMYK 模式的色谱。

◆ 选择"灰度色谱"命令时使用由黑到白的灰度色谱。

◆ 选择"当前颜色"命令时使用前景色到背景色平滑过渡的色谱。

◆ 如果选择了面板菜单中的"建立 Web 安全曲线"命令,则颜色条中显示的颜色为网络安全色。

◆ 将光标移动到"色板"面板中的色样上,当光标变为 状时单击所需色样,可以设置前景色;按住 Ctrl 键的同时单击所需色样,可以设置背景色。

◆ 单击"色板"面板上的 按钮,可以向面板中添加色样。

◆ 将光标指向"色板"面板中的色样,按下鼠标左键,则光标变为 状,此时拖曳鼠标至 按钮上,可以删除该色样。

◆ 按住 Alt 键,将光标指向"色板"面板中的色样上,光标变为 状时,此时单击鼠标可以快速删除色样。

◆ 将光标指向"色板"面板的空白处单击鼠标,则弹出"色板名称"对话框,如图 7-43 所示。单击对话框中的色块可以改变色样的颜色,单击 确定 按钮可以将设定的颜色添加到"色板"面板中。

图 7-43　新建颜色板对话框

3) 利用吸管工具

使用吸管工具可以从图像中吸取某个像素的颜色或多个像素的平均颜色,并将其设置为前景色或背景色,也可以直接从"色板"面板中吸取色样。操作步骤如下:

(1) 单击工具箱中的 工具,选择该工具。

(2) 将光标移动到图像上,单击鼠标左键可将光标处的颜色设置为前景色。

(3) 按下 Alt 键的同时单击鼠标左键,可以将光标处的颜色设置为背景色。

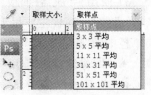

注意:若选用的工具为绘图或填充工具,则按下 Alt 键时光标将会变为 形状,这时可随时从图像中选择颜色。

当选取多个像素的平均颜色时,需要在吸管工具选项栏的"取样大小"下拉列表中选择相应的选项,如图 7-44 所示。

图 7-44　吸管工具选项栏

10. 图像的显示与控制

当图像缩小到最大缩小级别(在水平和垂直方向只能看到 1 个像素)时,将不能再缩小。

◆ 选择工具箱中的 工具,在要放大的图像部分上拖曳鼠标,将出现一个虚线框,松开鼠标后,虚线框内的图像将充满窗口。

◆ 在工具箱中双击 🔍 工具,则图像以 100％ 比例显示。

◆ 双击工具箱中的 ✋ 工具,则图像将以屏幕最大显示尺寸显示。

◆ 选择工具箱中的 🔍 工具,在工具选项栏中选择"回到适合窗口"复选框,则放大或缩小图像时将调整窗口的大小。否则,无论图像的放大级别是多少,窗口大小都保持不变。

◆ 选择工具箱中的 🔍 工具后,单击工具选项栏中的 实际像素 按钮,将以实际尺寸显示图像,即 100％ 比例显示;单击 适合屏幕 按钮,将以屏幕的最大显示尺寸显示图像;单击 打印尺寸 按钮,将以打印尺寸显示图像。

注意:在任何情况下按住 Crtl＋空格键,光标将变为 🔍 形状;按下 Alt＋空格键,光标将变为 🔍 形状。其他操作同上。

1) 使用"视图"菜单

在"视图"菜单中有一组控制图像缩放的命令,有的命令后带有快捷键,按下快捷键就可以执行相应的命令,如图 7-45 所示。

放大(I)	Ctrl++
缩小(O)	Ctrl+-
按屏幕大小缩放(F)	Ctrl+0
实际像素(A)	Alt+Ctrl+0
打印尺寸(Z)	

◆ "放大":放大一级显示。

◆ "缩小":缩小一级显示。

◆ "按屏幕大小缩放":以屏幕的最大显示尺寸显示图像。

◆ "实际像素":以实际尺寸显示图像,即 100％ 比例显示。

图 7-45　视图菜单中的
缩放命令

◆ "打印尺寸":以打印尺寸显示图像。

2) 图像的显示

图像在屏幕上有三种显示状态,分别是标准显示、带菜单的全屏幕显示和全屏显示状态。单击工具箱下方的状态显示控制按钮可以控制图像的显示状态,反复按键盘中的 F 键,可以在三种显示状态之间进行切换。

查看图像的不同部分的方法如下。

◆ 拖动图像窗口上的水平、垂直滚动条可以查看图像的不同部分。

◆ 按下键盘中的 Page Up 或 Page Down 键可以使图像窗口上下滚动,以查看图像。

注意:任何情况下按下空格键,光标都将变为 ✋ 形状,此时拖曳鼠标可查看图像的不同部分。

3) 使用"导航器"面板

"导航器"面板主要用于控制图像的缩放显示,也可以用于查看图像的不同部分。单击菜单栏中的"窗口"→"导航器"命令,可以打开"导航器"面板,如图 7-46 所示。

◆ "图像缩览图":用于显示整个图像的缩览图。

◆ "显示框":显示框内的图像为当前图像窗口中显示的图像部分,如图 7-47 所示。将光标指向显示框,当光标变为 ✋ 形状时按住鼠标左键拖曳,可以移动显示框的位置,同时图像窗口中的图像也随之改变。显示框的大小随着图像缩放比例的变化而发生变化。图像放大,则显示框变小,图像缩小,则显示框变大。

图 7-46　导航器面板

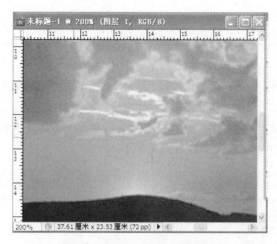

图 7-47　显示框中的图像

◆ 单击面板下方的 ⎯ 按钮,可以将图像缩小一级显示;单击 ⎯ 按钮,可以将图像放
大一级显示。拖动两个按钮中间的三角滑块,可以改变图像的缩放比例;在面板左
下角文本框中输入数值,可以精确改变图像的缩放比例。

默认情况下,"导航器"面板的显示框呈红色。用户可以根据需要或个人喜好更改其颜色。

11. 辅助工具的使用

Photoshop 为我们编辑图像提供了极为方便的辅助工具,例如标尺、辅助线、网格线、测
量尺和颜色标记、注释工具等,使用它们可以使操作更加精确,大大提高工作效率。

1) 标尺

标尺可以帮助用户在图像窗口的水平和垂直方向上精确设置图像位置,从而设计出更
符合要求的图像作品。

单击菜单栏中的"视图"→"标尺"命令,或者反复按快捷键 Ctrl＋R,可以显示或隐藏标
尺。显示标尺以后,可以看到标尺的坐标原点位于图像窗口的左上角,如图 7-48(a)所示。
如果需要改变标尺原点,可以将光标置于原点处,拖曳鼠标时会出现"十"字线,松开鼠标,则
交叉点变为新的标尺原点,如图 7-48(b)所示。改变了原点后,双击水平标尺与垂直标尺的
交叉点,则原点变为默认方式。

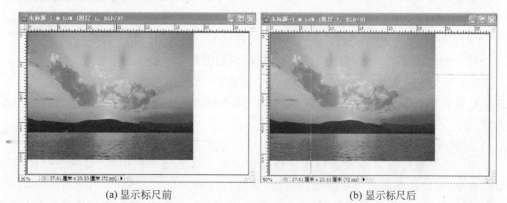

(a) 显示标尺前　　　　　　　　　　　　　　(b) 显示标尺后

图 7-48　设置标尺原点

2）辅助线

辅助线是 Photoshop 软件为我们提供的又一辅助设计工具，利用它们可以精确地完成对齐操作、对称操作等。

◆ 在显示标尺的状态下，将光标指向水平标尺，向下拖曳可以设置水平辅助线；将光标指向垂直标尺，向右拖曳可以设置垂直辅助线，如图 7-49 所示。

◆ 按住 Alt 键的同时将光标从水平标尺向下拖曳，可以设置垂直辅助线；从垂直标尺向右拖曳可以设置水平辅助线。

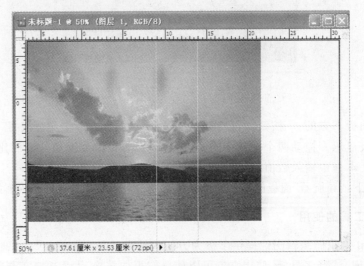

图 7-49　设置辅助线

◆ 选择工具箱中的 ▶ 工具，将光标移动到辅助线上，当光标变为双向箭头形状时拖曳鼠标可以移动辅助线的位置。如果将辅助线拖曳至窗口以外，可以删除该辅助线。

◆ 单击菜单栏中的"视图"→"清除参考线"命令，将删除所有辅助线。

◆ 单击菜单栏中的"视图"→"锁定参考线"命令，辅助线将被锁定，不能再移动。

◆ 单击菜单栏中的"视图"→"对齐"→"参考线"命令，当移动图像或创建选区时，可以使图像或选区自动捕捉辅助线，实现对齐操作。

◆ 重复单击菜单栏中的"视图"→"显示"→"参考线"命令，可以显示或隐藏辅助线。

◆ 单击菜单栏中的"视图"→"新建参考线"命令，将出现如图 7-50 所示的"新建参考线"对话框，在该对话框中输入合适的参数，可以建立一条位置精确的辅助线。

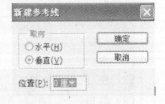

　　注意：重复单击菜单栏中的"视图"→Extras 命令，可以同时显示或隐藏辅助线、网格线、选择区域、切片、注释信息等辅助内容。

图 7-50　"新建参考线"对话框

3）网格线

使用网格线也可以对图像进行比较精确的定位。单击菜单栏中的"视图"→"显示"→"网格"命令，可以在图像窗口中显示网格线，如图 7-51 所示。

默认情况下的网格线呈灰色，每一个网格又细分为 5 个单位，这对创作绘画作品是非常有益的。用户可以根据需要自定义网格线的属性，例如，可以把网格线设置为红色，每一个

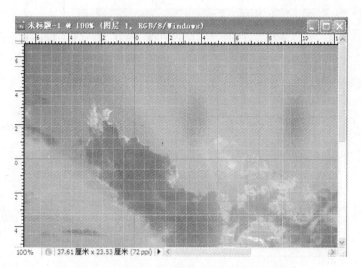

图 7-51 显示的网格线

网格线细分为 10 个单位,操作步骤如下:

(1) 单击菜单栏中的"编辑"→"首选项"→Guides Grid ＆Slice 命令,则弹出"首选项"对话框,如图 7-52 所示。

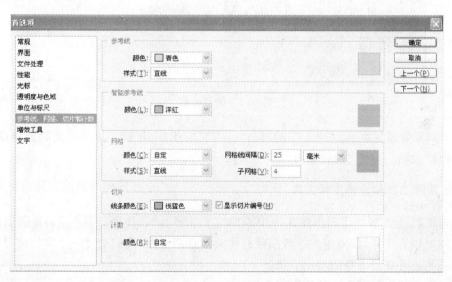

图 7-52 "首选项"对话框

(2) 在"网格"选项区中分别设置网格颜色、网格线样式、网格大小、网格细分等内容。

(3) 单击 确定 按钮,即可在图像窗口中显示自定义的网格线。

4) 颜色取样工具与测量尺

颜色取样工具 的作用是对图像中的颜色进行标记,便于在工作中能够使用相同的颜色。一幅图像中最多可以标记 4 个取样点,各个取样点的信息都会显示在"信息"面板中,如图 7-53 所示。选择工具箱中的 工具,在图像中单击就可以设置颜色取样点,如果要删除取样点。可以将其拖离图像窗口,也可以单击工具选项栏上的 清除 按钮。

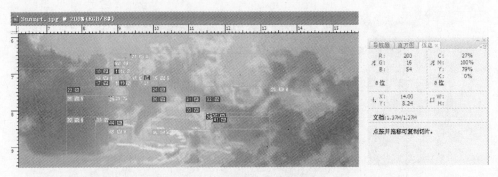

图 7-53   取样点与颜色信息

测量尺工具 用于计算图像中任意亮点之间的距离,该信息显示在"信息"面板中,具体使用方法如下:

(1) 选择工具箱中的 工具。

(2) 在图像中从一点向另一点拖曳鼠标就会产生一条测量线,并且"信息"面板中将显示测量信息,如图 7-54 所示。

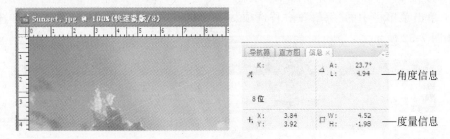

图 7-54   信息面板

(3) 如果要创建水平、垂直、45°的测量线,需要按住 Shift 键。如果要删除测量线,单击工具选项栏上的 清除 按钮即可。

12. 注释工具和语音注释工具

注释工具 主要用于向图像文件中添加文字注释,语音注释工具 主要用于向图像文件中添加语音注释,帮助用户了解图像的相关信息。下面,我们通过一个实例练习来学习注释工具和语音注释工具的使用方法。

添加注释信息的基本操作步骤如下。

(1) 单击菜单栏中的"文件"→"打开"命令,打开要添加注释的图像文件,如图 7-55 所示。

(2) 选择工具箱中的注释工具 。

(3) 在注释工具选项栏中进行参数设置,如图 7-56 所示。

- 在"作者"文本框中输入注释作者姓名。
- 在"字型"文本框中选择注释所用的字体。
- 在"大小"文本框中设置字体的大小。
- 单击"颜色"右侧的颜色块可以设置注释的颜色。

图 7-55　打开图像文件

图 7-56　注释工具选项栏

（4）在图像上单击鼠标左键或者拖曳鼠标，则图像窗口中将出现一个注释窗口，如图 7-57 所示。

图 7-57　注释窗口

（5）在注释窗口内输入注释信息后，双击窗口左上角的注释标记，可以隐藏注释窗口，如图 7-58 所示。再次双击注释标记，可以显示注释窗口。

（6）用同样的方法可以为图像文件添加多个注释。

图 7-58　隐藏注释

注意：将光标指向注释标记或注释窗口的作者名称栏后，拖曳鼠标可以移动注释窗口的位置。单击工具选项栏中的 清除全部 按钮，可以删除图像文件中的所有注释窗口。如果在注释标记上单击鼠标右键，选择其中的"删除注释"选项，则只删除该注释窗口。

下面再继续添加一个语音注释。

（7）选择语音注释工具 并设置工具选项栏中的参数。

（8）在图像中单击鼠标左键，则弹出"语音批注"对话框，如图 7-59（左图）所示。

（9）单击 开始(S)... 按钮，可以通过麦克风进行录音。此时，"语音批注"对话框变为如图 7-59（右图）所示。

图 7-59　"语音批注"对话框

（10）单击 停止(T) 按钮，可以结束录音，则图像窗口中将出现语音注释的标记 ，如图 7-60 所示。

（11）单击语音注释标记 ，可以停止或播放录音。

注意：无论是文本注释信息还是语音注释信息，都属于附加信息，它们不破坏图像的完整性，而且是不可打印的。

图 7-60 添加语音注释的标记

7.2.5 Photoshop 综合实例

很多平面设计师在利用 Photoshop 软件进行设计的时候,遇到的最大问题并不是对软件功能的掌握,而是在实际应用时是否能够产生完美的创意。并将这个创意通过综合应用软件的各种功能来实现。在 Photoshop 中,使用一些最常见的素材,再加上一些新的创意和想法,一样也可以制作出非常漂亮的效果,本例我们用 Photoshop 制作一朵小花。

具体步骤如下:

(1) 新建文件,黑底,400×400,RGB 色彩。

(2) 新建一图层(边)。

(3) 新建一图层(内)。

(4) 新建一个路径,转换为选区,进行羽化 30,(注意这是在内层里)用画笔(画笔的不透明度设为 30%)选橙色进行填充(注意:用画笔时只能是一次性画上,如果多画一次不透明度就提高一倍)。

(注意:此处也可以变成选区后羽化 6,直接填充色彩,然后把内层不透明度变成 30%。)

光影效果的关键就在这里,只要把这个不透明的图层的图层混合模式改为屏幕,多复制几个,重叠的部分就越亮。

(5) 在(边)层里进行路径(在画笔选项中将不透明度设为 50%,选大小为 5 像素带的最软画笔)填充。效果如图 7-61 所示。

(6) 把背景的眼睛关掉,将(边)和(内)层放进一个新建的{内和边}组里,再新建一个组叫{花片},在里面新建一个层(花片一)并设置为当前层,按快捷键 Shift+Ctrl+Alt+E(合并可见层镜像到当前层)。效果如图 7-62 所示。

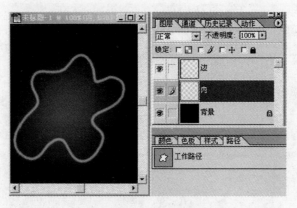

图 7-61   填充后效果

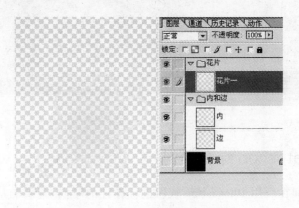

图 7-62   关闭背景后新建图层界面

(7) 把{内和边}那组的眼睛关掉,把背景眼睛打开。进入(花片一)层,复制(花片一)命名为(花片一小),做滤镜→扭曲→旋转扭曲,然后进行自由变换缩小到(花片一)的一角上。复制(花片一小)两个分别做一些旋转扭曲分别命名为(花片一小 2)、(花片一小 3)。再从(花片一)复制一个层出来命名为(花片一中),将它缩小一些。各个层图层混合模式如图 7-63 所示。

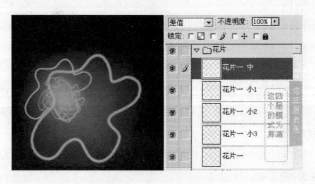

图 7-63   图层混合模式

(8) 新建组{花},在组里新建一个层(花一)。和刚才一样把背景的眼睛去掉,按快捷键 Shift+Ctrl+Alt+E(合并可见层镜像到当前层),如图 7-64 所示。

（9）把{花片组}眼睛关掉，把背景的眼睛打开。复制（花一）层若干个，组合成一个花形。图层模式都为屏幕，如图 7-65 所示。

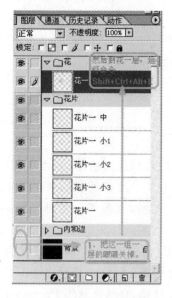

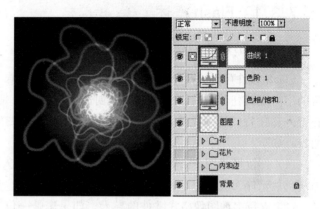

图 7-64 合并可见层镜像到
当前层后效果图

图 7-65 打开背景后效果

（10）新建图层（花），不在任何组内按快捷键 Shift＋Ctrl＋Alt＋E（合并可见层镜像到当前层），加三个调节层分别为色阶、色相和饱和度，用来调整曲线。（注意调整这些参数）如图 7-66 所示。

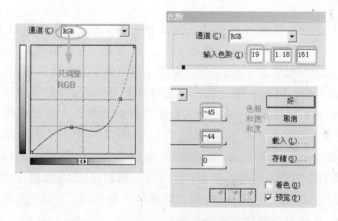

图 7-66 色阶、色相和饱和度曲线调整图

注意：

（1）关于色彩调整没有什么固定的模式，你可以调整到自己喜欢的程度。

（2）现在只制作了一朵，其他的花可以从（图层一）中复制出来，稍作变型，色彩上出做一些调整就可以了。

7.3 实训3：使用动画制作软件 Flash

设定目标

掌握动画制作软件 Flash 的基本操作，使动画达到最佳的设计效果。

7.3.1 Flash 概述

1．Flash 的特点

Flash 软件可以完成从简单的动画到复杂的交互式 Web 应用程序的制作，它几乎可以帮助用户完成任何作品。作为多媒体创作工具，Flash 是当前业界最流行的动画制作软件，必定有其独特的技术优势，了解这些知识对于今后选择和制作动画有很大的帮助。Flash 的特点如下。

（1）矢量格式用 Flash 绘制的图形都可以保存为矢量图形（它的特点是不管怎样放大、缩小仍然清晰可见，且文件所占用的存储空间非常小），非常有利于在网络上进行传播。

（2）支持多种图像格式文件的导入。如果您是一位平面设计师，自然喜欢用 Photoshop、Illustrator、Freehand 等软件制作图形和图像，这并不影响您使用 Flash。当您在其他软件中做好这些图像后，可以使用 Flash 中的导入命令将它们导入 Flash 中，然后进行动画的制作。另外，Flash 还可以导入 Adobe PDF 电子文档和 Adobe Illustrator 10 文件，并保留源文件的精确矢量图。

（3）支持视、音频文件的导入。Flash 提供了功能强大的视频导入功能，可让用户设计的 Flash 作品更加丰富多彩。

除此之外，Flash 还支持从外部调用视频文件，这样就可以大大缩短工作时间。Flash 支持声音文件的导入，在 Flash 中可以使用 MP3。MP3 是一种压缩性能比很高的音频格式，能很好地还原声音，从而保证在 Flash 中添加的声音文件既有很好的音质，文件体积也很小。

（4）支持流式下载。用户在网上观看普通的 GIF 动画时，需要等到动画全部下载完毕后才可以观看。若动画容量较大，则会让人望眼欲穿！大部分人是没有耐心等待的。而使用 Stream（流）技术则可以边下载边观看，这样一来，互联网用户就不必经过漫长的等待之后才能看到动画效果了。对于 Flash 动画来说，用户可以马上看到动画效果，在观看动画效果的过程中，下载剩余的动画内容。若制作的 Flash 动画比较大，可以在大动画的前面放置一个小动画，在播放小动画的过程中，检测大动画的下载情况，当大动画的某些帧下载完毕后，再播放大动画，从而避免出现等待的情况。

（5）交互性强。在传统视频文件中，用户只有观看的权利，而不能和动画进行交互。假如希望在一段动画中添加一个小游戏，那么 Flash 是一个很好的选择，它内置的 Action Script 脚本运行机制可以让用户添加任何复杂的程序。图 7-67 为一个 Flash 互动小游戏的页面。

另外，脚本程序语言在动态数据交互方面有了重大的改进，ASP 功能的全面嵌入使得制作一个完整意义上的 Flash 动态商务网站成为可能，用户甚至还可以用它来开发一个功能完备的虚拟社区。

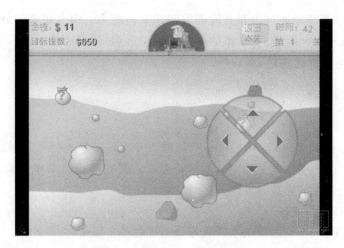

图 7-67　Flash 互动游戏界面

（6）平台的广泛支持。任何安装有 Flash Player 插件的网页浏览器都可以观看 Flash 动画,目前已有 95％以上的浏览器安装了 Flash Player,几乎包含了所有的浏览器和操作系统,因此 Flash 动画已经逐渐成为了应用最为广泛的多媒体形式。

2．Flash 的应用

Flash 制作动画的优点是动画品质高、容量小、互动功能强大,特别适合制作网页动画。用户不需要编写复杂的程序,便可以制作出各种非常酷的多媒体网页。Flash 具有的便捷的多媒体制作与互动网页的特性,使之成为多媒体网页制作的最佳选择。根据 Flash 动画的特点,目前它主要应用在以下几个方面。

（1）宣传广告动画。使用 Flash 足以制作互联网中上映的动画(漫画电影)。虽然 3D 动画很难制作,但是制作 2D 动画就绰绰有余了,并且还可以插入声音效果。加之新版 Windows Vista 操作系统中已经预装了 Flash 插件,因此使得 Flash 在这个领域中的发展非常迅速,已经成为大型门户网站广告动画的主要形式。因此,宣传广告动画成了 Flash 应用最广泛的领域之一。

（2）产品功能演示。很多产品被开发出来后,为了让人们了解它的功能,其设计者往往用 Flash 制作一个演示片,以便能全面地展示产品的特点。

（3）制作游戏。虽然 Flash 不是专为制作游戏而开发的软件,但是随着 Action Script 功能的日益增强,出现了很多种游戏制作技法。通过这些技法可以制作出简单、有趣的 Flash 游戏。

（4）MTV。自从有了 Flash,使在网站上实现 MTV 的播放成为可能。由于 Flash 支持 MP3 音频,而且能边下载边播放,大大节省了下载的时间和所占用的带宽,因此在网上迅速"火暴"起来。

（5）动画片。Flash 高手们使用 Flash 制作了很多经典的动画,这些动画的亮点是人物表情丰富、情节搞笑。

（6）教学课件。对于教师们来说,Flash 是一个完美的教学课件开发软件——它操作简单、输出文件容量很小,而且交互性很强,非常有利于教学的互动。

（7）站点建设。事实上,目前只有少数人完全掌握了使用 Flash 建立站点的技术。因为它意味着更高的界面维护能力和开发者的整站架构能力。但它带来的好处也异常明显：全面的控制、无缝的导向跳转、更丰富的媒体内容、更体贴用户的流畅交互、跨平台，以及与其他 Flash 应用方案无缝连接、集成等。

3. Flash 动画原理

1）动画播放原理

所有的动画，包括 Flash 动画都是一个原理——将许多静止的图片按照一定的时间顺序播放，给人眼产生的错觉就是画面会连续动起来。那些静止的图片叫帧，播放速度越快，动画越流畅，电影胶片的播放速度就是 24 帧/秒。

2）Flash 动画制作原理

由上可以看出，产生动画最基本的元素就是那些静止的图片，即帧，所以，怎么生成帧就是制作动画的核心，而用 Flash 做动画也是这个道理——时间轴上每个小格其实就是一个帧，按理说，每一帧都是需要制作的，但 Flash 能根据前一个关键帧和后一个关键帧自动生成其间的帧，而不用人为地刻意制作，这就是 Flash 制作动画的原理。

4. Flash 动画制作流程

如果要熟练制作绚丽的动画，初学者还需要了解一下制作动画的流程，知道自己在制作过程中需要参考的信息，这样可以帮助初学者提高制作动画的效率。动画的制作流程如图 7-68 所示。

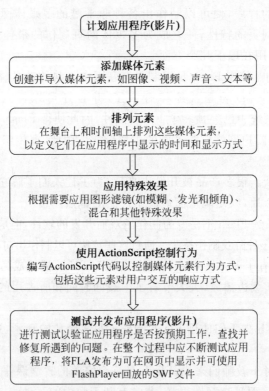

图 7-68　Flash 动画制作流程图

1）计划应用程序

指在动画制作之初，弄清楚做动画的目的和需要达到的效果，例如，使用动画制作一个MTV，最好是能根据歌词去设计在故事中需要体现的故事背景、任务等。

2）添加媒体元素

它是根据前期的策划而定的，根据策划时需要得到的信息才可以找到更多更好的素材，并且在收集的同时可以对素材进行分类整理，如此收集的素材更有针对性、目的性。

3）排列元素、应用特殊效果和控制动画

它是整个动画设计的关键部分，需要制作者认真对待。它主要是指根据策划的需要，对动画中的各个项目进行精心的处理与分析而采用的一些具体实施手段。

4）调试动画

这也是一个很重要的步骤，它是对动画效果的一种检测，在调试阶段需要认真地对设计的动画进行测试。它是对动画的效果、质量等方面进行检测，还需要尽可能多地在不同配置的电脑上进行检测和调试，以达到最初的策划目标。

5）优化和发布动画

这是动画制作的最后阶段，虽然使用 Flash 制作的动画文件数据量小，但是，在发布之前最好对制作的动画进行一番优化，使其能达到最好的效果，同时，制作者发布动画时，还可以对动画的生成格式、画面品质、动画效果等进行一番设置，以期得到最佳效果。

5．Flash 文件概述

在 Flash 里可以处理各种类型的文件，每种类型的文件用途各不相同。

FLA 文件是在 Flash 中使用的主要文件，其中包含 Flash 文档的基本媒体对象、时间轴和脚本信息。媒体对象是组成 Flash 文档内容的图形、文本、声音和视频。时间轴用于告诉Flash 应何时将特定媒体对象显示在舞台上。可以将 ActionScript 代码添加到 Flash 文档中，以便更好地控制文档的行为并使文档对用户的交互做出响应。

SWF 文件（FLA 文件的编译版本）是在网页上显示的文件。在发布 FLA 文件时，Flash将创建一个 SWF 文件。

AS 文件指 ActionScript 文件。可以使用这些文件将部分或全部 ActionScript 代码放置在 FLA 文件之外，这对于代码组织和有多人参与开发 Flash 内容的不同部分的项目很有帮助。

SWC 文件包含可重用的 Flash 组件。每个 SWC 文件都包含一个已编译的影片剪辑、ActionScript 代码以及组件所要求的任何其他资源。

ASC 文件是用于存储 ActionScript 的文件，ActionScript 将在运行 Flash Media Server的计算机上执行。这些文件提供了实现与 SWF 文件中的 ActionScript 结合使用服务器端逻辑的功能。

JSFL 文件是 JavaScript 文件，可用来向 Flash 创作工具添加新功能。

FLP 文件是 Flash 项目文件。可以使用 Flash 项目来管理单个项目中的多个文档文件。Flash 项目可将多个相关文件组织在一起以创建复杂的应用程序。

利用 Flash 制作动画时，必须先要了解 Flash 支持的文件类型，那样在创建 Flash 文件时，就可以根据实际的需要，创建合适的文件类型，因此在创建文件、制作动画之前最好能先了解一下文件类型,这对后面学习动画制作的文件处理会很有帮助。

7.3.2　Flash 界面组成

启动 Flash 后的界面如图 7-69 所示。

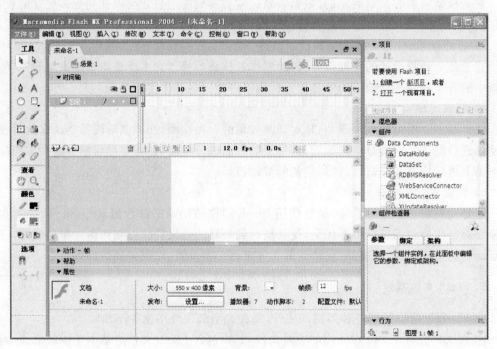

图 7-69　启动 Flash 界面

Flash 的界面由以下几部分组成:标题栏、菜单栏、标准工具栏、状态栏、工具栏、工作区、时间轴和各类面板。通过菜单栏的下拉菜单可执行命令,包括文件、编辑、视图、插入、修改、文本、命令、控制、窗口和帮助 10 个菜单,如图 7-70 所示。

图 7-70　Flash 工具栏

1. 菜单命令介绍

(1) 文件菜单。文件菜单上有工作中最常用的选项,保存的 Flash 文件是可编辑的源文件,而导出或发布的 SWF 文件才是可以在浏览器中看到的动画,该菜单常用命令介绍如下。

新建:创建一个新的 Flash 文档。

打开:打开一个已有的 Flash 文档。

打开最近的文件:显示最近打开过的文件。

关闭:关闭当前 Flash 电影。

全部关闭:关闭打开所有的 Flash 电影。

保存：保存当前电影。

另存为：可命名一个新的电影或者重新命名一个已有的电影。

另存为模板：将文档保存为模板，以便将该文档用作新 Flash 文档的起点（就像在文字处理或 Web 页面编辑应用程序中使用模板一样）。

全部保存：保存所有的电影。

还原：返回上次保存过的电影。

导入：导入声音、位图、其他文件到舞台、库或者打开外部库。

导出：将当前的 Flash 电影文件导出为图像或者影片。

发布设置：调整设置以便将 Flash 电影转换为 HTML、Sq/F、QuickTime、RealPlayer 或其他格式。

发布预览：打开一个子菜单，该子菜单可创建一个临时预览文件，它是基于发布设置的文件。

发布：批量创建在发布设置中选定并设置的所有文件。

页面设置：设置打印选项。

打印：打印电影框架。

发送：将当前电影作为电子邮件附件发送。

退出：关闭程序。

（2）编辑菜单。编辑菜单用来剪切、复制、粘贴 Flash 电影中的各种对象。撤销：撤销上一次操作。恢复：恢复刚刚撤销的操作。剪切：剪切所选的内容放入剪贴板。复制：复制所选的内容放入剪贴板。粘贴到中心位置：将剪贴板上的内容粘贴到中心位置。粘贴到当前位置：将剪贴板上的内容粘贴到当前位置。选择性粘贴：会出现一个对话框，以确定将剪贴板中的内容作为元素粘贴。清除：删除舞台上所选内容。全选：选择舞台上所有内容。取消全选：取消对舞台上所选内容的选择。

查找和替换：查找和替换 Flash 文档中的指定元素。可以搜索文本字符串、字体、颜色、元件、声音文件、视频文件或导入的位图文件。可以使用相同类型的另一元素替换指定的元素。取决于所搜索的元素的类型，用于搜索元素的选项在"查找和替换"对话框中有所不同。可以查找和替换当前文档或当前场景中的元素。

查找下一个：可以搜索下一个或所有出现的元素，并替换当前出现或所有出现的元素。

时间轴：包含对帧的操作。剪切帧：剪切帧的内容放入剪贴板。复制帧：复制时间轴上所选的帧放入剪贴板。粘贴帧：将剪贴板上的内容粘贴到时间轴上。清除帧：删除帧上的内容。删除帧：把帧删除。选择所有帧：将时间轴上所有的帧选中。

编辑元件：将上次编辑过的元件重新放入元件编辑模式，以便编辑它的舞台和时间轴。编辑所选项目：将所选项目放入编辑模式。在当前位置编辑：在当前位置对项目进行编辑。全部编辑：对所有内容进行编辑。首选参数：对各类参数进行设置。

字体映射：如果处理的文档包含的系统中没有安装的字体（例如，从另一位设计者那里收到的文档），Flash 会用系统中可用的字体来替换缺少的字体。可以选择使用系统中的某种字体，或者可以让 Flash 用"Flash 系统默认字体"（在"常规首选参数"中指定）来替换缺少的字体。

快捷键：对键盘快捷方式进行设置。

(3) 视图菜单。包括控制屏幕显示的各种命令。如显示比例、效果、显示区域等。

转到：带有一个可导航到电影中的任意帧或场景的子菜单。

放大：舞台放大显示。

缩小：舞台缩小显示，缩小显示区域等。

缩放比率：以各种比例放大或缩小舞台。子菜单还包括：显示帧——使整个舞台可见；全部——使舞台和工作区域中的所有对象可见。

工作区：显示或隐藏工作区域。

标尺：显示或隐藏水平和垂直标尺。

网格：通过子菜单显示和编辑网格。

显示形状提示：显示对象上的形状提示。

显示 Tab 键顺序：各对象的 Tab 键索引编号显示在对象的左上角。

(4) 插入菜单。插入菜单中的命令用来向库中增添符号，向当前场景中增添新层，向当前层中增添新的帧，以及向当前动画中增添新的场景。该菜单中的一些命令在时间轴的下拉菜单中也能找到。

新建元件：创建一新的空白元件，可以是影片剪辑、按钮和图像中的一个。

时间轴：可以选择添加层、图层文件夹、运动引导层、帧、关键帧、空白关键帧、创建补间动画。

时间轴特效：每种时间轴特效都以一种特定的方式处理图形或元件，并允许更改所需特效的个别参数。

场景：可以增加场景。

(5) 修改菜单。修改菜单用于修改电影中的对象、场景甚至电影本身的特性。

文档：设置新文档或现有文档的大小、帧频、背景颜色及其他属性。

转换元件：将舞台上选择的所有对象转换为一个新的元件。

分离：将所选群组类对象转换为形状。

位图："转换位图为矢量图"命令会将位图转换为具有可编辑的离散颜色区域的矢量图形，此命令可以将图像当作矢量图形进行处理，而且它在减小文件大小方面也很有用。

元件：可以对元件进行重制和交换。

形状：对直线和形状进行处理。

时间轴：对时间轴上的图层和帧进行操作。

时间轴特效：时间轴特效的编辑和删除。

变形：通过子菜单改变、编辑和修整所选对象，对所选对象进行缩放、旋转操作。

排列：通过子菜单排列对象的叠放顺序锁定或解锁对象。

对齐：通过子菜单对齐所选对象。

组合：将所选对象合成群组对象。

取消组合：取消群组对象的组合。

(6) 文本菜单。用来处理文本对象。

字体：选择一种字体。

大小：选择字体尺寸。

样式：用于设置字体的样式，包括字体是否正常。

对齐：设置字体对齐方式。

间距：设置字体间距是增大、缩小还是重置。

可滚动：可以设置动态文本。

检查拼写：检查拼写错误。

拼写设置：指定用于检查拼写功能的选项，粗体、斜体、上标、下标等。

（7）命令菜单。运行命令：选择命令名称即可使用创建的命令。也可以运行系统上以 JavaScript 或 Flash JavaScript 文件形式提供的命令。

（8）控制菜单。控制菜单决定了电影的播放方式，能够现场控制电影的进程。

播放：从时间轴当前位置播放。

后退：将时间轴退到当前场景的第一帧。

前进一帧：将时间轴从当前位置前移一帧。

后退一帧：将时间轴从当前位置后移一帧。

测试影片：从编辑环境测试导出的 SWF 文件。

测试场景：从编辑环境测试导出当前场景的 SWF 文件。

测试项目：从编辑环境测试项目中的文件。

循环播放：到达最后一帧后重新放映时间轴。

播放所有场景：播放电影中的所有场景。

启用简单帧动作：允许时间轴响应已激发的任何帧动作。

静音：关闭所有声音。

（9）窗口菜单。从窗口菜单获得各种工具栏和编辑窗口。

工具栏：包括主工具栏、控制器、编辑栏。

项目：用来创建和管理项目。

属性：显示隐藏属性窗口。

时间轴：显示隐藏属性时间轴。

工具：显示隐藏属性工具。

库：显示隐藏属性库面板。

设计面板：显示隐藏设计面板中相应子面板。

开发面板：显示隐藏开发面板中相应子面板。

其他面板：显示隐藏其他面板中相应子面板。

隐藏面板：把所有面板隐藏。

面板设置：包括默认设置和训练设置。

保存面板布局：将设置好的面板布局保存。

层叠：将所有打开的电影叠放在桌面上，

平铺：将所有打开的电影平铺在桌面，以方便切换。

（10）帮助菜单。提供了详细的联机帮助、教程和示例动画。

2．工具箱中的工具

Flash 工具如图 7-71 所示。工具箱中的工具可以绘制、涂色、选择和修改插图，并可以更改舞台的视图。工具箱分为

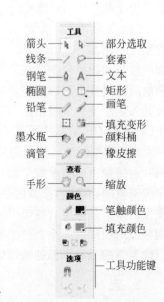

图 7-71 Flash 工具

4 个部分。

"工具"部分：包括绘画、涂色和选择工具。

"查看"部分：包括在应用程序窗口内进行缩放和移动的工具。

"颜色"部分：包含用于笔触颜色和填充颜色设置的功能键。

"选项"部分：显示选定工具的功能键，这些功能键会影响工具的涂色或编辑操作。

3. 面板

Flash 提供了根据需要自定义工作区的多种方式。使用面板和属性检查器，可以查看、组合和更改资源及其属性；可以显示、隐藏面板和调整面板的大小；也可以组合面板并保存自定义的面板设置，从而能更容易地管理工作区。属性检查器会发生改变，以反映正在使用的工具和资源。

Flash 中的面板有助于查看、组织和更改文档中的元素。面板上的可用选项控制着元件、实例、颜色、类型、帧和其他元素的特征。通过显示特定任务所需的面板并隐藏其他面板，可以在 Flash 中创建元件以及导入文件，如视频剪辑、声音剪辑、位图和导入的矢量插图。"库"面板显示一个滚动列表，其中包含库中所有项目的名称，可以在工作时查看并组织这些元素。"库"面板中项目名称旁边的图标显示该项目的文件类型。

在 Flash 中工作时，可以打开任意 Flash 文档的库后，就可以使用这些库了。Flash 还带有几个范例库，其中包含按钮、图形、影片剪辑和声音，可以将它们添加到自己的 Flash 文档中。

7.3.3　Flash 基本术语

1. 关于矢量图形和位图

计算机以矢量图形或位图格式显示图形。使用 Flash 可以创建压缩矢量图形并将它们制作为动画。Flash 也可以导入和处理在其他应用程序中创建的矢量图形和位图图形。

(1) 矢量图形。矢量图形使用称作矢量的直线和曲线描述图像，矢量也包括颜色和位置属性。例如，树叶图像可以由创建树叶轮廓的线条所经过的点来描述。树叶的颜色由轮廓的颜色和轮廓包围区域的颜色决定。在编辑矢量图形时，可以修改描述图形形状的线条和曲线的属性。可以对矢量图形进行移动、调整大小、重定形状以及更改颜色的操作而不更改其外观品质。矢量图形与分辨率无关，这意味着它们可以显示在各种分辨率的输出设备上，而丝毫不影响品质。

(2) 位图图形。位图图形使用称作像素的排列在网格内的彩色点来描述图像。例如，树叶的图像由网格中每个像素的特定位置和颜色值来描述，用类似镶嵌的方式来创建图像。在编辑位图图形时，修改的是像素，而不是直线和曲线。位图图形跟分辨率有关，因为描述图像的数据是固定到特定尺寸的网格上的。编辑位图图形可以更改它的外观品质，特别是调整位图图形的大小会使图像的边缘出现锯齿，因为网格内的像素重新进行了分布。在比图像本身的分辨率低的输出设备上显示位图图形时也会降低它的外观品质。

2. 帧

随着时间的推进，动画会按照时间轴的横轴方向播放，而时间轴正是对帧进行操作的场所。在时间轴上,每一个小方格就是一个帧,如图 7-72 所示,在默认状态下,每隔 5 帧进行数字标示,如时间轴上 1、5、10、15 等数字的标示。

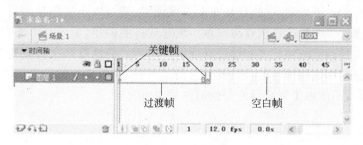

图 7-72 Flash 的帧

3. 关键帧

关键帧是指动画中定义的更改所在的帧,或包括修改影片的帧动作脚本的帧。Flash 可以在瓶帧之间补间或填充帧,从而生成流畅的动画。因为关键帧可以不用画出每个帧就可以生成动画,它们使创建影片更为简易。可以通过在时间轴中拖动关键帧来更改补间动画的长度。帧和关键帧在时间轴中的出现顺序决定它们在影片中显示的顺序。可以在时间轴中安排关键帧,从而编辑影片中事件的顺序。在图 7-72 中,第 1 和第 20 帧是关键帧。

4. 过渡帧

两个关键帧之间的部分就是过渡帧,它们是起始关键帧动作向结束关键帧动作变化的过渡部分。在进行动画制作过程中,我们不必理会过渡帧的问题,只要定义好关键帧以及相应动作就行了。过渡帧用灰色表示。在图 7-72 中,2～19 帧是过渡帧。

既然是过渡部分,那么这部分的延续时间越长,整个动作变化就越流畅,动作前后的联系越自然。但是,中间的过渡部分越长,整个文件的容量就会越大,这点大家一定要注意。

5. 时间轴

时间轴用于组织和控制影片内容在一定时间内播放的层数的帧数。与胶片一样,Flash 影片也将时长分为帧。图层就像层叠在一起的幻灯胶片一样,每个图层都包含一个显示在舞台中的不同图像。时间轴的主要元件是图层、帧和播放头。文档中的图层列在时间轴左侧的列中。每个图层中包含的帧显示在该图层名右侧的行中。时间轴顶部的时间轴标题显示帧编号。播放头指示在舞台中当前显示的帧。时间轴状态显示在时间轴的底部,它指示所选的帧编号、当前帧频以及到当前帧为止的运行时间。

6. 图层

图层就像透明的醋酸纤维薄片一样,一层层地向上叠加。图层可以帮助组织文档中的插图。可以在图层上绘制和编辑对象,而不会影响其他图层上的对象。如果一个图层上没有内容,那么就可以透过它看到下面的图层。要绘制、上色或者对图层或文件夹做其他修改,需要选择该图层以激活它。图层或文件夹名称旁边的铅笔图标表示该图层或文件处于活动状态。一次只能有一个图层处于活动状态(尽管一次可以选择多个图层)。当创建了一个新的 Flash 文档之后,它就包含了一个图层。可以添加更多的图层,以便在文档中组织插图、动画和其他元素。可以创建的层数只受计算机内存的限制,而且层数的增加不会增加发布影片的文件大小。可以隐藏、锁定和重新安排图层,还可以通过创建图层文件夹,将图层放入其中来管理这些图层。可以在时间轴中展开或折叠图层,而不会影响在舞台中看到的内容。对声音文件、动作、帧标签和帧注释分别使用不同的图层或文件夹是个很好的主意。这有助于在需要编辑这些项目时很快找到它们。另外,使用特殊的引导层可以使绘画和编辑变得更加容易,而使用遮罩层可以帮助创建复杂的效果。

7. 场景

在 Flash 动画中,场景犹如一个舞台,所有的演员与所有的情节,都在舞台上进行。舞台由大小、音响、灯光等条件组成,场景也有大小、色彩等设置;跟多幕剧一样,场景也可以不止一个,多个场景集合在一起并按照它们在场景面板上排列的先后顺序进行播放也是常事。

7.3.4　Flash 基本操作

1. 运动

(1) 启动 Flash。

(2) 添加元件:"插入"→"新元件",或按快捷键 Ctrl+F8,弹出如图 7-73 所示的"创建新元件"窗口。在这里,把元件名称(Name)改为 ball,行为属性设为"图形"。

(3) 单击"确定"按钮后,进入元件编辑窗口。在这里面进行的所有操作,只会对本元件起作用,而不会影响场景。菜单下的标示栏会变成如图 7-74 所示的标示。单击标示栏中的选项,可以快速在各个场景中切换。如单击场景 1 就可以快速切换到场景 1 中。

(4) 找到工具栏上的"椭圆工具",如图 7-75 所示。

图 7-73　创建新元件

图 7-74　标示栏

(5) 设置圆形属性,即圆形的轮廓颜色、填充色、圆心位置等。

在 Flash 的工具栏里,对轮廓、填充属性的设置,分别由图中标示出来的工具完成。最下面一排,分别是默认色(Default Color)、无颜色(No Color)、轮廓色与填充色对换(Swap Colors)。如图 7-76 所示。

图 7-75　小工具　　　　图 7-76　颜色工具

单击颜色对换按钮,将前景色由白色变为黑色,将边缘轮廓颜色变为白色。然后按住
Shift 键,用椭圆工具在元件 ball 中画出圆形,如图 7-77 所示。

在图像处理软件中,几乎都有这一相同的功能,即按住 Shift 键时可画出正方形与圆,
不按时画出的常常是长方形与椭圆。

(6)单击标示栏上的"场景1"回到场景 1。这时,会发现刚才画的球不见了,这是因为
刚才的操作,只是针对元件 ball 所做的,场景里面当然看不到。要看见刚才创建的元件,只
需通过"Windows(窗口)"→"Library(图库)"命令,或按 Ctrl+L 快捷键,就可以调出图库并
对所有元件进行查看。

(7)按 Ctrl+L 快捷键,调出图库(Library),选中元件 Ball,图库中便出现了 ball 的预
览,如图 7-78 所示。

(8)确定当前影格在"时间轴"上是第 1 帧,如图 7-79 所示。

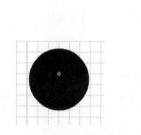

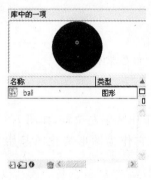

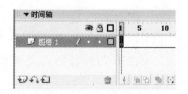

图 7-77 画一个圆   图 7-78 库中元件预览图   图 7-79 选中时间轴第一帧

(9)用鼠标将 ball 元件拖到场景 1 中,位置稍微偏左,如图 7-80 所示。

将元件拖入场景后,会发现时间轴第一影格中多了个黑色的小点。其实,这个小黑点代
表本影格已有内容(即那个元件),没有小黑点的影格是空影格,标准说法是"空帧"
(Blank-Frame)。

(10)单击时间轴第 10 影格处,选中此帧,然后单击鼠标右键,选择"插入关键帧",再将
本影格中的圆向右拖动,结果如图 7-81 所示。

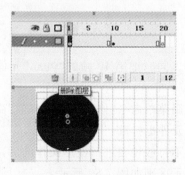

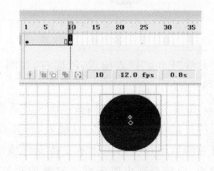

图 7-80 拖动元件到场景中   图 7-81 插入关键帧界面

(11)选择第一影格,右击,单击"创建补间动画",现在的时间轴窗口变成如图 7-82 所
示的样式。

（12）按住 Ctrl 键的同时再按 Enter 键，就可预览最终效果。

2. 变形

下面是一个物体从一种形状变成另一种形状的例子。

（1）新建一个图片元件，取名为 yuan，并绘制红色球体，如图 7-83 所示。

（2）再创建一个图片元件，取名为 Fang，如图 7-84 所示。

图 7-82　创建补间动画

图 7-83　红色球体元件

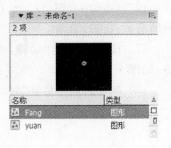
图 7-84　方形元件

（3）回到场景 1。

（4）在第 1 帧处，将元件 Ball 拖入工作区偏左位置，如图 7-85 所示。

（5）在第 10 帧处插入关键帧，并将它作为图形变化的起始关键帧。时间轴如图 7-86 所示。

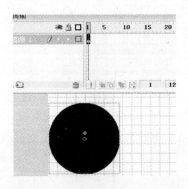
图 7-85　把元件 Ball 拖入工作区

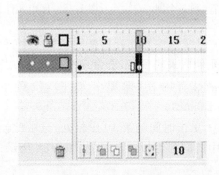
图 7-86　插入关键帧

把元件"Fang"拖入场景，稍偏右，如图 7-87 所示。同时把第 10 帧的"yuan"元件删除，如图 7-88 所示。

（6）在第 1 帧选中元件，按 Ctrl＋B 组合键，或使用菜单命令"修改"中的"打散"命令，将所选元件打散；然后再到第 10 帧处，将该处的 Fang 元件也打散。

打散的原因是变形操作不支持元件或群组对象，不打散硬要进行变形操作的话，变形将不能成功，而且会弹出警告框。打散前与打散后的图示区别如图 7-89 所示。

（7）确认打散后，回到第 1 帧，并在属性面板中将"补间"设置为"形状"，最后时间轴状态如图 7-90 所示。

（8）变形动画的时间轴示意图跟位移变化是不相同的，一个是绿色的，一个是蓝色的。

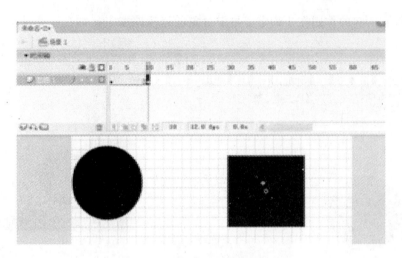

图 7-87 把元件"Fang"拖入场景

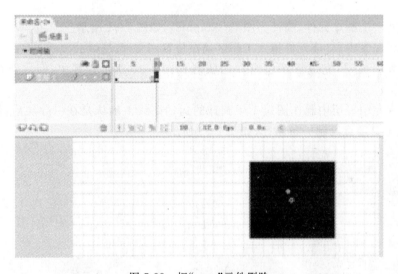

图 7-88 把"yuan"元件删除

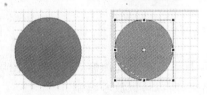

图 7-89 打散前与打散后比较

颜色的差别是小事,最重要的是要了解位移动画与变形动画在实际操作中的不同之处。

(9)最后进行测试,若变形成功,输出即可。

3. 引导线

在 Flash 的图层面板中,有个"添加引导图层"的图标,引导图层就是用来摆放对象运动路径的图层,它所起的作用在于确定了指定对象的运动路线。比如让一个球按指定的路线移动。

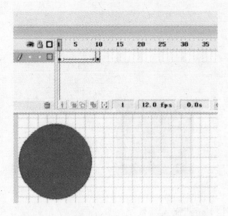

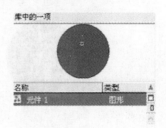

图 7-90　将"补间"设置为"形状"后效果　　　　　图 7-91　新建一个图形元件

（1）新建一个圆球元件,属性为图形(Graphic),如图 7-91 所示。

（2）回到场景中,将该元件拖入工作区偏左位置。

（3）添加引导层,完成后图层窗口的状态如图 7-92 所示。其中,标志新添的层是引导层。

（4）现在在引导层中制作图层 1 中圆球的运动路线。确认是在引导层后,用绘图工具栏中的铅笔工具随意绘制一条路径,如图 7-93 所示。

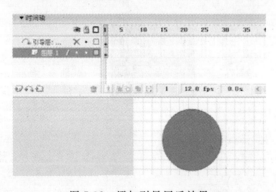

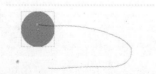

图 7-92　添加引导层后效果　　　　　　　　图 7-93　绘制引导路径

图 7-93 中,只有那条路径是引导层中的内容,而圆球是图层 1 中的球。引导层中的路径,在实际播放时不会显示出来,所以可以放心绘制。

还有一点非常重要,路径的起点必须与被引导物件的中心点重合。选中被引导物件会出现一个"＋"号,而这个"＋"号所处位置就是该物件的中心点。

（5）在默认状态下,每秒 12 帧,如果要让动画延续两秒,就需要 24 帧。现在要让动画延迟 15 帧,也就是 1 秒多。在第 15 帧处按 F5 键或者用"插入"→"帧"命令,在引导层的第 15 帧处加入一个过渡帧,时间轴状态如图 7-94 所示。

（6）现在回到图层 1,即被引导物件那层,并在第 15 帧处插入关键帧,时间轴状态如图 7-95 所示。

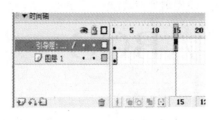

图 7-94 插入过渡帧

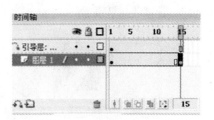

图 7-95 插入关键帧

在引导层中,如果不在第 15 帧处插入一个过渡帧,那么引导层中的引导线就不能在整个 15 帧内起作用,如果只在第 10 帧处插入过渡帧,那么引导作用只能延续 10 帧,而图层 1 中后面 5 帧的动作就失去了引导,所以要在第 15 帧处加入过渡帧;至于为什么在引导层插入过渡帧,而在图层 1 却插入关键帧,这完全视对象有无变化来决定。在图层 1 中,球体从一端移动到另外一端,有位置的改变,因此必须设置改变的起始位置与终止位置,所以要插入关键帧;在引导层中,无论是第 1 帧,还是第 15 帧,引导线始终没有任何变化,因此不需要再插入关键帧。总之,凡是涉及变化原型与变型的场合,就应该用关键帧来解决;如果只是一种画面的延续而无任何变形,只需用普通的过渡帧就行了。

(7) 在第 15 帧处,把圆球从左边拖到右边,并让圆球的中心点与引导线的尾端重合。

(8) 现在为动画进行动作指定。选中图层 1 的第 1 帧,并在右键快捷菜单中选择"创建移动渐变",完成后时间轴有些变化,过渡帧变成天蓝色,并出现一个箭头符号,而这表示动作已经建立。如果只是一种画面的延续而无任何变形,则如图 7-96 所示。

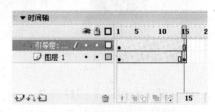

图 7-96 创建补间动作后效果

(9) 最后测试,圆球按着指定的路线移动了。引导层的要点在于被引导物件的中心点与引导路径的首尾重合。

4. 遮罩

(1) 打开"文件"→"导入"→"导入到库",找到一图形文件并将其导入到 Flash 中,然后按 Ctrl+L 组合键打开库窗口,如图 7-97 所示。

(2) 将导入的元件拖入到第 1 帧的工作区中,并调整大小,最好能将该图形布满全层,以保证遮罩层的文字无论移动到哪里都有下层信息透露出来。

Flash 可以处理矢量图与位图,矢量图的优点在于,无论如何调整它的大小,文件本身的体积不会改变;位图则不行,重新调整位图的大小会改变图像的像素排布,因此,位图图像变大则文件体积变大,位图图像缩小则文件体积变小。

在 Flash 中,请尽可能地使用矢量图,而且在做成元件时请尽可能地变小,因为在应用时可以将其变大而不会增加整个动画的容量。作为一个制作常识,大家应该予以掌握。

(3) 新建一个图形类型的元件,并输入"ABCD"4 个字母,如图 7-98 所示。

(4) 新建一个层并将新建的"ABCD"元件拖进去。因为要让字体从左移到右,所以请把该元件放到工作区靠左边界,如图 7-99 所示。

图 7-97　打开元件库界面

图 7-98　新建一个图形类元件

　　放到工作区外的元件在动画开始时是看不见的,如果它移动到工作区则变得可见。

　　(5) 要让整个动画延续 20 帧,因此在第 20 帧处插入一关键帧,并把"ABCD"元件拖到工作区右边边界外,如图 7-100 所示。

图 7-99　放入"ABCD"元件

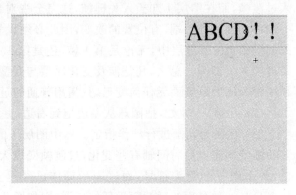

图 7-100　插入关键

　　(6) 现在为图层 2 创建动作。由于只涉及位移变化,因此可以直接在第 1 帧的右键快捷菜单中选择"创建补间动画",当然也可以在属性面板中选补间动作类型来决定动作。完成后时间轴窗口如图 7-101 所示。

图 7-101　创建补间动画

　　(7) 第一层到目前只有一帧有内容,要保证整个动画(共 20 帧)都有图片背景,因此选中第 1 帧,并在第 20 帧处插入帧,此时的时间轴窗口如图 7-102 所示。

　　(8) 现在是关键的一步,即让图层 2 成为图层 1 的遮罩层。选中图层 2,并在右键快捷菜单中选择"遮罩层",完成后层窗口如图 7-103 所示,工作区内变成一片空白。这是因为遮罩层第 1 帧的内容在工作区外,所以下层内容不能透露出来。

　　(9) 制作完成后,按 Ctrl＋Enter 组合键进行测试。

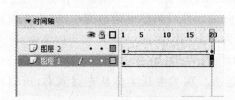

图 7-102　插入关键帧

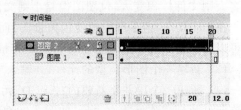

图 7-103　选择"遮罩层"

7.3.5 Flash 综合实例

在 Flash 中,使用一些基本的绘图工具,再加上一些新的创意和思路,一样也可以制作出一些在专业绘图软件中才能制作出的效果。本例我们通过 Flash 制作一个行星绕太阳旋转的效果。

(1) 启动 Flash,新建一个空白的 Flash 文档。

(2) 添加元件:按快捷键 Ctrl+F8 插入 1 个新元件,弹出"创建新元件"窗口。在这里,把元件名称(Name)改为"行星 1",行为属性设为"图形"。同理再创建一个名为"行星 2"的图形元件和一个名为"太阳"的图形元件。

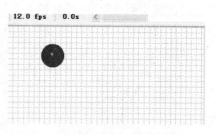

图 7-104　放置元件界面

(3) 在图层 1 中选中第 1 帧,按组合键 Ctrl+L 调出元件库,将刚才做好的行星 2 放在场景靠近左边的地方,如图 7-104 所示。

(4) 新建一个图层用来放置太阳,考虑到行星 2 运行到太阳前面时不能被太阳遮挡住,因此将太阳图形放在这一层。将刚才画好的太阳的图形拖到场景当中,放在一个中间的位置,这样方便其他行星位置的摆放。放好后如图 7-105 所示。

(5) 选中图层 2,在第 90 帧处插入一个关键帧,然后选中第 1 帧,再选中太阳图形,将其属性中 Alpha 值设为 5% 并设置补间为动作,这样使得整个太阳有种逐渐变亮的感觉。

(6) 添加引导层:新建一个引导层,用椭圆工具在太阳旁边画一个椭圆,不要与太阳或其他图形重合,否则会和其他图形"粘"在一起,影响其他图形。画好后选中椭圆中间的填充部分,将其剪去,只留下一个轨线作为行星运行的轨道。用移动工具将刚画好的行星轨道移动到太阳附近,放在一个合适的位置,如图 7-106 所示。

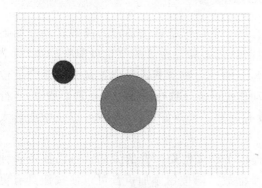

图 7-105　新图层建立界面

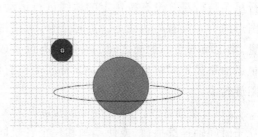

图 7-106　添加引导层界面

(7) 下面用锁定工具将图层 1 和图层 2 全部锁定,防止在修改引导线的过程中行星或太阳图形受到影响或被破坏。锁定后,选择橡皮擦工具将太阳"背面"的那一部分轨线擦去,这样看起来更加真实。

(8) 再画一个行星 2 的引导轨线,画好后放在一个与刚才的那条轨线相对垂直的位置,同理,也将这条轨线上被太阳遮挡的部分用和步骤(7)一样的办法擦去。在擦轨线的过程中切记不可将刚才画好的轨线弄断,否则行星 2 不能按正常的轨线运行。放好后选中引导层的第 90 帧,插入帧,这样一来轨线在整个过程中都会引导行星运行。

(9) 新建一个图层用于放置行星 1,在新建的图层中选中第 1 帧,将刚才画好的行星 1 放于场景中相应的引导轨线的起始位置,其中心要与轨线的某一点相重合。在第 90 帧处插入一个关键帧,将行星 1 移动到引导轨线的末端,其中心也要与轨线末端上某一点相重合,这样才能正确引导。选中行星 1 所在图层的第 1 帧,将补间设置为动作。同理,在行星 2 相对应的图层中也在第 90 帧处插入一个关键帧,用与行星 1 相同的处理办法将行星 2 设置好位置及补间动作。设置好的效果如图 7-107 所示。

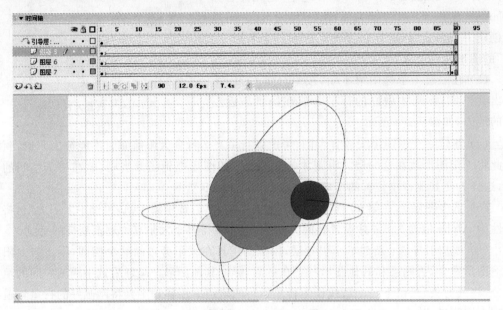

图 7-107　Flash 综合实例

(10) 按 Enter 键进行动画测试。看动画的每一个动作是否按预定的路线运动。如果行星 1 与行星 2 没有按预定的轨线进行运动说明行星 1 和行星 2 的位置可能有问题,两个图形的中心没有与轨线上一点相重合,可按键盘上的方向键对其进行位置调整直至合适位置,第 1 帧与后面的帧之间的补间没有设置成动作也可能导致行星运动不正常。所以,当行星运动路径不对时也要检查一下补间动作有没有问题。修改好后,行星就可以正常绕着太阳旋转了。

(11) 添加音效。Macromedia Flash MX 提供了许多使用声音的方法。可以使声音独立于时间轴连续播放,或使动画和一个音轨同步播放。向按钮添加声音可以使按钮具有更强的互动性,通过声音淡入淡出还可以使音轨更加优美。

在 Flash 中有两种类型的声音:事件声音的和音频流。事件声音必须完全下载后才能开始播放,除非明确停止,它将一直播放。音频流在前几帧下载了足够的数据后就开始播放,它可以通过和时间轴同步以便在 Web 站点上播放。

通过选择压缩选项可以控制导出的影片中的声音的品质和大小。使用"声音属性"对话框可以为单个声音选择压缩选项,而在影片的"发布设置"对话框中可以定义所有声音的设置。通过将声音文件导入到当前文档的库中，可以把声音文件加入 Flash。一般可以把 WAV 和 MP3 格式的文件导入到 Flash 中。

Flash 在库中保存声音以及位图和元件。声音要占用大量的磁盘空间和内存。但是，MP3 声音数据经过了压缩，比 WAV 声音数据小。通常，当使用 WAV 文件时，最好使用 16 位 22kHz 单声（立体声的数据量是单声的两倍），但是 Flash 只能导入采样比率为 11kHz、22kHz、44kHz 的 8 位或 16 位的声音。在导出时，Flash 会把声音转换成采样比率较低的声音。如果要向 Flash 中添加声音效果，最好导入 16 位的声音。如果内存有限，就使用短的声音剪辑或用 8 位的声音。

选择"文件"→"导入"→"导入到库"。

在"导入"对话框中，定义并打开所需的声音文件。

在影片中添加声音：

要将声音从库中添加到影片，可以把声音分配到一个层，建议将每个声音放在一个独立的层上。要测试添加到影片中的声音，可以使用和预览帧或测试影片相同的方法：在包含声音的帧上面拖动播放头，或使用在控制器或"控制"菜单中的命令。向影片中添加声音：

① 如果还没有将声音导入库中，请将其导入库中。

② 选择"插入"→"图层"，为声音创建一个层。

③ 选定新建的声音层后，将声音从"库"面板中拖到舞台中。声音就添加到当前层中。可以把多个声音放在同一层上，或放在包含其他对象的层上。但是，建议将每个声音放在一个独立的层上。每个层都作为一个独立的声音通道。当重放影片时，所有层上的声音就混合在一起。

④ 在时间轴上，选择包含声音文件的第一个帧。

⑤ 选择"窗口 1 属性"，单击右下角的"箭头"，展开属性检查器。

⑥ 从属性检查器中的"声音"弹出式菜单中选择声音文件。

⑦ 从"效果"弹出式菜单中选择效果选项。

"无"：不对声音文件应用效果。选择这个选项将删除以前应用的效果。

"左声道"/"右声道"：只在左或右声道中播放声音。

"从左到右淡出"/"从右到左淡出"：会将声音从一个声道切换到另一个声道。

"淡入"：会在声音的持续时间内逐渐增加其幅度。

"淡出"：会在声音的持续时间内逐渐减小其幅度。

"自定"：可以通过使用"编辑封套"创建自己的声音淡入和淡出点。

⑧ 从"同步"弹出式菜单中选择"同步"选项。"事件"选项会将声音和一个事件的发生立即同步起来。事件声音在它的起始关键帧开始显示时播放，并独立于时间轴播放完整个声音，即使影片停止也继续播放。当播放发布的影片时，事件声音混合在一起。事件声音的一个示例就是当用户单击一个按钮时播放的声音。如果事件声音正在播放，而声音再次被实例化（例如，再次单击按钮），则第一个声音实例继续播放，另一个声音实例同时开始播放。

"开始"选项和"事件"选项是一样的，只是如果声音正在播放，就不会播放新的声音实例。

"停止"选项将使指定的声音静音。

"数据流"选项将同步声音，以便在 Web 站点上播放。Flash 强制动画和音频流同步。

如果 Flash 不能足够快地绘制动画的帧，就跳过帧。与事件声音不同，音频流随着影片的停止而停止。而且,音频流的播放时间绝对不会比帧的播放时间长。当发布影片时,音频流混合在一起。音频流的一个示例就是动画中一个人物的声音在多个帧中播放。

如果使用 MP3 作为音频流,则必须重新压缩声音,以便能够导出。可以选择将声音导出为 MP3 文件,所用的压缩设置与导入它时的设置相同。

⑨ 在"循环"中输入一个值,指定声音循环播放的次数。若要连续播放,请输入一个足够大的数,以便在扩展持续时间内播放声音。例如,要在 15min 内循环播放一段 15s 的声音,输入 60。

(12) 导出。Flash MX 中的"导出影片"命令可以创建能够在其他应用程序中进行编辑的内容,并将 Flash 中的内容直接导出为单一的格式。例如,可以用以下文件格式导出整个文档:Flash、SWF 文件;一系列位图图像;单一的帧或图像文件;或不同格式的活动或静止的图像,包括 GIF、JPEG、PNG、BMP、PICT、QuickTime 或 AVI。

要准备一些用于其他应用程序的 Flash 内容,或以特定文件格式导出当前 Flash 文档的内容,可以使用"导出影片"和"导出图像"命令。"导出"命令不会为每个文件单独存储导出设置,"发布"命令也一样。

"导出影片"命令可以将 Flash 文档导出为静止图像格式,而且可以为文档中的每一帧都创建一个带有编号的图像文件。还可以使用"导出影片"命令将文档中的声音导出为 WAV 文件。

要将当前帧内容或当前所选图像导出为一种静止图像格式或导出为单帧 Flash Player 应用程序,可以使用"导出图像"命令。

在将 Flash 图像导出为矢量图形文件时,可以保留其矢量信息。可以在其他基于矢量的绘画程序中编辑这些文件,但是不能将这些图像导入大多数的页面布局和字处理程序中。将 Flash 图像保存为位图 GIF、JPEG、PICT(Macintosh)或者 P(Windows)文件时,图像会丢失其矢量信息,仅以像素信息保存。可以在图像编辑器(如 Adobe Photoshop)中编辑导出为位图的 Flash 图像,但是不能再在基于矢量的绘画程序中编辑它们了。

(13) 单击"文件"→"导出"→"导出到影片",定位要存放文件的位置,选好要导出文件的格式,单击"确定"按钮,这样一来,一个富有创意的 Flash 就做好了!

习题 7

一、选择题

1. 下列哪一项不是多媒体技术具有的显著特点( )。

    A. 多样性   B. 实时性   C. 复杂性   D. 交互性

2. 多媒体系统运行的关键是( )。

    A. 高效的压缩和解压缩算法   B. 超级计算机

    C. 先进的技术   D. 硬件设备的支持

3. 计算机图像以位图的形式表示。一个简单位图可看成是一个两维矩阵,每个矩阵元素就是像素。对一个像素进行编码的可用位数也称为幅值深度或像素深度。当像素深度为 4 时,可表示几种颜色( )。

    A. 1   B. 4   C. 8   D. 16

4. 以下哪一项不是多媒体需要解决的问题( )。

    A. 研究多媒体信息的特征、建立多媒体数据类型

    B. 有效地组织和管理多媒体信息

    C. 多媒体信息的检索和统计

    D. 多媒体信息的收集

5. 以下哪一项不是 Photoshop 支持的图像格式( )。

    A. PSD   B. TIF   C. JPG   D. DOC

6. 以下显示在各种分辨率的输出设备上,丝毫不影响品质的是( )。

    A. 位图图形   B. 矢量图形   C. 像素图形   D. 彩色图形

7. 以下哪一个选项是指动画中定义的更改所在的帧( )。

    A. 关键帧   B. 过渡帧   C. 起始帧   D. 时间帧

二、填空题

1. 多媒体的类型有文档、图形、图像、_____、视频、音频、流媒体。

2. 在 Photoshop 中可使用的色彩模式包括 RGB、CMYK、_____、索引色、HSB 和 Lab。

3. Photoshop 应用前景有_____、数码后期处理、建筑装潢领域、网页美工、设计游戏人物或场景。

4. Flash 的特点有矢量格式、支持多种图像格式文件导入、_____、支持流式下载、交互性强、平台的广泛支持。

5. Flash 动画制作流程分为计划应用程序、添加媒体元素、_____、调试动画、优化和发布动画。

6. 矢量图形使用称作矢量的直线和曲线描述图像,矢量也包括颜色和_____属性。

7. _____用于组织和控制影片内容在一定时间内播放的层数的帧数。

第 8 章

计算机网络及应用

本章学习内容

◆ 熟悉计算机网络的概念

◆ 掌握 TCP/IP 的设置

◆ 掌握使用 IE 浏览器进行信息检索的方法

◆ 掌握电子邮件的使用方法

◆ 掌握从网络上下载文件的方法

国际互联网正在成为我们生活中的一部分。网络提供了一种新的工具,使用它我们可以随时与地球上任一角落的人进行交流。网络提供了不同计算机和用户之间的资源共享,它正在取代购物中心和办公大楼,成为商品销售的主要场所。在未来信息化的社会里,可以说谁掌握了网络,谁就掌握了未来。我们必须学会在网络环境下使用计算机,通过网络进行交流,获取信息。

8.1 实训 1:使用个人电脑接入 Internet——网络基础知识

8.1.1 计算机网络的概念与分类

计算机网络是由地理上分散的、具有独立功能的多个计算机系统,经通信设备和线路互相连接,并配以相应的网络软件,以实现通信和资源共享的系统。即是指互联起来的自主计算机的集合。计算机网络的概念包含了三个意思。

1. 互联

"互联"是指计算机之间有通信信道相连,并且相互之间能够交换信息。通信信道可以是"有线"物质,比如双绞线、同轴电缆和光缆;也可以是"无线"物质,如激光、微波和卫星信道(互联主要是指网络间逻辑上的连接,互连主要是指网络间物理上的连接)。

2. 自主

"自主"是指计算机之间没有主从关系,所有计算机都是平等独立的。如果一台计算机带有多台终端和打印机,通常称之为多用户系统,而不是计算机网络。由一台主控机加多台从属机构成的系统,是多机系统,也不是网络。这些"自主"计算机离开了网络也能独立地运行和工作。因此,通常把这些计算机称为主机。在网络内可供共享的硬件资源、软件资源与数据资源都分布在这些计算机中。

3. 集合

"集合"是指网络是计算机的群体,构成一个网络至少需要两台计算机。

计算机网络是计算机与通信技术相结合的产物,所以无论哪一种网络,总可以将它划分为两部分:资源子网和通信子网。

1) 资源子网

资源子网包括组成网络的独立自主的计算机。主机用于运行用户程序。

2) 通信子网

通信子网是将入网主机连接起来的实体。它的任务是在入网主机之间传送信息,以提供通信服务,正如电话网络将话音从发送方传送至接收方一样。在物理上,通信子网随着网络类型的不同而各不相同。在局域网中,其通信子网由传输介质和主机网络接口板组成;而在广域网中,通信子网除了包括传输介质和主机网络接口板外,还包括一组转发部件。

根据不同的分类标准可以将计算机网络分为以下几类:

(1) 按照网络规模,可以将网络分为局域网、城域网和广域网。网络规模是以网上相距最远的两台计算机之间的距离来衡量的。

规模最小的网络就是局域网(Local Area Network,LAN),通常只限于一座或一群办公楼中,采用高速电缆连接。覆盖距离为 1 千米数量级,例如校园网。其特点是分布距离短、传输速度快、连接费用低,并且错误率很低。

城域网(Metropolitan Area Network,MAN)是位于一座城市的一组局域网。覆盖范围大约为 10 千米数量级。例如,如果一所学校有多个分校分布在城市的几个城区,每个分校都有自己的校园网,这些网络连接起来就形成一个城域网。城域网的传输速度比局域网慢,并且由于把不同的局域网连接起来需要专门的网络互连设备,所以连接费用较高。

广域网(Wide Area Network,WAN)指网络中所有主机与工作站点的地理范围能够覆盖几千米以上,包括 10 千米、100 千米与 1000 千米以上的数量级。其分布距离长,可以横跨几个国家甚至全世界,传输速度远低于局域网,错误率在三种网络类型中最高,而且费用很高。

(2) 按照拓扑结构分类,可以将网络分为星型网、总线型网、环型网、树型网和网状网。如图 8-1 所示。网络中各个站点相互连接的方法和形式称之为网络拓扑。

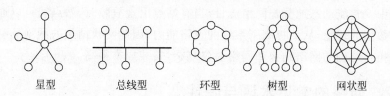

星型　　　　总线型　　　　环型　　　　树型　　　　网状型

图 8-1　网络拓扑结构

① 星型拓扑结构

星型拓扑结构的网络是由各站点通过点-点链路连接到中央节点上而形成的网络结构,

站点间的通信必须通过中央节点进行。这种结构的网络可以很容易实现在网络中增加新的站点,它便于管理,结构清晰,容易实现故障监测。其缺点是网络的中心站点负担过重,一旦发生故障将会导致整个网络系统的瘫痪。

② 总线型拓扑结构

总线型拓扑结构采用单根传输线作为传输介质,网络上的所有站点都通过相应的硬件接口直接连到一条主干电缆(即总线)上,如图 8-2 所示。当一个站点要通过总线进行传输时,它必须确定该传输介质是否正被使用。如果没有其他站点正在传输,就可以发送信号,其他所有站点都将接收到该信号,然后判断其地址是否与接收地址匹配,若不匹配,则发送到该站点的数据将被丢弃。

总线拓扑的优点是电缆长度短,实现成本低,容易布线,增加节点时便于扩充;缺点是不易管理,故障难以定位和监控,一旦传输介质出现故障将影响到整个网络。

③ 环型拓扑结构

环型拓扑结构的网络是将站点用缆线连接成一个闭合的环。数据在环路中传输,既可以单向传输,也可以双向传输,如图 8-3 所示。环型拓扑结构可以使用多种传输介质,便于安装,故障诊断方便,但可靠性较差,任何故障都将使整个系统无法工作。

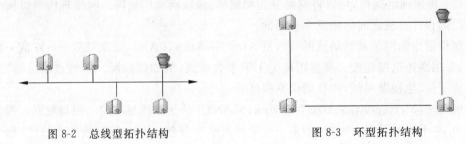

图 8-2　总线型拓扑结构　　　　　　　　　图 8-3　环型拓扑结构

④ 树型拓扑结构

树型拓扑结构是从总线型拓扑结构演变而来的,因其形状像一棵倒树而得名。它将网络中的所有站点按照一定的层次关系连接起来,就像一棵树一样,由根节点、叶节点和分支节点组成。树型结构的网络覆盖面很广,容易增加新的站点,也便于故障的定位和修复,但对根节点的依赖太大,如果根节点发生故障,则全网不能正常工作。

⑤ 网状拓扑结构

网状拓扑结构是一个全通路的拓扑结构,任何站点之间均可以通过线路直接连接,通常用于广域网中。它能动态地分配网络流量,当有站点出现故障时,站点间可以通过其他多条通路来保证数据的传输,从而提高了系统的容错能力,因此网状结构的网络具有极高的可靠性。但这种拓扑结构的网络结构和网络协议复杂,安装成本很高。

8.1.2　网络的常见术语与硬件

1. 协议

网络中的计算机如果要相互"交谈",它们就必须使用一种标准的语言。有了共同的语言,交谈的双方才能相互"沟通"。协议(Protocol)就是为网络通信制定的大家都要遵守的规则。

协议可以决定数据包的大小、报头中的信息(源地址、目的地址等)以及数据在数据包中的存储方式。通信双方必须了解这些规则才能进行成功的传输,如果任何一台设备没有安装一种通用的协议,它们之间就无法通信。

2. 传输介质

计算机与通信设备之间,以及通信设备与通信设备之间都通过传输介质互连,传输介质为数据传输提供传输信道。局域网常用的传输介质有双绞线、同轴电缆和光纤。

双绞线(TP)是综合布线工程中最常用的一种传输介质,类似于电话线,由绝缘的彩色铜线对组成,如图 8-4 所示。每根铜线的直径为 0.4mm 到 0.8mm 之间,两根铜线互相缠绕在一起,如同一条 DNA 分子,这样可以减少邻近线对电气的干扰。图 8-5 为同轴电缆,图 8-6 为光纤。

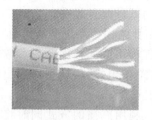  

图 8-4 双绞线 　　　 图 8-5 同轴电缆 　　　 图 8-6 光纤

3. 网络接口卡(Network Interface Card,MIC)

是一种连接设备,也称为网络适配器或网卡。一台计算机,无论它在网络中扮演何种角色,都必须配备一块网卡,插在扩展槽中,通过它与通信线路(如双绞线、同轴电缆或光纤)相连接,接收并发送数据。如图 8-7 所示。它只传输信号而不分析数据。选择网络接口卡时,最基本也是最严格的要求是必须与现有的系统相匹配。另外,还必须确保该网络接口卡的驱动程序能够在现有的操作系统上运行。

4. 调制解调器(Modem)

是一种计算机硬件。由于目前的电话线路基本是模拟线路,传输模拟信号,而在计算机中只识别数字信号,所以需要一种能够将计算机和电话线路连接起来的设备——调制解调器。它将计算机中的数字信号"调制"为能在电话线路中传输的模拟信号,同时也能将网络计算机传送来的模拟信号"解调"为数字信号。如图 8-8 所示。

图 8-7 网卡 　　　　　 图 8-8 调制解调器

5. 路由器(Router)

是一个网络互联设备。它工作在网络层,用于对数据包进行转发,并负担着数据包寻址的功能。在路由器中存储着许多路径选择信息(路由表),数据包根据路由表中的路径信息,选择到达目的站点的最佳路径。路由器可以被看作一个十字路口,路由表也就是路标,数据包根据路标选择走哪一条路。路由器事实上是一台计算机,只不过它的程序被固化在硬件中,以提高对数据包的处理速度。

图 8-9　路由器

6. 集线器(HUB)

集线器是一个多端口的中继器。它有一个端口与主干网相连,并有多个端口连接一组工作站。它和双绞线等传输介质一样,是数据通信系统中的基础硬件设备。它被广泛应用到各种场合。在以太网中,集线器通常支持星型或混合型拓扑结构。在星型结构的网络中,集线器被称为多地址访问单元(MAU)。集线器能够支持各种不同的传输介质和数据传输速率。大多数网络都是使用几台集线器分别服务于不同的工作组,这样就把可能出现的问题分散到了多个节点,也可以减少切换次数和管理数据的工作量。

集线器的工作原理是:当在一个广播域内传送资料时,利用广播的方式同时将资料对每一台主机进行传送,并将此数据传送到目的端点,工作方式简单,但当集线器正进行广播时,如遇到其他数据的传输则会发生碰撞(Collision),此时数据则需不断利用未引发碰撞的传送空隙,持续重传,因此会影响传输的效率。

图 8-10　集线器

7. 网关(Gateway)

概括地说,网关应该是能够连接不同网络的软件和硬件的结合产品。它的职能是完成网络之间的协议转换。网关实际上是通过封装信息以使它们能被另一个系统读取。为了完成这项任务,网关必须同应用层通信,建立和管理会话,传输已经编码的数据,并解析逻辑和物理地址数据。

网关可以设在服务器、微机和大型机上。由于网关的传输较路由器复杂,所以它传输数据的速度比网桥或路由器低。正是由于这个原因,网关会造成网络堵塞。

8.1.3　协议模型与 Internet

为了保证计算机网络的开放性与兼容性,网络协议必须遵循标准化的体系结构。即某一特定产品或服务应如何被设计或实施的技术性规范或其他严格标准。通过标准,不同的生产厂商才可以确保产品、生产过程以及服务满足他们的要求。

标准可以分为两类:合法的标准和既成事实的标准。合法的标准是由一些权威标准化实体采纳的正式的标准,比如 ISO/OSI 协议模型。既成事实的标准是那些没有正式计划,但却是已经存在并得到广泛应用的标准,比如 TCP/IP 协议模型。

1. 开放系统互联参考模型(Open System Interconnection,OSI)

该参考模型是由国际标准化组织(OSI)为解决异种机互联而制定的开放式计算机网络层次结构模型。它分为 7 层,由低到高依次是物理层、数据链路层、网络层、传输层、会话层、表示层和应用层。如图 8-11 所示。

OSI 参考模型中数据的实际传送过程简述如下:源设备(主机 A)上的用户欲将数据发送给目标设备(主机 B)。源设备首先将数据发送到自己的应用层,应用层将该层的控制信息(报头)附加在数据信息上,封装好后送至下一层。表示层接到该信息后,如法炮制,在收到的"数据"上加上表示层的报头,然后传送给会话层……这样的过程沿着 OSI 模型自上而下进行,直至传送到物理层,在这一层,"数据"将被转变为由 1 和 0 组成的比特流。

当该比特流通过传输介质到达目标设备(主机 B)时,上述的过程将反过来进行。在每一层,该层的报头被剥去,然后数据被传送到上一层,最后,数据被传送到相关的应用程序。

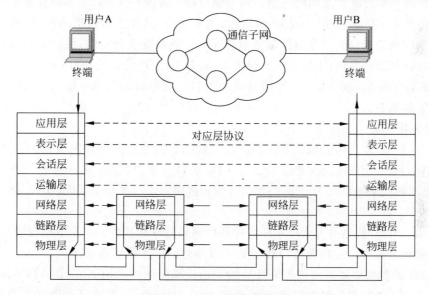

图 8-11 OSI 7 层参考模型

2. TCP/IP(Transfer Control Protocol/Internet Protocol)传输控制协议/网际协议

TCP/IP 与来自标准化组织的 OSI 模型不同,它不是人为制定的标准,而是产生于互联网研究和应用实践中。

TCP/IP 协议最初为 AEPANET 网络设计,后经过多年演变,现已成为全球性互联网所采用的主要协议。TCP/IP 协议的特点主要是:标准化,几乎任何网络软件或设备都能在该协议上运行;可路由性,这使得用户可以将多个局域网连成一个大型互联网络。

如图 8-12 所示,TCP/IP 模型由 4 个层次组成。

1) 应用层

向用户提供一组常用的应用程序,比如文件传输访

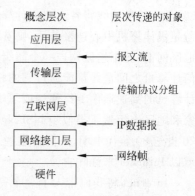

图 8-12 TCP/IP 4 层模型

问、电子邮件等。严格说起来,TCP/IP 互联网协议只包含以下三层(不含硬件),应用程序不能算 TCP/IP 的一部分。就上面提到的常用应用程序,TCP/IP 制定了相应的协议标准,所以也把它们作为 TCP/IP 的内容。事实上,用户完全可以在互联网之上(即传输层上)建立自己的专用应用程序,这些专用应用程序要用到 TCP/IP,但不属于 TCP/IP。

2) 传输层(TCP 层)

提供应用程序间(即端到端)的通信。其功能包括两方面:一是格式化信息流;二是提供可靠的传输。为实现后者,传输层协议规定接收端必须发回确认,并且假如分组丢失,必须重新发送。传输还要解决不同应用程序之间的识别问题,因为在一般的通用计算机中,常常是多个应用程序同时访问互联网。为区别各应用程序,传输层在每一分组中增加识别信源和信宿应用程序的信息。另外,传输层每一个分组均附带校验和,接收机以此校验收到分组的正确性。

3) 互联网层(IP 层)

该层负责相邻计算机之间的通信。其功能包括三方面:一是处理来自传输层的分组发送请求;收到请求后,将分组装入 IP 数据报,填充报头,选择去信宿机的路径,然后将数据报发往适当的网络接口。二是处理输入数据报;首先检查其合法性,然后进行寻径——假如该数据报已到达信宿地(本机),则去掉报头,将剩下部分(传输层分组)交给适当的传输协议;假如该数据报尚未到达信宿,则转发该数据报。三是处理 ICMP 报文,处理路径、流量控制和拥塞等问题。

4) 网络接口层

这是 TCP/IP 软件的最低层,负责接收 IP 数据报并通过网络来发送它,或者从网络上接收物理帧,抽出 IP 数据报,交给 IP 层。网络接口有两种类型:第一种是设备驱动程序(比如局域网的网络接口);第二种是含自身数据链路协议的复杂子系统(比如 X2.5 中的网络接口)。

Internet(因特网)是由大大小小的各种各样网络互联而成的一个松散结合的全球网,网络上的计算机之间可以互相通信,TCP/IP 协议是它们相互通信的基础。

Internet 的发展史要追溯到美国最早的军用计算机网络 AEPANET,AEPANET 同时也是世界上第一个远程分组交换网。20 世纪 80 年代后期,美国国家科学基金会(NSF)建立了全美五大超级计算机中心。为了使全国的科学家、工程师和学校师生们能够共享这些以前只为少数人使用的超级计算环境,NSF 决定建立基于 IP 协议的计算机网络。它通过 56Kbps 的电话线将各大超级计算机中心连接起来。但是,如果将各大学也通过电话线直接与超级计算机中心连接的话,则费用就太高。所以 NSF 决定建立地区网,学校可就近连到地区网上,每个地区网连一个超级计算中心,超级中心再彼此互联起来。在这种结构中,任何计算机之间最终都能通过它的相邻节点转发会话而互相通信。连接各地区网上主要节点计算机的高速通信专线便构成了 NSFNet(国家科学基础网)的主干网。与此同时,其他国家和地区也组建了类似于 NSFNet 的网络,并通过通信线路同 NSFNet 或 AEPNET 相连。20 世纪 80 年代中期,人们将这些互联在一起的网络看作为一个互联网络(Internet),后来就以 Internet 来称呼它。

Internet 将我们带入了一个完全信息化的时代,它正改变着人们的生活和工作方式。由于其范围广、用户多,目前已成为仅次于全球电话网的第二大通信网络。

　　从网络发展的趋势看,网络系统由局域网向广域网发展,网络的传输介质由有线技术向无线技术发展,网络上传输的信息由单媒体向多媒体发展。网络化的计算机系统将无限地扩展计算机应用的平台。

3. Internet 协议(TCP/IP)属性的设置

◆ 在"桌面"上选择"网上邻居"单击右键,选择"属性"命令,打开"网络连接"窗口。如图 8-13 所示。

图 8-13　网络连接

◆ 选择"本地连接"单击右键,弹出本地连接属性窗口,如图 8-14 所示。选择"Internet 协议(TCP/IP)"后双击,出现"Internet 协议(TCP/IP)属性"对话框。如图 8-15 所示。

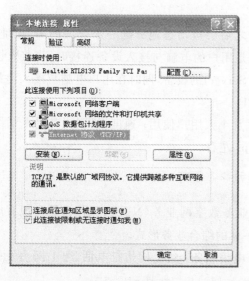

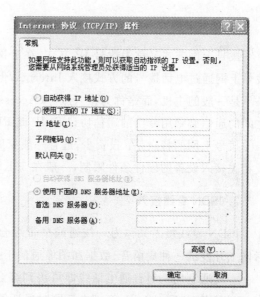

图 8-14　本地连接　　　　　　　　　图 8-15　TCP/IP 属性

◆ 选择"使用下面的 IP 地址"单选框,在"IP 地址"上输入:192.168.22.3;"子网掩码"
设置为:255.255.255.0;"默认网关"设置为:192.168.22.1;"首选 DNS 服务器"
设置为:218.56.57.58。如图 8-16 所示。

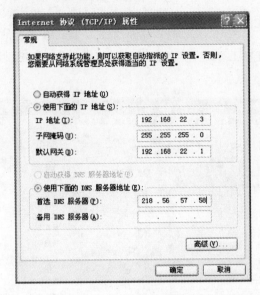

图 8-16　TCP/IP 属性

◆ 单击"确定"按钮,便将 Internet 协议(TCP/IP)属性设置完毕。

8.1.4　接入 Internet 的方式

Internet 接入方式主要有以下六种:拨号上网方式、使用 ISDN 专线入网、使用 ADSL
宽带入网、使用 DDN 专线入网、使用帧中继方式入网、局域网接入。

1. 拨号上网方式

拨号上网方式又称为拨号 IP 方式,在上网之后会被动态地分配一个合法的 IP 地址。
拨号上网通过电话拨号的方式接入 Internet,但是用户的电脑与接入设备连接时,该接入设
备不是一般的主机,而是称为接入服务(Access Server)的设备,同时在用户电脑与接入设备
之间的通信必须用专门的通信协议 SLIP 或 PPP。

拨号上网的特点是:投资少,适合一般家庭及个人用户使用;速度慢,因为其受电话线
及相关接入设备的硬件条件限制,一般在 56Kbps 左右。

2. ISDN 专线接入

ISDN 专线接入又称为一线通或窄带综合业务数字网业务(N-ISDN)。它是在现有电
话网上开发的一种集语音、数据和图像通信于一体的综合业务形式。

一线通利用一对普通电话线即可得到综合电信服务:边上网边打电话、边上网边发传
真、两部计算机同时上网、两部电话同时通话等。

通过 ISDN 专线上网的特点是：方便，速度快，最高上网速度可达到 128Kbps。

3．ADSL 宽带入网

ADSL 即不对称数字线路技术，作为一种传输层的技术，利用铜线资源，在一对双绞线上提供上行 640Kbps、下行 8Mbps 的宽带，从而实现了真正意义上的宽带接入。

ADSL 宽带入网特点是：与拨号上网或 ISDN 相比，减轻了电话交换机的负载，不需要拨号，属于专线上网，不需要另缴电话费。

4．DDN 专线入网

DDN 即数字数据网，是利用数字传输通道（光纤、数字微波、卫星）和数字交叉复用节点组成的数字数据传输网。可以为用户提供各种速率的高质量数字专用电路和其他新业务，以满足用户多媒体通信和组建高速计算机通信网的需要。

DDN 专线的特点是：采用数字电路，传输质量高，时延小，通信速率可根据需要选择；电路可以自动迂回，可靠性高。

5．帧中继方式入网

帧中继是在 OSI 第二层上用简化的方法传送和交换数据单元的一种技术。通过帧中继入网须申请帧中继电路，配备支持 TCP/IP 协议的路由器，用户必须有 LAN（局域网）或 IP 主机，同时须申请 IP 地址和域名。入网后用户网上的所有工作站均可享受 Internet 的服务。

帧中继上网特点是：通信效率高，租费低，适用于 LAN 之间的远程互联，传输速率在 9600bps～2048Kbps。

6．局域网接入

局域网连接就是把用户的电脑连接到一个与 Internet 直接相连的局域网上，并且获得一个永久属于用户电脑的 IP 地址。不需要 Modem 和电话线，但是需要有网卡才能与 LAN 通信。同时要求用户电脑软件的配置比较高，一般需要专业人员为用户的电脑进行配置，电脑中还应配有 TCP/IP 软件。

局域网接入的特点是：传输速率高，对电脑配置要求高，需要有网卡，需要安装配有 TCP/IP 的软件。

8.2　实训 2：安装新版"QQ"问候好友——Internet 的应用

设定目标

下面通过在用户电脑上建立的宽带连接，如图 8-17 所示，在 Internet 上搜索即时通讯软件 QQ，下载并安装到用户电脑的过程来学习如何使用 Internet 提供的多种服务。

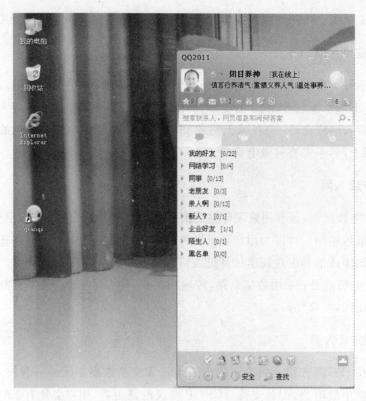

图 8-17　使用 QQ 软件

8.2.1　建立宽带连接与 IE 浏览器设置

一般一台个人电脑或主机想要接入 Internet,首先要进行硬件上的连接,然后到运营公司开通相关业务后,再对主机进行相应设置。

1．硬件连接

关闭主机电源后,先将准备好的双绞线分别连接到主机和调制解调器。然后将网卡插入主板的扩展插槽中,重新启动计算机。下一步就开始安装网卡驱动程序。重新启动后计算机会自动提示发现新硬件,需要更新驱动程序,用户可以从网卡自带的磁盘上找到相应的驱动程序,也可以使用操作系统内已经存在的驱动程序。

2．办理业务

硬件连接完成后要到提供网络服务的运营公司如中国电信、中国联通等办理相关手续,交纳一定费用后即可开通服务。

3．建立宽带连接

开通服务后用户需要进行如下设置,实现与 Internet 的连接。

◆ 单击"我的电脑"→"程序"→"附件"→"通讯"→"新建连接向导"选项,弹出如图 8-18 所示的对话框。单击"下一步"按钮,弹出如图 8-19 所示的对话框,选择"连接到 Internet"选项。

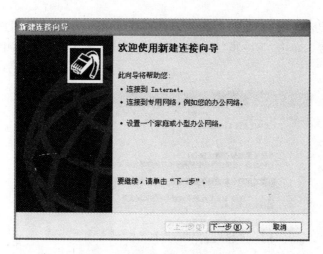

图 8-18 "新建连接向导"对话框

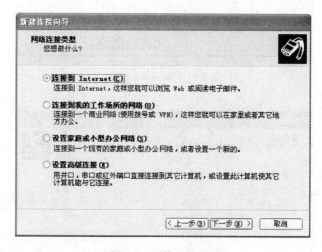

图 8-19 网络连接类型

◆ 单击"下一步"按钮,在如图 8-20 所示的对话框中选择"手动设置我的连接"选项。

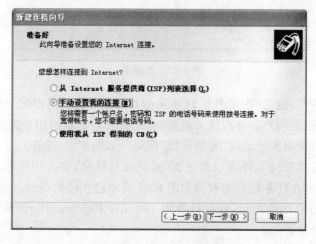

图 8-20 手动设置我的连接

◆ 单击"下一步"按钮,在如图 8-21 所示的对话框中选择"用要求用户名和密码的宽带连接来连接",单击"下一步"按钮后,在如图 8-22 所示的对话框中输入 ISP 名称为"我的宽带"。

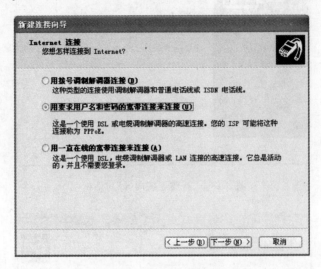

图 8-21　Internet 连接

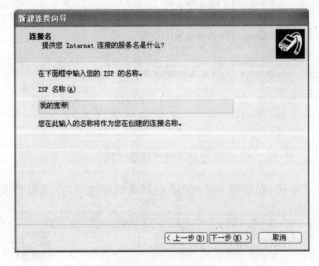

图 8-22　连接名

◆ 单击"下一步"按钮后,在如图 8-23 所示的对话框中输入用户名与密码即可。此处的用户名与密码是用户在办理宽带业务时,运营公司提供给用户的。单击"下一步"按钮,即可在用户桌面上出现"宽带链接"图标。如图 8-24 所示。

◆ 单击"宽带连接"图标,弹出如图 8-25 所示的对话框,输入用户名及密码后单击"连接"按钮,即可在任务栏右侧看到如图 8-26 所示已连接的提示。

　　建立了与 Internet 的连接后,就可以使用 Internet Explore(IE)浏览器浏览网页了,下面介绍 IE 浏览器的设置方法。

图 8-23 Internet 账户信息　　　　　图 8-24 "宽带连接"图标

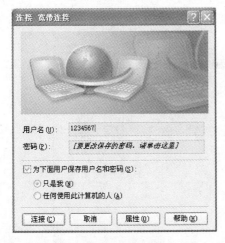

图 8-25 宽带连接对话框　　　　　图 8-26 宽带已连接提示

1. 浏览网页

◆ 双击桌面上的"Internet Explorer"图标 ，可以打开如图 8-27 所示的 IE 浏览器界面。在"地址栏"中输入想要浏览的页面地址,例如"www.163.com",然后按 Enter键,即可登录其主页。

2. 保存当前页面信息

◆ 单击"文件"→"另存为"选项,弹出如图 8-28 所示的对话框。选择适合的保存位置后,在"文件名"中输入该页面的文件名,单击"保存类型"下拉列表按钮,从中选取该文件的保存类型,然后单击"保存"按钮,将当前页面信息按指定类型和位置保存在本地机中。

地址栏

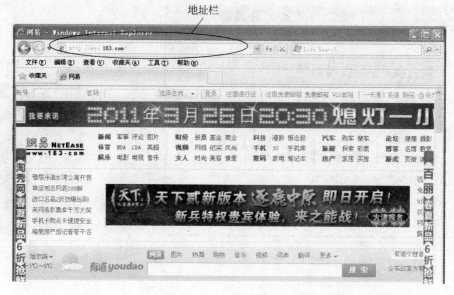

图 8-27　IE 界面

图 8-28　保存网页

3. 将网址添加到收藏夹

利用收藏夹功能,可以把经常浏览的网址储存下来。

◆ 单击"收藏"→"添加到收藏夹"选项,可将当前站点添加到收藏夹列表中。每次需要打开该页时,只需单击工具栏上的"收藏夹"按钮,然后单击收藏夹列表中的快捷方式即可,如图 8-29 所示。

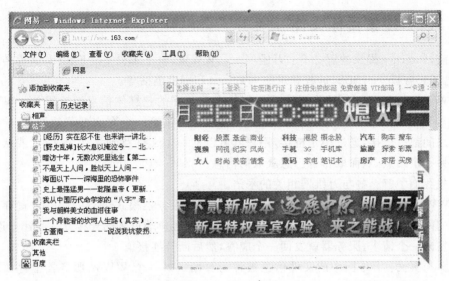

图 8-29 添加到收藏夹

4. 设置起始主页

对于几乎每次上网都要光顾的网页,可以直接将它设置为启动浏览器后自动连接的网址。

◆ 单击"查看"→"Internet 选项"命令,弹出如图 8-30 所示的对话框,选择"常规"选项卡,在"主页"分组框的"地址"中输入准备设置为主页的网址,然后单击"确定"按钮,IE 就会在每次启动后自动浏览该页面。

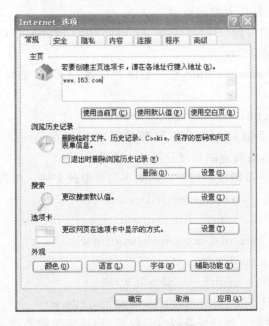

图 8-30 设置启动页

8.2.2　搜索目标文件

目前,Internet 提供的服务有:万维网——WWW、电子邮件——E-mail、文件传输——FTP、电子公告板——BBS、远程登录——Telnet 和网上电话等。

WWW(World Wide Web)的中文解释是全球范围的超媒体信息浏览服务。WWW 使用超文本和超媒体技术,只需通过鼠标的单击,就可以浏览一个图文并茂的网页,并且每一个网页之间都有链接,通过单击链接,用户就可以从一个文件跳到另一个文件,或从一个站点跳至另一个站点,从而取得自己想获取的信息。

首先我们了解一些与万维网相关的术语。

WWW 服务器:万维网信息服务是采用客户机/服务器模式进行的。它负责存放和管理大量的网页文件信息,并负责监听和查看是否有从客户端过来的连接。一旦建立连接,当客户机发来一个请求,服务器就发回一个应答,然后断开连接。

主页与页面:万维网中的文件信息被称为页面。每一个 WWW 服务器上存放着大量的页面文件信息,其中默认的封面文件称为主页。主页是网站的大门。

浏览器:用户通过一个称为浏览器的程序来阅读页面文件,其中 Netscape Communicator 和 Internet Explorer 是两个最流行的浏览器。浏览器取来所需的页面,并解释它所包含的格式化命令,以适当的格式显示在屏幕上。

超链接:包含在每一个页面中能够连到万维网上其他页面的链接信息。用户可以单击这个链接,跳转到它所指向的页面上。通过这种方法可以浏览相互链接的页面。

HTML 语言:超文本标记语言 HTML(Hyper Text Mark-up Language)用来描述如何将文本格式化。通过将标准化的标记命令写在 HTML 文件中,使得任何万维网浏览器都能够阅读和重新格式化任何万维网页面。

HTTP:超文本传输协议(Hyper Text Transmission Protocol)是标准的万维网协议,是用于定义合法请求与应答的协议。

URL(Uniform Resource Locator,统一资源定位器):URL 地址即为网页地址,简称网址。例如:

http://www.tsinghua.edu.cn/index.html

由三个部分组成:协议(http)、WWW 服务器的 DNS 名(www.tsinghua.edu.cn)和页面文件名(index.html),由特定的标点分隔各个部分。

协议有很多种,通过不同的协议可以访问不同类型的文件。例如:

超文本 URL　　http://www.cernet.edu.cn

文件传输(FTP)URL　　ftp://ftp.pku.edu.cn

本地文件 URL　　/user/hhd/homework/word.doc

新闻组(news)URL　　news:comp.os.minox

发送电子邮件 URL　　mailto:liming@263.net

远程登录(Telnet)URL　　telnet://bbs.tsinghua.edu.cn

利用 Internet 提供的万维网服务,我们可以使用搜索引擎查找需要的信息。搜索引擎是互联网上专门提供查询服务的网站。这些网站通过复杂的搜索系统,将互联网上大量网站的页面收集到一起,进行分类处理并保存起来,从而能够对用户提出的各种查询做出响应,为用户提供所需信息。

根据搜索引擎的结构来划分,可分为全文检索和目录搜索。

全文搜索引擎对遇到的每一个网站的每一个网页中的每个词进行搜索。当全文搜索引擎搜索一个网站时,只要用户查询的"关键词"在网页中的一个地方出现过,则该网页即作为匹配结果返回给用户。Google 就是典型的全文搜索引擎。常用的搜索引擎如表 8-1 所示。

表 8-1　常用搜索引擎

名　　称	网　　址	名　　称	网　　址
中文雅虎	cn. yahoo. com	Google 中文	www. google. com
搜狐	www. sohu. com	百度	www. baidu. com
新浪搜索引擎	search. sina. com. cn	北大天网	e. pku. edu. cn
网易搜索引擎	search. 163. com		

各大主流搜索引擎的搜索方法大致类似,焦点问题就是关键词要准确。

为实现图 8-17 所示的效果,首先要进行信息查询,在 Internet 上查找 QQ 软件的安装程序,具体操作步骤如下。

◆ 进入 baidu 网站,在 baidu 搜索文本框中输入关键词:"QQ 安装软件下载"。如图 8-31 所示。

图 8-31　搜索引擎

◆ baidu 从它的数据库中搜索主题或内容中包含以下信息的相关网站地址。选择"QQ 软件-腾讯软件门户站"超链接,进一步查找相关信息。

8.2.3 下载目标文件

在 Internet 上查找到相应信息后,需要将文件下载到本地用户电脑中,这时需要使用 Internet 提供的文件传输(FTP)服务。Internet 上有一种服务器叫 FTP,这种服务器上存放着很多共享软件,供使用 FTP 协议的用户下载。

下载(Download)是将所需要的数据或程序从 FTP 服务器传输到本地客户机上。上传(Upload)就是将数据或程序从客户机传送到 FTP 服务器(通常是远程的)。

1. 下载文件

目前流行的中文版下载软件有 FlashGet(网际快车)和迅雷。这两个软件都支持断点续传,一个文件可分为几次下载,以提高下载速度;同时支持多点连接,将文件分成几部分同时下载。下面以迅雷为例讲解如何下载软件。

迅雷最多可把一个文件分成 10 个部分同时下载,而且最多可以设定 8 个下载任务。它还支持多地址下载,可同时连接多个站点并选择较快的站点下载软件。

通过使用搜索引擎 baidu 查找到 QQ 软件的下载页面后,如图 8-32 所示,即可下载该文件。操作步骤如下。

图 8-32　QQ 软件下载页面

◆ 单击"QQ2011 正式版(简体)"下方的"下载"超链接,弹出如图 8-33 所示的"迅雷"下载对话框,在"存储分类"中选择"软件",在"存储目录"中选择合适位置,在"另存名称"中输入相应名称,在"下载设置"中设置线程数为"10",单击"确定"按钮。

图 8-33　迅雷下载对话框

◆ 进入"迅雷 7"下载窗口;如图 8-34 所示。
◆ 下载完毕后,即可在步骤 1 中所选定的"存储目录"中看到下载文件"QQ2011Beta.exe",双击后依照如图 8-35 所示的安装提示即可安装 QQ 软件。安装完成后,桌面上会出现 QQ 的小企鹅图标。

图 8-34 迅雷 7 下载窗口

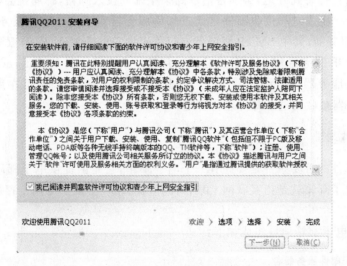

图 8-35 QQ 安装对话框

◆ 使用 QQ 进行视频或音频聊天。可以右击好友头像,在弹出菜单中选择"影音交谈"→

"超级视频"或"超级语音"选项,进行视频或音频
聊天,如图 8-36 所示。也可以在聊天窗口工具栏
中单击"视频",请求视频聊天。对方收到请求并
接受后就可以进行面对面的交流了。

图 8-36 QQ 快捷菜单

2. 上传文件

如果 FTP 服务器上拥有空闲的磁盘存储空间,就可将一些文件或程序上传到 FTP 服
务器上,以便网上其他用户共享。最典型的例子就是将做好的个人主页上传到远程服务器,
供其他用户上网浏览。常用的上传软件有国外的 CuteFTP 和中国人自己开发的 Update

NOW 及网络传神等。这里使用 IE 浏览器上传。

使用 IE 浏览器上传文件的优点是无须安装任何专用的 FTP 客户端软件,使用简单方便,不存在与不同服务器之间兼容性的问题。但使用 IE 上传文件速度慢、上传文件的管理功能少且不支持断点续传,如果是少量的文件上传,使用 IE 比较合适。

使用 IE 浏览器上传文件的方法如下:

◆ 在浏览器的地址栏中输入 ftp://ftp.pku.edu.cn.

◆ 此时浏览器会自动尝试用默认的匿名去登录(一旦无法成功登录就会弹出一个对话框,要求输入账户及密码),确认后即可在浏览器内出现文件夹样式,将要上传的文件复制到指定文件夹即可。

8.2.4　收发电子邮件与 BBS

电子邮件是 Internet 上广泛使用的一种信息服务。

1. E-mail 收发原理

如果写了一封信寄到外地,必须将信拿到某个邮局投入邮箱,邮局就会将这些信寄到目的地。在 Internet 上发送和接收邮件是通过邮件服务器实现的。邮件服务器包括 POP 服务器和 SMTP 服务器,其中 SMTP 服务器专门负责发送电子邮件,POP 服务器专门负责接收电子邮件。POP 服务器和 SMTP 服务器通常是一台主机。另外,Internet 还广泛使用另一种接收邮件的服务器,称为 IMAP 服务器,其功能比 POP 更强大,可在用户端对远程的 IMAP 邮件服务器接收的电子邮件进行管理。

2. 电子邮件地址

使用电子邮件的首要条件是要拥有一个电子邮箱,它是由提供电子邮政服务的机构建立的。实际上电子邮箱就是指互联网上某台计算机为用户分配的专用于存放往来信件的磁盘存储区域。

Internet 的电子邮箱地址组成如下:

用户名@电子邮件服务器名

它表示以用户名命名的信箱是建立在符号"@"后面说明的电子邮件服务器上,该服务器就是向用户提供电子邮政服务的"邮局"机。具体的例子如下:

liming@163.com

3. 注册邮箱

下面我们介绍注册网易免费邮箱的方法。

◆ 在 IE 浏览器中输入网易的网址:http://www.163.com,进入网易主页。

◆ 单击注册免费邮箱的链接,进入网易邮件登录窗口。

◆ 按照显示内容,逐步进行操作。首先输入用户信息,然后必须接受其服务协议。注意用户名不能与其他用户名相同,一般多用中文、数字或字母加以区分。密码应采取个人熟悉的号码,但应注意,为了使该密码不容易被他人盗取,可以采用数字、字母、字符相结合的方式。邮件服务器常常要求我们必须输入某些信息,这些信息应该一一填妥,对可以忽略的信息可以跳过,如图 8-37 所示。确认自己填写的信息准确无误后,提交申请。系统经过检查,确认用户信息合法,并且具有唯一的用户标识 ID 后,就给出该用户注册成功的信息,否则将返回,要求重新输入个人信息。

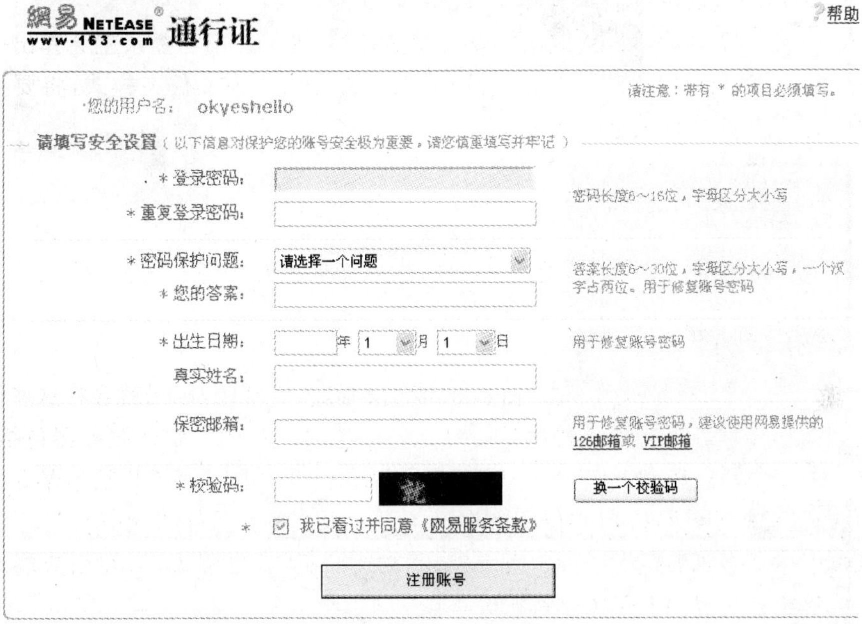

图 8-37 申请邮箱

4. 接收邮件

用户在申请到自己的邮箱后,就可以从登录窗口输入自己的用户标识 ID 和密码,系统确认正确后,进入到个人邮箱界面。例如在 www.163.com 中申请了个人的电子邮箱,进入邮箱后将看到如图 8-38 所示的界面。

在页面的左侧有一些超链接选项,如"收件箱"、"草稿箱"以及"已发送"等文件夹,单击这些超链接可以进入不同的界面,执行相应的功能。如果想要接收邮件,则单击"收信"或者"收件箱"链接,在页面的右侧将会以列表的形式显示出收件箱中所有的信件主题。单击邮件主题的超链接,就可以看到信件的内容了。如果信件中包含有附件,在页面的最右边会有提示符号,单击附件的名称,即可在页面中显示出附件的全部内容。

邮件需要回复时,选择"回复"选项,在显示的页面中可以看到需要回复的对方的 E-mail 地址已经出现在收件人的输入框中,只需要填写信件的名称和内容即可进行发送。

5. 发送邮件

◆ 在进入到电子邮件界面后,用户需要发送邮件给对方时,则单击"写信"链接,界面将会出现一封新的空白信件。在"收件人"栏中输入对方的 E-mail 地址,在主题中输入信件的标题,然后在空白处填写信件的内容,如图 8-39 所示。

图 8-38　邮箱界面

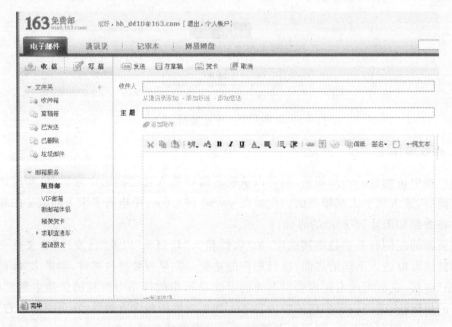

图 8-39　发送邮件

◆ 如果需要发送如图片、各式文档等形式的信件,则需要利用附件功能。单击"添加附件"图标,弹出如图 8-40 所示的窗口。在窗口中选择出自己需要发送的文档后,单击"打开"按钮,需要发送的文档标题将会出现在选择框中,单击"发送"按钮后开始发送,正文及附件发送成功后,会提示发送成功。

　　BBS(电子公告板系统),是一种专门用作发布电子公告或进行公众讨论的电子空间,它适合快而大量的信息快递。

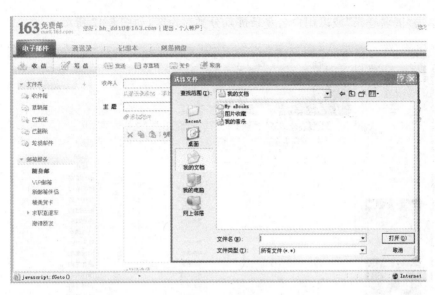

图 8-40 添加附件

访问 BBS 有两种方式：基于 WWW 的 BBS 和基于远程登录的 BBS。目前最常见、最容易掌握的是基于 WWW 形式的 BBS。

通过登录 bbs. tsinghua. edu. cn，参加 BBS 论坛的具体步骤如下。

◆ 启动 IE 浏览器，在地址栏中输入 bbs. tsinghua. edu. cn，进入"水木清华"主页面，如图 8-41 所示。

图 8-41 主页面

◆ 单击"匿名登录"或以用户名登录进入分类讨论区,如图 8-42 所示。

图 8-42　分类讨论区

◆ 单击感兴趣的讨论区超链接,如"信息技术",可以看到有关讨论信件的分类列表,如图 8-43 所示。

图 8-43　选择超链接

表 8-2 列出了几个校园网的 BBS 网址。

表 8-2 BBS 网址

学 校	BBS 名	主 机 名
清华大学	水木清华	bbs. tsinghua. edu. cn
北京大学	未名站	Puma. dbwn. net
复旦大学	日月光华	bbs. fudan. sh. cn
浙江大学	西子浣纱城	bbs. zju. edu. cn
厦门大学	鼓浪听涛	bbs. xmu. edu. cn
上海交通大学	饮水思源	bbs. sjtu. edu. cn

8.2.5 Internet 的网址与域名

Internet 中每一台计算机的地址就像我们身边的门牌号码一样,用来标识网络中计算机的"住址",而互联网域名则像我们的通信地址,用来说明该"住址"的"住户姓名"。

1. 物理地址

网络中的两台计算机进行通信之前,他们必须知道如何与对方联系。每一台计算机都有一个唯一的物理地址用于明确"身份"。我们以以太网的地址为例,介绍物理地址的概念。以太网的物理地址也称为 MAC(Media Access Control)地址,表示为 6 个字节,即 48 位的二进制地址,是由数据链路层来实现的,该地址通常固化在网卡上,是不可以改变的。例如,00-60-97-C0-9F-67 就是一个 MAC 地址。

2. IP 地址

为了便于寻址,就像每台计算机都有一个唯一的物理地址一样,计算机还有一个逻辑地址,通常由网络管理人员设置,有时也由所使用的网络协议自动设置。例如,TCP/IP 网络上的每一台计算机都被指定一个唯一的 IP 地址。

IP 地址由网络号和主机号两部分构成。其中网络号标识一个网络,而主机号标识这个网络中的一台主机。IP 地址由"网络部分"和"主机部分"表示的目的是为了便于寻址,即先找到网络号,再到该网络中找到计算机的地址。根据 TCP/IP 协议规定,IP 地址由 32 位组成。现在已经出现了 128 位的 IP 地址,不过还没有普遍应用。如图 8-44 所示。

网络号	主机号

图 8-44 IP 地址组成

在 TCP/IP 协议中,IP 地址是以二进制的方式出现的。由于这种形式非常不符合人的阅读习惯,因此,用"点分十进制表示法"来表示 IP 地址。32 个比特正好是 4 个字节,每个字节作为一段,共 4 段,每段的大小用十进制数表示,因此书写形式为:XXX.XXX.XXX.XXX。其中每个字段 XXX 的有效范围是 0~255。如 32 位地址:
10100110 01101111 00001000 00110011 便可写成 166.111.8.51。

所有的 IP 地址都由互联网的网络信息中心分配,但网络信息中心仅分配 IP 地址的网络号,而地址中的主机号则由申请单位自己负责规划。

对于IP地址的分类,按照网络规模的大小,可以将IP地址分为5种类型,其中A、B、C是3种主要的类型。除此之外,还有2种类型的网络,一种是专供多目传送的多目地址D,另一种是扩展备用的地址E。

A类地址的有效网络数是2～126(除全0和全1外),主机的有效数目是16 777 214(除全0和全1外),此类地址一般分配给具有大量主机的网络用户。其中10.0.0.0这个网络被用作公共IP地址。A类地址的格式如图8-45所示。

0	网络号	主机号
0 1	7 8	31

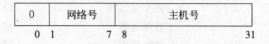

图 8-45　A类地址组成

B类地址的有效网络数是128～191,主机的有效数目是65534,此类地址一般分配给具有中等规模主机数的网络用户。B类地址格式如图8-46所示。

1	0	网络号	主机号
0	1	15 16	31

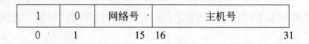

图 8-46　B类地址组成

C类地址的有效网络数是192～223,主机的有效数目是254,此类地址一般分配给小型的局域网用户。C类地址格式如图8-47所示。

1	1	0	网络号	主机号
0	1	2	3 23	31

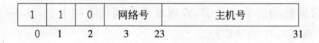

图 8-47　C类地址组成

例如清华大学校园网的WWW服务器的IP地址为166.111.4.100,用二进制表示为:10100110.01101111.00000100.01100100。由此,我们可以看出,这是一个B类地址。图8-48给出了IP地址的分类。

IP地址的分类

位	0	1	2	3	4	5	6	7	8......15	16......23	24......31
A类	0	网络号,占7位							主机号(数目多),占24位		
B类	1	0	网络号(数目中),占14位							主机号(数中),占16位	
C类	1	1	0	网络号(数目多),占21位							占8位
D类	1	1	1	0	多点广播地址,占28位						
E类	1	1	1	1	0	留作实验或将来使用					

图 8-48　IP地址的分类

主机部分全为0的IP地址保留用于网络地址,主机部分全为1的IP地址保留为广播地址,224～255部分保留用于组播和实验目的。

以下地址是专用IP地址,它们可以在局域网内部使用:

10.0.0.0～10.255.255.255.255

172.16.0.0～172.31.355.355

192.168.0.0～192.168.255.255

3. 域名系统（DNS）

由于 IP 地址是用一串数字表示的，难以记忆，因此在 Internet 上设计了一种字符型的主机命名系统 DNS(Domain Name System)，也称为域名系统。例如 www. pku. edu. cn 代表 IP 地址为 162.105.127.12 的主机。

在网络通信过程中，主机的域名最终要转换成 IP 地址，这个过程是由 DNS 系统完成的。Internet 上有一种服务器叫域名服务器(DNS Server)，它是一个基于客户/服务器模式的数据库，在这个数据库中，每个主机的域名与 IP 地址是一一对应的，用户只要输入要查询的域名，即可查找到对应的 IP 地址，其功能类似于电话簿。

域名系统采用层次结构，按地理域或机构域进行分层。字符串的书写采用圆点将各个层次域隔开，分成层次字段。在域名中，从右到左依次为顶级域名、第二层域名等，最左的一个字段为主机名。例如，email. tsinghua. edu. cn 表示清华大学里的一台电子邮件服务器，其中 email 为服务器名，tsinghua 为清华大学域名，edu 为教育科研部门，cn 为中国国家域名，也称一级域名。

顶级域名分为两大类：机构性域名和地理性域名。

目前共有 14 种机构域名，如表 8-3 所示。

表 8-3　机构域名

com	营利性的商业实体	store	商场
edu	教育机构或设施	web	和 WWW 有关的实体
int	国际性机构	arts	文化娱乐
mil	军事机构或设施	arc	消遣性娱乐
net	网络资源或组织	infu	信息服务
org	非营利性组织机构	nom	个人
gov	非军事性政府或组织	firm	商业或公司

地理域名指明了该域名源自的国家或地区，几乎都是两个字母的国家（或地区）代码。例如 cn 代表中国，jp 代表日本，de 代表德国，hk 代表香港，tw 代表台湾。对于美国以外的主机，其顶级域名都是按地理域名命名的。

4. 中国互联网

为了实现与 Internet 的互联，1996 年国务院确定了中国四大互联网，它们分别为：CHINANET(中国公用计算机互联网)、CHINAGBN(中国金桥网)、CERNET(中国教育科研网)和 CSTNET(中国科技网)。四大互联网统一了国际出口管理，为国内用户与 Internet 主干网之间架起了桥梁。

近年来，中国互联网出现了新格局，统称为九大互联网（见表 8-4）。据国家信息中心的最新调查报告显示，我国国际出口总带宽为 18599Mbps，连接的国家有美国、加拿大、澳大利亚、英国、德国、日本、韩国等。

表 8-4　中国九大互联网

名　称	缩　写	国际出口带宽(Mbps)
中国科技网	CSTNET	55
中国公用计算机互联网	CHINANET	10959
中国教育和科研计算机网	CERNET	324
中国联通互联网	UNINET	1435
中国网通公用互联网	CNCNET	2112
宽带中国	BDCHINA	3465
中国国际经济贸易互联网	CIETNET	2
中国移动互联网	CMNET	247
中国长城互联网	CGWNET	建设中
中国卫星集团互联网	CSNET	建设中
总计		18599

习题 8

一、选择题

1. Internet 的意译是(　　)。

   A. 国际互联网　　　　B. 中国电信网　　　C. 中国科教网　　　D. 中国金桥网

2. 计算机网络最突出的优点是(　　)。

   A. 共享硬件、软件和数据资源　　　　　　B. 运算速度快

   C. 可以互相通信　　　　　　　　　　　　D. 内存容量大

3. 在 ISO/OSI 参考模型中,最低层和最高层分别为(　　)。

   A. 传输层和会话层　　　　　　　　　　　B. 网络层和应用层

   C. 物理层和应用层　　　　　　　　　　　D. 链路层和表示层

4. 在计算机网络中,通常把提供并管理共享资源的计算机称为(　　)。

   A. 服务器　　　　　　B. 工作站　　　　　C. 网关　　　　　　D. 网桥

5. 在我国,CSTNET 是指(　　)。

   A. 中国金桥网　　　　　　　　　　　　　B. 中国公用计算机互联网

   C. 中国教育与科研网　　　　　　　　　　D. 中国科学技术网

6. 互联网能提供的最基本服务有(　　)。

   A. Newsgroup,Telnet,E-mail　　　　　　B. Gopher,finger,WWW

   C. E-mail,WWW,FTP　　　　　　　　　　D. Telnet,FTP,WAIS

7. 调制解调器(Modem)的作用是(　　)。

   A. 将计算机的数字信号转换成模拟信号,以便发送

   B. 将模拟信号转换成计算机的数字信号,以便接收

   C. 将计算机数字信号与模拟信号互相转换,以便传输

   D. 为了上网与接电话两不误

8. TCP/IP 协议的含义是( )。

    A. 局域网传输协议   B. 拨号入网传输协议

    C. 传输控制协议和网际协议   D. OSI 协议集

9. 浏览 Web 网站必须使用浏览器,目前常用的浏览器是( )。

    A. Hotmail   B. Outlook Express

    C. Inter Exchang   D. Internet Explorer

10. 根据域名代码规定,域名为 hlj. edu. cn 表示网站类别是( )。

    A. 教育机构   B. 军事部门   C. 商业组织   D. 国际组织

11. Internet 实现了分布在世界各地的各类网络的互联,其最基础和核心的协议是( )。

    A. TCP/IP   B. FTP   C. HTML   D. HTTP

12. TCP/IP 协议中的 TCP 相当于 OSI 中的( )。

    A. 应用层   B. 网络层   C. 物理层   D. 传输层

13. 下面是某单位的主页的 Web 地址 URL,其中符合 URL 格式的是( )。

    A. Http//www. jnu. edu. cn   B. Http:www. jnu. edu. cn

    C. Http://www. jnu. edu. cn   D. Http:/www. jnu. edu. cn

14. 电子邮件地址的一般格式为( )。

    A. 用户名@域名   B. 域名@用户名

    C. IP 地址@域名   D. 域名@IP 地址

15. IP 地址是由( )组成。

    A. 三个黑点分隔主机名、单位名、地区名和国家名 4 个部分

    B. 三个黑点分隔 4 个 0~255 的数字

    C. 三个黑点分隔 4 个部分,前两部分是国家名和地区名,后两部分是数字

    D. 三个黑点分隔 4 个部分,前两部分是国家名和地区名代码,后两部分是网络和
       主机码

16. 互联网的地址系统表示方法有( )种。

    A. 1   B. 2   C. 3   D. 4

17. 网络中的文件服务器是指( )。

    A. 32 位总线结构的高档微机

    B. 具有通信功能的奔腾微机或 PⅡ 微机

    C. 为网络提供资源,并对这些资源进行管理的计算机

    D. 具有大容量硬盘的计算机

二、填空题

1. 局域网是一种在小区域内使用的网络,其英文缩写为_____。

2. 按照网络规模的大小对 IP 地址进行分类,可以将 IP 地址分为_____种类型。

3. 提供网络通信和网络资源共享功能的操作系统称为_____。

4. 在计算机网络中,_____拓扑结构中的每个节点设备都以中央结点为中心,通过连接线与中央节点相连。

5. 一般来讲,一个典型的计算机网络由_____和_____组成。

6. 在计算机网络中,通信双方必须共同遵守的规则或约定,称为_____。

7. 为了实现网络互联,需要相应的网络连接器,主要由中继器、网桥、_____和网关组成。

8. 在传输数字信号时,为了便于传输、减少干扰和易于放大,在发送端需要将发送的数字信号变换成为模拟信号,这种变换过程称为_____。

9. 通过_____服务,用户可以从一个 Internet 主机向本地计算机"下载"文件,或从本地计算机向一个 Internet 主机"上传"文件。

第9章

Access 2003的使用

本章学习内容

◆ Access 2003 的基础知识

◆ 数据库的基本操作

◆ 数据库表的创建与维护

◆ 数据库的查询

◆ 窗体与报表的设计

Access 2003 是美国微软公司开发的 Office 系列应用程序中一套功能非常强大的关系型桌面数据库管理系统,其与 Office 的高度集成,使初学者很容易掌握,不用编写代码,就可以在短时间内开发出一个功能强大且相当专业的数据库应用系统。使用它可以很容易地组织和管理数据,方便地查找和共享信息。本章将学习如何创建 Access 数据库,并对其进行设置和操作。

9.1 实训1:Access 2003 的基础知识

9.1.1 数据库基础知识

1. 数据与数据处理

(1) 数据:是指存储在某一种媒体上能够被识别的物理符号。数据的概念包括两方面含义:描述事物特性的数据内容和存储在某一种媒体上的数据形式。数据的形式是多种多样的,例如,"2011 年 3 月 10 日",可以表示为"2011.03.10"、"2011-3-10"及"03/10/2011"等多种形式,但其含义并没有改变。数据不仅包括数字、字母、文字和其他特殊字符组成的文本形式,而且还包括图形、图像、动画、影像、声音等多媒体形式。

(2) 信息:是指对数据经过加工处理后所得到的有价值、有意义的知识。从计算机的角度来看,通常将信息看作人们进行各种活动时所需要获取的知识。

(3) 数据处理:是指将数据转换成信息的过程。从数据处理的角度而言,信息这种数据形式对于数据接收者来说是有意义的。数据处理的目的就是根据人们的需要,对各种类型的数据进行收集、存储、分类、计算、加工、检索和传输,从大量的数据中抽取出有意义、有价值的数据,借以作为决策和行动的依据。数据处理通常也称为信息处理。所有的信息都是数据;但只有经过提炼和加工之后具有使用价值的数据才能成为信息。经过加工所得到的信息仍然以数据的形式出现,此时的数据是信息的载体,是人们认识信息的一种媒介。

2. 数据库与数据库管理系统

1) 数据库(DataBase)

数据库:是存储在计算机存储设备上的、结构化的相关数据的集合。它不仅包括描述事物的数据本身,而且包括相关事物之间的联系。

数据库中的数据是面向多种应用的,其数据结构独立于使用数据的程序,数据的增加、删除、修改和检索由系统软件统一控制,可以被多个用户、多个应用程序共享。

2) 数据库管理系统(DataBase Management System,DBMS)

数据库管理系统:是指位于用户与操作系统之间的数据管理软件。数据库管理系统是实现对数据库进行定义、描述、建立、管理和维护的一套系统软件。数据库在建立、运用和维护时由数据库管理系统统一管理、统一控制,数据库管理系统使用户能方便地定义数据和操纵数据,并能够保证数据的安全性、完整性、多用户对数据的并发使用及发生故障后的系统恢复。Access 2003 就是一种数据库管理系统。

3. 关系数据模型

数据模型:是数据库管理系统中用于提供信息表示和操作手段的结构形式,是数据库管理系统用来表示实体及实体之间联系的方法,它决定了数据库中数据之间联系的表达方式。任何一个数据库管理系统都是基于某种数据模型的。数据库管理系统所支持的传统数据模型分 3 种:层次模型、网状模型和关系模型。

关系数据模型是目前最常用的一种数据模型,它是以二维表结构表示实体以及实体之间的联系的模型。在关系型数据库中,每一个关系都是一个二维表,无论实体本身还是实体间的联系均用二维表来表示,使得描述实体的数据本身能够自然地反映他们之间的联系。关系数据库以其完备的理论基础、简单的模型、说明性的查询语言和使用方便等优点得到最广泛的应用。Access 就是一种关系型数据库管理系统。

4. 关系运算

关系运算对应于 Access 中对表的操作,在对关系数据库进行查询时,这就需要对关系进行一定的关系运算。在 Access 中,没有直接提供传统的集合运算,可以通过其他操作或编写程序来实现。在对关系数据库的查询中,利用关系的投影、选择和联接运算可以方便地分解或构造新的关系。

(1) 选择(Selection):从关系中找出满足给定条件的元组的操作称为选择。

选择的条件以逻辑表达式给出,使逻辑表达式的值为真的元组将被选取。例如,要从教师表中找出职称为讲师的教师,所进行的查询操作就属于选择运算。

(2) 投影(Projection):从关系模式中指定若干属性组成新的关系称为投影。

投影是从列的角度进行的运算,相当于对关系进行垂直分解。经过投影运算可以得到一个新的关系,其关系模式所包含的属性个数往往比原关系少,或者属性的排列顺序不同。投影运算提供了垂直调整关系的手段,体现出关系中列的次序无关紧要这一特点。例如,要从学生关系中查询学生的姓名和院系所进行的查询操作就属于投影运算。

（3）联接(Join)：联接是关系的横向结合。

联接运算将两个关系模式通过公共的属性名拼接成一个更宽的关系模式，生成的新关系中包含满足联接条件的元组。联接过程是通过联接条件来控制的，联接条件中将出现两个表中的公共属性名，或者具有相同的语义、可比的属性，联接结果是满足条件的所有记录。

选择和投影运算的操作对象只是一个表，相当于对一个二维表进行切割。联接运算需要两个表作为操作对象，如果需要联接两个以上的表，应当两两进行联接。

（4）自然联接(Natural Join)

在联接运算中，按照字段值对应相等为条件进行的联接操作称为等值联接。自然联接是去掉重复属性的等值联接，自然联接是最常用的联接运算。

9.1.2　Access 2003 的工作环境

1. Access 2003 的启动与退出

◆ 在桌面上双击 Access 2003 快捷图标。
◆ 单击"开始"→"所有程序"→"Microsoft Office 2003"→"Microsoft Office Access 2003"选项。
◆ 在"资源管理器"窗口中双击 Access 数据库文件(扩展名.mdb)。

当完成了数据库的操作后，或需要为其他应用程序释放内存空间时，可以退出 Access 2003。

◆ 单击标题栏右上角的"关闭"按钮。
◆ 双击标题栏左上角的控制菜单图标。
◆ 单击"文件"→"退出"选项。
◆ 单击控制菜单中的"关闭"选项，或按 Alt＋F4 组合键。

注意：退出时，系统将关闭所有文件，对未保存的文件会提示是否保存。

2. Access 2003 的工作界面

启动 Access 2003 程序，可以看到如图 9-1 所示的 Access 2003 工作界面。界面分为两个部分：主窗口和数据库窗口。

1）主窗口

主窗口包括了一个典型窗口所包括的内容，如标题栏、菜单栏、工具栏、状态栏、窗口控制按钮等。如果使用"开始"→"所有程序"→"Microsoft Office Access 2003"来启动 Access 2003，则只打开主窗口。

2）数据库窗口

数据库窗口是 Access 窗口中最重要的部分，它包含了当前处理的数据库中的全部内容。它由三个部分组成：窗口菜单、创建对象选项卡、对象创建方法和已有对象列表。

◆ 窗口菜单包含了与选取数据库对象相关的"打开"、"设计"和"新建"三个按钮，对于不同的对象，这些按钮会有所不同。例如，当选取"报表"对象选项卡时，三个按钮为"预览"、"设计"和"新建"。

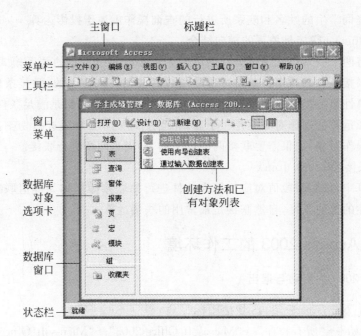

图 9-1　Access 2003 工作界面

◆ 数据库对象选项卡包括两个部分：对象和组。在对象部分中列出了 Access 2003 包括的 7 种数据库对象类型，它们是表、查询、窗体、报表、页、宏和模块。单击其中一个对象类型，就会看到该对象类型所包括的创建方法和已有对象。选项卡中还包括了一个收藏夹选项，用来存放收藏的相关内容。

◆ 对象创建方法和已有对象列表中所显示的内容与选项卡有关。当选取选项卡中某一种对象时，列表中就会列出与该对象相关的创建方法和已有的对象。例如，选择"表"对象，这时在列表中就显示出该数据库中已创建的所有表和创建表的方法。

9.1.3　Access 2003 的基本概念

1. 关系和表

关系数据模型是以二维表结构表示实体以及实体之间的联系的模型。以关系数学理论为基础，一个二维表即为一个关系。在 Access 中，一个"表"就是一个关系，表文件名即表的名称，也就是关系的名称。

图 9-2 给出了两个表，这就是两个关系。这两个表中都有唯一标识一名学生的属性——学号，根据学号通过一定的关系运算可以将两个关系联系起来。

2. 元组与记录

在一个二维表（关系）中，水平方向的行称为元组，每一行是一个元组，对应表中的一条记录。也就是说记录是数据表中的行，由一个或多个字段的值组成，一条记录是一条完整的信息，显示一个对象的所有属性。

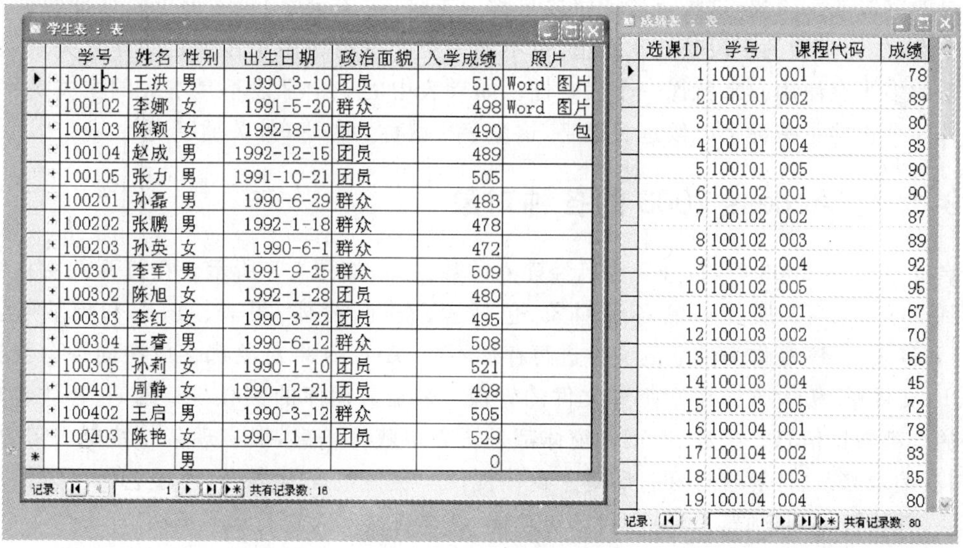

学生表 : 表

学号	姓名	性别	出生日期	政治面貌	入学成绩	照片
100101	王洪	男	1990-3-10	团员	510	Word 图片
100102	李娜	女	1991-5-20	群众	498	Word 图片
100103	陈颖	女	1992-8-10	团员	490	包
100104	赵成	男	1992-12-15	团员	489	
100105	张力	男	1991-10-21	团员	505	
100201	孙磊	男	1990-6-29	群众	483	
100202	张鹏	男	1992-1-18	群众	478	
100203	孙英	女	1990-6-1	群众	472	
100301	李军	男	1991-9-25	群众	509	
100302	陈旭	女	1992-1-28	团员	480	
100303	李红	女	1990-3-22	团员	495	
100304	王睿	男	1990-6-12	群众	508	
100305	孙莉	女	1990-1-10	团员	521	
100401	周静	女	1990-12-21	团员	498	
100402	王启	男	1990-3-12	群众	505	
100403	陈艳	女	1990-11-11	团员	529	
		男			0	

记录: 1 共有记录数: 16

成绩表 : 表

选课ID	学号	课程代码	成绩
1	100101	001	78
2	100101	002	89
3	100101	003	80
4	100101	004	83
5	100101	005	90
6	100102	001	90
7	100102	002	87
8	100102	003	89
9	100102	004	92
10	100102	005	95
11	100103	001	67
12	100103	002	70
13	100103	003	56
14	100103	004	45
15	100103	005	72
16	100104	001	78
17	100104	002	83
18	100104	003	35
19	100104	004	80

记录: 1 共有记录数: 80

图 9-2 学生表和成绩表

一个表中可以有多个记录,也可以没有记录,没有记录的表称为空表。从集合论的观点来定义,元组是属性值的集合,关系则是元组的集合。

3. 属性与字段

一个关系有很多属性,每一个属性有一个属性名。对于一张二维表来说,字段是表中的列,同列的数据应具有相同的性质即属性,每个字段代表一条信息在某一方面的属性。在 Access 中,属性表示为表中字段,属性名即为字段名。

4. 关系模式与表结构

对关系的描述称为关系模式,一个关系模式对应一个关系结构。其格式为:

关系名(属性名 1,属性名 2,……,属性名 n)

在 Access 中,表示为表结构:

表名(字段名 1,字段名 2,……,字段名 n)

5. 域

域是属性的取值范围,即不同元组对同一个属性的取值所限定的范围。例如,"成绩"的取值范围为 0~100;逻辑型属性"党员否"只能从逻辑真或逻辑假两个值中取值。

6. 关键字

能够唯一标识一个元组的属性的组合,称为关键字。在 Access 中表示为字段或字段的组合,例如,学生表中的"学号"可以作为标识一条记录的关键字。

7. 主键与外键

Access 为了连接保存在不同表中的信息,数据库中的每个表必须包含表中唯一确定每个记录的字段或字段集,这种字段或字段集称为主键(主关键字)。主键可以保证数据输入的安全性,作为主键的字段禁止重复值,也不能为空。主键还用于在表之间建立关系,建立了关系的多个表使用起来就像一个表一样。如果表中的一个字段不是本表的主关键字,而是另外一个表的主关键字或候选关键字,这个字段就称为外键(外关键字)。

9.1.4　Access 2003 的各种对象

启动 Access 2003 后,打开一个已经建立的数据库,如图 9-3 所示。在打开的窗口中可以看到 Access 2003 所提供的各种对象,包括表、查询、窗体、报表、页、宏和模块等。与 FoxPro 将表、程序等作为独立的文件进行存储不同,Access 将对象都存放在同一个数据库(.mdb)文件中,极大方便了数据库文件的管理。表是数据库的核心与基础,它存放着数据库中的全部数据信息。报表、查询和窗体都是从表中获得信息,以实现某一特定的需要,例如查找、编辑修改、计算统计和打印等。窗体提供了良好的交互界面,通过它们可以调用宏或模块,并执行查询、预览、计算和打印等功能,甚至直接对表进行编辑修改。

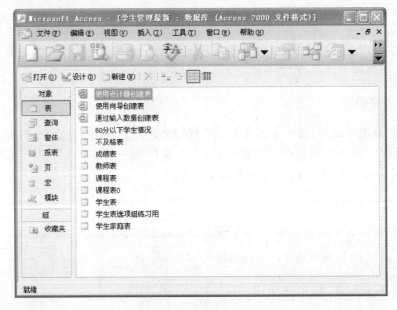

图 9-3　数据库窗口

1. 表

表由字段和记录组成,是 Access 数据库中最基本的对象,表的形式如图 9-4 所示。

所有的数据都以表的形式来存储。每个表由若干条记录组成,每条记录都对应一个实体,同一个表中的每条记录都具有相同的字段定义,每个字段存储着对应于实体的不同属性的数据信息,记录和字段以行和列的格式显示,字段是列,记录是行。记录(行)与字段(列)的交集称作单元格。

每个表都必须有主关键字,以使表中的记录唯一,在表内还可以定义索引,当表内存放大量数据时可以加速数据的查找。

同一个数据库中的多个表并不是相互孤立的,Access 2003 允许在多个表之间通过相同

教师编号	姓名	性别	学历	政治面貌	工作时间	职称	系别	联系电话	邮箱地址	婚否
j001	李国栋	男	研究生	群众	80-08-05	副教授	信息	82801678	lgd@163.net	☑
j002	赵南	男	本科	群众	01-08-10	讲师	信息	86199980	zhn@163.net	☑
j003	孙红	女	研究生	党员	01-03-21	讲师	信息	67123456	sh@163.net	☐
j004	钱茜	女	研究生	党员	89-12-02	讲师	信息	86198888	qx@yahoo.com.cn	☑
j005	陈晨	男	研究生	群众	99-07-02	讲师	信息	64321566	chch@ygi.edu.cn	☐
s001	李华	男	研究生	党员	75-08-02	副教授	会计	86190909	lh@tup.edu.cn	☑
s002	章宇	男	研究生	群众	02-12-09	讲师	会计	86198967	zhy@pku.edu.cn	☐
y001	杨阳	男	本科	群众	99-09-06	讲师	金融	81234567	yy@sina.com.cn	☐
y002	郭英	女	本科	党员	03-08-10	讲师	金融	88661234	gy@sina.com.cn	☑
y003	杨磊	男	研究生	党员	80-12-03	教授	金融	86191717	yl@263.net	☑

图 9-4　数据库的"表"

内容的字段来设立关联。这就是表与表之间的关系。

2. 查询

查询是数据库的核心操作,根据指定条件从数据表或其他查询结果中筛选出符合条件的记录。查询结果以二维表的形式显示,是动态数据集合,每执行一次查询操作都会显示数据源中最新的数据。在 Access 2003 中可以使用多种方式查询数据,每种方式在执行上有所不同,查询有选择查询、交叉表查询、参数查询、操作查询和 SQL 查询。还可以利用查询从一个或多个表中选择数据记录来创建新表。

3. 窗体

窗体是 Access 数据库中一个非常重要的工具,是用户和 Access 应用程序之间的一个主要接口。可以利用 Access 的窗体对象设计出操作界面,让用户通过窗体来操作数据表,避免直接操作数据库。窗体具有类似于窗口的界面,如图 9-5 所示,窗体通过各种控件来显示信息。窗体中的文本框、按钮等统称为控件。控件的外观形式、大小等都可以在窗体设计器中设置。窗体的外观及大小,称为窗体的属性。

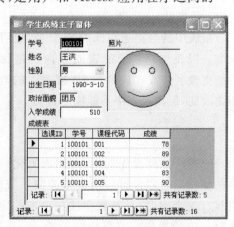

图 9-5　窗体

窗体为输入、编辑和显示数据提供了一种便捷方式。窗体和它所依据的表及查询是相互作用的。当更改了表或查询中的数据时,窗体所显示的数据也随之变化。同样,如果在窗体中更改了数据,与之相关联的表或查询也会改变。

与表和查询相似,窗体可以以两种视图形式打开:窗体视图和设计视图。窗体视图显示实际数据;设计视图可以用于创建或修改窗体的结构。图 9-6 为窗体的设计视图。在设计视图中,可以自定义窗体,如增删字段、改变背景颜色及图案、选择窗体布局等。

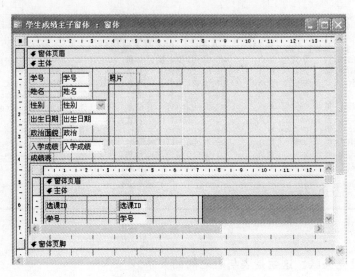

图 9-6　窗体的设计视图

4．报表

报表是一种十分有用的工具。用来将选定的数据信息进行格式化显示和打印,如图 9-7

所示。报表可以基于某一表或查询结果,这个查询结果也可以是多个表之间的关系的查询结果集。报表在打印之前,可以进行打印预览。利用报表设计器可以设计出各种精美的报表。制作完成的报表更适于打印成书面材料。另外,报表也可以进行计算,如求和、求平均值等,在报表中还可以加入图表。

报表中的数据可以来自一个表,也可以来自查询。报表与它基于的表或查询不是相互作用的。更改了表或查询的数据,报表中的数据也会随之改变,但在报表中不能输入数据。

图 9-7　报表示例

5．宏

宏是一系列操作的集合,用来简化一些经常性的操作。可以设计一个宏来控制系统的操作,当执行这个宏时,系统就会按这个宏的定义依次执行相应的操作。宏可以执行查询、开关表、打开窗体、修改数据及统计信息、增删记录、显示报表、打印等操作,也可以运行另一个宏或调用模块。

宏没有具体的显示,只有一系列操作的记录。通过设计视图可以看到宏的编辑与记录,如图 9-8 所示。

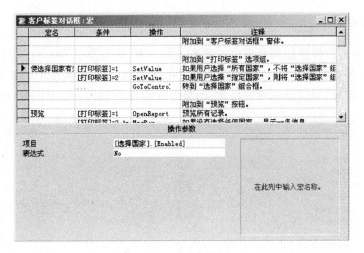

图 9-8　宏的示例

当数据库中有大量重复性的工作需要处理时,使用宏是最佳的选择。宏可以单独使用,也可以与窗体配合使用。可以在窗体上设置一个命令按钮,单击这个按钮时,就会执行一个指定的宏。当使用宏时,Access 2003 会给出详细的提示和帮助。

6. 模块

模块是用 Access 2003 所提供的 VBA(Visual Basic for Application)语言编写的程序段。模块有两种基本类型:类模块和标准模块。模块中的每一个过程可以是一个函数过程或一个子程序。模块可以与报表、窗体等对象结合使用,以建立完整的应用程序。VBA 语言是 Microsoft Visual Basic 的一个子集。在一般情况下,不需要创建模块,除非要建立应用程序来完成宏无法实现的复杂功能。

在 Microsoft Visual Basic 的窗口,如图 9-9 所示,每个模块包含若干个“过程”。该程序设计使用面向对象的程序设计方法。

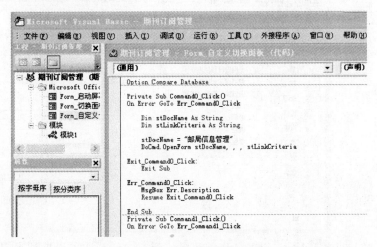

图 9-9　模块的示例

7. 数据访问页

数据访问页是直接连接到数据库中数据上的一种 Web 页。Access 支持将数据库中的数据通过 Web 页发布。通过使用数据访问页可以对 Access 数据库中的数据进行查看、编辑、更新、删除、筛选、分组及排序等操作,结果会保存在数据库中。如图 9-10 所示。

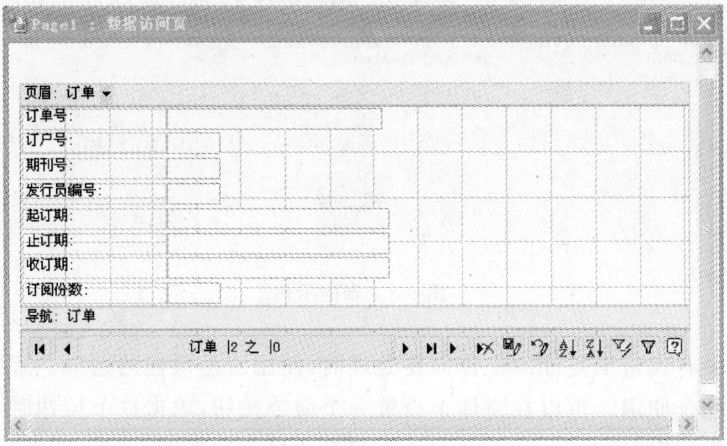

图 9-10　Web 页的示例

9.2　实训2：创建"学生成绩管理"数据库——数据库基本操作

设定目标

学习数据库的设计过程和创建数据库的方法。创建如图 9-11 所示的"学生成绩管理"数据库。

图 9-11　"学生成绩管理"数据库

9.2.1　数据库的设计

要成功地建立一个满足要求的数据库,不仅要清楚数据库的基本概念,而且还要了解数据库设计的过程。

数据库设计一般要经过确定创建目的、确定需要的表、确定表中需要的字段、确定主关键字和确定表之间的关系等步骤,如图9-12所示。下面以"学生成绩管理"数据库的设计为例介绍设计数据库的基本过程。

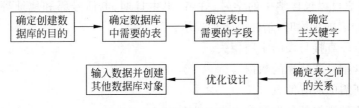

图9-12　数据库的设计

例：某学校学生成绩管理的主要工作包括学生基本信息管理、教师基本信息管理、课程管理、成绩管理等几项。根据以上基本情况,设计"学生成绩管理"数据库。

1. 确定创建数据库的目的

设计数据库的第一个步骤是确定数据库的目的及如何使用,这是数据库设计的基础,需要明确使用者希望从数据库中得到什么信息,由此确定用什么主题来定义有关事件(表)和用什么事件来保存每一个主题(表中的字段)。

在这一步中,设计者应与数据库的最终使用者进行交流,了解需要解决的问题,并描述需要生成的报表,并收集数据,可以参考已设计好的与当前需求相似的数据库。

通过对学校学生成绩管理工作的了解和分析,可以确定建立"学生成绩管理"数据库的目的是为了解决学生信息组织和管理的问题。主要任务应包括学生基本信息管理、教师基本信息管理、课程管理、成绩管理。

2. 确定该数据库中需要的表

一般情况下,在设计表时,应该按以下设计原则对信息进行分类。

(1) 表不应包含备份信息,表间不应有重复信息。

如果每条信息只保存在一个表中,在信息变动时只需在一处进行更新即可,这样效率更高,同时也消除了存在重复项的可能性。例如,要在一个数据库中只保存一次每一个学生的地址和电话号码就应该使用表。

(2) 每个表只包含关于一个主题的信息。

如果每个表只包含关于一个主题的信息,那么就可以独立于其他主题来维护每个主题的信息。例如,将学生信息和教师信息分开,保存在不同的表中,这样当删除某一学生信息时将不会影响教师信息。

虽然在学生成绩管理的业务中只提到了学生成绩表,但经仔细分析后不难发现,表中包含了3类信息:一是学生基本信息,如学号、姓名等;二是课程信息,如课程编号、课程名、课程类别、教师编号、学分等;三是学生成绩信息。如果将这些信息放在一个表中,必然出现大量的重复,不符合信息分类的原则,因此,根据"学生成绩管理"数据库应完成的任务以及信息分类原则,应将"学生成绩管理"数据分为 4 类,并分别存放在学生、教师、课程、成绩4 个表中。

3. 确定表中需要的字段

每个表中都包含关于同一主题的信息,并且表中的每个字段包含关于该主题的各个事件。例如,学生表可以包含学生的学号、姓名、出生日期、电话号码和地址等自然信息的字段。在草拟每个表的字段时,请注意下列提示:

(1) 每个字段直接与表的主题相关。

(2) 不包含推导或计算的数据。

(3) 包含所需的所有信息。

(4) 以最小的逻辑部分保存信息。

在 Access 中,字段的命名规则是:

- 字段名长度为 1~64 个字符。
- 字段名可以包含字母、汉字、数字、空格和其他字符。
- 字段名不能包含句号(.)、叹号(!)、中括号([ ])、先导空格或不可打印的字符(如回车)。

根据以上分析,按照字段的命名原则,可将"学生成绩管理"数据库中 4 个表的字段确定下来,如表 9-1 所示。

表 9-1 "学生成绩管理"数据库中的表

教 师	学 生	课 程	成 绩
教师编号	学号	课程编号	成绩 ID
姓名	院系	课程名	学号
性别	姓名	课程类别	课程编号
年龄	性别	教师编号	成绩
工作时间	出生日期	学分	
政治面目	寝室电话		
学历	党员否		
职称	简历		
系别	照片		
联系电话			
在职否			

4. 确定主关键字

Access 为了连接保存在不同表中的信息,数据库中的每个表必须包含表中唯一确定每个记录的字段或字段集,这种字段或字段集称为主关键字(主键)。

表 9-1 所示的 4 个表都设计了主关键字,如教师表中的主关键字是教师编号,它具有唯一的值;学生表中的主关键字为学号;课程表中的主关键字为课程编号;成绩表中的主关

键字为成绩 ID,它们也都具有唯一的值。

如果一个表中已经有一个字段的值能够唯一标识记录,那么就可以将这个字段定义为主关键字。如果一个表中没有这样一个字段,而有一组字段的值是唯一的,那么就可以定义这一组字段为主关键字。但是,如果上述两种情况均不存在,就可以在表中增加一个字段,该字段的值为序列号,以此来标识不同的记录。

为表设计了主关键字后,为确保唯一性,Access 不允许任何重复值或空值(Null)进入主关键字字段。

5. 确定表之间的关系

因为已经将信息分配到各个表中,并且已定义了主关键字字段,所以需要通过某种方式告知 Access 如何以有意义的方法将相关信息重新结合到一起。若要进行上述操作,必须定义 Access 数据库中的表之间的关系。

图 9-13 显示了"学生成绩管理"数据库中 4 个表之间的关系。如何定义表之间的关系,将在下面的章节中详细介绍。

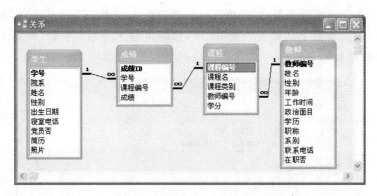

图 9-13 "学生成绩管理"数据库表之间的关系

6. 优化设计

在设计完表、字段和关系后,应该检查并找出设计可能存在的不足,因为改变数据库的设计要比修改已经填满数据的表容易得多。

用 Access 创建表,指定表之间的关系,并且在每个表中输入充足的示例数据,以验证设计;可创建查询,以是否得到所需结果来验证数据库中的关系;可创建窗体和报表的草稿,来检查显示的数据是否是所期望的;最后查找不需要的重复数据,并将其删除。如发现问题,应及时修改该设计。

7. 输入数据并新建其他数据库对象

如果表的结构已满足了设计要求,此时就可以向表中添加数据了。接下来可以创建所需的查询、窗体、报表、数据访问页等数据库对象,完成数据库的设计。

9.2.2 数据库的创建

在了解数据库的基本概念、清楚数据库设计的过程以后,就可以开始创建数据库了。在创建数据库之前,最好先建立自己的文件夹,这样便于今后的管理。

创建数据库有两种方法:第一种是使用"数据库向导",利用系统提供的模板进行操作来选择数据库类型,并创建所需要的表、窗体和报表;第二种是先建立一个空的数据库,然后向其中添加表、查询、窗体和报表等对象。第一种方法仅一次操作就可以创建所需要的表、窗体和报表,这是创建数据库最简单的方法;第二种方法比较灵活,但是必须分别定义数据库的每一个对象。下面分别介绍这两种方法。

1. 使用"数据库向导"创建数据库

Access 中的"数据库向导"提供了许多模板,利用这些模板可以方便、快速地创建数据库。一般情况下,在使用"数据库向导"前,应先从"数据库向导"所提供的模板中找出与所建数据库相似的模板,然后使用"数据库向导"创建这个数据库。如果所选的数据库模板不满足要求,可以在建立之后,在原来的基础上进行修改。

例:建立"学生信息管理"数据库,并将建好的数据库保存在 D 盘"Access 例题"文件夹中。

(1)启动 Access,执行菜单项"文件"→"新建"命令,或单击工具栏上的"新建"按钮,在"任务窗格"中单击"本机上的模板……"选项,这时屏幕上显示"模板"对话框,选择"数据库"选项卡,这时将显示 Access 中的所有模板,如图 9-14 所示。

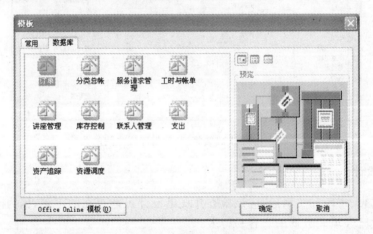

图 9-14　"模板"对话框的"数据库"选项卡

(2)选择与所建立的数据库相似的"联系人管理"模板,然后单击"确定"按钮,弹出"文件新建数据库"对话框。

(3)在"文件新建数据库"对话框的"保存位置"列表框中找到 D 盘"Access 例题"文件夹,并打开。

(4)在"文件名"文本框中输入数据库名称"学生信息管理",Access 所产生的数据库文件扩展名为.mdb。

(5)单击"创建"按钮,这时屏幕上将显示"数据库向导"的第一个对话框,如图 9-15 所示。该对话框列出了使用"联系人管理"数据库模板建立的数据库中将要包含的信息,这些信息包括联系信息和通话信息等。这些信息是由模板本身确定的,在这里无法改变,如果包含的信息不能完全满足要求，可以在使用向导创建数据库的操作结束后，再对它进行修改。

（6）单击"下一步"按钮，屏幕上显示"数据库向导"的第二个对话框，如图9-16所示。

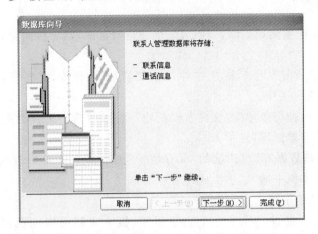

图9-15 "数据库向导"对话框一

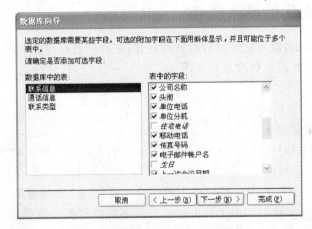

图9-16 "数据库向导"对话框二

在该对话框左边的列表框中列出了"联系人管理"数据库包含的表，单击其中的某一个表，对话框右边的列表框将会列出该表可包含的字段，这些字段分为两种：一种是表必须包含的字段，用黑体表示；另一种是表可选择性包含的字段，用斜体表示。如果要将可选择性包含的字段添加到表中，则单击它前面的复选框来选中它。

（7）单击"下一步"按钮，在对话框中列出了向导提供的10种屏幕显示样式，如国际、宣纸、工业、标准、远征等，可以从中选择一种，这里采用标准样式。

（8）单击"下一步"按钮，在对话框中列出了向导提供的6种报表打印样式，如大胆、正式、组织等，可以从中选择一种，这里采用正式样式。

（9）单击"下一步"按钮，在"请指定数据库的标题"文本框中输入"学生信息管理"。

（10）单击"完成"按钮，完成"学生信息管理"结构框架的建立。

一般情况下，使用数据库向导创建的表的种类及表中包含的字段与所需要的不完全一致,所以使用数据库向导创建数据库后,还需要对其进行修改,具体的修改方法将在下面章节中介绍。

2．创建空数据库

在 Access 2003 中创建数据库,一般应先创建空数据库,然后再向空数据库中添加数据库对象。

例:采用创建空数据库的方法建立"学生成绩管理"数据库,并将建好的数据库保存在 D 盘"Access 例题"文件夹中。

(1) 启动 Access,执行菜单项"文件"→"新建"命令,或单击工具栏上的"新建"按钮,在"任务窗格"中选择"空数据库"选项。

(2) 在"文件新建数据库"对话框的"保存位置"列表框中找到 D 盘的"Access 例题"文件夹,在"文件名"文本框中输入"学生成绩管理"。

(3) 单击"创建"按钮。

这样,就在指定的位置创建了一个空数据库,接下来就可以向数据库中添加各种对象了。

9.2.3 数据库的基本操作

数据库创建好以后,就可以对其进行各种操作,如打开数据库、关闭数据库、在数据库中添加对象、修改对象的内容、删除某对象等。

1．打开数据库

打开数据库的步骤如下。

(1) 启动 Access,执行"文件"→"打开"命令或单击常用工具栏上的"打开"按钮,屏幕显示"打开"对话框。

(2) 在"打开"对话框中,单击位置栏中的快捷方式,或在"查找范围"下拉列表框中找到包含所要打开的 Access 数据库的文件夹。如果找不到要打开的数据库,单击"工具"按钮,然后选择"查找"命令。在"查找"对话框中,输入其搜索条件。

(3) 执行下列操作之一。

◆ 单击"打开"按钮:在多用户环境下以共享方式打开数据库,以便对数据库进行读写操作。

◆ 单击"打开"按钮旁的下拉按钮,单击"以独占方式打开":将以独占方式打开数据库,如图 9-17 所示。

◆ 单击"以只读方式打开":将以只读访问方式打开数据库,此时只对其查看而不能对其编辑。

◆ 单击"以独占只读方式打开":将以只读访问方式打开数据库,可以防止其他用户打开。

2．关闭数据库

当完成了数据库的操作后,需要将它关闭。关闭数据库的方法有如下几种:

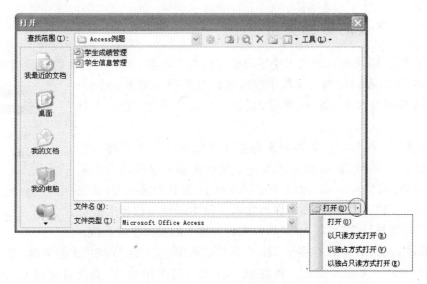

图 9-17 "打开"对话框

(1) 单击"数据库"窗口右上角的"关闭"按钮。

(2) 双击"数据库"窗口左上角的"控制"菜单图标。

(3) 单击"数据库"窗口左上角的"控制"菜单图标,从弹出的菜单中选择"关闭"命令。

9.3 实训 3:制作"学生成绩管理"数据库表——表的创建与维护

设定目标

为"学生成绩管理"数据库创建"学生"、"成绩"、"课程"、"教师"4 个表,如图 9-18 所示。学生表的相关操作,包括建立表结构、向表中输入数据、字段属性的设置、建立表之间关系、结构的修改、格式的调整等。

学号	院系	姓名	性别	出生日期	寝室电话	党员否	简历	照片
10102101	会计系	王洪	男	1990-1-1	65976683	False	爱好:摄影,唱歌	位图图像
10102102	金融系	李丽	女	1989-11-1	65976667	False	性格开朗,爱好广泛,有维	位图图像
10102103	投资保险系	吕楠	男	1989-3-16	65976683	False	爱好:书法	
10102104	英语系	刘洋	男	1988-11-2	65976683	False	性格开朗,爱好广泛,有维	
10102105	英语系	王丽梅	女	1989-11-4	65976667	True	爱好:书法	
10102106	法律系	张立	男	1989-11-11	65976683	False	爱好:书法	
10102107	计算机系	赵津	男	1989-5-12	65976683	False	爱好:书法	
10102108	会计系	唐明	男	1989-11-6	65976683	False	爱好:书法,唱歌	
10102109	金融系	石玉秀	女	1989-11-7	65976667	True	爱好:书法	
10102110	管理系	马小东	男	1989-3-5	65976683	True	爱好:书法,唱歌	
10102111	管理系	杨光	男	1989-5-16	65976683	True	爱好:书法	
10102112	投资保险系	何旭	男	1988-10-1	65976683	False	性格开朗,爱好广泛,有维	
10102113	投资保险系	李桂兰	女	1989-11-8	65976667	False	爱好:书法	
10102114	英语系	陈皓	男	1988-3-3	65976683	False	爱好:书法	
10102115	英语系	李旭	男	1989-11-14	65976683	True	爱好:摄影	
10102116	法律系	王晓伟	男	1989-11-16	65976683	True	性格开朗,爱好广泛,有维	
10102117	计算机系	黄骄夏	女	1989-11-18	65976667	False	爱好:书法	

记录: 22 共有记录数: 25

图 9-18 "学生"表

9.3.1　字段的数据类型

在设计表时,必须先要定义表中字段使用的数据类型,表中所包含的字段名称及数据类型的总体,称为表的结构。字段中存放的信息的种类很多,Access常用的数据类型有文本、备注、数字、日期/时间、货币等,如图 9-19所示。

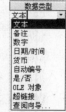

图 9-19　数据类型

(1) 文本:这种类型的数据用来保存文本和当作文本看待的数字。例如地址、电话号码、邮编等。Access 默认文本型字段的大小是50 个字符,这种类型允许最大 255 个字符或数字,而且当输入时,系统只保存输入到字段中的字符,而不保存文本字段中未使用位置上的空字符。还可以通过设置“字段大小”属性控制可输入的最大字符长度。

(2) 备注:如果需要保存多于 255 个字符的数据,应使用“备注”数据类型,这种类型用来保存长度较长的文本及数字。备注型字段大小是不定的,由系统自动调整,最多可达64KB。Access 不能对备注型字段进行排序、索引、分组。

(3) 数字:这种字段类型可以用来存储进行算术计算的数字数据,还可以通过对“字段大小”属性的设置来定义一个特定的数字类型,数字数据类型可以设置成“字节”(占 1 个字节)、“整数”(占 2 个字节)、“长整数”(占 4 个字节)、“单精度数”(占 4 个字节)、“双精度数”(占 8 个字节)等类型,在 Access 中通常默认为“双精度数”。

(4) 日期/时间:这种类型是用来存储日期、时间或日期时间的组合,每个日期/时间字段大小为 8 个字节,由系统自动设置。

(5) 货币:这种类型是数字数据类型的特殊类型,等价于具有双精度属性的数字字段类型。存储货币字段大小为 8 个字节,由系统自动设置。在默认情况下,向货币字段输入数据时,不必输入货币符号和千位分隔符,Access 会自动显示货币符号和千位分隔符,并添加两位小数到货币字段。当数据的小数部分多于两位时,Access 会对数据进行四舍五入。

(6) 自动编号:这种类型较为特殊,每次向表格添加新记录时,Access 会自动插入唯一顺序或者随机编号,即在自动编号字段中指定某一数值。自动编号一旦被指定,就会永久地与记录连接。如果删除了表格中含有自动编号字段的一个记录后,Access 并不会为表格自动编号字段重新编号。当添加某一记录时,Access 也不再使用已被删除的自动编号字段的数值,而是重新按递增的规律重新赋值。与财务、税务有关的数据表通常设自动编号型字段,以增加数据的安全性。

注意:自动编号数据类型占 4 个字节,不能对自动编号字段输入或修改数据,每个表只能包含一个自动编号型字段。

(7) 是/否:是/否型字段存放逻辑数据,字段大小为 1,由系统自动设置。逻辑数据只能有 2 种不同的取值。此类型不允许空(Null)值。是/否型字段内容通过画“√”输入,带“√”的为“真”,不带“√”的为“假”,“真”值用 true 或 on 或 yes 表示,“假”值用 false 或 off或 no 表示。

(8) OLE 对象:这个字段是指字段允许单独地“链接”或“嵌入”OLE 对象。添加数据到 OLE 对象字段时,链接或嵌入 Access 表中的 OLE 对象是指在其他使用 OLE 协议程序创建的对象,例如 Word 文档、Eexcl 电子表格、图像、声音或其他二进制数据。OLE 对象型字段大小不定,最多可达到 1GB。OLE 对象只能在窗体或报表中用控件显示。不能对 OLE 对象型字段进行排序、索引或分组。

(9) 超级链接:这个字段主要是用来保存超级链接的,包含作为超级链接地址的文本或以文本形式存储的字符与数字的组合,如网址、电子邮件。超级链接型字段大小不定。当单击一个超级链接时,Web 浏览器或 Access 将根据超级链接地址到达指定的目标。超级链接最多可包含三部分:一是在字段或控件中显示的文本,二是到文件或页面的路径,三是在文件或页面中的地址。在这个字段或控件中插入超级链接地址最简单的方法就是执行菜单项"插入"→"超级链接"命令。

(10) 查阅向导:查阅向导型字段仍然为文本型,所不同的是该字段保存一个值列表,输入数据时从一个下拉式值列表中选择。值列表的内容可以来自表或查询,也可以来自定义的一组固定不变的值。查阅向导型字段大小不定。

9.3.2 表结构的建立

空数据库建好以后,接下来可以创建表,在 Access 中创建表,通常先建立表结构,然后再向表中输入数据。建立表结构有三种方法,一是在"数据表"视图中直接在字段名处输入字段名;二是使用"设计"视图;三是通过"表向导"创建表结构。

1. 使用"数据表"视图

"数据表"视图是按行和列来显示表中数据的视图。在"数据表"视图中,可以进行字段的编辑、添加、删除或数据的查找等操作,在"数据表"视图下建立的表结构比较简单,无法对每个字段的数据类型、属性值进行设置。

例:在"学生成绩管理"数据库中,使用"数据表"视图建立"教师"表,教师表结构如表 9-2 所示。

表 9-2 教师表结构

字 段 名	类 型	字 段 名	类 型
教师编号	文本	学历	文本
姓名	文本	职称	文本
性别	文本	系别	文本
年龄	数字	电话号码	文本
工作时间	日期/时间	在职否	是/否
政治面目	文本		

具体操作步骤如下。

(1) 在数据库窗口中单击"对象"下的"表",然后单击"数据库"窗口工具栏上的"新建"按钮,将会弹出"新建表"对话框。

(2) 在"新建表"对话框中,选择"数据表视图"选项,然后单击"确定"按钮,将显示一个空数据表,如图 9-20 所示。

(3) 重新命名要使用的每一列:双击"字段 1",输入"教师编号";双击"字段 2",输入"姓名";用相同的方法输入教师表中其他字段名。

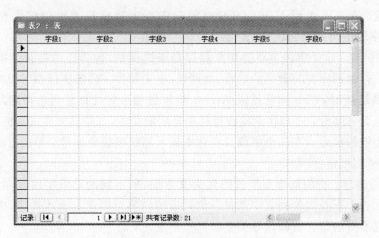

图 9-20 "数据表"视图

(4) 插入\删除列：单击要在其右边插入新列的列，然后执行菜单项"插入"→"列"命令，按步骤(3)重新命名的列名称；单击要删除的列，然后执行菜单项"编辑"→"删除列"命令。

(5) 输入数据后，单击工具栏上的"保存"按钮，或执行"文件"→"保存"命令来保存数据表，在弹出的"另存为"对话框中的"表名称"内输入表名"教师"，然后单击"确定"按钮。

在保存表时，Access 将询问是否要创建一个主键，如果选择"是"，将创建一个"自动编号"字段作为主关键字，这里选择"否"。

通过上述的步骤可以发现，使用"数据表"视图建立表结构，只说明了表中字段名，没有说明表中每个字段的数据类型和属性值，这样一来，建立后的表结构中所有字段的数据类型都为"文本"类型，显然不能满足要求，实际上，可以使用"设计"视图来建立表结构。

2. 使用"设计视图"

一般情况下，使用"设计视图"来建立表结构，应详细说明表中的字段名、数据类型、属性值等。

例：在"学生成绩管理"数据库中，使用"设计视图"建立"学生"表，学生表结构如表 9-3 所示。

表 9-3 学生表结构

字　段　名	类　　型	字　段　名	类　　型
学号	文本	寝室电话	文本
院系	文本	党员否	是/否
姓名	文本	简历	备注
性别	文本	照片	OLE 对象
出生日期	日期/时间		

具体操作步骤如下。

(1) 在数据库窗口中单击"对象"下的"表"，然后单击"数据库"窗口工具栏上的"新建"按钮，弹出"新建表"对话框。

(2) 在"新建表"对话框中，选择"设计视图"选项，然后单击"确定"按钮。也可以在"数据库"窗口中单击表对象,然后双击"使用设计器创建表"选项,也能弹出"设计视图"窗口,如图 9-21 所示。

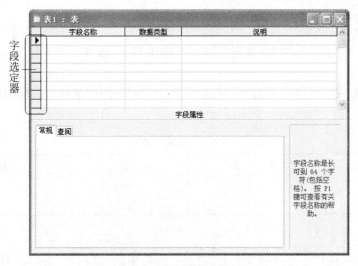

图 9-21 设计视图窗口

表的"设计视图"分为上下两部分。上半部分是字段输入区,从左到右分别为字段选定器、字段名称列、数据类型列和说明列。字段选择器用来选择某一字段;字段名称列用来说明字段的名称;数据类型列用来说明该字段的数据类型;若需要可以在说明列中对该字段进行必要的说明。下半部分是字段属性区,在字段属性区可以设置字段的属性值。

(3)在第一行"字段名称"列中输入需要的字段名"学号",单击"数据类型"列,打开下拉菜单,在弹出的列表中选择"文本",使用同样的操作把"学生"表的其他字段进行相应的设置。

(4)定义全部字段后,单击"学号"字段选定器,再单击常用工具栏上的"主键"按钮,设置"学号"字段为主键,结果如图 9-22 所示。

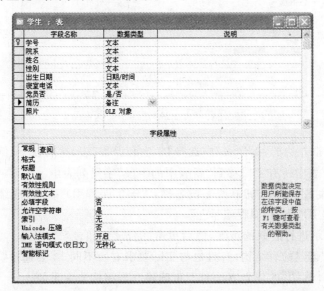

图 9-22 利用"设计视图"建立学生表

(5) 单击工具栏上的"保存"按钮,在"另存为"对话框输入表名称为"学生"后单击"确定"按钮。

3. 使用"表向导"

使用"表向导"创建数据表,是在"表向导"的引导下,选择一个表作为基础来创建所需的表。

例:在"学生成绩管理"数据库中,使用"表向导"视图建立"成绩"表,成绩表结构如表 9-4所示。

表 9-4　成绩表结构

字　段　名	类　　型	字　段　名	类　　型
成绩 ID	文本	课程编号	文本
学号	文本	成绩	数字

具体步骤如下。

(1) 在数据库窗口中选择"对象"下的"表",然后单击"数据库"窗口工具栏上的"新建"按钮。弹出"新建表"对话框。

(2) 在"新建表"对话框中,选择"表向导"选项,然后单击"确定"按钮,将启动"表向导",显示"表向导"的第一个对话框,如图 9-23 所示。也可以双击"使用向导创建表"选项启动"表向导"。

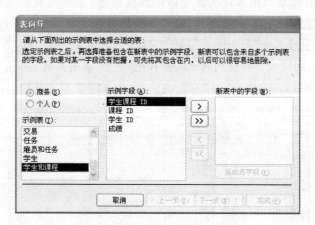

图 9-23　"表向导"第一个对话框

(3) 从该对话框左边的"示例表"中选择"学生和课程"表,然后在"示例字段"中单击 >> 按钮将"示例字段"表中所有字段移到"新表中的字段"字段列表中。

(4) 利用"重命名字段"按钮修改字段名称:"学生课程 ID"改为"成绩 ID";"学生 ID"改为"学号","课程 ID"改为"课程编号"。

(5) 按向导提示进行后面的步骤,然后单击"完成"按钮。

使用"表向导"创建的表结构,有时也与实际要求有所不同,需要通过"设计视图"对其修改。因此掌握"设计视图"的建立方法对于正确建立表结构非常重要。

9.3.3　字段属性的设置

完成表结构的设置后,还需要在字段属性区设置相应的属性,其目的是为了方便输入,避免输入错误。表中每个字段都有一系列的属性描述。字段属性是字段特征值的集合,用来控制字段的操作方式和显示方式。不同的字段类型有不同的属性,当选择某一字段时,设计视图下部的字段属性区就会显示出该字段的相应属性。如图9-24所示。

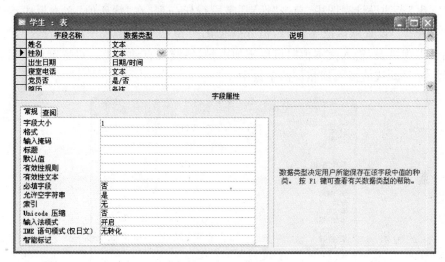

图9-24　设置字段属性

1. 字段大小

通过设置"字段大小"属性,可以控制字段使用的空间大小。设置字段大小时,应使字段大小尽可能的小,以便节省存储空间。该属性只适用于数据类型为文本或数字的字段。对于一个文本类型的字段,其字段大小的取值范围是0～255,默认为50,可以在该属性框中输入取值范围内的整数;对于一个数字类型的字段,可以单击"字段大小"属性框右侧的下拉按钮,从下拉列表中选择一种类型。

例:将"学生"表中"性别"的字段大小设置为1。

在"学生"表的设计视图中,单击性别字段行任一列,在"字段大小"文本框中输入"1",即可完成字段大小的设置。

注意:如果文本字段中已经有数据,那么减小字段大小会丢失数据,Access将截去超出限制长度的字符。如果在数字字段中包含小数,那么将字段大小设置为整数时,Access自动将小数取整。因此,在改变字段大小时要非常慎重。

2. 格式

"格式"属性用来决定数据的打印方式和屏幕显示方式。不同数据类型的字段,其格式选择有所不同。

例:将"学生"表中出生日期字段的"格式"属性设置为"长日期",如图9-25所示。

常规日期	1994-6-19 17:34:23
长日期	1994年6月19日
中日期	94-06-19
短日期	1994-6-19
长时间	17:34:23
中时间	下午 5:34
短时间	17:34

图9-25　日期/时间型字段的格式

3．默认值

"默认值"是一个十分有用的属性。在一个数据库中，往往会有一些字段的数据内容相同或含有相同的部分。例如，性别字段只有"男"和"女"两种，这种情况就可以设置一个默认值。

例：将"学生"表中的"性别"字段的"默认值"设置为"男"。

在"学生"表的设计视图中，单击"性别"字段行任一列，在"默认值"文本框中输入"男"，如图 9-26 所示。设置默认值属性时，输入数据的类型必须与字段中所设的数据类型相匹配，否则会出现错误，输入文本值时可以不加引号，系统会自动加上。设置默认值后，在生成新记录时，会将默认值插入到相应的字段中。

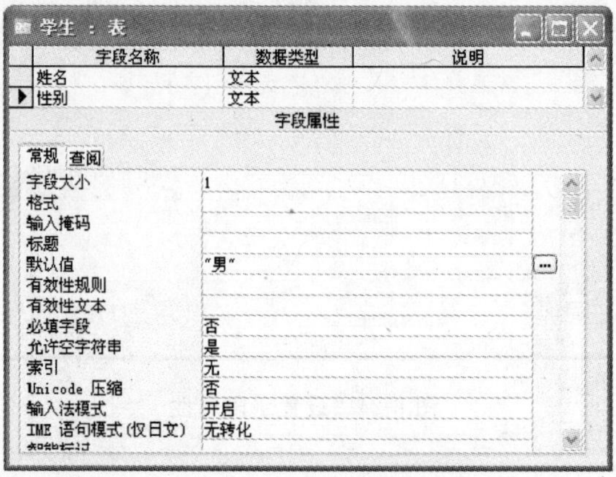

图 9-26　设置"默认值"属性

4．有效性规则

"有效性规则"通常是一个条件，用来为字段的值定义数据范围和数值要求。如果输入的数据不符合有效性规则，将给出提示信息，并且光标停在原处，直到输入正确数据为止。利用该属性可以防止非法数据输入到表中。有效性规则的形式随字段的数据类型不同而不同。对文本类型字段，可以设置输入的字符个数不能超过某一个值；对数字类型字段，可以让 Access 只接受一定范围内的数据；对日期/时间类型的字段，可以将数值限制在一定的月份或年份以内。注意，有效性规则的设置不能与默认值冲突。

例：将"成绩"表中成绩字段取值范围设在 0～100。

在"成绩"表的设计视图中，单击"成绩"字段行任一列，在"有效性规则"文本框中输入："＞＝0 And ＜＝100"；在"有效性文本"文本框中输入："请输入 0～100 的数据"，当发生输入错误时会显示提示信息，如图 9-27 所示。

例：将"学生"表中性别字段取值范围设为"男"或"女"。

在"学生"表的设计视图中，单击"性别"字段行任一列，在"有效性规则"文本框中输入"'男'Or'女'"；在"有效性文本"文本框中输入"只能输入'男'或'女'"，如图 9-28 所示。

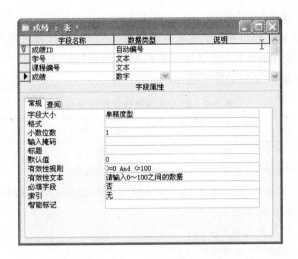

图 9-27　有效性规则设置一

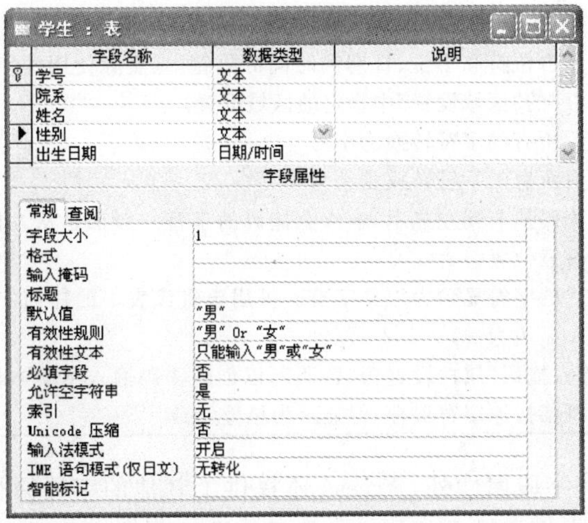

图 9-28　有效性规则设置二

5. 输入掩码

在输入数据时,如果希望输入的格式标准保持一致,或希望检查输入时的错误,可以使用 Access 提供的"输入掩码向导"来设置一个输入掩码,相当于为字段设定一个输入模版。对于大多数数据类型,都可以定义一个输入掩码。

例:在"学生"表中,将"出生日期"字段的输入掩码设置为"短日期",将"寝室电话"字段的输入内容限定只能是数字,且必须为 8 位。

在"学生"表的设计视图中,选择"出生日期"字段行任一列,单击"输入掩码"文本框右侧的"生成器"按钮，在打开的对话框中选择"短日期"后单击"完成"按钮。也可以直接在"输入掩码"文本框中输入 0000/99/99。"0"意味此处只能输入一个数字且必须输入一个数字,"9"意味此处只能输入一个数字,但不是必须输入的。选择"寝室电话"字段行任一列,在

"输入掩码"文本框中输入 00000000。

"输入掩码"只为文本和日期/时间类型字段提供向导，没有为其他数据类型提供向导帮助。另外，使用输入掩码属性时，可以用一串代码作为预留区来制作一个输入掩码。

定义输入掩码属性所使用的字符见表 9-5。

表 9-5　输入掩码属性字符的含义

字符	说　　明
0	数字(0 到 9,必选项；不允许使用加号和减号)
9	数字或空格(非必选项；不允许使用加号和减号)
#	数字或空格(非必选项；空白将转换为空格，允许使用加号和减号)
L	字母(A 到 Z,必选项)
?	字母(A 到 Z,可选项)
A	字母或数字(必选项)
a	字母或数字(可选项)
&	任何字符或一个空格(必选项)
C	任何字符或一个空格(可选项)
. , ; : - /	十进制占位符和千位、日期和时间分隔符。(实际使用的字符取决于 Windows"控制面板"的"区域设置"中指定的区域设置)
<	使其后所有的字符转换为小写
>	使其后所有的字符转换为大写
!	输入掩码从右到左显示，输入至掩码的字符一般都是从左向右的。可以在输入掩码的任意位置包含叹号
\	使其后的字符显示为原义字符。可用于将该表中的任何字符显示为原义字符(例如,\A 显示为 A)
密码	将"输入掩码"属性设置为"密码"，以创建密码输入项文本框。文本框中键入的任何字符都按原字符保存，但显示为星号(＊)

除前面介绍的 5 种字段属性外，Access 还提供了其他的字段属性，如"小数位数"、"标题"、"必填字段"等，可根据需要进行相应的选择和设置。

9.3.4　输入数据

向表中输入数据就像在一张空白表格内填写内容一样。在 Access 中，可以利用数据表视图直接输入数据，也可以利用已有的表导入数据。

1. 使用数据表视图直接输入数据

例：在"学生成绩管理"数据库中，向"学生"表中输入两条记录，内容如表 9-6 所示。

表 9-6　学生表内容

学号	院系	姓名	性别	出生日期	寝室电话	党员否	简　　历	照片
10102101	会计系	王洪	男	1990-1-1	65976683	False	爱好摄影、唱歌	
10102102	金融系	李丽	女	1989-11-1	65976667	False	性格开朗，爱好广泛	

具体步骤如下。

（1）双击"表"对象下的"学生"表，打开数据表视图。

（2）从第一个空记录第一个字段开始分别输入"学号"、"院系"等字段的值，输入"党员否"时，在复选框内单击鼠标，打"√"表示真值，即是党员。输入"照片"时，将鼠标指向该单元格，右击，在弹出的快捷菜单中，执行菜单项"插入对象"→"新建"命令，则可以创建新的文件插入到照片中，执行菜单项"插入对象"→"由文件创建"命令，则将已经存在的文件的内容作为对象插入到文档中。每输入完一个字段值按 Enter 键或者 Tab 键转至下一个字段。

在输入记录时，每次输入一个记录的同时表中会自动添加一条新的空记录，且该记录的选定器上显示一个星号，表示这是一个新记录；当前输入的记录的选定器上则显示的是右向三角符号，表示是当前记录；输入时，当前记录的选定器上显示铅笔符号，表示正在输入或编辑记录。

（3）输入完毕后，单击工具栏上的"保存"按钮，保存表中的数据。

2．获取外部数据

如果在创建数据库表时，所需建立的表已经存在，那么只需将其导入到数据库中即可。可以导入的表的类型包括：Access 数据库表、HTML 文档、TXT 文件、Excel、Lotus 和 DBASE 或 FoxPro 等数据库应用程序所创建的表。

例：将已经建立的 Excel 文件"学生．xls"导入"学生成绩管理"数据库中。

在"数据库"窗口中，执行菜单项"文件"→"获取外部数据"→"导入"→"Microsoft Excel"命令，找到导入文件的位置，在列表中选择"学生．xls"。单击"导入"按钮，弹出"导入数据表向导"对话框，依照向导的指引完成后面的操作步骤。

注意：导入的数据一旦操作完毕就与外部数据源无关。链接的数据只在当前数据库形成一个链接表对象，其内容随着数据源的变化而变化。

9.3.5 建立表之间的关系

掌握了创建数据库和创建表的基本方法，并且建立了数据库和表之后，要想管理和使用好表中的数据，就应建立表与表之间的关系，这样才能将不同表中的相关数据联系起来，也为建立查询、创建窗体或报表打下的基础。

1．表间关系的类型

在 Access 中，每个表都是数据库中一个独立的部分，它们本身具有很多的功能，但是每个表又不是完全孤立的，表与表之间可能存在着相互的联系。例如，"学生成绩管理"数据库中有 4 张表，它们的结构如表 9-7 所示。

分析这 4 张表时，发现不同表中有相同的字段名，如"教师"表中有"教师编号"，"课程"表中也有"教师编号"，通过这个字段，就可以建立两个表之间的关系，可以很容易地从中找到所需要的数据。

表 9-7　"学生成绩管理"数据库中的表

教　师	学　生	课　程	成　绩
教师编号	学号	课程编号	成绩 ID
姓名	院系	课程名	学号
性别	姓名	课程类别	课程编号
年龄	性别	教师编号	成绩
工作时间	出生日期	学分	
政治面目	寝室电话		
学历	党员否		
职称	简历		
系别	照片		
联系电话			
在职否			

Access 表之间有 3 种关系：一对一关系、一对多关系和多对多关系。

(1) 在一对一关系中，A 表中的一行最多只能匹配于 B 表中的一行，反之亦然。

(2) 一对多关系是最普通的一种关系。在这种关系中，A 表中的一行可以匹配 B 表中的多行，但是 B 表中的一行只能匹配 A 表中的一行。"一"方的表称为主表，"多"方的表称为相关表。

(3) 在多对多关系中，A 表中的一行可以匹配 B 表中的多行，反之亦然。要创建这种关系，需要定义第三个表，称为结合表，它的主键由 A 表和 B 表的外键组成。

2. 参照完整性

参照完整性是一个规则系统，能确保相关表行之间关系的有效性，并且确保不会在无意之中删除或更改相关数据。

下列三个条件都满足时，才可以设置参照完整性：

◆ 主表中的匹配列是一个主键或者具有唯一约束。

◆ 相关列具有相同的数据类型和大小。

◆ 两个表属于相同的数据库。

实施参照完整性时，必须遵守以下规则：

◆ 如果在相关表的主键中没有某个值，则不能在相关表的外键列中输入该值。但是，可以在外键列中输入一个 Null 值。

◆ 如果某行在相关表中存在相匹配的行，则不能从一个主键表中删除该行。

◆ 如果主键表的行具有相关性，则不能更改主键表中的某个键的值。

3. 建立表间的关系

在创建关系之前，必须先在至少一个表中定义一个主关键字或唯一约束，再使主键列与另一个表中的匹配列相关。创建了关系之后，那些匹配列变为相关表的外部关键字。

例：定义"学生成绩管理"数据库中 4 个表之间的关系，并设置实施参照完整性。

(1) 在数据库窗口中，单击工具栏上的"关系"按钮　，再单击"显示表"按钮　，打开

"显示表"对话框。从中选择加入要建立关系的 4 个表："学生"表、"教师"表、"课程"表和"成绩"表。

（2）关闭"显示表"对话框。

（3）从表中将主键字段拖动到相关表中的外键字段。选定"学生"表中的"学号"字段拖到"成绩"表中的"学号"字段上，这时屏幕会显示"编辑关系"对话框，如图 9-29 所示。

（4）在本例中，选择"实施参照完整性"复选框，单击"创建"按钮。

（5）使用类似方法，可将"成绩"表中的"课程编号"字段拖到"课程"表中的"课程编号"字段上；将"课程"表中的"教师编号"字段拖到"教师"表中的"教师编号"字段上。

（6）所有的关系建好后，单击关系窗口的"关闭"按钮，这时，Access 会询问是否保存布局的更改，单击"是"按钮。

图 9-29　"编辑关系"对话框

说明：在"编辑关系"对话框中列出了"实施参照完整性"、"级联更新相关字段"和"级联删除相关字段"三个复选框，它们的作用是：

◆ 如果选择了"实施参照完整性"和"级联更新相关字段"复选框，可以在主表的主关键字值更改时，自动更新相关表中的对应数值。

◆ 如果选择了"实施参照完整性"和"级联删除相关字段"复选框，可以在删除主表中的记录时，自动删除相关表中的有关信息。

◆ 如果只选择了"实施参照完整性"复选框，则表示当相关表中的相关记录发生变化时，主表中的主关键字不会相应变化，而且当删除相关表中的任何记录时，也不会更改主表中的记录。

◆ 若选择了"实施参照完整性"复选框，关系的主键一方表示为符号"1"。在一对一关系中，关系的外键一方也表示为符号"1"；在一对多关系中，关系的外键一方表示为符号"∞"。

4．编辑表之间的关系

在定义了关系以后，有时需要重新编辑已有的关系，以便进一步优化数据库的性能。编辑关系的方法是：

（1）关闭所有打开的表。

（2）单击工具栏上的"关系"按钮，这时屏幕上显示"关系"窗口。

（3）若要删除两个表之间的关系，单击要删除关系的连线，然后按 Del 键；若要更改两个表之间的关系，双击要更改关系的连线，在弹出的"编辑关系"对话框中重新选择复选框；若要清除"关系"窗口，单击工具栏上的"清除版式"按钮 ✕ ，然后单击"是"按钮。

（4）关闭"关系"窗口。

注意：在定义表之间的关系之前，应把要定义关系的所有表关闭。

9.3.6　表的维护

1．表的打开与关闭

1）表的打开

一般地，可以在数据表视图中打开表，也可以在设计视图中打开表。

在数据表视图中打开表：可以在"数据库"窗口中，单击"对象"下的"表"，再单击要打开的表的名称；也可以单击"数据库"窗口工具栏上的"打开"按钮。此时打开的表，可以在其中输入新数据、修改已有的数据以及删除不需要的数据。

如果要修改表的结构，就必须转换到设计视图下，只需单击工具栏上的"视图"按钮，即可切换到设计视图。

2）表的关闭

表的操作结束后，应该将其关闭。无论表是处于设计视图状态，还是处于数据表视图状态，执行菜单项"文件"→"关闭"命令或单击窗口的"关闭"按钮都可以将表关闭。在关闭表时，如果对表进行过修改，Access 会显示一个提示框，询问是否保存所做的修改。

2．修改表的结构

修改表的结构经常在"设计"视图中完成，包括增加字段、删除字段、修改字段、重新设置字段等操作。

1）添加字段

在表中添加一个新字段不会影响其他字段和现有的数据。但是新字段不会自动添加到之前基于该表所建立的查询、窗体及报表中。

例：在"教师"表的"系别"和"联系电话"字段之间增加一个"主讲课程"字段。具体操作如下。

◆ 在设计视图下打开"教师"表。
◆ 将光标移到要插入新字段的位置上，即"联系电话"所在的行，执行菜单项"插入"→"行"命令。
◆ 在新行的"字段名称"中输入新字段名称"主讲课程"。
◆ 单击"数据类型"，在下拉列表中选择所需类型"文本"。
◆ 单击工具栏中的"保存"按钮，保存所做的修改。

在插入字段并设置好字段数据的类型以后，还可以在窗口下面的字段属性区中修改字段的属性。

在数据表视图下，也可以添加字段：

◆ 在数据表视图下打开"教师"表。
◆ 单击"联系电话"字段标题位置选定此列，执行菜单项"插入"→"列"命令。
◆ 双击新列的字段标题，修改标题为"主讲课程"。

2）修改字段

修改字段包括修改字段的名称、数据类型、说明等。

例：将"教师"表的"系别"字段名称改为"所在系部"，在"说明"栏输入"系部及具体教研室"内容。

若只修改字段名称,可以在数据表视图下双击字段标题直接修改即可。但若要修改字段的数据类型或其他属性时,应在设计视图下修改,具体步骤如下:

- ◆ 在设计视图下打开"教师"表。
- ◆ 在"系别"字段的"字段名称"列中,双击字段名称,然后输入新的字段名"所在系部";单击该字段的"数据类型"列中的下拉列表选择所需的数据类型;在"说明"栏输入"系部及具体教研室"内容。
- ◆ 单击工具栏中的"保存"按钮,保存所做的修改。

3) 删除字段

删除空表中的字段,系统不会弹出删除提示框;如果表中有数据,则会弹出提示框,要求操作者确认,同时,在利用该表所建立的查询、窗体及报表中,该字段也将被删除,所以进行此操作须谨慎。

例:将"教师"表的"主讲课程"字段删除。

在数据表视图下,选定"主讲课程"字段列,执行菜单项"编辑"→"删除列"命令即可。一次操作只能删除一个字段,若删除多个字段,可以在设计视图下删除,具体步骤如下:

- ◆ 在设计视图下打开"教师"表。
- ◆ 单击要删除的"主讲课程"的字段选定器,如果要一次删除多个字段,可以按住 Ctrl 键的同时,单击每个要删除字段的字段选定器。
- ◆ 执行菜单项"编辑"→"删除行"命令,屏幕上会出现提示框,单击"是"按钮,删除所选字段。
- ◆ 单击工具栏中的"保存"按钮,保存所做的修改。

4) 重新设置关键字

已定义的主键可以重新定义。若重新定义主关键字的表是一个或多个关系中的主表,则必须先在"关系"窗口中删除所有关系,然后才能重新定义新的主关键字。

具体步骤如下:

- ◆ 在设计视图下打开需要修改关键字的表。
- ◆ 选择要设置关键字所在行的字段选定器,然后单击工具栏上的"主关键字"按钮。
- ◆ 单击工具栏中的"保存"按钮,保存所做的修改。

9.3.7 编辑表的内容

编辑表中的内容是为了确保表中数据的准确,使所建表能够满足实际需要。编辑表中内容的操作包括添加记录、修改数据、删除记录以及复制字段中的数据等。

1. 定位记录

数据表中有了数据后,修改是经常要做的操作,其中定位和选择记录是首要的任务。常用的记录定位方法有两种:一是用记录号定位,二是用快捷键定位。

例:将记录指针定位到"学生"表中的第 4 条记录上。具体操作如下:

(1) 在数据表视图下打开"学生"表,如图 9-30 所示。

(2) 在记录定位器中的记录编号框中双击编号,然后在记录编号框中输入要查找的记

图 9-30　记录号定位查找记录

录号"4"。

（3）按 Enter 键，这时光标将定位在第 4 条记录上。

另外，可以通过记录定位器上的一系列按钮来定位记录。还可以使用如表 9-8 所示的快捷键来快速定位记录。

表 9-8　快捷键及其定位功能

快 捷 键			定 位 功 能
Tab	回车	右箭头	下一字段
Shift＋Tab		左箭头	上一字段
Home			当前记录中的第一个字段
End			当前记录中的最后一个字段
Ctrl＋上箭头			第一条记录中的当前字段
Ctrl＋下箭头			最后一条记录中的当前字段
Ctrl＋Home			第一条记录中的第一字段
Ctrl＋End			最后一条记录中的最后一个字段
上箭头			上一条记录中的当前字段
下箭头			下一条记录中的当前字段
Page Down			下移一屏
Page Up			上移一屏
Ctrl＋Page Down			左移一屏
Ctrl＋Page Up			右移一屏

2．选择记录

选择记录是指对所需要的记录进行选定。可以在"数据表"视图下使用鼠标、键盘来选择数据范围。

◆ 选择字段中的部分数据：单击开始处，拖动鼠标到结尾处。

◆ 选择字段中的全部数据：单击字段左边，当鼠标指针变成空心十字形后单击鼠标左键。

◆ 选择相邻的多个字段中的数据：单击第一个字段左边，当鼠标指针变为空心十字形时，拖动鼠标到最后一个字段的结尾处。

◆ 选择一列数据：单击该列的字段选定器。

◆ 选择多列数据：单击第一列的字段选定器，拖动鼠标到最后一个字段的结尾处。

◆ 选择一条记录：单击该记录的记录选定器。

◆ 选择多条记录：单击第一条记录的记录选定器，拖动鼠标到选定范围的结尾处。

◆ 选择所有记录：执行菜单项"编辑"→"选择所有记录"命令。

◆ 选择一个字段的部分数据：光标移到字段开始处，按住 Shift 键，再按方向键到结尾处。

◆ 选择整个字段的数据：光标移到字段中，按 F2 键。

◆ 选择相邻多个字段：选择第一个字段，按住 Shift 键，再按方向键到结尾处。

3．添加记录

在已经建立的表中，如果需要添加新的记录，可以按下面的操作步骤完成。

（1）在数据表视图下打开需要修改的表。

（2）单击工具栏上的"新记录"按钮 ▶* 或记录选择器上的"新记录"按钮 ▶* ，光标移到新记录上。

（3）输入所需数据。

4．删除记录

表中的信息不是一成不变的，如果出现了不需要的数据，就应将其删除。删除记录的操作步骤如下：

（1）在数据表视图下打开需要修改的表。

（2）选定一个或多个相邻的记录，然后单击工具栏上的"删除记录"按钮 ⚟ ，这时屏幕上显示是否删除记录的提示框。

（3）单击提示框中的"是"按钮，这时选定的记录被删除。

删除操作是不可恢复的操作，在删除记录之前要仔细确认。

5．修改数据

在已建立的表中，若数据出现错误或需要更新，可以对其进行修改。在数据表视图下修改数据的方法非常简单，只要将光标移到要修改数据的相应字段，然后对它直接修改即可。

6．复制数据

（1）在数据表视图下打开源数据表。

（2）选定要复制的数据，单击工具栏上的"复制"按钮或执行菜单项"编辑"→"复制"命令。

（3）选定指定的目的字段，单击工具栏上的"粘贴"按钮或执行菜单项"编辑"→"粘贴"命令，把数据复制到目标表中。

9.3.8　调整表的格式

调整表的格式是为了使表看上去更清楚、美观。调整表格式的操作包括：改变字段次序、调整字段显示宽度和高度、隐藏列和显示列、冻结列、设置数据表格式、改变字体显示等。

1．改变字段次序

通常在默认设置下，Access 显示数据工作表中的字段的次序与它们在表中出现的次序相同。但是在使用数据表视图时，往往会需要将某些列移动来满足查看数据的要求，如观察一些相邻的字段使我们能更好地分析、使用数据。在数据表视图中重新安排字段，需要先选中想要移动的数据列，然后拖动此列到它的新的位置，每次可以拖动一列或多个列。

使用这种方法，可以移动任何单独的字段或者所选的字段组。移动数据表视图中的字段，不会改变表设计视图中字段的排列顺序，而只是改变字段在数据表视图下字段的显示布局。

2．调整字段显示的行高和列宽

在所建立的表中，有时由于数据过长，使得数据被遮住；有时由于数据设置的字号过大，使得数据在一行中被切断。为了能够完整地显示字段中的全部数据，可以调整字段显示的行高和列宽。

1）调整字段显示高度

调整字段显示高度有两种方法：鼠标和菜单项。

◆ 使用鼠标调整字段显示高度时，先在数据表视图下打开表，再将鼠标指针放在表中任意两行记录选定器之间，当鼠标指针变为双箭头 ✛ 时，拖动鼠标向上或向下移动，当调整到所需高度时，松开鼠标。

◆ 使用菜单项调整字段显示高度时，先在数据表视图下打开表，再单击数据表中的任意单元格，执行菜单项"格式"→"行高"命令，这时屏幕上出现"行高"对话框，在该对话框的"行高"文本框内输入所需的行高值，单击"确定"按钮即可。改变行高后，整个表的行高都得到了调整。

2）调整字段显示列宽

与调整字段显示高度的操作一样，调整宽度也有两种方法，即鼠标和菜单项。

◆ 使用鼠标调整时，首先将鼠标指针放在要改变宽度的两列字段选定器之间，当鼠标指针变为双箭头 ✛ 时，拖动鼠标向左或向右移动，当调整到所需宽度时，松开鼠标。在拖动字段列中间的分隔线时，如果将分隔线拖动超过下一个字段列的右边界时，将会隐藏该列。还可以通过双击字段选定器右边界来达到最佳设置，使列的宽度与字段中最长数据的长度相同。

◆ 使用菜单项调整时，先选择要改变宽度的字段列，然后执行菜单项"格式"→"列宽"命令，并在打开的"列宽"对话框中输入所需的高度，单击"确定"按钮。如果在"列宽"对话框中输入值"0"，则会将该字段列隐藏。

重新设定"列宽"不会改变表中字段的"字段大小"属性，它只是简单地改变字段列所包含数据的显示宽度。

3．隐藏列和显示列

在数据表视图下对表进行设置时，为了便于将主要的数据字段列保留在窗口中进行查看，可以将暂时不需要的字段列隐藏，选择要隐藏的列，执行菜单项"格式"→"隐藏列"命令或右击后选择快捷菜单中的"隐藏列"。当需要将隐藏的列重新显示出来时，可以在数据表视图下打开表,执行菜单项"格式"→"取消隐藏列"命令,这样就可以将被隐藏的列重新显示在数据表中。

4．冻结/解冻列

在操作中,常常需要建立字段比较多的表,在数据表视图下,由于表的列数过多,有些关键的字段因为水平滚动后无法看到,影响了数据的查看。解决这一问题的最好方法是利用Access 提供的冻结列功能。可以在"数据表"视图中冻结一个字段列或多个字段列,使它们成为最左边的列,无论如何水平滚动查看字段列时,它们总是可见的。

例如,"学生成绩管理"数据库中的"教师"表,由于字段数比较多,当查看"教师"表中的"联系电话"字段值时,"姓名"字段已经移出了屏幕,只要冻结"教师"表中的"姓名"字段列,就可以同时看到"姓名"和"联系电话"字段列了。

具体的操作步骤如下:
- 在数据表视图下打开"教师"表。
- 选定要冻结的字段,单击"姓名"字段选定器。
- 执行菜单项"格式"→"冻结列"命令。

此时水平滚动窗口,可以看到姓名字段列始终显示在窗口的最左边。

当不再需要冻结列时,可以取消。取消的方法是执行菜单项"格式"→"取消对所有列的冻结"命令。

5．设置数据表格式

在"数据表"视图中,不但可以修改单元网格线显示方式、单元格效果和背景颜色,还可以对边框和线条样条等进行修改。设置数据表格式的操作步骤如下:

（1）在数据表视图下打开要设置格式的表。

（2）执行菜单项"格式"→"数据表"命令,屏幕上将显示"设置数据表格式"对话框,如图 9-31 所示。

（3）在"设置数据表格式"对话框中,可以进行详细的设置,最后单击"确定"按钮。

6．改变字体显示

数据表中数据的字体、字型和字号也是可以改变的。通过执行菜单项"格式"→"字体"命令,

图 9-31　"设置数据表格式"对话框

会出现如图 9-32 所示的对话框,在对话框中可以改变字体类型的样式、尺寸和字型。设置字体显示的操作会影响到全部数据表格的显示。

7．实现多级显示

Access 2003 在数据表视图中增添了一个新功能列,新功能列位于所有字段列的最左边。如果打开的表格与其他表格存在一对多的关系,则会在该列中出现一个"＋"号显示,单击"＋"号,则会有相关联表格的数据显示,如图 9-33 所示。

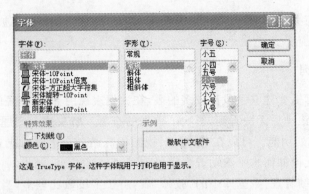

图 9-32　设置字体

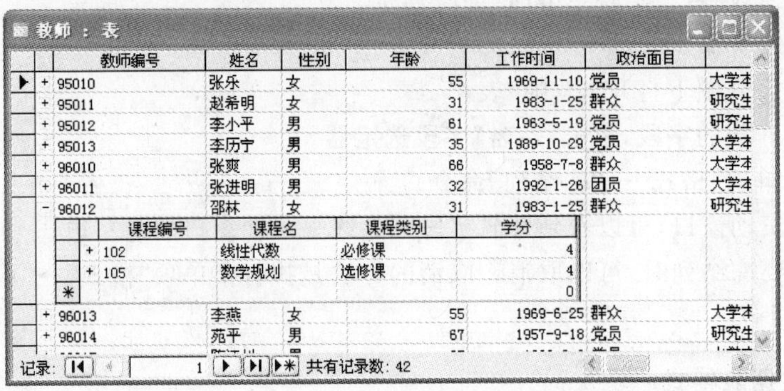

图 9-33　多级表格显示

9.4　实训4：建立"学生成绩"查询——数据库的查询

设定目标

采取不同的查询方式对"学生成绩管理"数据库进行查询操作,创建一系列如图 9-34 所示的查询。学习建立查询和设置高级查询。

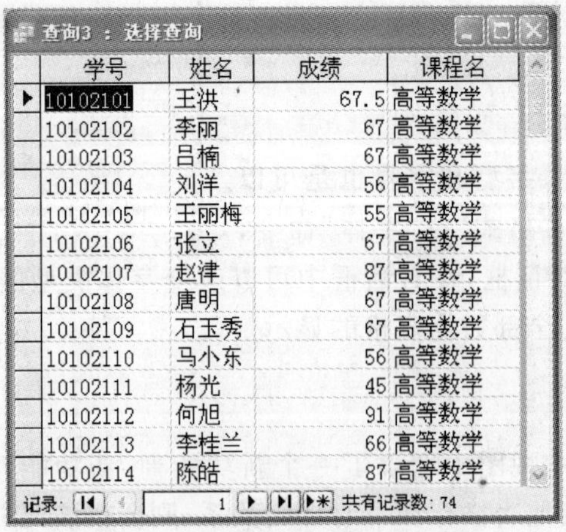

图 9-34　查询结果

9.4.1 查询的功能与方式

利用查询可以实现如下功能。

(1) 选择字段：指定要在查询结果中出现的字段。

(2) 选择记录：指定条件来限制查询结果中所要显示的记录。

(3) 编辑记录：对记录进行添加、修改、删除。

(4) 实现计算：对查询结果中的记录进行各种统计计算。另外，还可以建立计算字段。

(5) 建立新表：将查询结果生成一个新的表对象。

(6) 建立基于查询的报表和窗体：在查询结果的基础上建立窗体和报表。

Access 数据库中的查询有很多种，每种方式在执行上有所不同，有选择查询、交叉表查询、操作查询和 SQL 查询、参数查询。

选择查询是最常用的查询类型，它根据指定的查询准则，从一个或多个表中获取数据并显示结果，创建选择查询有两种方法：使用向导创建和使用"设计"视图创建。

交叉表查询将来源于某个表中的字段进行分组，一组列在数据表的左侧，一组列在数据表的上部，然后在数据表行与列的交叉处显示表中某个字段的统计值。创建交叉表查询有两种方法："交叉表查询向导"和"查询"设计视图。

操作查询与选择查询相似，都是由用户指定查找记录的条件，但选择查询是检查符合特定条件的一组记录，而操作查询是在一次查询操作中对所得结果进行编辑等操作。操作查询有 4 种：生成表、删除、更新和追加。

SQL 查询是使用 SQL 语句直接创建的一种查询。在"查询"设计视图中创建与修改查询时，Access 将在后台构造等效的 SQL 语句，可以通过 SQL 语句直接修改查询、建立查询。

参数查询是一种利用对话框来提示用户输入准则的查询。

9.4.2 建立查询

对于数据库应用系统的普通用户来说，数据库是不可见的。用户通过查询操作查看数据库中的数据。查询可以对一个表进行查询，还可以把多个表的数据连接在一起，进行整体查询。

创建查询的方法以下几种。

1. 使用向导创建查询

下面以"学生"信息为例来创建查询，具体操作步骤如下：

(1) 打开"学生成绩管理"数据库，单击"对象"栏的"查询"→"使用向导创建查询"，弹出现如图 9-35 所示的对话框。

(2) 在"表/查询"下拉列表框中选择一个表或查询作查询的对象。如果选择一个查询，表示对一个查询的结果进一步查询。这里选择"表：学生"。

(3) 单击 >> 按钮选择所有字段，单击"下一步"按钮，打开下一个对话框，如图 9-36 所示。

(4) 在"请为查询指定标题"输入框中输入查询的名称，并选择创建结束后的下一步操

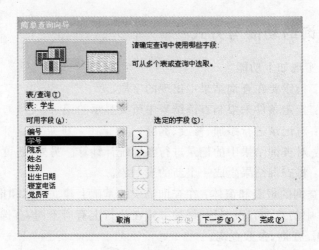

图 9-35　创建查询一

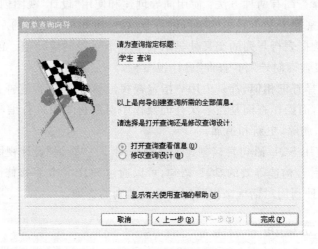

图 9-36　创建查询二

作。这里选择"打开查询查看信息",单击"完成"按钮。

2. 定义与使用交叉表查询

交叉表查询显示来源于表中某个字段的总结值(如合计、计算、平均值等),并将它们分组放置在查询表中,一组列在数据表左侧,一组列在数据表的上部。操作步骤如下:

(1) 在数据库窗口单击"对象"栏中的"查询"项,然后单击"数据库"窗口工具栏中的"新建"按钮,进入"新建查询"对话框,并选中"交叉表查询向导"。

(2) 单击"确定"按钮,进入"交叉表查询向导"对话框,选择要查询的表,这里选择"表:成绩",如图 9-37 所示。

(3) 单击"下一步"按钮,出现如图 9-38 所示的对话框。在这个对话框中,从"可用字段"列表中选定位于交叉表中的行标题字段。

(4) 单击"下一步"按钮,出现如图 9-39 所示的对话框。在这里,从列表中选择"课程编号"字段,以便将它作为交叉表的列标题。

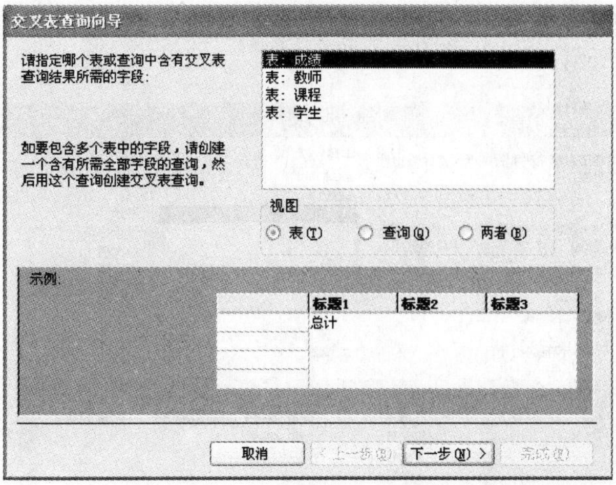

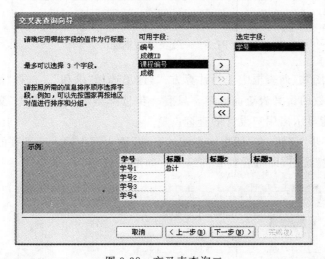

图 9-37 交叉表查询一

图 9-38 交叉表查询二

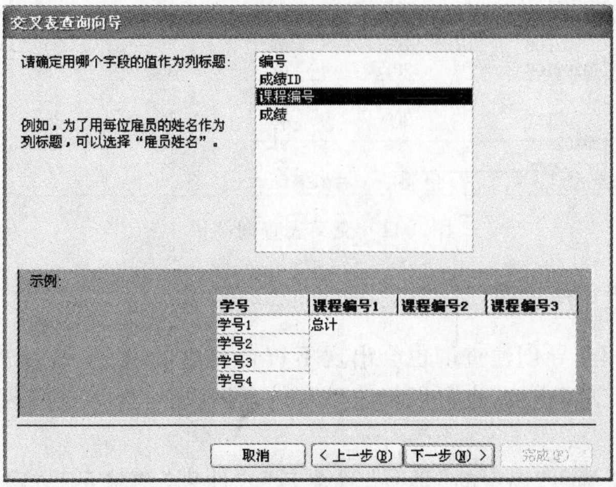

图 9-39 交叉表查询三

（5）单击"下一步"按钮，在弹出的对话框中选择交叉表单元格所要显示的字段，这里选择"成绩"，如图 9-40 所示。

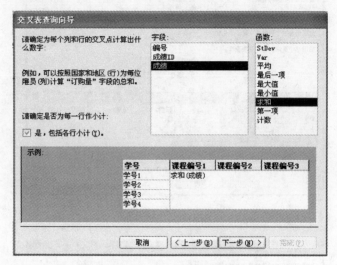

图 9-40 交叉表查询四

接着，可以在"函数"列表框中选择计算方式，这里选择"求和"。选择"函数"要根据实际情况来选择一种函数的交叉表查询向导。只有这一步选择得当，则结束在"交叉表向导"中的操作后，屏幕上才能显示出用户设计的查询。

（6）单击"下一步"按钮，在"请指定查询的名称"输入框中输入交叉表的名称。

（7）单击"完成"按钮，即可看到查询结果。如图 9-41 所示。

学号	总计 成绩	101	201	301
10102101	243.5	67.5	78	98
10102102	222	67	77	78
10102103	253	67	88	98
10102104	198	56	76	66
10102105	209	55	67	87
10102106	212	67	78	67
10102107	250	87	76	87
10102108	246	67	89	90
10102109	201	67	56	78
10102110	241	56	87	98
10102111	208	45	77	86
10102112	266	91	78	97
10102113	167	66	56	45

记录：14 ◀ 1 ▶ ▶▶ 共有记录数：25

图 9-41 交叉表查询结果

3．在设计视图中创建查询

与创建表一样，用向导创建查询也会出现不符合要求的情况，这时就要使用设计视图。使用设计视图既可以创建查询，也可以修改已有的查询，还可以为查询选择字段。具体操作步骤如下。

例：查询并显示"学生"表中的"学号"、"姓名"、"性别"、"院系"、"寝室电话"5 个字段，条件是"性别"为"男"的内容。

（1）在数据库窗口中双击右侧选区的"在设计视图中创建查询"选项。系统会弹出查询设计视图和"显示表"对话框，如图 9-42 所示。

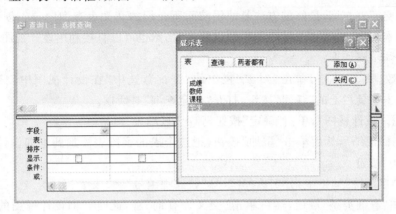

图 9-42 设计视图中创建查询一

（2）在"显示表"对话框中，有三个选项卡：表、查询、两者都有，从这三个选项卡中，可以看到当前数据库中所有的表和查询。创建查询时，可以从对话框中选择所需要的表（按 Ctrl 键可以同时选择多个表）作为查询的对象。这里选择"学生"表，然后单击"添加"按钮，系统会弹出查询设计视图。

查询设计视图分为上下两个部分，视图的下半部分用于指定查询的字段和查询的条件等信息，称为查询设计网格。

（3）当前的光标停留在查询设计网络左上角第一个字段方格上，单击该方格上的下拉列表框按钮，弹出一个下拉列表框显示出所选的表的全部数据表名和全部字段名。

（4）选择一个字段后，按 Tab 键或单击"字段"行上的第二个方格，光标停留在第二个方格上，按相同的方法可以选择其他的字段。如图 9-43 所示。

（5）单击窗口工具栏上的"运行"按钮，就会弹出查询的结果。

（6）关闭设计视图，这时系统会提示存盘，并要求输入查询的名称。这里为这个新建的查询命名为"学生成绩查询"，如图 9-44 所示。值得注意的是查询的名称不能和已经存在的表名相同。这样就成功地创建了一个查询。

图 9-43 设计视图中创建查询二

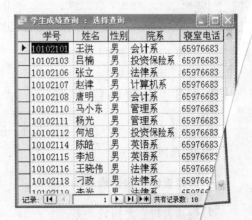

图 9-44 学生成绩查询结果

4. 在设计视图中创建交叉表查询

要创建交叉表查询,最好的方法是使用前面所介绍的交叉表查询向导先创建一个交叉表查询的基本结构,然后在设计视图中加以修改,当然也可以直接利用设计视图来创建交叉表查询。具体步骤如下:

(1) 在数据库窗口中,单击"对象"栏中的"查询",选中"在设计视图中创建交叉表查询",然后单击工具栏上的"新建"按钮,打开"新建查询"对话框。

(2) 选择"设计视图",单击"确定"按钮,弹出"显示表"对话框。

(3) 选择"成绩",然后单击"添加"按钮,把这个表的字段表添加到查询设计视图中,然后单击"关闭"按钮。

(4) 在"字段"的框格中,分别选择"学号"、"课程编号"和"成绩"字段。然后在窗口的工具栏中,单击"查询类型"按钮,然后单击"交叉表查询"项,此时查询设计视图的标题由"成绩:选择查询"改变为"成绩:交叉表查询",如图 9-45 所示。

(5) 可以看到有"交叉表"这一行框格,这一行是交叉表查询所特有的,可以确定字段的三种属性:"行标题"、"列标题"和"值"。如果要在计算机开始查询前指定限定行标题的条件,可以在"交叉表"单元格中有"行标题"的字段下边的"条件"行输入条件表达式。

(6) 要查看结果,可单击工具栏上的"运行"按钮。可以得到查询的数据,如图 9-46 所示。

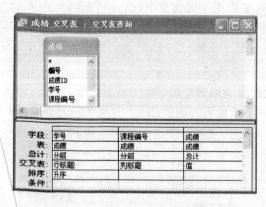

图 9-45   创建交叉表查询   图 9-46   交叉表查询结果

9.4.3   设置高级查询

除了上面介绍的几种查询方法以外,还可以对查询进行高级应用,如选择查询中的多表查询、SQL 查询等。

1. 选择查询中的多表查询

1) 创建表与表之间的关系

在运行多表查询前,必须先创建表之间的关系。具体步骤如下:

◆ 在数据库窗口中单击"对象"栏中的"查询",然后单击窗口工具栏上的"关系"按钮,系统弹出"关系"窗口。

◆ 单击窗口工具栏上的"显示表"按钮,会出现"显示表"对话框。

◆ 选择要定义关系的表名,这里选择"学生"、"成绩",单击"添加"按钮,把这两个表添加到"关系"窗口中。

◆ 左键选中"学生"表的"姓名"字段,拖曳到"成绩"表中对应的"姓名"字段上,然后松开鼠标,系统弹出一个"编辑关系"对话框,如图 9-47 所示。

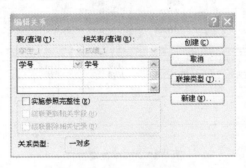

图 9-47 "编辑关系"对话框

◆ 为了使有连接关系的表中的数据统一,应该选择"实施参照完整性"复选框,进一步定义完整性。

◆ 设置了完整性以后,单击"创建"按钮,完成关系的创建。关系创建以后,在关系窗口中用一条连线来表示两个表之间的关系,如图 9-48 所示。

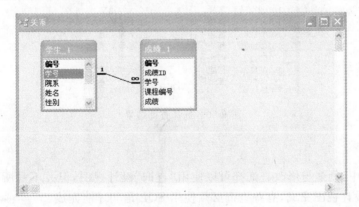

图 9-48 关系的创建

◆ 关闭"关系"窗口。

◆ 按以上步骤创建其他表与表之间的关系。

2) 多表查询

表与表之间的关系创建好后,就可以对多个表创建查询了。

例:依据"学生"表、"课程"表和"成绩"表进行多表查询。查询并显示"学号"、"姓名"、"课程名"、"成绩"4 个字段的内容,按姓名升序排序。具体操作步骤如下:

◆ 在 Access 2003 中打开"学生成绩管理"数据库,并切换到"查询"对象。

◆ 双击“在设计视图中创建查询”项，打开查询设计视图的“显示表”对话框。选择“学生表”、“课程表”和“成绩表”，单击“添加”按钮将选定的数据表加入到查询中。

◆ 单击“关闭”按钮，关闭“显示表”对话框，返回到“查询1：选择查询”窗口，如图9-49所示，设置查询的条件和显示的字段，查询结果如图9-50所示。

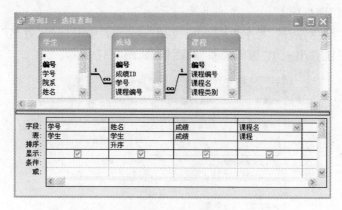

图9-49　选择查询窗口

学号	姓名	成绩	课程名
10102114	陈皓	87	大学英语
10102114	陈皓	87	高等数学
10102114	陈皓	55	大学语文
10102118	刁政	81	大学语文
10102118	刁政	88	大学英语
10102118	刁政	72	高等数学
10102125	富颖	62	大学语文
10102125	富颖	81	高等数学
10102125	富颖	81	大学英语
10102112	何旭	91	高等数学
10102112	何旭	78	大学语文
10102112	何旭	97	大学英语

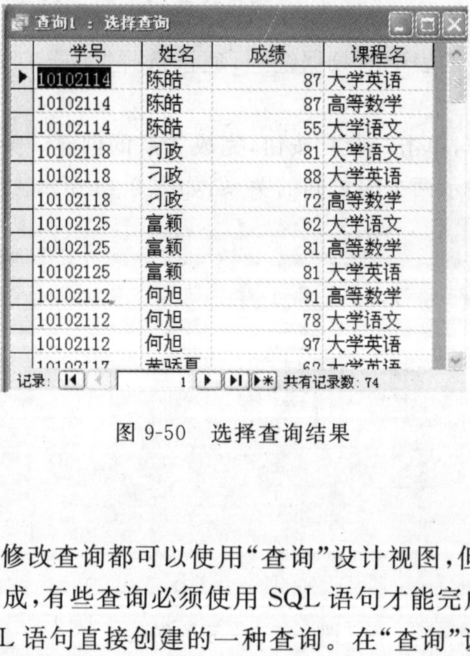

图9-50　选择查询结果

2. SQL查询

在Access中，创建与修改查询都可以使用“查询”设计视图，但并不是所有的查询都可以通过“查询”设计视图完成，有些查询必须使用SQL语句才能完成。

SQL查询是使用SQL语句直接创建的一种查询。在“查询”设计视图中创建与修改查询时，Access将在后台构造等效的SQL语句，如果熟悉SQL语句，就可以通过它修改查询、建立查询。

例：从“学生”表中选择所有字段，选择的条件是“院系”为“英语系”，所有被选择的记录按“学号”作升序排列。

(1) 在数据库窗口中，单击“对象”→“查询”，再双击“在设计视图中创建查询”，系统弹出“显示表”对话框。

(2) 单击“关闭”按钮，跳过“显示表”对话框。

(3) 单击工具栏上的“SQL视图”，将视图由设计视图改为SQL视图。

（4）输入 SQL 语句，如图 9-51 所示。

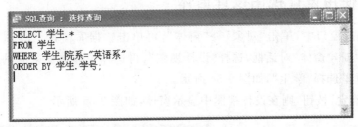

图 9-51　SQL 查询语句

（5）单击"运行"按钮，弹出查询结果窗口，如图 9-52 所示。

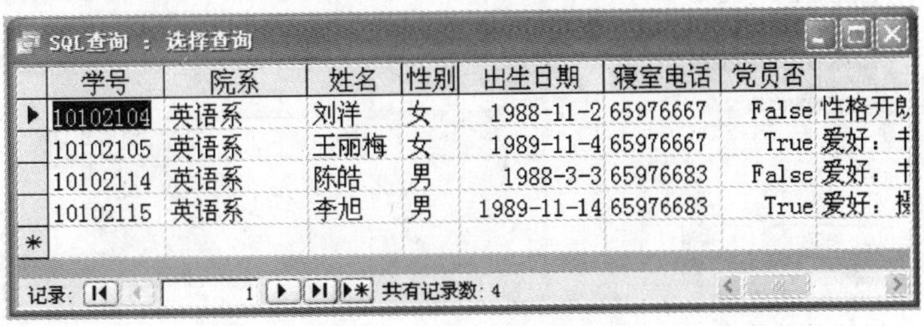

图 9-52　SQL 查询结果

9.5　实训5：制作"学生信息"窗体——窗体的创建与设计

设定目标

制作如图 9-53 所示的"学生信息"窗体，使用 Access 的窗体对象设计友好的操作界面，通过窗体来操作数据表。

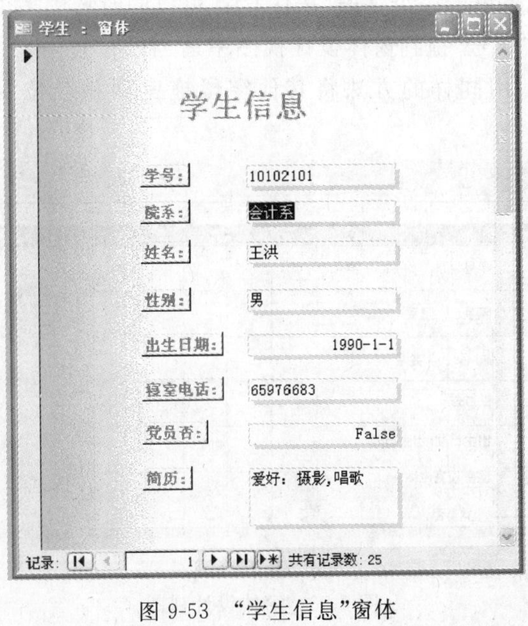

图 9-53　"学生信息"窗体

9.5.1　使用设计视图设计窗体

　　(1) 在数据库窗口中,单击"对象"→"窗体",再单击数据库窗口工具栏上的"新建"按钮,此时会弹出"新建窗体"对话框,选择"设计视图",再选择窗体数据来源的表或者其他记录源的名称。这里选择"学生",如图 9-54 所示。

　　(2) 单击"确定"按钮,则在设计视图中显示窗体,如图 9-55 所示。

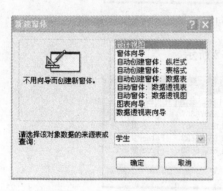

图 9-54　设计视图新建窗体　　　　　　　　　　图 9-55　窗体

- ◆ 窗体设计部分:窗体设计部分即设计工作区域,在这里可以添加工具箱里的各种控件以完成各种不同的任务。系统的默认设置只显示窗体设计的主体部分。
- ◆ 工具箱:设置参数和将控件放在画面上等工作都可以通过工具箱来完成,工具箱中共有 20 种不同用途的窗体设计工具。
- ◆ 数据源窗口:显示数据源所包含的字段,可以将所要显示的字段直接拖曳到窗体设计部分。

　　(3) 选中数据源列表里的一个字段(按住 Ctrl 可以同时选中多个字段),如选中"学号",按住鼠标左键拖动,把"学号"拖到窗体设计视图中适当的位置,松开鼠标,"学号"就会出现在窗体的设计视图上。用同样的方法将其他字段拖曳到相应位置,完成窗体的创建,如图 9-56 所示。

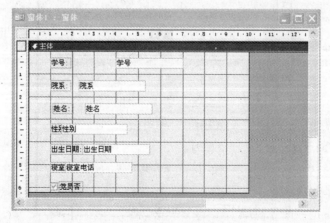

图 9-56　窗体设计视图

9.5.2 窗体的布局及格式调整

刚刚设计的窗体,并未达到想要的效果。接下来可以对窗体中的控件进行调整,设置位置、大小、外观、颜色等。

1.调整控件的大小

(1)用鼠标拖动。将鼠标置于控件四周的控制柄上,当鼠标变成 ↗ 时拖动,就可以改变对象的大小。按住 Shift 键可以同时选择多个控件,拖动一个就可以同时改变这些控件的大小。

(2)使用"菜单"命令。单击菜单栏上的"格式",选择"大小",再在其弹出的子菜单中选所需的一项,如图 9-57 所示。

(3)使用"属性"对话框。选中一个控件,单击鼠标右键,选择"属性"项,或者直接在工具栏上单击"属性"按钮,这时会弹出如图 9-58 所示的对话框。在"格式"选项卡中的"宽度"和"高度"文本框中输入具体数值。

图 9-57 "大小"调整控制选项

图 9-58 "多项选择"对话框

2.调整控件的位置

1)位置调整

单击要移动的控件后,控件四周加上了几个黑色的小方块,当光标变成手的形状时,按住鼠标左键,拖动该控件到指定的位置,然后松开左键;或者选中要移动的控件,用 Ctrl 加方向键移动该控件。

2)自动对齐

按 Shift 键选择要对齐的各个控件,单击鼠标右键,在弹出的快捷菜单中选择对齐方式,使这些控件按理想的方式对齐,如图 9-59 所示。

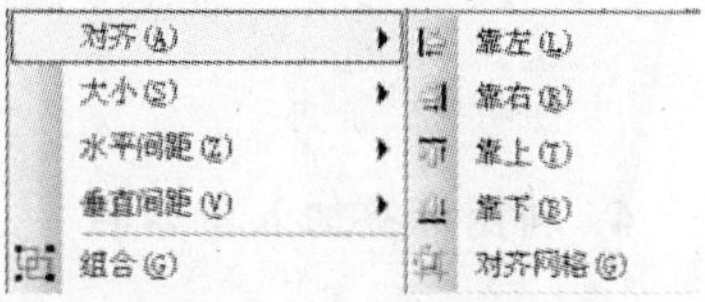

图 9-59 "对齐"调整控制选项

3)统一间距

选中竖向排列的几个控件,在菜单栏上选择"格式"→"垂直间距"→"相同",就可以使这些控件的垂直间距相同。如果是横向排列的几个控件,则选择"水平间距"→"相同"。

经调整后的窗体如图 9-60 所示。

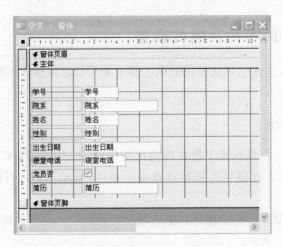

图 9-60　调整后的窗体

3. 调整外观

窗体的外观包括控件的前景、背景的颜色,字体、大小、边框等属性。在一个窗体中,使用得最多的控件是标签和文本框。

1) 对"标签"的属性设置

单击"标签"控件,打开属性对话框,在"格式"选项卡中对各种属性进行选择设置。

2) 对"文本框"的属性设置

单击"文本框"控件,打开属性对话框,在"格式"选项卡中对各种属性进行选择设置。

3) 特殊效果

在工具栏上有一个特殊效果按钮,单击它的下拉式按钮,可以出现 6 种选择,可以用来实现控件的三维效果,它与属性对话框的"特殊效果"是等同的。例如,要将标签设置为"凸起"效果,只要单击工具栏上的该按钮就可以了,其效果如图 9-61 所示。

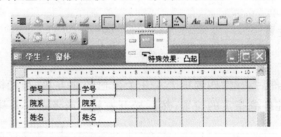

图 9-61　特殊效果按钮

4. 利用标签加入窗体名

向窗体上添加"标签"控件的步骤如下:

(1) 单击工具箱上的标签按钮,则光标会变成"+A",表示建立标签。

(2) 将加号放在要放置标签的位置的左上角,按住鼠标左键移动直到大小合适,松开左键。

(3) 输入标签的内容,这里输入"学生信息"。

(4) 还可以用鼠标右键激活该标签的属性页,修改字体大小、字体名称等属性。

(5) 完成以上的各种调整以后,会看到如图 9-62 所示的窗体。把该窗体命名为"学生"。

(6) 保存,关闭窗体设计视图。

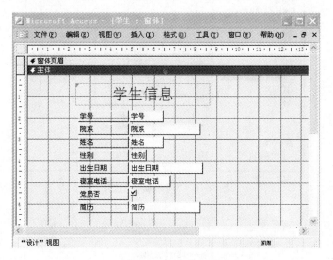

图 9-62　加入窗体名

9.5.3　窗体背景设置

对于上面完成的窗体,还可以应用 Access 2003 提供的"自动套用格式"工具直接设置。操作步骤如下:

(1) 单击数据库窗口中的"窗体",选中"学生窗体",单击"设计"按钮。单击工具栏上的"自动套用格式"按钮,或单击"格式"菜单,选择"自动套用格式"选项,系统会弹出如图 9-63 所示的对话框。在对话框左边的列表框中选择不同的样式时,可以在列表框右边的窗口中预览相应窗体格式。这里选择"混合"格式。

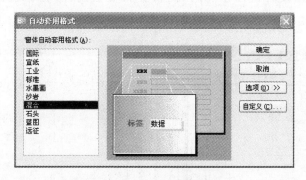

图 9-63　"自动套用格式"菜单项

如单击"选项"按钮,对话框底部会增加"应用属性"的几个选项,如图 9-64 所示。这是用来设置格式的应用范围的。

如单击"自定义"按钮,出现如图 9-65 所示的对话框。

在这里可以进行下列操作:

◆　基于已打开的窗体或报表新建自动套用格式。

◆　基于已打开的窗体或报表更新选定的自动套用格式。

◆　删除在列表中选定的格式。

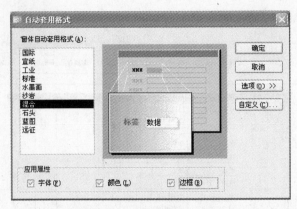

图 9-64　"应用属性"选项

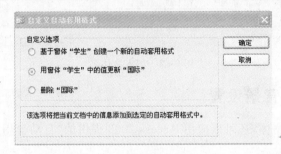

图 9-65　"自定义自动套用格式"窗口

（2）单击如图 9-64 所示的对话框中的"确定"按钮，得到的窗体设计视图效果，如图 9-66 所示。

（3）右击该窗体设计视图，在弹出的快捷菜单上选择"窗体视图"项，则会变成如图 9-67 所示的窗体。

图 9-66　设计视图效果图

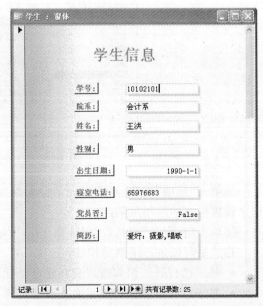

图 9-67　"学生信息"窗体视图

（4）使用自选图片来做窗体的背景。单击工具栏上"属性"按钮，打开"窗体"属性对话框，在"格式"选项卡中选择"图片"，单击右端"生成器"按钮，在"插入图片"对话框中选择所需的图片，单击"确定"按钮即可。

9.6 实训6：制作"学生"信息报表——报表的创建和设计

设定目标

制作如图9-68所示的"学生"信息报表，学习报表的创建、打印输出等。

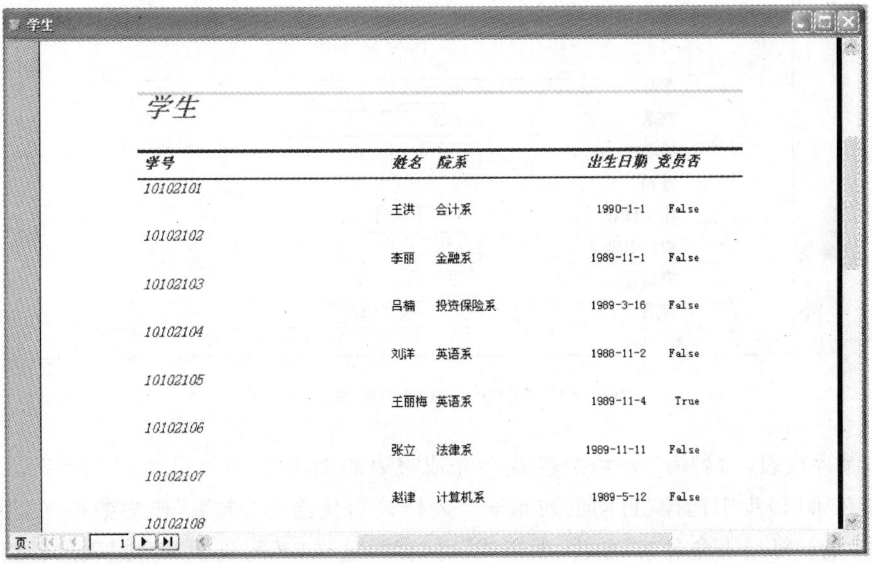

图 9-68 "学生"信息报表

9.6.1 使用自动创建报表向导

利用"自动创建报表"向导创建报表，既不能选择报表的格式，也不能选择出现在报表中的字段，所创建的报表包含了数据源的所有字段和记录。具体的操作步骤如下。

（1）在数据库窗口中单击"报表"，选中"使用向导创建报表"，然后单击数据库窗口上部的"新建"按钮，系统将弹出"新建报表"对话框，如图9-69所示。

在这个对话框中列出了6种类型的报表供选择。

◆ 设计视图：启动设计设图，建立一个空白的报表并进行设计。

◆ 报表向导：以向导的方式创建纵栏式、表格式、图表式、标签式报表。向导将根据设定数据源、字段、版面布局以及所需格式来创建报表。

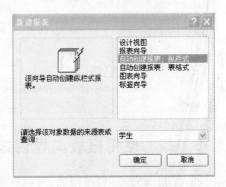

图 9-69 "新建报表"对话框

◆ 自动创建报表：纵栏式，根据选定的数据源自动创建一个纵栏式报表。

◆ 自动创建报表：表格式，根据选定的数据源自动创建一个表格式报表。

◆ 图表向导：创建图形形式的报表。

◆ 标签向导：创建标签形式的报表。

(2) 选择"自动创建报表：纵栏式"，选择"学生"表作为数据源。单击"确定"按钮，系统弹出如图 9-70 所示的窗口。

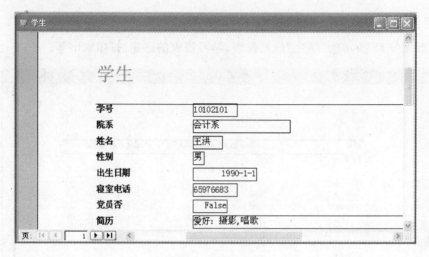

图 9-70　纵栏式报表

(3) 保存报表，命名为"学生 纵栏式"，完成报表的创建。

如果在第(1)步中选择"自动创建报表：表格式"，仍选择"学生"作为数据源，则结果如图 9-71 所示。将报表命名为"学生 表格式"，保存。这样，又完成了一个报表的创建。

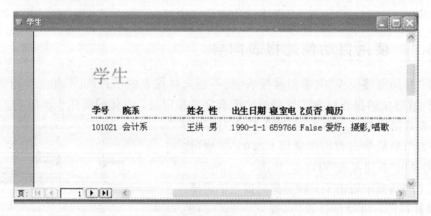

图 9-71　表格式报表

9.6.2　使用报表向导创建报表

利用"报表向导"创建报表，可以在创建报表时对报表所包含的字段进行选择，还可以选择报表的布局和样式等。使用报表向导创建报表步骤如下。

(1) 选择"使用向导创建报表"，数据源为"学生"信息。

（2）单击"确定"按钮，弹出"报表向导"的第一步对话框，如图 9-72 所示。

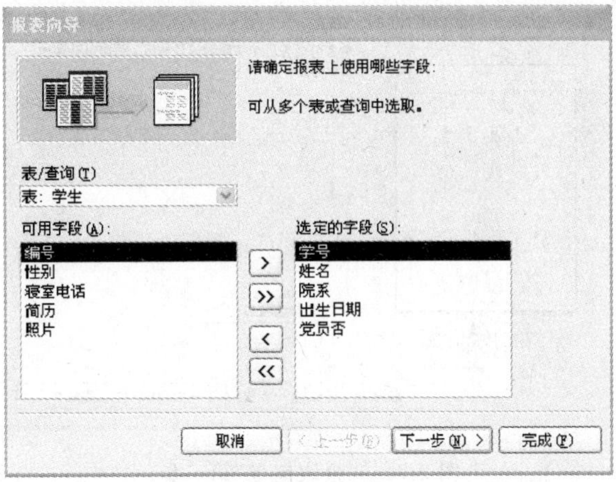

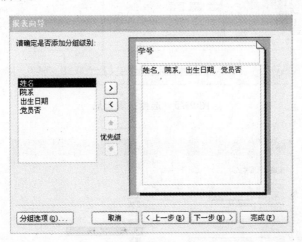

图 9-72 "报表向导"第一步

（3）在"表/查询"下拉列表框中选择"表：学生"，然后选中需要的字段，单击 > 按钮。

（4）单击"下一步"按钮，进入"报表向导"的第二步对话框。这个对话框用于确定是否添加分组级别以及确定分组的具体字段。分组是为了提高报表的可读性，按确定分组字段的不同值将报表分为不同的级。最多可以对报表进行 10 级的分组。如果设定了多级分组，可以利用"优先级"按钮对分组字段的排列顺序进行调整。这里选择"学号"字段，然后单击 > ，结果如图 9-73 所示。

图 9-73 "报表向导"的第二步

（5）单击"下一步"按钮，如图 9-74 所示。在这里可以选择排序的关键字段，并选择按升序或降序排列。

（6）单击"下一步"按钮，选择报表布局，有 6 种布局和 2 个方向供选择，具体的布局方式可以在左边的浏览窗口进行预览，如图 9-75 所示。这里选择"递阶"布局和"纵向"方向。

（7）单击"下一步"按钮，选择报表的样式。这里选择"组织"，在对话框左侧可以预览该样式的效果，如图 9-76 所示。

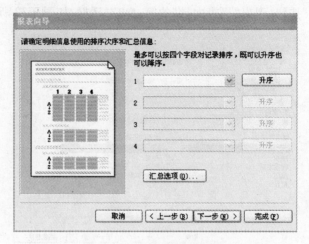

图 9-74 "报表向导"第三步

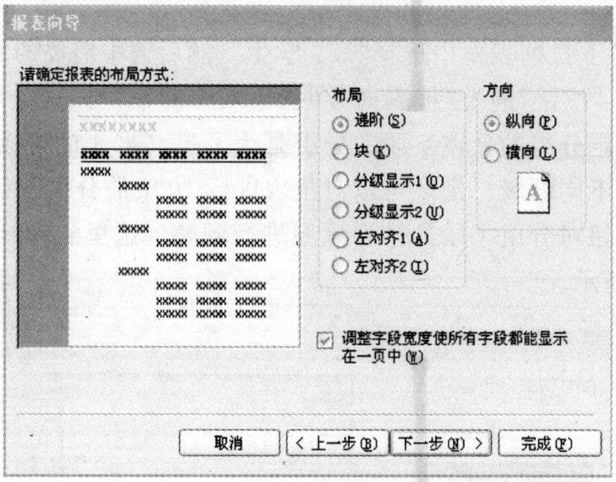

图 9-75 选择报表布局

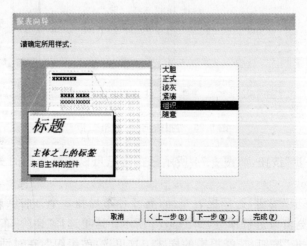

图 9-76 选择报表的样式

（8）单击"下一步"按钮，为新报表命名为"学生"，如图 9-77 所示。其余的选择默认选项。

图 9-77 为新报表命名

（9）单击"完成"按钮，保存和预览报表，如图 9-78 所示。可以看到报表中每条记录都按照"学号"来分组显示。

学生				
学号	**姓名**	**院系**	**出生日期**	**竞员否**
10102101				
	王洪	合计系	1990-1-1	False
10102102				
	李丽	金融系	1989-11-1	False
10102103				
	吕楠	投资保险系	1989-3-16	False
10102104				
	刘洋	英语系	1988-11-2	False
10102105				
	王丽梅	英语系	1989-11-4	True
10102106				
	张立	法律系	1989-11-11	False
10102107				
	赵建	计算机系	1989-5-12	False
10102108				

图 9-78 表格式报表

9.6.3 使用设计视图创建报表

利用报表向导设计报表虽然很方便，但是模式固定而又缺少变化，使用设计视图来设计报表则更加灵活。使用设计视图设计报表步骤如下。

（1）在数据库窗口中单击"报表"。如想修改现有的报表，可以选中一个已存在的报表，单击工具栏上的"设计"按钮进行修改；如想新建一个设计视图，则在"报表"窗口直接单击"新建"按钮。这里选择新建报表，打开"新建报表"对话框。

（2）在"新建报表"对话框里选择"设计视图"，并选择查询"学生信息"作为数据源。此时弹出的设计视图中没有"报表页眉/页脚"的工作区，右击这个窗口，在快捷菜单中选中"报表页眉/页脚"项,这样就可以看到"报表页眉/页脚"工作区了。"报表页眉/页脚"的控件在整个报表中只出现一次,而"页面页眉/页脚"的控件在报表的每一页都会出现。

(3) 根据需要为报表添加一些控件。添加控件的方法与"窗体"的操作方法类似,添加控件后的结果如图 9-79 所示。

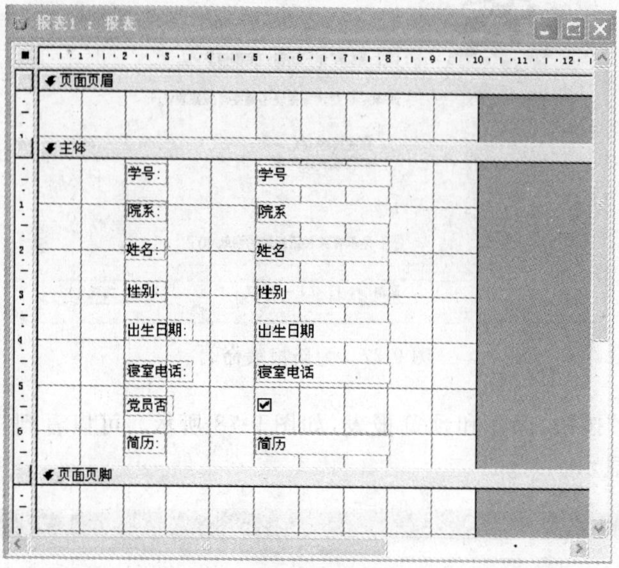

图 9-79　添加控件

(4) 为报表和页面的页眉\页脚添加非结合控件。单击工具箱里的"标签"按钮,在"页面页眉"区添加一个标签,并命名为"学生信息";在"页面页脚"区添加三个标签,其中两个命名为"制作人:"、"制作时间:",另一个设置为显示时间的文本框,在它的属性中选择"数据"选项卡的"控制来源"项,填入"=Date( )"即可,效果如图 9-80 所示。

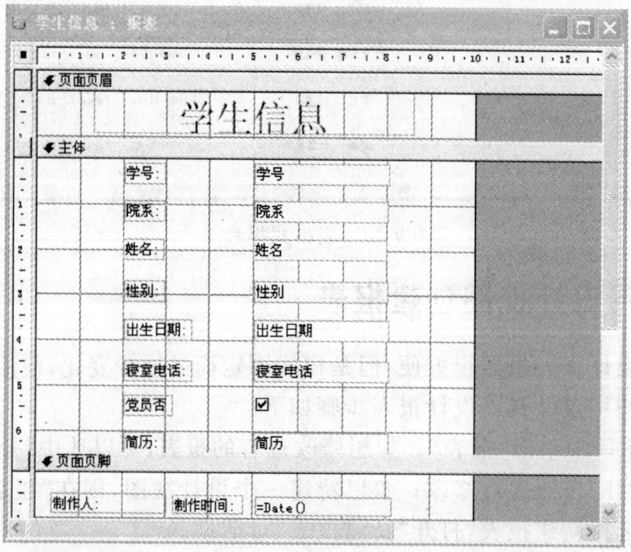

图 9-80　添加非结合控件

（5）对报表输出记录的顺序进行规定。在视图工作区的任何位置右击一下，从快捷菜单上选择"排序与分组"项，出现如图9-81所示的对话框。此对话框的上半部分用来设置排序，下半部分用来设置分组。在"字段/表达式"栏的下拉列表框里选择用来排序的字段，这里选择"学号"，"排序次序"选择"升序"。

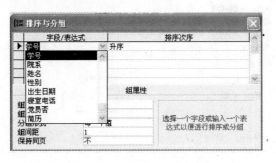

图9-81　"排序与分组"窗口

（6）调整好视图上的各个控件的位置，单击"视图"按钮，就可以预览了，结果如图9-82所示。

（7）对报表数据进行分组。把选定排序字段"学号"改为"院系"，并在"组属性"区把"组页眉"和"组页脚"的属性改为"是"。关闭这个对话框，会发现视图工作区上增加了"院系页眉"和"院系页脚"两个区域，如图9-83所示，在这两个工作区添加的控件在每一组都会出现一次。

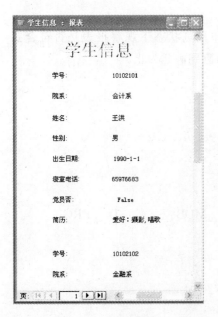

图9-82　预览结果

图9-83　报表数据分组

9.6.4　报表的打印输出

如果要打印报表，先要使其成为当前报表，再执行"文件"→"打印"命令或按 Ctrl＋P

键,在弹出的"打印"对话框中进行设置,如图 9-84 所示。

图 9-84 "打印"对话框

如果计算机上安装了多台打印机,则先在"打印"对话框的"打印机"区域的名称列表框中选择要使用的打印机名称,单击"属性"按钮还可以对打印机进行设置。

设置报表打印的操作步骤如下:

(1) 在"打印范围中"区域有 3 个选项,用来选择打印的范围。

(2) 设置打印的份数,在"打印份数"框中输入要打印的份数,当文档的打印份数大于 1 时"逐份打印"复选框变为可选状态,选中该复选框则系统将一份一份地打印文件,否则系统将把每一页重复打印,然后再打印下一页。

(3) 打印预览,对打印选项设置完毕后,可以在打印预览状态下观察报表是否符合要求,若对格式不满意可以回到设计视图状态下进行修改,直到满意为止。

(4) 单击"确定"按钮,开始打印。

习题 9

一、选择题

1. Access 2003 的数据库文件扩展名为(   )。

    A. .DBF   B. .ACC   C. .MDB   D. .PRG

2. 关闭 Access 方法不正确的是(   )。

    A. 选择"文件"菜单中的"退出"命令。

    B. 使用 Alt+F4 快捷键。

    C. 双击标题栏左上角的控制菜单图标。

    D. 使用 Ctrl+X 快捷键。

3. 二维表由行和列组成,每一行表示关系的一个(   )。

    A. 属性   B. 字段   C. 集合   D. 记录

4. SQL 语言又称为(   )。

    A. 结构化定义语言   B. 结构化控制语言

C. 结构化查询语言　　　　　　　　D. 结构化操纵语言

5. Access 字段名的最大长度为( )。

A. 64 个字符　　　　B. 128 个字符　　　C. 255 个字符　　　D. 256 个字符

6. 当字段的数据类型设置为( )时,该字段可以保存图片。

A. 文本　　　　　　B. 超链接　　　　　C. OLE 对象　　　D. 备注

7. 关系数据库中的数据表( )。

A. 完全独立,相互没有关系。　　　　　B. 相互联系,不能单独存在。

C. 既相对独立,又相互联系。　　　　　D. 以数据表名来表现其相互间的联系。

8. 在 Access 中,可以通过数据访问页发布的数据是( )。

A. 只能发布数据库中没有变化(静态)的数据

B. 只能发布数据库中变化(动态)的数据

C. 能发布数据库中保存的数据

D. 以上说法均不对

9. 若设置字段的输入掩码为"＃＃＃-＃＃＃＃＃＃",该字段正确输入数据是( )。

A. 0755-123456　　　　　　　　　　B. 0755-abcdef

C. abcd-123456　　　　　　　　　　D. ＃＃＃＃-＃＃＃＃＃＃

10. 从关系中找出满足给定条件的元组的操作称为( )。

A. 选择　　　　　　B. 投影　　　　　　C. 联接　　　　　D. 自然联接

二、简答题

1. Access 2003 数据库的对象有哪些?

2. Access 2003 数据库字段的类型有哪些种?

3. 什么是"主键"?

4. 多个表之间可以建立哪几种关系?

5. 在建立表之间的关系时,要设置参照完整性应当满足什么条件?

参 考 文 献

[1] 刘旸,李欣,纪玉波等.计算机应用基础教程.北京:清华大学出版社,2008.

[2] 徐明成等.计算机应用基础教程.北京:电子工业出版社,2006.

[3] 陶进等.信息技术应用基础教程.北京:清华大学出版社,2008.

[4] 武马群,赵丽艳.计算机应用基础(第3版).北京:电子工业出版社,2008.

[5] 王涛,怡丹文化机构策划.Office 2003/2007 电脑办公经典实例 500 例,2008.

[6] 文渊阁工作室.Office 2003 彻底活用.北京:机械工业出版社,2007.

[7] 齐景嘉,郭川军.计算机应用基础案例教程.北京:中国铁道出版社,2007.

[8] 马九克.用 PowerPoint 2003 制作教学课件.上海:华东师大出版社,2008.

[9] 方其桂等.中文版 PowerPoint 2003 课件制作百例.北京:清华大学出版社,2004.

[10] 解圣庆等.Access 2003 数据库教程.北京:清华大学出版社,2006.

[11] 孙惠民.ERP 系统规划与典型案例——利用 Access 2003 开发中小型 ERP 系统.北京:清华大学出版社,2006.

[12] 张迎新.数据库及其应用系统开发(Access 2003).北京:清华大学出版社,2006.

[13] 魏雪萍.新编 PowerPoint 2003 中文版从入门到精通.北京:人民邮电出版社,2008.

[14] 高巍巍等.大学计算机基础上机指导与习题.北京:中国水利水电出版社,2008.

[15] 齐景嘉.计算机应用技能教程.北京:清华大学出版社,2009.

质检11